现代设备工程与管理系列培训教材之二

中国设备管理协会　　组织编写

设备状态监测与故障诊断

主　编　杨志伊
副主编　郑　文
主　审　黄昭毅

中国计划出版社

图书在版编目(CIP)数据

设备状态监测与故障诊断/杨志伊主编,郑文副主编.—北京:中国计划出版社,2006.6(2023.4 重印)
(现代设备工程与管理系列培训教材)
ISBN 978-7-80177-672-3

Ⅰ.设… Ⅱ.①杨…②郑… Ⅲ.①机械设备-状态-监测-技术培训-教材②机械设备-故障诊断-技术培训-教材 Ⅳ.TH17

中国版本图书馆 CIP 数据核字(2006)第 048986 号

现代设备工程与管理系列培训教材之二
设备状态监测与故障诊断
主 编 杨志伊
副主编 郑 文

中国计划出版社出版
网址:www.jhpress.com
地址:北京市西城区木樨地北里甲 11 号国宏大厦 C 座 3 层
邮政编码:100038 电话:(010)63906433(发行部)
新华书店经销
三河富华印刷包装有限公司印刷

787mm×1092mm 1/16 18.25 印张 462 千字
2006 年 6 月第 1 版 2023 年 4 月第 7 次印刷

ISBN 978-7-80177-672-3
定价:38.00 元

《设备状态监测与故障诊断》编写组

主　编　杨志伊

副主编　郑　文

成　员（以姓氏笔画为序）

王生效　王庆山　王志刚　亓和平　邝朴生　包春江

刘有为　刘混田　严开勇　李明山　李耀君　杨志伊

宋建玲　郑　文　周志红　周新聪　高泽涵　徐兴科

徐泰富　黄志坚　谢江华

主　审　黄昭毅

序

为进一步推动我国设备管理现代化进程，满足设备管理培训及其对系统教材的需求，为企业提供一套理论与实践相结合，但又侧重于实际操作的系统教材，并为注册设备维修工程师资格认证工作夯实基础，我们组织全国设备管理的有关专家、学者和有丰富实践经验的设备工作者及企事业单位领导共同编写的《现代设备工程与管理系列培训教材》正式出版了。这是中国设备管理协会出版的第一套全面、系统的培训教材，相信它的出版会对推动整个设备管理工作，特别是设备管理的教学、研究、培训与实践工作起到十分重要的促进作用。

设备管理与企业生产正常运行、环境保护、产品质量、节能降耗密切相关，是企业生产的重要物质基础和技术保障。随着社会主义市场经济的飞速发展，设备管理工作的地位和作用愈显重要。因此，党和国家领导人历来十分重视设备管理工作，李先念、江泽民、李鹏、薄一波、邹家华、张劲夫、倪志福、胡厥文、胡子昂等都在不同时期为设备管理题词，为做好设备管理工作指明了方向。在新世纪新时期，做好设备管理工作对于实践“三个代表”的要求和落实科学发展观更具有十分重要的现实意义。

《现代设备工程与管理系列培训教材》将发挥重要的作用：一是为企业培训工作提供一个规范“课本”。企业的设备管理工作迫切需要一套理论与实践相结合，又侧重现场操作的系统教材。二是规范培训市场。目前设备管理培训市场竞争激烈，设备管理书籍名目繁多，良莠不齐，缺乏系统、规范的培训教材。这套教材出版后，将对设备工程培训内容起到很好的规范作用。三是注册设备维修工程师职业资格认证工作，也需要一套与之配套的培训教材，作为考核标准的参考依据。

中国设备管理协会会长

2006年3月17日

前　　言

为了满足全国设备管理工作和企业设备管理人员培训的需要；为了规范设备管理工作相关知识教育的现状，中国设备管理协会组织了国内设备管理的专家、学者和有丰富实践经验的各企业从事设备管理和设备状态监测故障诊断的技术人员，共同编写了本教材。

本教材力求简要、实用。从设备管理的角度，介绍了典型的设备状态监测与故障诊断的诊断理论、技术手段和具体方法。希望本教材能对设备管理工作起到规范、提高和促进作用。

本教材分十章，第一章对设备状态监测与故障诊断的意义、发展，基础理论和现状进行了介绍，阐述了设备状态监测、故障诊断与设备管理的关系。第二至第六章对振动监测、油—磨屑监测分析、温度监测、无损检测等基本监测手段的原理及诊断方法进行了论述；第七至九章介绍了针对液压设备，电气设备和电子设备的状态监测和故障诊断方法，第十章是一些行业和企业对本企业或行业设备状态监测的现状和先进经验的介绍，这些内容很实用且具有借鉴意义。

本教材第一章、第八章由中国矿业大学杨志伊教授、河北农业大学邝朴生教授执笔编写；第二、三、五章由广州大学郑文教授执笔编写；第四章由杨志伊执笔编写；第六章由聊城大学包春江教授执笔编写；第七章由广东工业大学黄志坚教授执笔编写；第九章由杨志伊和广州大学高泽涵教授执笔编写；第十章介绍了煤、电、油、运、钢铁等行业的大型企业设备管理及状态监测方面的经验，第一节由神东煤炭公司王生效、刘混田高级工程师执笔编写，第二节由西安热高所李耀君、电科院刘有为执笔编写，第三节由大庆石油管理局李明山、王庆山执笔编写，第四节由胜利油田亓和平副总工程师、胜利石化总厂宋建玲高级工程师执笔编写，第五节由胜利油田亓和平副总工程师、胜利发电厂徐兴科高级工程师执笔编写，第六节由武汉理工大学教授周新聪及周志红、徐泰富执笔编写，第七节由武汉钢铁公司严开勇、王志刚、谢江华高级工程师执笔编写。本书由黄昭毅教授主审。

本分册在编写过程中得到了中国设备管理协会培训办的大力支持，特别是赵宝琴女士和王松先生为本书的编写与出版做了大量的工作，在此一并表示谢意。

由于编写人员众多，各人文风不一，加之本人学术水平有限，教材中或有不当之处，尚希望读者不吝指正。

杨志伊

2006年3月

目　　录

第一章　绪论 ……………………………………………………………… (1)
第一节　设备状态监测和故障诊断的意义和发展历史 ………………… (1)
第二节　现代设备故障诊断技术 ……………………………………… (4)
第三节　基于知识的故障诊断方法 …………………………………… (7)
第四节　设备故障诊断内容和流程 …………………………………… (10)

第二章　简易振动诊断技术 ……………………………………………… (12)
第一节　概述 …………………………………………………………… (12)
第二节　机械振动的一般描述 ………………………………………… (13)
第三节　简易振动监测参数的测量 …………………………………… (17)
第四节　简易振动诊断的常用仪器设备 ……………………………… (18)
第五节　振动监测标准及机器状态评价 ……………………………… (23)
第六节　简易振动诊断的开展方法与实施 …………………………… (30)
第七节　滚动轴承的简易诊断法 ……………………………………… (33)
第八节　齿轮的简易诊断法 …………………………………………… (37)
第九节　往复机械的振动监测 ………………………………………… (38)

第三章　精密振动诊断技术 ……………………………………………… (40)
第一节　概述 …………………………………………………………… (40)
第二节　机械振动信号的分析方法 …………………………………… (40)
第三节　精密振动诊断的常用仪器设备 ……………………………… (49)
第四节　轴承的故障诊断 ……………………………………………… (51)
第五节　齿轮的故障诊断 ……………………………………………… (56)
第六节　旋转机械的故障诊断 ………………………………………… (60)

第四章　油 - 磨屑监测及故障诊断 ……………………………………… (78)
第一节　概述 …………………………………………………………… (78)
第二节　润滑剂的性能检测与设备管理 ……………………………… (79)
第三节　铁谱监测技术和油液中的磨屑分析 ………………………… (82)
第四节　油液光谱分析 ………………………………………………… (93)

第五章　温度监测与红外诊断技术 ……………………………………… (100)
第一节　温度测量基础 ………………………………………………… (100)
第二节　接触式温度测量 ……………………………………………… (102)

第三节 非接触式温度测量 …… (104)
第四节 红外诊断技术 …… (111)

第六章 无损检测 …… (117)
第一节 渗透检测 …… (117)
第二节 磁粉检测 …… (121)
第三节 涡流检测 …… (124)
第四节 射线检测 …… (126)
第五节 超声检测 …… (130)
第六节 声发射检测 …… (137)

第七章 液压设备故障诊断 …… (145)
第一节 液压故障及其诊断概述 …… (145)
第二节 压力失控问题的诊断 …… (151)
第三节 速度失控问题的诊断 …… (154)
第四节 动作失控问题的诊断 …… (155)
第五节 温度升高异常问题的诊断 …… (157)
第六节 液压系统异常振动与噪声的诊断 …… (157)
第七节 液压系统泄漏的诊断 …… (161)

第八章 电气设备的故障诊断技术 …… (163)
第一节 概述 …… (163)
第二节 电气设备绝缘性能测试及故障诊断 …… (164)
第三节 电气设备温度诊断 …… (166)
第四节 变压器故障诊断 …… (166)
第五节 电机的状态监测与故障诊断 …… (170)
第六节 电力网谐波的危害及监测 …… (176)

第九章 电子电路故障诊断技术 …… (178)
第一节 概述 …… (178)
第二节 模拟电路故障诊断技术 …… (179)
第三节 数字电路故障诊断技术 …… (181)
第四节 数字 IC 芯片的检测与故障诊断方法 …… (183)

第十章 行（企）业设备状态监测与故障诊断经验介绍 …… (186)
第一节 煤矿设备故障诊断及神东公司先进经验 …… (186)
第二节 电力行业设备监测与诊断技术 …… (205)
第三节 石油行业设备故障诊断 …… (216)
第四节 石化行业设备故障诊断 …… (227)

第五节　中石化胜利发电厂设备故障诊断经验 …………………………………… (232)
第六节　船舶行业设备状态监测与故障诊断 ……………………………………… (237)
第七节　钢铁行业设备诊断先进经验 ……………………………………………… (257)

第一章 绪 论

第一节 设备状态监测和故障诊断的意义和发展历史

一、设备故障及故障诊断

随着现代化工业的发展，设备能否安全可靠地以最佳状态运行，对于确保产品质量、提高企业生产能力、保障安全生产都具有十分重要的意义。

设备的故障就是指设备在规定时间内、规定条件下丧失规定功能的状况，通常这种故障是从某一零部件的失效引起的。

任何零部件都有它的寿命周期，因而设备的故障是客观必然存在的，如何有效地提高设备运行的可靠性，及时发现和预测出故障的发生是十分必要的，这正是加强设备管理的重要环节和最重要的工作。设备从正常到故障会有一个发生、发展的过程，因此对设备的运行状况应进行日常的、连续的、规范的工作状态的检查和测量，即工况监测或称状态监测，它是设备管理工作的一部分。

设备的故障诊断则是发现并确定故障的部位和性质。寻找故障的起因，预报故障的趋势并提出相应的对策。

设备状态监测及故障诊断技术（下简称故障诊断技术）是从机械故障诊断技术基础上发展起来的。所谓“机械故障诊断技术”就是指在机械基本不拆卸的情况下，在它运行当中掌握其运行状态，早期发现故障，判断故障的部位和原因，以及预报故障的发展趋势。

设备故障诊断技术不仅在设备使用和维修过程中使用，而且在设备的设计、制造过程中也要为今后的监测和维修创造条件。因此，设备故障诊断技术应贯穿到机电设备的设计、制造、使用和维修的全过程。

二、设备故障诊断技术发展历史

设备故障诊断技术的发展是与设备的维修方式紧密相连的。人们可将故障诊断技术按测试手段分为六个阶段，即感官诊断、简易诊断、综合诊断、在线监测、精密诊断和远程监测。若从时间考查，故障诊断技术大致可以分为20世纪60年代以前、60年代到80年代和80年代以后几个阶段。在上个世纪60年代以前，人们往往采用事后维修（不坏不修）和定期维修。但所定的时间间隔难以掌握，过度维修和突发停机（没到维修期、设备已发生故障）事故时有发生，鉴于这些弊端，美国军方首先在20世纪60年代，改定期维修为预知维修；也就是定期检查，视情（视状态）维修。这种主动维修的方式很快被许多国家和其他行业所效仿，设备故障诊断技术很快发展起来。

20世纪60年代到80年代是故障诊断技术迅速发展的年代，那时把诊断技术分为简易诊断和精密诊断两类，前者相当于状态监测，主要回答设备的运行状态是否正常；后者则要求定量掌握设备的状态，了解故障的部位和原因，预测故障对设备未来的影响。对于回转设备，现场常用的诊断方法以振动法较多，其次是油——磨屑分析法，对于低速、重载往复运动的设备，振动诊断比较困难，而油——磨屑分析技术比较有效。此外，在设备运行中都会产生机械的、温度的、噪声的以及电磁的种种物理和化学变化，如振动、噪声、力、扭矩、压力、温度、功率、电流、声光等等，这些反映设备状态变化的信号均有其各自的特点，一般情况下，一个故障可能表现出多个特征信息。而一个特征信息往往又包含在几种状态信息之中。因此除振动法和油——磨屑分析法之外，实用的诊断方法还有声响法、压力法、应力测定法、流量测定法、温度分布法（红外诊断技术）、声发射法（AE 法——Acoustic Emission）等等。这些诊断方法所用仪器方法简便、讲求实效。同时，从信息处理技术角度出发，对反映设备故障的特征信息，通过利用信号模型，直接分析可测信号，提取特征值，从而检测出故障。既然一个设备故障，往往包含在几种状态信息之中，因此利用各种诊断方法对一个故障进行综合分析和诊断就十分必要，如同医生诊断病人的疾患一样，要尽可能多的调动多种诊断、测试方法，从各个角度、各个方面进行分析、判断、以得到正确的诊断结论。此外各种状态信息都是通过一些测试手段获得的，难免存在各种测量误差，如何对这些已获得的信号进行处理，以便去伪存真、提高设备故障诊断的确诊率也是十分重要的。把现代信号处理理念和技术引入设备管理和设备故障诊断是当前的热门。常用的信号模型有相关函数，频谱自回归滑动平均，小波变换等等；从可测信号中提取的特征值常用的有方差、幅度、频率等。以信息处理技术为基础，构成了现代设备故障诊断技术。

20 世纪 80 年代中期以后，人工智能理论得到迅猛发展，其中专家系统很快被应用到故障诊断领域。以信息处理技术为基础的传统设备故障诊断技术逐渐向基于知识的智能诊断技术方向发展，陆续涌现出许多新型的状态监测和故障诊断方法。

三、设备诊断的国家政策及发展概况

（一）设备诊断的国家政策

早在 1983 年 1 月，国家经委下达的“国营工业交通企业设备管理试行条例”，就明确的提出要“根据生产需要，逐步采用现代故障诊断和状态监测技术，发展以状态监测为基础的预防维修体制”。在 1985 年 11 月国家经委委托中国设备管理协会，在上海金山召开了“设备诊断技术应用推广会议”，后来在 1986 年第二届全国设备管理优秀单位表彰会上，李鹏总理更明确指出：“应该从单纯的以时间周期为基础的检修制度，逐步发展到以设备的实际技术状态为基础的检修制度。不仅要看设备运转了多长时间，还要看设备的实际使用状态和实际技术状况，实际利用小时和实际负荷状况，来确定设备该不该修。也就是说，要从静态管理发展到动态管理。这就要求我们采用一系列先进的仪器来诊断设备的状况，通过检查诊断来确定检修的项目”。

（二）我国开展设备诊断的经历过程

我国工交企业设备诊断从 1983 年起步，迄今已 20 多年，不仅获得了较好效益，而且也接近了当代世界先进水平，整个历程大致可分为 5 个阶段。分述于下：

1. 从 1983 至 1985 年：准备阶段

这一阶段的标志是 1983 年国家经委“国营工业交通企业设备管理试行条例”的发布和同年中国机械工程学会设备维修专业委员会在南京会议上提出“积极开发和应用设备诊断

技术为四化建设服务”倡议书。这一阶段的主要工作是学习国外经验，开展国内调研，制订初步规划，在部分企业试点等。与此同时，积极参加国际交流，邀请外国专家来华讲授，从而形成一支既有理论知识也有工作经验的骨干队伍。此时期的主要困难是手段不足，仪器主要依靠进口，加之实际经验不足，尚缺乏对复杂问题的处理能力，因而在企业创立的信誉较低。

2. 从 1986 至 1989 年：实施阶段

这一阶段开始的标志是 1985 年国家经委在上海召开的“设备诊断技术应用推广大会”。由于经过了两年准备、工作试点，取得了初步成效，企业开始有了较大规模投入，从而使得设备诊断进入到一个活跃时期。中国机械工程学会、中国振动工程学会和中国设备管理协会的诊断技术委员会先后成立，给予设备诊断工作以有力支持。石化、电力、冶金，机械和核工业等行业也都建立了专委会或协作网，辽宁、天津、北京和上海等地还建立了地区组织。1986 年国际诊断会议在沈阳召开，促进了我国仪器厂家对诊断仪器的开发研制。这个时期尽管设备诊断在重点企业多已开展，但在一般企业还推广不够，工作水平也相差很大。

3. 从 1990 至 1995 年：普及提高阶段

这一阶段开始的标志是 1989 年中国机械工程学会设备维修分会在天津召开的“数据采集器和计算机辅助设备诊断研讨会”开始。由于“数采器”是普及点检定修的重要手段，而“计算机诊断”又是向高水平迈进的必要手段，因此两者的结合正反映了设备诊断技术向普及和提高的新阶段的到来。这个时期的科研成果层出不穷，一些专家的成就已接近了世界水平。原来发展较慢的行业如有色、铁路、港口、建材和轻纺等相继赶了上来。每年国内都有不少论文被选入国际会议，而在国内的书刊杂志出版上也有改进，由西安交大和冶金工业出版社发行的系列专业诊断技术丛书，亦在这一阶段面市。

4. 从 1996 至 2000 年：工程化、产业化阶段

这一阶段开始的标志是 1996 年 10 月中国设备管理协会在天津成立设备诊断工程委员会，并提出了“学术化、工程化、产业化和社会化，向设备诊断工程要效益的工作方法”。针对国内的机制转换、体制改革和国外 CIMS 系统的发展，需要从系统工程、信息工程、控制工程和市场经济学的大系统角度来处理众多的诊断问题。也即是从设备综合管理的角度，把设备诊断作为一个工程产业，实施产、学、研三结合。在此观念指导下，中设协一方面组织了石化、冶金、电力、铁路等部门进行编制规划，一方面开发了 EGK－Ⅲ设备诊断工程软件库利振动、红外和油液三个软件包。在此形势下，国内诊断仪器的生产厂、科研所、代理商比过去增长很多，存在的问题是缺乏统一规划和协调。

5. 从 2001 年至今：传统诊断与现代诊断并存阶段

我国进入 21 世纪以来，由于世界高新科技的发展极为迅速，国际学术交流分外活跃，仪器厂家系列产品不断推陈出新，从而有力地推进了诊断工作，无论在理论上和实践上，都进入了一个新的历史阶段。在这个时期内，一方面一些经得起时间考验，并早已为大家所熟练应用的传统诊断技术，如简易诊断和精密诊断等，仍在相当广阔的领域继续发挥其重要作用外，另一方面则又有相当一些在高科技推进下产生的现代诊断技术，进入了国内科研生产领域，包括近年应用颇显成效的模糊诊断、神经网络、小波分析、信息集成与融合等；以及虚拟及智能技术，分布式及网络监测诊断系统等。这些可以称为正在发展的现代诊断技术，它们与传统诊断技术并肩齐进、互为补充，从而呈现了诊断工程界的百花齐放大好局面。

第二节 现代设备故障诊断技术

在故障诊断学建立之前，传统的故障诊断方法主要是依靠经验的积累。将反映设备故障的特殊信号，从信息论角度出发对其进行分析，是现代设备故障诊断技术的特点。可以分为统计诊断、逻辑诊断、模糊诊断等等。

一、贝叶斯法（Bayes）

Bayes 法是基于概率统计的推理方法，它是以概率密度函数为基础，综合设备的故障信息来描述设备的运行状态，进行故障分析。其诊断推理过程包括“先验概率的估计”和“后验概率”的计算（利用贝叶斯公式）。设备运行过程是一个随机过程，故障出现的概率一般是可以估计的。比如机器运行状态良好时，产品的合格率为 90%，而当机器发生故障时，产品的合格率会猛然下降为 30%，每天早上机器调整到良好状态的概率为 75%，试估算某日早上第一个产品是合格的前提下，设备状态良好的概率是多少？

为此，我们可以利用 Bayes 公式推算。贝叶斯公式为：

$$P(D_i/x) = \frac{P(x/D_i)P(D_i)}{\sum_{i=1}^{n} P(x/D_i)P(D_i)} \tag{1-1}$$

式中，D_1，$D_2 \cdots D_i \cdots D_n$ 为样本空间 S 的一个划分，$P(D_i) > 0(\lambda = 1, a, \cdots, n)$。

对于任一事件 x，$P(x) > 0$。

由概率乘法定理和条件概率定义可知

$$P(D_i/x) = \frac{P(D_i x)}{P(x)} = \frac{P(x/D_i)P(D_i)}{P(x)}$$

由于 $P(x) = \sum_{i=1}^{n} P(x/D_i)P(D_i)$（全概公式）

所以逆概公式——Bayes 公式为

$$P(D_i/x) = \frac{P(x/D_i)P(D_i)}{\sum_{i=1}^{n} P(x/D_i)P(D_i)}$$

我们以“产品合格”记为 A 事件，以“设备状态良好”记为 B 事件，已知

$$P(A/B) = 0.9$$
$$P(A/\overline{B}) = 0.3$$
$$P(B) = 0.75$$
$$P(\overline{B}) = 0.25$$

那么

$$P(B/A) = \frac{P(A/B) \cdot P(B)}{P(A/B)P(B) + P(A/\overline{B})P(\overline{B})}$$

$$=\frac{0.9\times0.75}{0.9\times0.75+0.3\times0.25}$$
$$=0.9$$

也就是说，在这日第一个产品是合格的前提下，我们可以估算设备状态良好的概率在90%。

这里的75%［$P(B)=0.75$］，是由以往的数据分析得到的，称为“先验概率”，而经过计算在某日早上第一个产品是合格的前提下设备状态良好的概率为90%（$P(B/A)=0.9$）称为后验概率。

二、最大似然法

与贝叶斯准则类似，最大似然法也起源于概率理论，按最大似然法规定

$$L_i=P(D_i/S_1S_2S_3\Lambda S_k)=\prod_{j=1}^{k}P(S_j/D_j) \tag{1-2}$$

式中，S_1，S_2，…，S_k 为设备异常的种种信息，D_1，D_2，…，D_i 为设备可能的故障种类，而 $P(D_i/S_1,S_2\cdots D_k)$ 为故障 D_i 在出现 k 种异常信息时可能发生的概率。

$P(S_j/D_i)(j=1,2\cdots k)$ 为已知设备发生了 D_i 种故障，某一异常信号 S_j 出现的概率。$P(S_j/D_i)$ 可以从以往的资料统计中得到。

我们只需按式（1-2），取其中最大的，即可得出诊断的结果。由于（1-2）式连乘计算不方便，可做如下的简化。

$$L'_i=\sum_{j=1}^{k}[\lg p(S_j/D_i)+1]\times10 \tag{1-3}$$

它保持了若 $L_i>L_j$，则 $L'_i>L'_j$ 的性质可用于比较L值的大小进行故障诊断。

该法与贝叶斯法（又称最大后验概率法或Bayes准则）比较，舍去了先验概率的估计，且一律认为诸事件的先验概率相等，简化了计算，但往往与实际情况有出入。

三、时间序列法

时间序列分析（TSA——Time Series Analysis）是又一重要的故障诊断技术。时间序列是以等间隔采集连续信号 $x(t)$，所得到的离散序列数据 x_1，x_2，$\cdots x_i\cdots x_n$，简记为$\{x_i\}$，处理和分析这种数据序列的统计数学方法称为时间序列分析。

时间序列可以包括随机过程 $x(t)$ 的随机序列，也可以包括按时间顺序或按空间顺序，甚至于按其他物理量顺序排列的数据，数据的排列顺序及其大小，蕴含着客观事物及其变化的信息，表现着变化的动态过程，具有外延特性，因此时间序列也可称为“动态数据”。

时间序列分析分为时域分析和频域分析，时域分析是通过观察信号的时间历程，对其周期性和随机性给出评价，建立和获得序列的统计性规律。频域分析是通过对信号序列进行某种变换（如傅立叶变换），将复杂的信号，分解为简单信号的叠加，实现对信号序列的现代谱分析。

时间序列分析的特点是根据观测数据和建模方法建立动态参数模型，利用该模型可进行动态系统及过程的模拟，分析，预报和控制把时间序列分析用于设备的故障诊断，一般采用

自回归滑动平均模型 ARMA（Auto Regressive Moving Average）（也称递进推算分析法）。特别是 AR 模型。

1. ARMA，AR 和 MA 模型

ARMA 模型是具有物理意义的随机差分方程模型。设 x_i 和 y_i 分别表示线性平稳系统的输入和输出在采样时刻 t 的数值，联系 x_i 和 y_i 的向前差分方程为

$$y_t - \sum_{i=1}^{p} \varphi_i y_{t-i} = x_t - \sum_{j=1}^{q} \theta_j x_{t-j}$$

$$式\ y_t = \sum_{\lambda=1}^{p} \varphi_i y_{t-i} + x_t - \sum_{j=1}^{q} \theta_j x_{t-j} \tag{1-4}$$

式中　φ_i 和 θ_j——待识别的模型参数；

φ_i——自回归参数；

θ_j——滑动平均参数；

p——自回归阶数；

q——滑动平均阶数。

（1-4）式所表达的模型称为自回归平均模型，简记为 ARMA（$p \cdot q$）模型，对于该模型的基本假设是，系统的输入 X（t）是均值为 0，方差为 σ_x^2 的日噪声序列，即$(x_t) \sim NID(0,\sigma_x^2)$。

如果 $\theta_j = 0$（$j=1$，$2\Lambda q$）模型中没有滑动平均部分，则有

$$y_t = \sum_{i=1}^{p} \varphi_i y_{t-i} + x_t \quad x_t \sim NID(0,\sigma_x^2) \tag{1-5}$$

称为 P 阶自回归模型，简记为 AR（P）模型。

如果 $\varphi_i = 0$（$i=1$，$2\Lambda p$），模型中没有自回归部分，则有

$$y_t = x_t - \sum_{j=1}^{q} \theta_j x_{t-j} \quad x_t \sim NID(0,\sigma_x^2) \tag{1-6}$$

称为 q 阶滑动平均模型，简记为 MA（q）模型。

2. ARMA 模型的建模

所谓 ARMA 模型的建模，就是通过对观测得到的时间序列$\{y_t\}$（$t=1$，$2\Lambda N$）拟合出适用的 ARMA（p、q）模型，建模的内容包括数据采集、数据检验与预处理；模型形式的选取；模型参数 φ_i 和 θ_j 的估计，模型的适用性检验（实质上是确定模型的阶次 p 和 q）和建模的策略等，最关键的步骤是模型参数的估计和模型的适用性检验。

由于 AR 模型的参数估计是线性估计，在工况监测、故障诊断中显示出更大的优越性。

根据模型参数和方差均可进行故障诊断。

若以设备的振动信号作为序列数据进行时域分析包括时间历程波形、峰谷值、周期能量、均值、有效值、方差、轴心轨迹和概率分布等等，频域分析包括特征分析，谐频分析、边频分析、倒频分析、谱能量分析、相关分析、全息谱分析等等。

必须指出的是，不同的信号分析方法，只是从不同的角度去观察，分析信号，分析的结果反映了同一信号的不同侧面，因而更真实，更全面地揭示了信号的本质特征，不论进行何种信号处理，既不能增加，也不会减少信号中任何信息成分。采用多种分析方法比采用单一

分析方法所获得的信息更丰富，使设备故障诊断的准确率更高，判断依据更科学。

四、灰色系统法

灰色系统是指系统的部分信息已知，部分信息未知的系统，区分白色系统与灰色系统的重要标志是系统各因素之间是否有确定的关系。当各因素之间存在明确的映射关系时，就是白色系统，否则就是灰色系统或一无所知的黑色系统。灰色系统理论是控制论的观点和方法的延拓，它是从系统的角度出发，按某种逻辑推理和理性认知来研究信息间关系的。一台设备的状态监测和故障诊断系统由许多因素组成、针对一定的认知层次和研究需要，如果组成系统的因素明确，因素之间的关系清楚，那么这个系统就是白系统；如果部分信息已知，部分信息未知（即系统因素不完全明确，因素间关系和结构不完全清楚，系统的作用原理不完全明了）那就是灰色系统。

灰色系统理论是解决不确定问题的一种工具。模糊理论、模糊集理论、统计理论、贝叶斯准则、信息熵法和神经网络法等等，都是解决设备故障诊断的工具，但各有优缺点。

五、故障树分析法

故障树分析（FTA——Fault Tree Analysis）模型是一个基于被诊断对象结构、功能特征的行为模型，是一种定性的因果模型。首先写出设备故障事件作为第一级（或称顶事件），再将导致该事件发生的直接原因（包括硬件故障、环境因素、人为差错等）并列地作为第二级（或称中间事件），用适当的事件符号表示，并用适当的逻辑门把它们与顶事件联结起来。其次，将导致第二级事件的原因分别按上述方法展开作为第三级，直到把最基本的原因（或称底事件）都分析出来为止。这样一张逻辑图叫做故障树，故障树分析反映了特征向量与故障向量（故障原因）之间的全部逻辑关系。图 1－1 就是简单的故障树。根据故障树来分析系统发生故障的各种途径和可靠性特征量，就是故障树分析法。

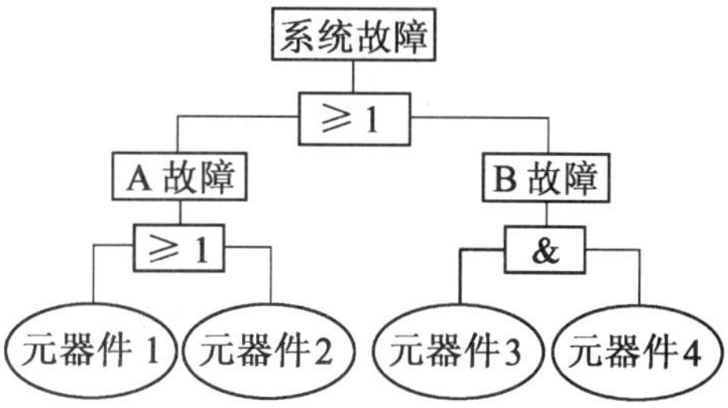

图 1－1　简单故障树

第三节　基于知识的故障诊断方法

基于知识的故障诊断方法，不需要待测对象精确的数学模型，而且具有智能特性。目前，这种故障诊断方法主要有：专家系统故障诊断方法；模糊故障诊断方法，神经网络故障诊断方法，信息融合故障诊断方法；基于 Agent 的故障诊断方法等。

一、专家系统故障诊断方法

专家系统故障诊断方法，是指计算机在采集被诊断对象的信息后，综合运用各种专家经验，进行一系列的推理，以便快速地找到最终故障或最有可能的故障，再由用户来证实。此种方法国内外已有不少应用实例。专家系统由知识源、推理机、解释系统、人机接口等部分组成，各部分功能如下：

1. 知识源

包括知识库、模型库和数据库等。

(1) 知识库：是专家知识、经验与书本知识、常识的存储器。

(2) 模型库：存储着描述分析对象的状态和机理的数学模型。

(3) 数据库：存储被分析对象实时检测到的工作状态数据，和推理过程中所需要的各种信息。

2. 推理机

根据获取的信息，运用各种规则进行故障诊断，并输出诊断结果。推理策略有三种：

(1) 正向推理：由原始数据出发，运用知识库中专家的知识，推断出结论。

(2) 反向推理：即先提出假设的结论，然后逐层寻找支持这个结论的证据的方法。

(3) 正反向混合推理：一般采用“先正后反”的途径。

3. 解释系统

回答用户询问的系统。如显示推理过程，解释电脑发出的指示等。

4. 人机接口

是故障诊断人员与系统的交接点。

美国西屋公司于20世纪80年代中期推出的过程控制系统PDS是利用汽轮机专家建立的知识规则库，采用基于规则的正向推理方式。到1990年，该系统规则库已扩展到1万多条。

日本三菱重工研制的机械状态监测系统MHMS经历了8～10年的研制历程。目前正在为系统配置以规则型知识与框架型知识相结合的Master推理机制，开发利用决策树及模糊逻辑分析各种置信度的故障诊断专家系统。

二、模糊故障诊断方法

所谓“模糊”，是指一种边界不清楚，在质上没有确切的含义，在量上又没有明确的界限的概念，磨损状态的转变，正是典型的、带有明显中介过渡性的模糊现象。对于这种事物是不能用经典数学的二值逻辑方法的，即以[0，1]区间的逻辑代替传统的二值0，1逻辑，而且要用能综合事物内涵与外延性态的合理数学模型——隶属度函数，来定量处理模糊现象。典型的模糊故障诊断方法是向量的识别法。模糊故障向量识别法的诊断过程如图1－2所示。其中R为故障与特征征兆间的模糊关系矩阵。

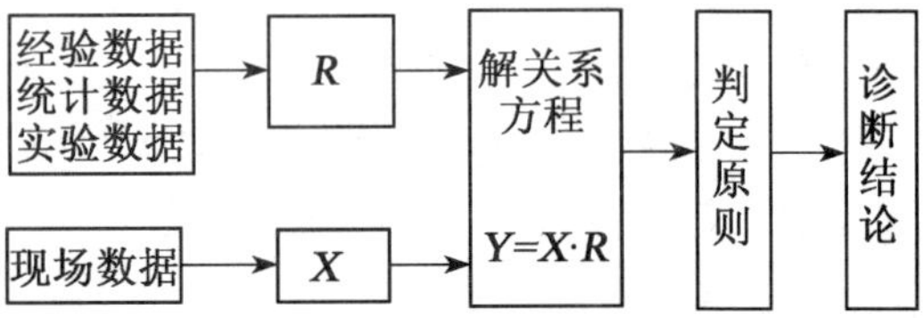

图1－2 模糊故障诊断方法

$$R=\{\mu_R(x_i,y_i);x_i\in x;y_i\in y\} \tag{1-7}$$

式中 $y=\{y_1,y_2,y_3\Lambda\Lambda y_n\}=\{y_i \mid i=1,2,\Lambda n\}$，表示可能发生故障的集合，$n$为故障总数；

$x=\{x_1,x_2,x_3\Lambda\Lambda x_m\}=\{x_i \mid i=1,2,\Lambda m\}$，表示由上面这些故障所引起的各种特征信息（征兆）的集合，m为各种特征信息（或称征兆、元素）的总数。

x向量为待诊断对象现场测试数据所提取的特征参量（或称信息、元素、征兆）。

y向量为待检状态的故障向量，它是由关系矩阵方程$y=x\cdot R$求得。

根据一定的判断准则，如最大隶属度原则、阈值原则或择近原则等得到诊断结果。

中国矿大杨志伊、程坚等人1998年在铁谱分析中引进了模糊诊断技术；武汉理工大学严志军、严新平等人也于2000年采用基于广义贴近度的模糊模式识别方法进行了船用柴油机磨损模式识别。

模糊故障诊断方法的优点在于计算简便、应用方便、结论明确直观，但用来进行趋势预测存在一定难度。特别是隶属度函数的构造、隶属度矩阵的建立都是根据经验、统计得来的，会有一定的主观因素，对特征参量（元素、信息、征兆）的选择也是人为的，如果选择不当，就会造成诊断失败。

三、人工神经网络故障诊断方法

人工神经网络源于1943年，是模仿人的大脑神经元结构特性建立起来的一种非线性动力学网络系统，它由大量的简单的非线性处理单元（类似人脑的神经元）高度并联、互联而成。由于故障诊断的核心技术是故障模式识别，而人工神经网络本身具有信息处理的特点，如并行性、自学习、自组织性、联想记忆功能等，所以能够解决传统模式识别方法不能解决的问题。

人工神经网络的工作过程由学习期和工作期两个阶段组成。

（1）学习期：包括输入样本；对输入数据进行归一化处理，得到标准输入样本；初始化权值和阈值；计算各个隐层的输出和输出层的输出值；比较输出值和期望值；调整权值；使用递归算法从输出层开始逆向传播误差直到第一隐层，再比较输出值和期望值，直至满足精度要求。它是在一定的标准模式样本的基础上，依据一定的分类规则来设计神经网络分类器。

（2）工作期：又称诊断过程，是将待诊断对象的信息与网络学习期建立的分类器进行比较，以诊断待诊断对象所处的状态（即故障类别）。在比较之前还应对由诊断对象获取的信息进行预处理，删除原始数据中的无用信号，形成可与网络分类器进行比较的未知样本（或称归一化处理）。

用于故障诊断的分类器，常用的有BP网络、双向联想记忆网络（BAM）、自适应共振理论（ART）、自组织网络SOM等。

具体诊断过程如图1－3所示。

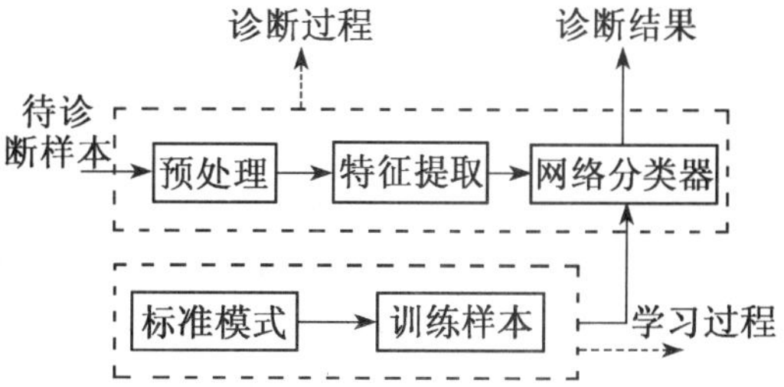

图1－3　神经网络故障诊断过程

人工神经网络对于给定的训练样本能够较好地实现故障模式表达，也可以形成所要求的决策分类区域。然而，它的缺点也是明显的。训练需要大量的样本，当样本较少时，效果不理想。忽视了领域专家的经验知识；网络权值表达方式也难以理解。

四、信息融合故障诊断方法

信息融合就是利用计算机，对来自多传感器的信息按一定的准则加以自动分析的综合的数据处理过程，以完成所需要的决策和判定。信息融合应用于故障诊断原因有三：一是多传感器形成了不同通道的信号；二是同一信号形成不同的特征信息；三是不同诊断途径得出了有偏差的诊断结论，使得人们不得不将信息融合以提高诊断的准确率。

目前信息融合故障诊断有 Bayes（贝叶斯）推理，模糊融合，D—S 证据推理等等。

五、基于 Agent 的故障诊断方法

Agent 是一种具有自主性、反应性、主动性，基于软、硬件结合的计算机系统，故障诊断的 Agent 系统，是将多个 Agent 组合起来，设计出一组分工协作的 Agent 大系统。包括故障信号码检测、特征信息的提取；故障诊断 Agent 的刻画。Agent 系统的管理、控制和各 Agent之间的通信与协作等等。

第四节　设备故障诊断内容和流程

机电设备的故障诊断从 20 世纪 60 年代以前的"单纯故障排除"，发展到以动态测试技术为基础，以工程信号处理为手段的现代设备诊断技术，自 20 世纪 80 年代中期以后又发展为以知识处理为核心，信号处理与知识处理相融合的智能诊断技术。

在各种诊断方法中，以振动信号为基础的诊断约占 60%，以油——磨屑分析为基础的诊断约占 12%。就大型机电设备而言，故障诊断技术主要研究故障机理、故障特征提取方法，诊断推理方法，构造最有效的故障样板模式，做出诊断决策。整个诊断系统的流程如图 1－4 所示。

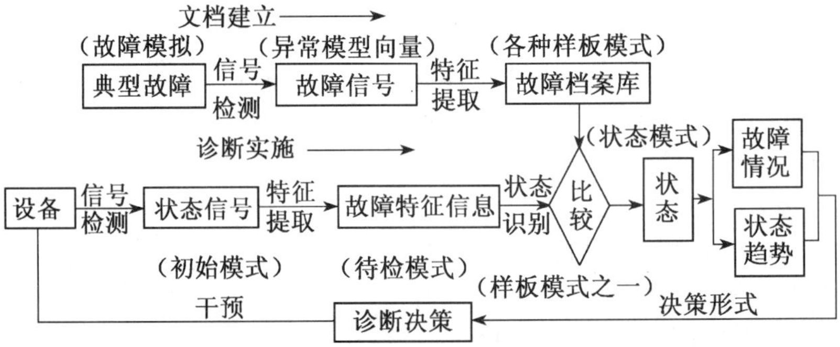

图 1－4　机电设备故障诊断流程

比较待检模式与样板模式状态识别的过程，是模式识别的过程。模式识别不仅仅是简单的分类，还包括对事件的描述，判断和综合，以及通过对大量信息的学习、判断和寻找规律。（上节对此已有讨论）模式识别的全过程如图 1－5 所示。

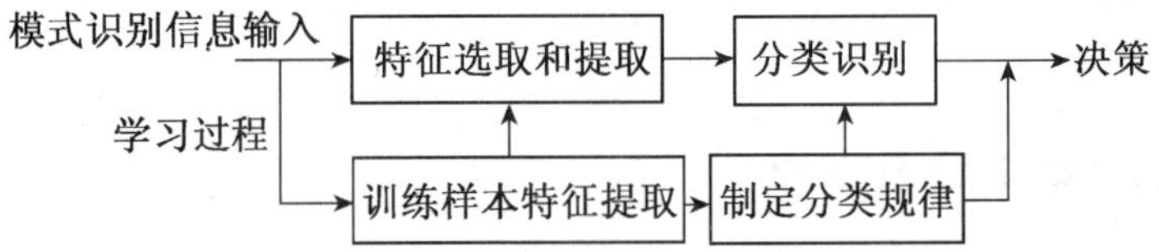

图 1－5　模式识别的全过程

设备故障特征提取是故障诊断的关键。通过特征提取，来构造样板模式的待检模式。在模式识别中，特征提取的任务是从原始的样本信息中，寻找最有效的，最适于分类的特征。只有选取合适的特征提取方法，提高故障特征的信息含量，才能通过故障诊断准确地把握机电设备的运行状态。

设备诊断技术发展很快，但归纳起来为4项基本技术：

1. 信号检测

这是设备故障诊断的基础和依据，能否根据不同的诊断目的，真实、充分地检测到反映设备状态的信号，是设备诊断技术的关键。

2. 信号处理技术

既然检测到的信号属物理信号，误差和环境干扰是不可避免的。如何去伪存真，精化故障特征信息是信号处理技术的根本目的，这个过程也是特征提取的过程。

3. 模式识别技术

比较待检对象所处模式与样板模式，是模式识别的过程，确定设备是否存在故障，故障的原因、部位、严重程度，是模式识别的根本任务。

4. 预测技术

这是对未发生或目前还不够明确的设备状态进行预估和推测，以判断故障可能的发展过程和对设备的劣化趋势及剩余寿命做出预测。

本书将从主要的检测技术（如振动、油——磨屑分析、红外技术、无损检测）出发，介绍设备故障诊断技术，同时将在第十章对煤、电、油、运、钢铁等行业的设备故障诊断现状和发展做简要的综述，以交流各行业设备故障诊断的经验推动设备故障诊断工作的开展。

参考文献

[1] 邝朴生，等．设备诊断工程［M］．北京：中国农业科技出版社，1997.

[2] 张安华．机电设备状态监测与故障诊断技术［M］．北京：西北工业大学出版社，1995.

[3] 赵林度．大型机电系统故障诊断技术［M］．北京：中国石化出版社，2001.

[4] 朱大奇．电子设备故障诊断原理与实践［M］．北京：电子工业出版社，2004.

[5] 张碧波．设备状态监测与故障诊断［M］．北京：化学工业出版社，2005.

[6] 易良榘．简易振动诊断现场实用技术［M］．北京：机械工业出版社，2003.

[7] 陈大禧，等．大型回转机械诊断现场实用技术［M］．北京：机械工业出版社，2002.

[8] 黄昭毅，等．中国设备维修发展简史．待出版．

第二章　简易振动诊断技术

在机械设备的状态监测和故障诊断技术中，振动监测及诊断技术是普遍采用的基本方法。在工业领域中，机械振动是普遍存在并作为衡量设备状态的重要指标之一。当机械内部发生异常时，随之会出现振动加大。在机器、零部件及基础等表面能感觉到或能测量到的振动，往往是某一振动源在固体中的传播，而振动源的存在，又大都对应着设备的设计、材料或使用缺陷。例如，零件原始制造误差，运动副之间的间隙，零件间的滚动及相互摩擦，或者回转机件中产生的不平衡或冲击等等，都是设备的可能振源。而且，随着零件间的磨损，零件表面产生的剥落、裂纹等现象的发展，振动将相应发展。另一方面，机械设备还可能因为某个微小的振动，引起其结构或部件的共振响应，从而导致机械设备状态的迅速恶化。我们研究机械振动的目的，就是为了了解各种机械振动现象的机理，破译机械振动所包含的大量信息，进而对设备的状态进行监测，分析设备的潜在可能故障。因此，根据对机械振动信号的测量和分析，可在不停机和不解体的情况下对其劣化程度和故障性质有所了解。

由于振动诊断的理论和测量方法都比较成熟，诊断结果准确可靠，便于实施等，受到人们的普遍关注，在机械故障诊断的整个技术体系中居主导地位，目前已广泛地应用于各种设备的状态监测及故障诊断中。

设备诊断技术的实施一般可分为两个层次，即简易诊断和精密诊断。工厂的设备故障大多数可以通过简易诊断予以确定，因此它是诊断工作的基础，只有当简易诊断难以确诊时，才选用精密诊断方法。状态监测与故障诊断是诊断技术的两个组成部分，有联系但又不相同。状态监测主要是对设备的技术状态进行初步识别，故障诊断则是对该状态的进一步分析识别和判断。这种把设备诊断技术划分为简易诊断技术及精密诊断技术的做法，主要是由日本的实践体会，并根据设备的状态监测及故障诊断两个阶段所划分的，它也已为我国所广泛接受，并且通称设备诊断技术。

本章将介绍振动测量的基本理论，阐述简易振动诊断技术的定义、特点、测量手段及其应用。

第一节　概　　述

简易振动诊断技术是使用简单的方法对设备技术状态快速作出概括性评价的技术。一般具有以下几个特点：

（1）使用各种较简单、易于携带和便于在现场使用的振动诊断仪器及检测仪表；

（2）由设备维护检修人员在生产现场进行；

（3）仅对设备有无故障、严重程度及其发展趋势做出定性初判；

（4）涉及的技术知识和经验比较简单，易于学习和掌握；

（5）需要把采集的故障信号储存建档。

设备的简易诊断技术包括定期（离线）测量或在线测量两种方式，它可对能反映设备技术状态的一些参数作出正常与否的判断，当存在异常或超过限值时，应能报警或自动停机。但状态监测并不同于故障的识别和判断。

简易诊断相当于人的初步体检，它是对设备状态进行迅速、有效的大致观查的技术，通常由点检技术及监视技术构成。所谓点检技术，就是用人的五种感觉以及可手持或便携式的简易诊断仪器，对设备的技术状态作巡回检测的技术。与之相对应的所谓监视技术，则是依靠监视装置或固定式监测仪表，对设备的技术状态进行连续监视的技术。

由于简易振动诊断一般是由设备的操作者或点检工来实施的。因此，所用的简易诊断仪器需要可搬性好、操作简易，而且在判定标准上也不得不简单一些。

作为简易振动诊断，应该达到的目的有四个方面：

(1) 依据劣化趋势管理，早期发现异常。

(2) 依据趋势管理数据外推，预测故障发生时间。

(3) 依据自动切断等有效方法，保护设备安全。

(4) 依据检测分析，选定需作精密诊断的对象。

第二节 机械振动的一般描述

机械振动，从物理意义上来说，是指物体在平衡位置附近来回往复的运动。

机械振动表示机械系统运动的位移、速度、加速度量值的大小随时间在其平均值上下交替重复变化的过程。机械振动可分为确定性振动和随机振动两大类，确定性振动的振动位移可用简单的数学解析式表示为 $d=d(t)$，它是时间 t 的函数。而随机振动则因其振动波形呈不规则变化，只能用概率统计的方法来描述。机械设备状态监测中常遇到的振动有：周期振动、准周期振动、窄带随机振动和宽带随机振动，以及其中几种振动的组合。其中，周期振动和准周期振动属确定性振动范围，由简谐振动及简谐振动的叠加构成。

一、振动的分类

各种机器设备在运行中，都不同程度地存在振动，这是机械运行的共性。然而，不同的机器，或同一台机器的不同部位，以及机器在不同的时刻或不同的状态下，其产生的振动形式又往往是有差别的，这又体现了设备振动的特殊性。从不同的角度来考察振动问题，可按如下方式将振动进行分类。

1. 按振动规律分类

按振动的规律，一般将机械振动分为如下几种类型。

- 机械振动
  - 确定性〈规则〉振动
    - 周期振动
      - 简谐振动
      - 复杂周期振动
    - 准周期振动
    - 非周期振动
  - 瞬态振动
  - 随机振动
    - 窄频带随机振动
    - 平稳随机振动
    - 宽频带随机振动
    - 非平稳随机振动

这种分类，主要是根据振动在时间历程内的变化特征来划分的。大多数机械设备的振动类型是周期振动、准周期振动、窄频带随机振动和宽频带随机振动以及几种不同类型振动的组合。一般在启动或停机过程中的振动信号是平稳的。设备在实际运行中，其表现的周期信号往往淹没在随机振动信号之中。若设备故障程度加剧，则随机振动中的周期成分加强，从而整台设备振动增大。因此，从某种意义上讲，设备振动诊断的过程，就是从随机信号中提取周期成分的过程。

2. 按产生振动的原因分类

机器产生振动的根本原因，在于存在一个或几个力的激励，不同性质的力激起不同的振动类型。据此，可将机械振动分为三种类型。

（1）自由振动：给系统一定的能量后，系统所产生的振动。若系统无阻尼，则系统维持等幅振动；若系统有阻尼，则系统为衰减振动。

（2）受迫振动：元件或系统的振动是由周期变化的外力作用所引起的，如不平衡、不对中所引起的振动。

（3）自激振动：在没有外力作用下，只是由于系统自身的原因所产生的激励而引起的振动，如油膜振荡、喘振等。

因机械故障而产生的振动，多属于受迫振动和自激振动。

3. 按振动频率分类

机械振动频率是设备振动诊断中一个十分重要的概念。在各处振动诊断中常常要分析频率与故障的关系，要分析不同频段振动的特点。因此，了解振动频段的划分与振动诊断的关系很有实用意义。按频率的高低，通常把振动分为三种类型，见表 2－1。

表 2－1　按振动频率大小分类

振动类型	频率范围	实　例
低频振动	$f<5$ 倍轴旋转频率	不平衡、不对中、轴弯曲、松动、油膜振荡等引起的振动
中频振动	$f=10\sim1000\text{Hz}$	齿轮振动、流体振动
高频振动	$f>1000\text{Hz}$	滚动轴承伤痕引起的振动、摩擦振动

这里应当指出，目前对划分频段的界限，尚无严格的规定和统一的标准。不同的行业，或同一行业中对不同的诊断对象，其划分频段的标准都不尽一致，在各类文献中可见到多种不同的划分方法。在通常情况下进行现场振动诊断，可参照表 2－1 所介绍的分类方法。

二、简谐振动

简谐振动是机械振动中最基本、最简单的振动形式（图 2－1）。其振动位移 d 与时间 t 的关系可用正弦曲线表示，表达式为

$$\mathrm{d}(t) = D\sin[(2\pi/T)t + \phi] \tag{2-1}$$

式中 D——最大振幅，又称峰值，$2D$ 称为峰峰值，其单位为 mm 或 μm；

T——振动的周期，即再现相同振动状态的最小时间间隔，单位为 s；

ϕ——振动的初相位，单位为 rad；

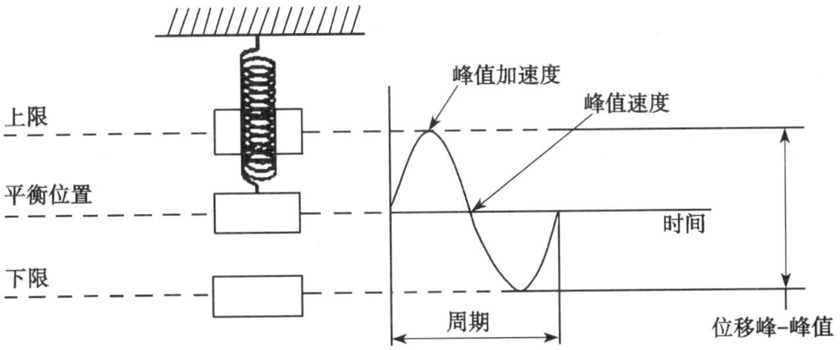

图 2-1　典型的简谐振动

振动的周期的倒数称为振动频率，单位为 Hz，即

$$f=1/T(\mathrm{Hz}) \tag{2-2}$$

频率 f 又可用角频率来表示，即

$$\omega=2\pi/T(\mathrm{rad/s}) \tag{2-3}$$

ω 和 f 的关系为

$$\omega=2\pi f(\mathrm{rad/s}) \tag{2-4}$$

式（2-1）可表示为

$$\mathrm{d}(t)=D\sin[\omega t+\phi] \tag{2-5}$$

此处令 $\psi=\omega t+\phi$。ψ 称为简谐振动的相位，是时间 t 的函数，单位为 rad。

描述机械振动的三个基本要素即是上述的振幅、频率和相位。

简谐振动除可用位移表示外，同样可用相应的振动速度和加速度表示。速度和加速度的表达式可由式（2-5）经过一次和二次微分求得

$$v(t)=\mathrm{d}d/\mathrm{d}t=D\omega\cos[\omega t+\phi]=V\sin[\omega t+\pi/2+\phi]=V\cos[\omega t+\phi] \tag{2-6}$$

$$a(t)=\mathrm{d}v/\mathrm{d}t=-D\omega^2\sin[\omega t+\phi]=A\sin[\omega t+\pi+\phi] \tag{2-7}$$

描述机械振动的三种特征量即是上述的位移、速度和加速度。

简谐振动的位移、速度和加速度三者关系如图 2-2 所示。

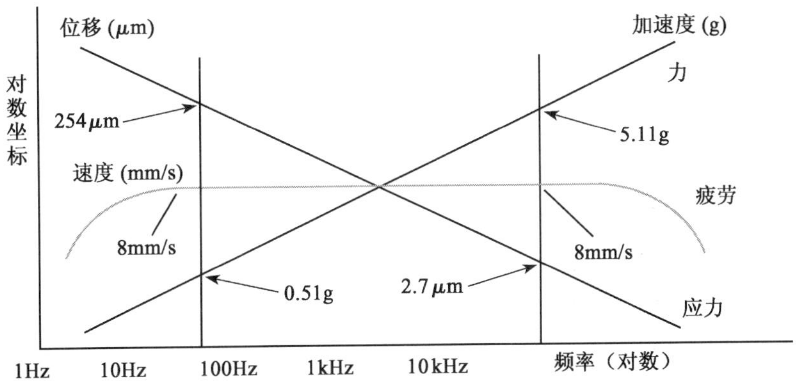

图 2-2　位移、速度和加速度三者关系

三、振动信号的幅值域分析

描述振动信号的一些简单的幅值域参数，如峰－峰值、峰值、平均值和均方根值等，它们的测量和计算简单，是振动监测的基本参数，目前国内外基于这种幅域分析的简单振动监测仪器广泛用于工业领域。通常振动位移、速度或加速度等特征量的有效值、峰值或平均值均可作为描述振动信号的一些简单的幅域参数。具体选用什么参数要考虑机器振动的特点，还要看哪些参数最能反映状态和故障特征。

一般在时域振动波形上提取和考查以下几个特征值对被测机器的状态作初步评价：

1. 振幅

振动幅值表征机械振动的强度和能量。振幅值如前所述有三种特征量，即振动的位移、速度和加速度。根据不同的需要，对振幅值可以有不同的描述方法，通常以峰值、平均值和有效值表征（图 2－3）。

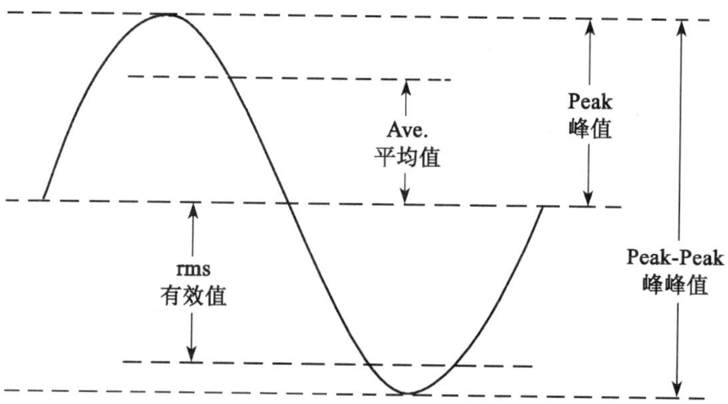

图 2－3　简谐振动的幅值

（1）峰值。X_p 表示振幅的单峰值。在实际振动波形中，单峰值表示振动瞬时冲击的最大幅值。X_{p-p}表示振幅的双峰值，又称峰－峰值，它反映了振动波形的最大偏移量。

（2）有效值。X_{rms}表示振幅的有效值，它表征了振动的破坏能力，是衡量振动能量大小的量。ISO 标准规定，振动速度的均方根值，即有效值为“振动烈度”，作为衡量振动强度的一个标准。其数学表达式为

$$X_{\mathrm{rms}} = \sqrt{\frac{1}{T}\int_0^T x^2(t)\,\mathrm{d}t} \tag{2-8}$$

正弦波的有效值、峰值、峰峰值与平均值之间关系如下：

有效值 =0. 707 × 峰值 =1. 11 × 平均值

峰值 =1. 414 × 有效值 =1. 57 × 平均值

平均值 =0. 637 × 峰值 =0. 90 × 有效值

峰峰值 =2 × 峰值

2. 周期和频率

振动每重复发生一次所需的时间称为振动的周期。每秒振动的次数称为频率，频率是振

动的重要特征之一。不同的结构、不同的零部件、不同的故障源，则产生不同频率的机械振动，因此频率分析是设备振动诊断中的重要手段。

3. 相位

相位与频率一样都是用来表征振动特征的重要信息。不同振动源产生的振动相位不同，对于两个振源，相位相同可使振幅叠加，产生严重后果；反之，相位相反可能引起振动抵消，起到减振作用。相位测量可用于

（1）谐波分析；

（2）动平衡测定；

（3）振型测量；

（4）判断共振点等。

常规幅值域参数通常又称为有量纲幅域诊断参数，它们虽然会随着故障的发展而上升，但也会因工作条件的变化而改变，为此而产生了对故障足够敏感的无量纲幅域参数，以满足故障监测更高的需求。在机械故障诊断领域中，目前常用的无量纲指标有波形指标、峰值指标、脉冲指标、裕度指标、峭度指标等。

随机信号的幅值概率密度函数 $p(x)$ 是指振动信号幅值为 x 的概率。通过幅值概率密度函数的形状可以判断信号的类型，它可直接用于机械设备的故障诊断。

第三节　简易振动监测参数的测量

一、测定参数的选定

通常用于描述机械振动响应的三个参数是位移（单位常用 μm 表示）、速度（单位常以 mm/s，cm/s 表示）、加速度（单位常以重力加速度 g 或 mm/s^2 表示）。从测量的灵敏度和动态范围考虑，高频时的振动强度由加速度值度量，中频时的振动强度由速度值度量，低频时的振动强度由位移值度量。从异常的种类考虑，冲击是主要问题时测量加速度；振动能量和疲劳是主要问题时测量速度；振动的幅度和位移是主要问题时应测量位移。实际测量中，可由所测得的振动频谱来决定应采用的最佳参数。对于大多数机器来说，最佳参数是速度，这是许多振动标准采用该参数的原因之一。

二、测量位置的选定

首先应确定测量轴振动还是轴承振动。一般说来，监测轴比测试轴承座或机壳的振动信息更为直接和有效。在出现故障时，转子上振动的变化比轴承座或机壳要敏感得多。不过，监测轴的振动常常要比测量轴承座或外壳的振动需要更高的测试条件和技术，其中最基本的条件是能够合理地安装传感器。因为测量转子振动的非接触式涡流传感器安装前一般需要加工设备外壳，保证传感器与轴颈之间没有其他物体。在高速大型旋转设备上，传感器的安装位置常常是在制造时就留下的，目的是对设备实行连续在线监测。而对低速中、小设备来说，常常不具备这种条件。在此情况下，可以选择在轴承座或机壳上放置传感器进行测试。测量轴承振动可以检测机械的各种振动，因受环境影响较小而易于测量，而且所用仪器价格低，装卸方便，但测量的灵敏度和精度较低。测量轴振动及轴承振动时传感器的典型安装方

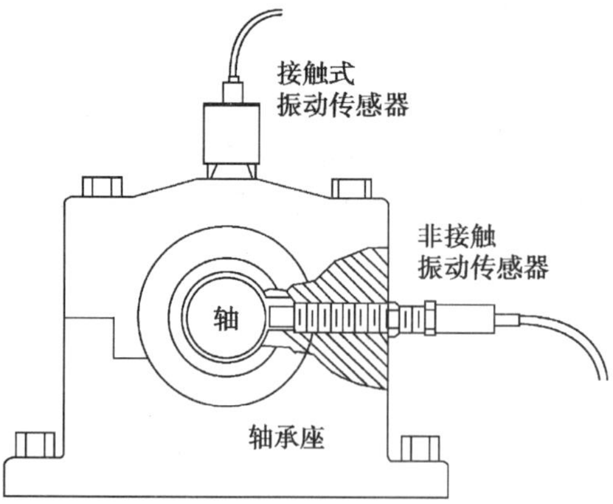

图2－4　传感器的典型安装方式

式如图2－4所示。

其次应确定测点位置。一般情况下，测量点选择的总原则是：能对设备振动状态作出全面的描述；应是设备振动的敏感点；应是离机械设备核心部位最近的关键点；应是容易产生劣化现象的易损点。一般测点应选在接触良好，表面光滑，局部刚度较大的部位。值得注意的是，测点一经确定之后，就要经常在同一点进行测量。特别是高频振动，测点对测定值的影响更大。为此，确定测点后必须作出记号，并且每次都要在固定位置测量。无论是柔性或刚性安装支承点，如机座、轴承座，一般都选为典型测点。通常对于大型设备，必须在机器的前中后、上下左右等部位上设点进行测量。在监测中还可根据实际需要和经验增加特定测点。

不论是测轴承振动还是测轴振动，都需要从轴向、水平和垂直三个方向测量。考虑到测量效率及经济性，一般应根据机械容易产生的异常情况来确定重点测量方向。

三、振动监测的周期

监测周期的确定应以能及时反映设备状态变化为前提，根据设备的不同种类及其所处的工况确定振动监测周期。通常有以下几类：

（1）定期巡检。即每隔一定的时间间隔对设备检测一次，间隔的长短与设备类型及状态有关。高速、大型的关键设备，检测周期要短一些；振动状态变化明显的设备，应缩短检测周期；新安装及维修后的设备，应频繁检测，直至运转正常。

（2）随机点检。对不重要的设备，一般不定期地进行检测。发现设备有异常现象时，可临时对其进行测试和诊断。

（3）长期连续监测。对部分大型关键设备应进行在线监测，一旦测定值超过设定的门槛值即进行报警，进而对机器采取相应的保护措施。

对于定期检测，为了早期发现故障，以免故障迅速发展到严重的程度，检测的周期应尽可能短一些；但如果检测周期定得过短，则在经济上可能是不合理的。因此，应综合考虑技术上的需要和经济上的合理性来确定合理的检测周期。连续在线监测主要适用于重要场合或由于工况恶劣不易靠近的场合，相应的监测仪器较定期检测的仪器要复杂，成本也要高些。

第四节　简易振动诊断的常用仪器设备

振动监测及故障诊断所用的典型仪器设备包括测振传感器、信号调理器、信号记录仪、信号分析与处理设备等。传感器将机械振动量转换为适于电测的电参量，经信号调理器进行放大、滤波、阻抗变换后，可用信号记录仪将所测振动信号记录、存储下来，也可直接输入到信号分析与处理设备，对振动信号进行各种分析、处理，取得所要的数据。随着计算机技术的发展，信号分析与处理已逐渐由以计算机为核心的监视、分析系统来完成。

一、测振传感器

测振传感器是用来测量振动参量的传感器，根据所测振动参量和频响范围的不同，习惯上将测振传感器分为振动加速度传感器、振动位移传感器和振动速度传感器三大类，各自典型的频响范围大致为：振动加速度传感器为 0 ~ 50kHz、振动位移传感器为 0 ~ 10kHz、振动速度传感器为 10Hz ~ 2kHz。各种传感器的工作原理、结构简图、测量电路、性能特点、使用注意事项以及典型应用叙述如下。

（一）涡流式位移传感器

涡流式位移传感器是利用转轴表面与传感器探头端部间的间隙变化来测量振动的。涡流式位移传感器的最大特点是采用非接触测量，适合于测量转子相对于轴承的相对位移，包括轴的平均位置及振动位移。它的另一个特点是具有零频率响应，且有频率范围宽（DC ~ 10kHz）、线性度好以及在线性范围内灵敏度不随初始间隙的大小改变等优点。目前涡流式位移传感器广泛应用于各类转子的振动监测。它利用导体在交变磁场作用下的电涡流效应，将变形、位移与压力等物理参量的改变转化为阻抗、电感、品质因素等电磁参量的变化。电涡流传感器的优点是灵敏度高、频响范围宽、测量范围大、抗干扰能力强、不受介质影响、结构简单以及非接触测量等，当今在各工业领域都得到了广泛的应用，如在汽轮发电机组、透平机、压缩机、离心机等大型旋转机械的轴振动、轴端窜动以及轴心轨迹监测中都有应用。此外，电涡流传感器还可用于测厚、测表面粗糙度、无损探伤、测流体压力、转速等一切可转化为位移的物理参量。

图 2 – 5 是涡流式位移传感器的工作原理图。图 2 – 6 为电涡流传感器系统的组成。在传感器的端部有一线圈，线圈中有频率较高（1 ~ 2MHz）的交变电压通过。当线圈平面靠近某一导体面时，由于线圈磁通链穿过导体，使导体的表面层感应出涡流 i_2，而 i_2 所形成的磁通 Φ_2 又穿过原线圈。这样，原线圈与涡流“线圈”形成了有一定耦合的互感。耦合系数的大小与二者之间的距离及导体的材料有关。可以证明，在传感器的线圈结构与被测导体材料

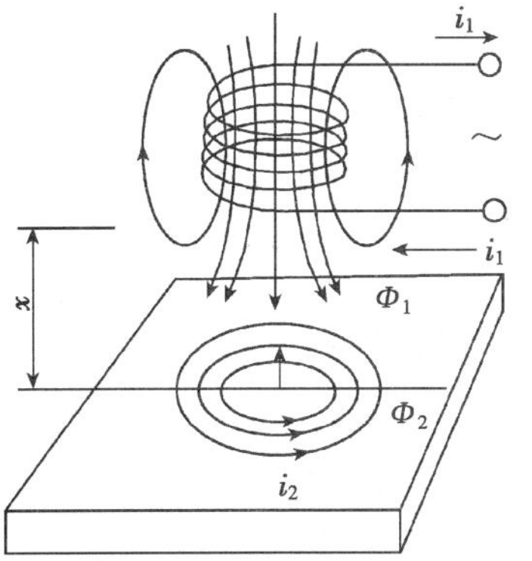

图 2 – 5　涡流式位移传感器的工作原理图

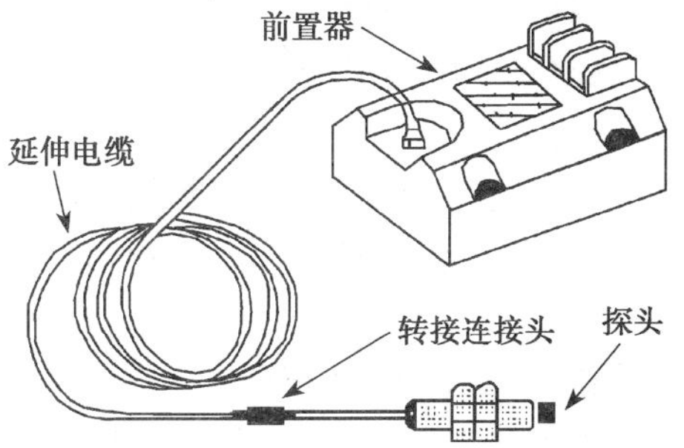

图 2 – 6　电涡流传感器系统的组成

确定之后，传感器的等效阻抗以及谐振频率都与间隙的大小有关，此即非接触式涡流传感器测量振动位移的依据。它将位移的变化线性地转换成相应的电压信号以便进行测量。

涡流式位移传感器结构比较简单，主要是安置在框架上的一个线圈，线圈多是绕成扁平圆形。线圈导线一般采用高强度漆包线；如果要求在高温下工作，应采用高温漆包线。图2-7给出了典型传感器的结构图。

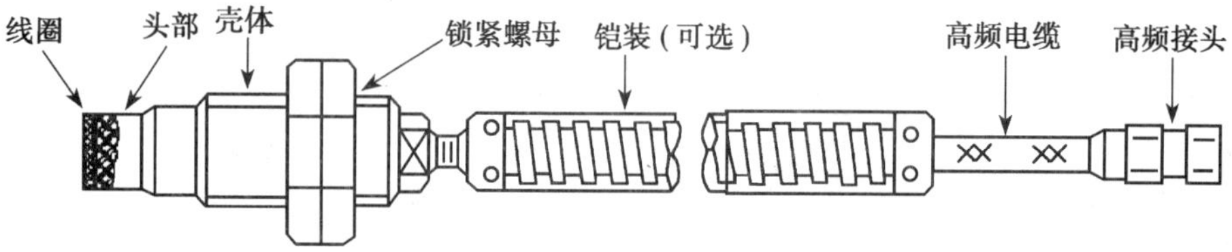

图2-7 典型电涡流传感器的结构图

为了实现位移测量，必须配备一个专用的前置放大器，一方面为涡流式位移传感器提供输入信号，另一方面提取电压信号，如图2-6所示。

涡流式位移传感器一般直接利用其外壳上的螺纹安装在轴承座或机器壳体上。安装时，首先应注意的是平均间隙的选取。为了保证测量的准确性，要求平均间隙加上振动间隙，也即总间隙应在传感器线性段以内。一般将平均间隙选在线性段的中点，这样，在平均间隙两端容许有较大的动态振幅。

安装传感器时另一个要注意的问题是在传感器端部附近除了被测物体表面外，不应有其他导体与之靠近。另一方面，还应考虑到被测转子的材料特性以及温度等参数在工作过程中对测量的影响。涡流式位移传感器典型的安装方式如图2-8所示。

除了探头、延伸电缆、前置器决定传感器系统的性能外，严格地讲被测物体也是传感器系统的一部分，即被测物体的性能参数也会影响整个传感器系统的性能：

（1）被测物体性能；

（2）被测物体尺寸；

（3）被测物体表面加工状况；

（4）被测物体材料；

（5）被测物体表面镀层；

（6）被测物体表面残磁效应。

（二）磁电式速度传感器

磁电式速度传感器是测量振动速度的典型传感器，具有较高的速度灵敏度和较低的输出阻抗，能输出较强的信号功率。它勿需设置专门的前置放大器，测量线路简单，加之安装、使用简单，故常用于旋转机械的轴承、机壳、基础等非转动部件的稳态振动测量。

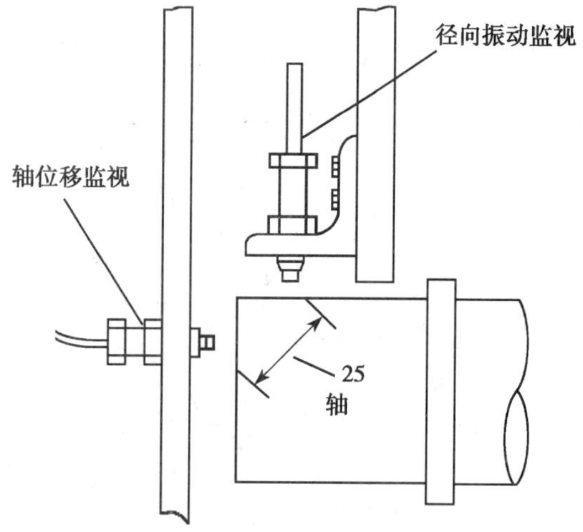

图2-8 涡流式位移传感器典型的安装方式

磁电式速度传感器的工作原理如图

2－9所示。其主要组成部分包括线圈、磁铁和磁路。磁路里留有圆环形空气间隙，而线圈处于气隙内，并在振动时相对于气隙运动。磁电式速度传感器基于电磁感应原理，即当运动的导体在固定的磁场里切割磁力线时，导体两端就感应生出电动势。其感生电动势（传感器的输出电压）与线圈相对于磁力线的运动速度成正比。

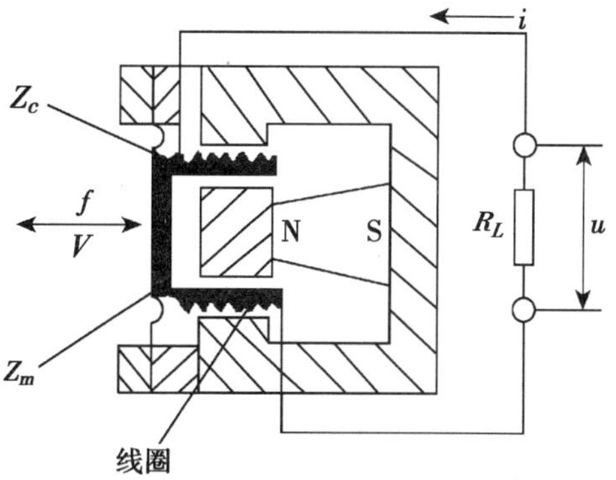

图2－9 磁电式速度传感器的工作原理

根据动圈运动方式的不同，磁电式速度传感器可分为相对式和惯性式两种。相对式可以测量两个物体之间的相对运动，惯性式结构可以测量物体的绝对振动速度。这种惯性式传感器的频率范围一般在8～1kHz。

（三）压电式加速度传感器

在种类众多的加速度传感器中，压电加速度传感器具有很多优点，如体积小、质量轻、灵敏度高、测量范围大、频响范围宽、线性度好、安装简便等，因而获得了非常广泛的应用，是目前机械故障的振动诊断测试中最为常用的一种传感器，下面将对这种传感器予以重点介绍。

压电式加速度传感器是利用压电效应制成的机电换能器。某些晶体材料，如天然石英晶体和人工极化陶瓷等，在承受一定方向的外力而变形时，会因内部极化现象而在其表面产生电荷，当外力去掉后，材料又回复不带电状态；这些材料能将机械能转换成电能的现象称为压电效应，利用材料压电效应制成的传感器称为压电式传感器。目前用于制造压电式加速度传感器的材料主要分为压电晶体和压电陶瓷两大类。当它承受机械振动时，在它的输出端能产生与所承受的加速度成正比例的电荷或电压量。与其他种类传感器相比，它具有灵敏度高、频率范围宽、线性动态范围大、体积小等优点，因此成为振动测量的主要传感器形式。

压电元件在正应力及切应力作用之下都能在极化面上产生电荷，因此在结构上有中心压缩式和剪切式两种类型。

压电式加速度传感器的灵敏度有两种表示方法：电荷灵敏度 S_q 和电压灵敏度 S_v。当传感器的前置放大器为电荷放大器时，用电荷灵敏度；若前置放大器为电压放大器时，用电压灵敏度。目前，在压电式加速度传感器系统中较常用的是电荷灵敏度 S_q。

图2－10给出了典型的压电式加速度传感器的灵敏度随频率的变化，亦即传感器的幅频特性。

加速度传感器的安装特别重要，比如安装刚度不足（用顶杆接触或厚层胶粘等）将导致安装谐振频率大幅度下降，这样，在测量高频振动时，将产生严重的失真。

为将正比于加速度的电荷量转变成一般电压输出，必须设置专用的测量线路（即前置放大器），其作用有两个：一是进行阻抗变换，把压电式传感器的高阻抗输出变换为低阻抗输出；二是放大压电式传感器输出的微弱信号。目前，用于压电式传感器的测量电路有电荷放大器和电压放大器两种。电荷放大器是一种输出电压与输入电荷量成正比的前置放大器，它的一个主要优点是受电缆电容的影响很小。因此，在长导线测量和经常要改变输入电缆长度时，较多采用电荷放大器。电荷放大器的电路较复杂，价格较贵。另一种前置放大器是带电阻反馈电压放大器，其输出电压与输入电压成正比。它对电缆对地电容的变化非常敏感，连接电缆的长度和形态变化，都会导致传感器输出电压的变化，从而使仪器的灵敏度也发生变化。电压放大器电路简单，价格便宜。

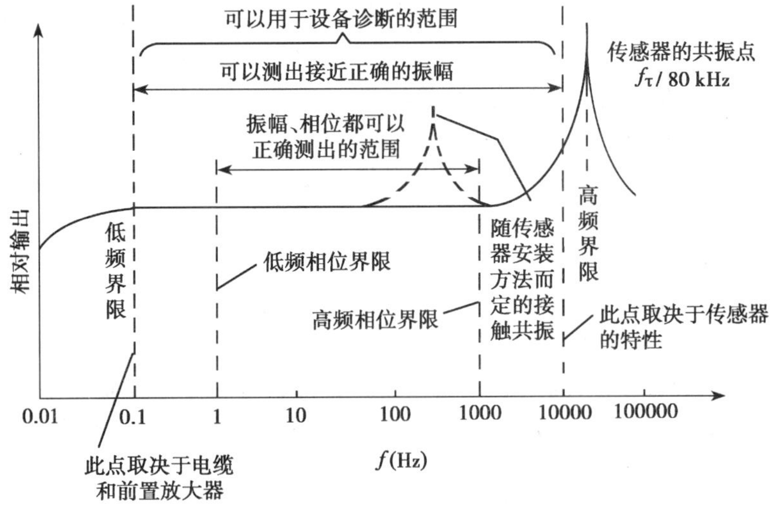

图 2－10　压电式加速度传感器的幅频特性

使用压电加速度传感器时，测量结果的真实性会受到很多因素的影响，产生测量误差，这些因素有环境因素、安装因素以及传感器本身的特性。主要的影响因素有：

（1）湿度；

（2）环境温度；

（3）电缆噪声；

（4）接地回路噪声；

（5）传感器横向灵敏度；

（6）传感器安装方式。

安装方式是影响测量结果的重要因素，因为不同的安装方式对传感器频响特性的影响是不同的。表 2－2 给出了加速度传感器的几种常见的安装方式及各自的特点，以便安装时参考。

目前在现场测量中，多采用内置电荷放大器式的加速度传感器。这种传感器使用非常方便，适合于便携式测试仪器。

（四）记录仪器

记录仪器用来记录和显示被测振动随时间的变化曲线（时域波形）或频谱图。记录仪器的种类很多，如电子示波器、光线示波器、磁带记录仪、X－Y 记录仪、电平记录仪等。对于测量冲击和瞬态过程，可采用记忆式示波器和瞬态记录仪。

表 2－2　加速度传感器的安装方法及特性

安装方式	钢制螺栓安装	绝缘螺栓加云母垫片	用粘接剂固定	刚性高的蜡	永久磁铁安装	手　持
安装示意图	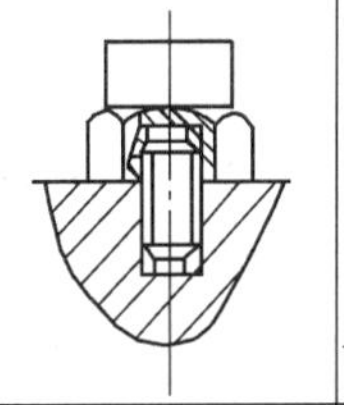	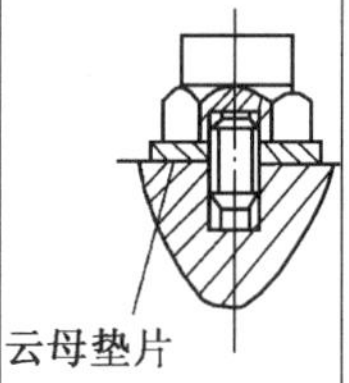	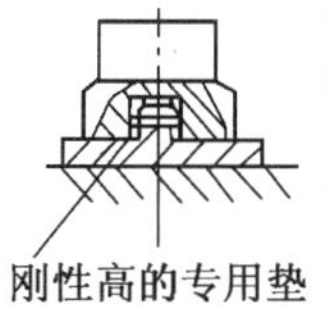	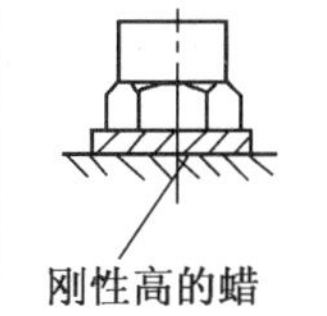	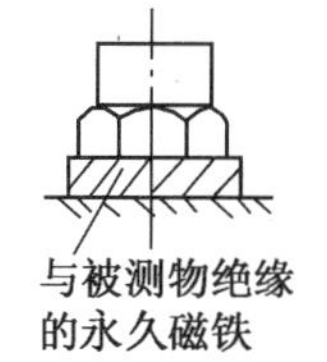	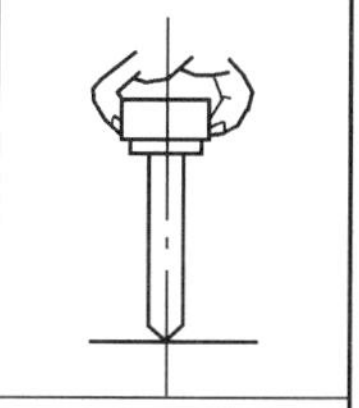
特点	频响特性最好，基本不降低传感器的频响性能。负荷加速度最大，是最好的安装方法，适合于冲击测量	频响特性近似于没加云母片的螺栓安装，负荷加速度大，适合于需要电气绝缘的场合	用粘接剂固定，和绝缘法一样，频率特性良好，可达 10kHz	频率特性好，但不耐湿	只适用于 1～2kHz 的测量，负荷加速度中等（< 200g），使用温度一般小于 150℃	用手按住频响特性最差，负荷加速度小，只适用于 < 1kHz 的测量，其最大优点是使用方便

磁带记录仪是较常用的记录仪器，它利用铁磁性材料的磁化来进行记录，其工作频带宽，能贮存大量的数据，并能以电信号的形式把数据复制重放出来。磁带记录仪分为两类，即模拟磁带记录仪和数字磁带记录仪。数字磁带机的优点在于记录准确可靠，记录和重放电路简单；模拟式磁带机可分为直接记录式（DR 式）和调频式（FM 式），在目前振动测试中仍较广泛采用。

（五）振动简易诊断仪器

简易诊断仪器通过测量振动幅值的部分参数，对设备的状态作出初步判断。这种仪器体积小，价格便宜，易于掌握，适合由工段、班组一级来组织实施进行日常测试和巡检。按其功能可分为：振动计、振动测量仪和冲击振动测量仪等。

振动计一般只测一个物理量，读取一个有效值或峰值。读数由指针显示或液晶数值显示。有表式和笔式两种，小巧便携。

振动测量仪可测振动位移、速度和加速度三个物理量，频率范围较大，其测量值可直接由表头指针显示或液晶数字显示。通常备有输出插座，可外接示波器、记录仪和信号分析仪，可进行现场测试、记录、分析。

冲击振动测量仪测量振动高频成分的大小，常用于检测滚动轴承等的状态。

第五节　振动监测标准及机器状态评价

一、振动监测标准

衡量机械设备的振动，国际上都有一套振动判断标准，可针对设备故障，判断机器是正常还是异常。机械状态标准，一般可分为绝对判断标准、相对判断标准和类比判断标准三大类。

在实施状态监测与故障诊断的过程中，首先通过测试分析获取设备的状态信息，然后根据所获得的信息对设备状态作出判断。标准则是判断的依据或准则。诊断标准的建立、完善和搜集整理是设备诊断中一项很重要的工作。如何在诊断中正确使用标准，须着重处理好三个问题：

1. 诊断标准的科学性与相对性

目前，国内、外各种振动标准，一般都是建立在理论分析和科学实验基础上的，是诊断人员长期监测、广泛积累的结果。因此，从总体上说，这些标准都具有普遍意义，它是相当科学的。但是，应当注意的是，任何一个标准都是在一定条件下制定的。由于每台设备的原始状况、工作环境、运行条件等诸多因素不可避免地存在差异，各行业对设备的运行精度的要求也不一样。因此，在应用标准判断某台具体设备的时候，标准只能被当作一种参考，这又体现了标准的相对性。

2. 明确标准所适用的诊断对象和应用范围

我们在选用标准时，首先必须全面了解标准的内容，注意把诊断对象与标准所适用的对象、应用范围（转数、功率、频率等）以及约束条件（参数类别、测点位置、测量方法、设备工况等）进行比较。

3. 标准的综合应用

由于各类标准都具有相对性，若用单一标准判别，有时难免出错，所以最好采用多个标准做综合判断。可以将三类标准（绝对标准、相对标准和类比标准）综合运用。在三标准同时存在的情况下，建议按如下的优先顺序进行选择：绝对标准——相对标准——类比标准。特别是在诊断疑难故障时，采用三类标准作综合判断最为可靠。同时，也可以采用不同国度、不同行业、不同企业的诊断标准进行比较分析，从而使得判断结果的把握性更大。

表 2-3　机械设备振动速度分级标准

<table>
<tr><td colspan="6">ISO2372
（适用于转速为 10 ~ 200r/s，信号频率在 10 ~ 1000Hz 范围内的旋转机械）</td><td colspan="2">ISO 3495
（适用于转速为 10 ~ 200r/s 的大型机器）</td></tr>
<tr><td colspan="2">振动烈度</td><td rowspan="2">小型机器
（≤15kW）</td><td rowspan="2">中型机器
（15 ~ 75kW）</td><td rowspan="2">大型机器</td><td rowspan="2">汽轮机</td><td colspan="2">支承分类</td></tr>
<tr><td>范围</td><td>v_{max} (mm · s^{-1})</td><td>刚性支承</td><td>柔性支承</td></tr>
<tr><td>0.28</td><td rowspan="13">0.28
0.45
0.71
1.12
1.8
2.8
4.5
7.1
11.2
18
28
45</td><td rowspan="3">A</td><td rowspan="4">A</td><td rowspan="5">A</td><td rowspan="6">A</td><td rowspan="5">好</td><td rowspan="6">好</td></tr>
<tr><td>0.45</td></tr>
<tr><td>0.71</td></tr>
<tr><td>1.12</td><td rowspan="2">B</td></tr>
<tr><td>1.8</td><td rowspan="2">B</td></tr>
<tr><td>2.8</td><td rowspan="2">C</td><td rowspan="2">B</td><td rowspan="2">满意</td></tr>
<tr><td>4.5</td><td rowspan="2">C</td><td rowspan="2">B</td><td rowspan="2">满意</td></tr>
<tr><td>7.1</td><td rowspan="7">D</td><td rowspan="2">C</td><td rowspan="2">不满意</td></tr>
<tr><td>11.2</td><td rowspan="6">D</td><td rowspan="2">C</td><td rowspan="2">不满意</td></tr>
<tr><td>18</td><td rowspan="4">D</td><td rowspan="4">不能接受</td></tr>
<tr><td>28</td><td rowspan="3">D</td><td rowspan="3">不能接受</td></tr>
<tr><td>45</td></tr>
<tr><td>71</td></tr>
</table>

（1）绝对判断标准。绝对标准是将被测量值与事先设定的“标准状态门槛值”相比较以判定设备运行状态的一类标准。常用的振动判断绝对标准有 ISO 2372、ISO 3495、VDI 2056、BS 4675、GB 6075—85、ISO 10816 等。表 2 - 3 为常用的机械设备振动速度分级标准，其中 A 表示设备状态良好，B 表示允许，C 表示较差，D 表示不允许状态。

图 2 - 11 为旋转机械的振动位移标准。它适用于振动不直接影响加工质量的机器。

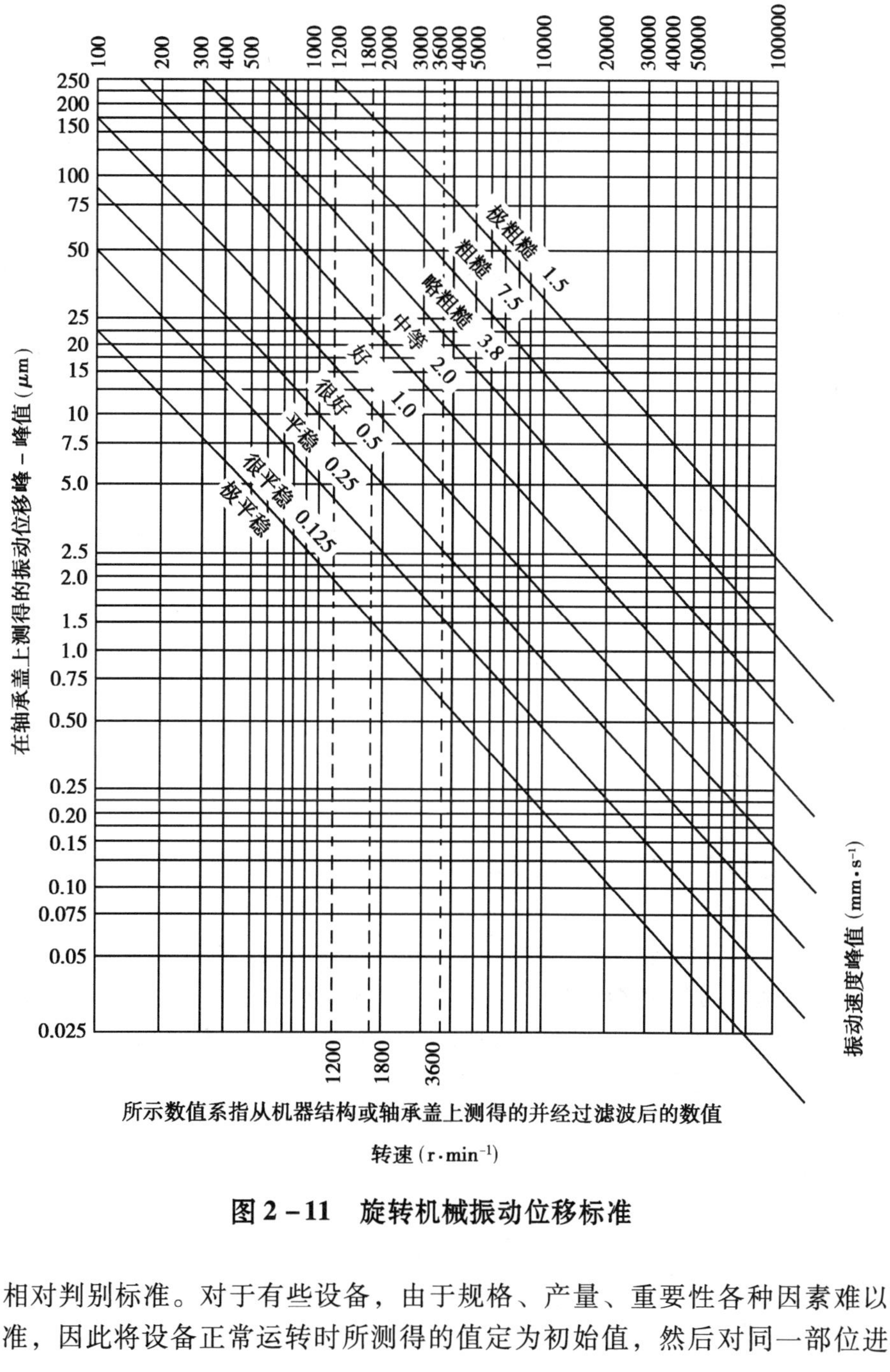

图 2 - 11　旋转机械振动位移标准

（2）相对判别标准。对于有些设备，由于规格、产量、重要性各种因素难以确定绝对判别标准，因此将设备正常运转时所测得的值定为初始值，然后对同一部位进行测定并进行比较，实测值与初始值相比的倍数叫相对标准。表2－4所示为典型的相对判别标准。

表2－4　振动相对判别标准

区　域	低频振动	高频振动
注意区域	1.5～2倍	≈3倍
异常区域	≈4倍	≈6倍

相对标准是应用较为广泛的一类标准，其不足之处在于，标准的建立周期长，且门槛值的设定可能随时间和环境条件（包括载荷情况）而变化。因此，在实际工作中，应通过反复实验才能确定。

（3）类比判断标准。数台同样规格的设备在相同条件下运行时，通过对各设备相同部件的测试结果进行比较，可以确定设备的运行状态。类比时所确定的机器正常运行时振动的允许值即为类比判断标准。

需要注意的是，绝对判定标准是在规定的检测方法的基础上制定的标准，因此必须注意其适用频率范围，并且必须按规定的方法进行振动检测。适用于所有设备的绝对判定标准是不存在的，因此一般都是兼用绝对判定标准、相对判定标准和类比判定标准，这样才能获得准确、可靠的诊断结果。

二、机器状态评价

用于机器状态评价的测量参数常用的有：

- 轴承的绝对振动；
- 轴的相对振动；
- 滚动轴承状况单位值；
- 轴的相对轴向位置。

机器评价包括以下几个方面内容：

- 测量一个或多个参数，如机械振动、温度等。
- 确定相应的测量单位，如振动速度的均方根值、摄氏度等。
- 建立和确定机器测量参数的评价标准，将测量值与允许和极限值进行比较。
- 对测量值随时间的变化作出评估，考虑其历程或趋势。

通过测量机器的振动并对其状态进行评价，可随时了解和掌握机器的运行状态，发现异常、预测发展趋势、防止故障等，是机械设备现代化管理最基本的工作。

图2－12所示为某锅炉除尘风机的诊断实例。该风机为悬臂式结构，工作转速为600～1300r/min，功率为1300kW，采用柔性支承，测点布置如图所示（各轴承座位置）。首先测量风机的标准振动速度幅值（mm/sec，peak峰值，四次平均），测量范围为2～1000Hz，主要用于评价机器的总体振动水平，分析机器转子的运行状态。同时，测量机器各轴承的振动冲击能量幅值（1kHz gSE，peak峰值，四次平均），主要用于评价机器各轴承引起的周期性冲击振动水平，评价各滚动轴承的运行状态。该机2004年3月8日启动时振动很大，无法

达到最高工作转速，1100r/min 时风机端（测点 4）的振动幅值（水平方向）已达45mm/s（峰值），且随转速提高振动明显增大。分析及处理过程如下：

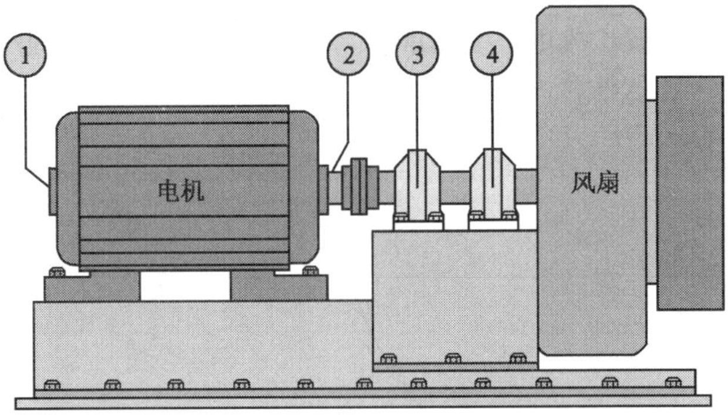

图 2-12 锅炉除尘风机测点布置简图

（1）根据 ISO 10816 的规定，该类柔性支撑设备的振动允许值通常为 15mm/s（peak）。风机的振动已远远超过允许值，需停机检修。

（2）风机的径向振动值明显大于轴向振动值，且随转速提高振动明显增大。

（3）轴承位置振动冲击能量值在正常范围内，滚动轴承未发现有明显异常。

（4）初步判断风机的异常振动由风机转子腐蚀、积垢导致的不平衡引起，未发现其他部件异常。需清洗风机叶轮，对转子进行现场动平衡。

（5）对风机转子进行现场动平衡后，机器振动大幅降低，振动值降低至 4mm/s（峰值），运行状态在允许范围内。

三、设备状态发展趋势分析

在设备故障诊断工作中，除了要对故障类型、部位及程度作出判别外，还要对故障发展趋势作出判断。对设备实行状态趋势管理是必不可少的工作，其主要作用如下：

（1）对设备故障实行趋势管理，可以预测设备状态未来的发展趋势。

（2）掌握设备状态变化的趋势，有利于分析故障的性质。通过趋势图，可以看出机器状态劣化的速度。速度快是突发故障的信号，如油膜振荡、叶片脱落或机件刮断等，劣化速度慢，则是磨损故障的特征。

（3）实现特征频率分量的幅值变化的趋势管理，可监视设备总体状态变化，也能诊断故障的原因。当信号 2 倍频幅值变化很大，而 1 倍频幅值不变时，设备可能存在不对中故障，而非不平衡故障。

以时间为横坐标，幅值参量为纵坐标，把标示在坐标图上的定期监测的数据点用一根光滑的曲线连接起来，就形成了常用的趋势管理曲线。管理对象可以是某一测点的振值，也可以是某一个特征频率振幅。

图 2-13 是一趋势管理图，当设备运行到时间 T_1 时，监测幅值由正常值上升到异常值区域，表明设备已存在故障；设备运行到时间 T_2 时，幅值达到不允许值范围，说明设备存在严重故障，必须停机处理。（T_2-T_1）时间段应当是处理故障前的准备时间。利用趋势管

理图判断设备的状态时，还应注意参数值变化的速率。在图2-14中，曲线1和曲线2分别表示两台设备的状态趋势管理图。对于曲线1而言，尽管监测参数的绝对值并不很大，或者还没有超过允许范围，但是其幅值的变化率很大，这种情况往往预示着设备在加速劣化，或者有突发性事故发生的可能，故更应引起重视。曲线2的变化率要小得多，说明设备状态变化是渐进性的，危险性要小得多。

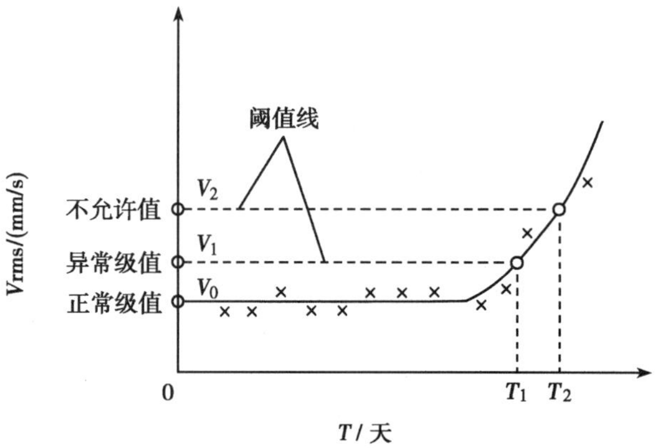

图2-13 设备的状态趋势管理图

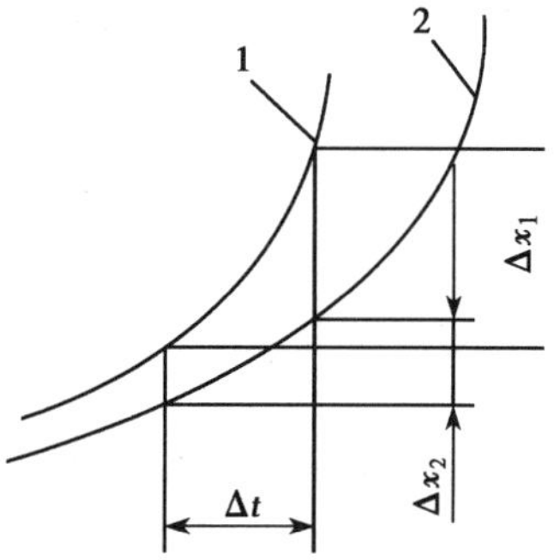

图2-14 不同变化率的状态趋势管理图

图2-15为某厂一台30万吨乙烯装置裂解气压缩机组转子振动监测的实例。1995年11月2日，该大型裂解气压缩机中压缸两端轴承座振动突增数倍，振动严重超标，怀疑由转子严重不平衡所致。开缸检查证实，因进口过滤器支承块断裂，刮下大量积焦，堆积在转子上造成严重不平衡。经清焦处理，开车证实，振动恢复正常。

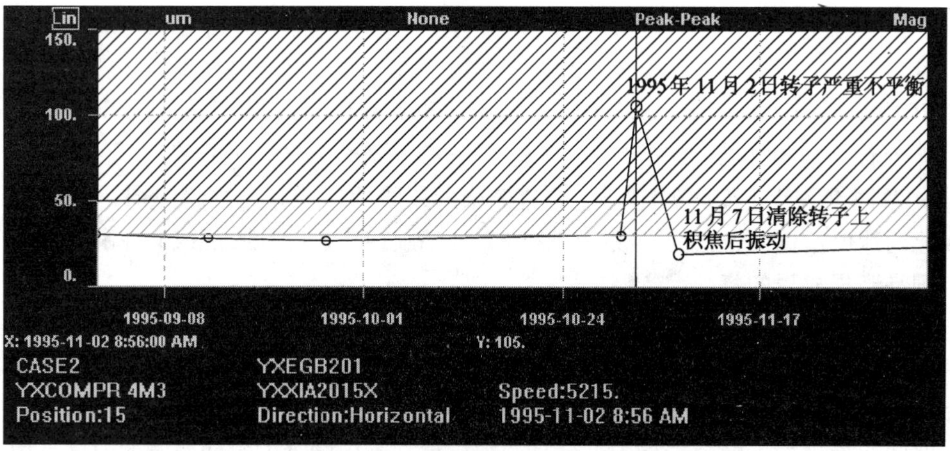

图2-15 裂解气压缩机组转子振动趋势管理实例

图2-16是一个趋势管理所用图表的实例。对象设备是冶金企业热轧工厂金属辊道的轧辊，其结构虽然简单，但对产品质量的影响很大。在图表的上部，要求绘出被诊断设备的简图，并需注明振动的测点位置。在右上栏要填写额定功率（kW）、额定转速（r/min）、轴

承及齿轮的名称和型号，并记入每个测点上的初始振动值（又称标准值）。

图中的 H、V、A 分别表示水平方向、垂直方向和轴向。当经验不足时，要求在三个方向上进行测量，而随同经验积累，则可以减少测点和方向。表中通过测量振动速度（cm/s）来衡量设备在低频领域 L_0 的振动水平，测量加速度（g）来衡量中频领域及高频领域的振动水平。

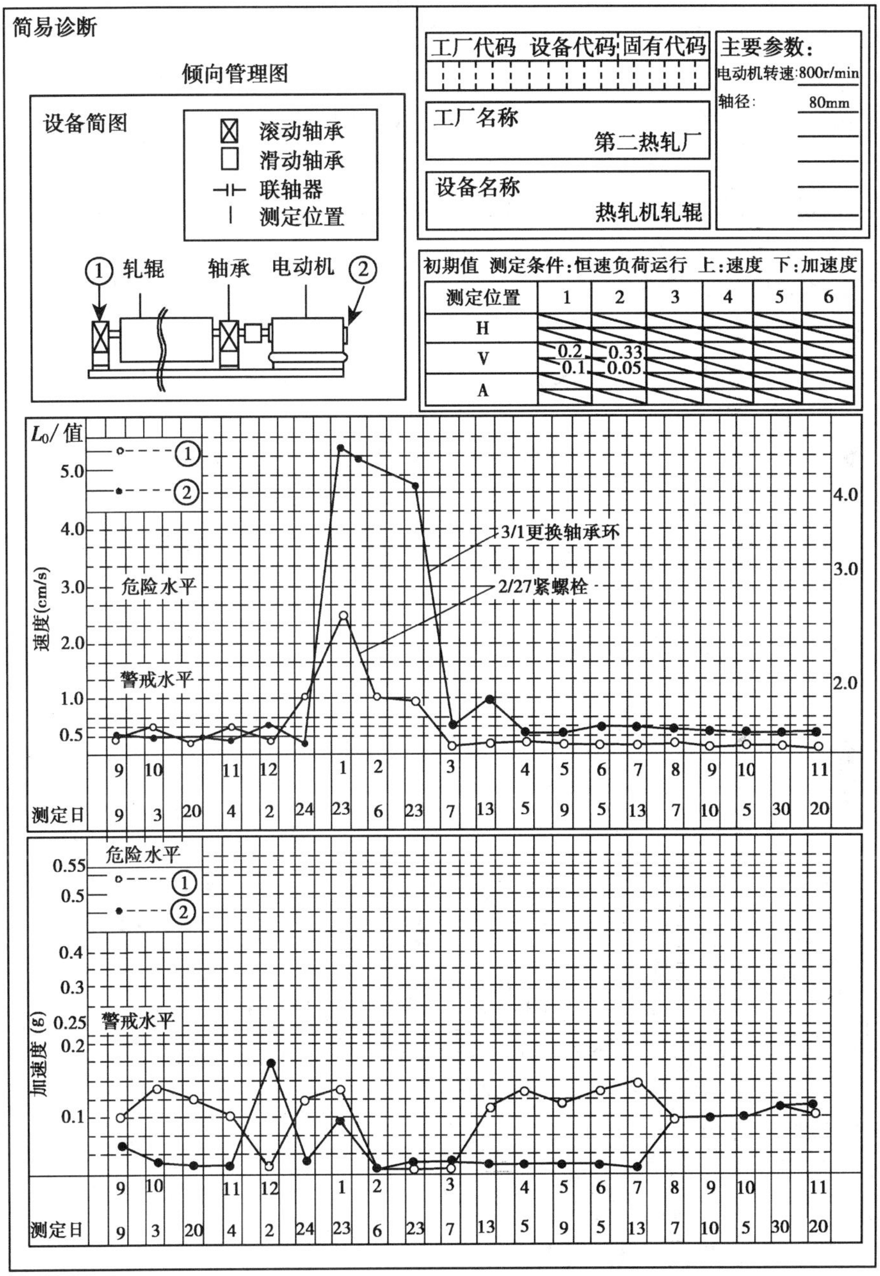

图 2－16　典型趋势管理图表

第六节　简易振动诊断的开展方法与实施

一、简易振动诊断的开展方法

我国某石化公司所总结的“八定”是一种较好的现场开展方法。

（1）定机组。把停机损失和维修费用大的设备选定为对象，并根据人力情况，确定一定数量的可管设备。

（2）定参数。结合拟用诊断方法，把最能表征设备技术状态和故障发展趋势的参量，选定为参数。

（3）定测点。把能对设备技术状态作出全面反映，以及距敏感点路径最短和便于测量的点列为选定测点。

（4）定周期。根据不同设备和测点及其劣化情况，选择定期、随机和长期监测，并根据故障频度确定监测周期。

（5）定路径。在使用简易诊断仪器或数据采集器进行巡检时，为提高工作效率，需要事先选定工作路径和建档方法。

（6）定标准。根据对象设备和有关标准，分别选定绝对、相对和类比判断标准。

（7）定仪器。根据所定参数，选择可靠性好并便于使用的仪器。

（8）定人员。为有利于积累经验和便于比较，以及能和所管设备的实际状态相结合，一般应固定检测人员，或实行区域承包制。

二、现场简易振动诊断的实施

简易振动诊断的全过程可分为三个环节，即：准备工作、诊断实施、决策与验证。其实施可归纳为六个步骤。

1. 诊断对象的确定

在一个大型的工矿企业中，不可能将全部设备都作监测的对象，因为这样会增加诊断工作量，降低诊断效率，并且诊断效果也不会理想。因此，必须经过充分的调查研究，根据企业自身的生产特点以及各种设备的组成情况，有重点地选定用作监测对象的设备。作为被监测对象的设备应该是如下几种情况。

（1）一般是连续作业和流程作业中的设备，如石化企业的压缩机、汽轮机等。

（2）停机或存在故障会造成很大损失的设备。

（3）故障发生后，会造成环境污染的设备。

（4）维修费用高的设备，如发动机。

（5）没有备用机组的关键设备。

（6）价格昂贵的大型精密和成套设备。

（7）容易造成人身安全事故的设备。

（8）容易发生故障的设备。

此外，在确定监测对象时，应尽量多地覆盖设备种类，在每种设备中选定一个至两个进行重点监测，以便取得关于该类设备的全部运行历程记录。

对一台列为诊断对象的设备要着重掌握以下几个方面的内容：

（1）设备的结构组成及其连接关系。要分别查明它们的型号、规格、性能参数及连接的形式，画出结构简图。

必须查明各主要零部件（特别是运动零件）的型号、规格、结构参数及数量等，在结构图上标明，或另予说明。这些零件包括：轴承型式、滚动轴承型号、齿轮的齿数、叶轮的叶片数、带轮直径、联轴器型式等。

（2）机器的工作原理和运行特性：

1）各主要零部件的运动方式：旋转运动还是往复运动。

2）机器的运动特性：平衡运动还是冲击性运动。

3）转子运行速度：低速（小于600r/min），中速（600～6000r/min）还是高速（大于6000r/min）；匀速还是变速；

4）机器平时正常运行时及振动测量时的工况参数值，如：排出压力、流量、转速、温度、电流、电压等。

（3）机器的工作条件：

1）载荷性质：均载、交载还是冲击负荷。

2）工作介质：有无尘埃、颗粒性或腐蚀性气（液）体。

3）周围环境：有无严重的干扰（或污染）源存在，如振源、热源、粉尘等。

（4）设备基础型式及状况：是刚性基础还是弹性基础。

（5）主要技术档案资料。有关设备的主要设计参数，质量检验标准和性能指标，出厂检验记录，厂家提供的有关设备常见故障分析处理的资料、振动标准，以及投产日期，运行记录，事故分析记录，大修记录等。

2. 诊断方案的确定

在对诊断对象全面了解的基础上，接着就要确定具体的诊断方案。诊断方案正确与否，直接关系到能否获得有效的诊断信息。一个比较完整的现场振动诊断方案应包括下列内容：

（1）选择测点。选择最佳的测量点并采用合适的检测方法是获取设备运行状态信息的重要条件。真实而充分地检测到足够数量的能够客观地反映设备运行工况的信号是诊断成功的先决条件，如果所检测到的信号不真实、不典型或不能客观地、充分地暴露设备的实际状态，那么，后续的各种功能即使再完善也枉然。因此，测量点选择的正确与否，关系到能否对设备故障作出正确的诊断。

在无特殊要求的情况下，轴承是首选测点。如果条件不允许，也应使测点尽量靠近轴承，以减小测点和轴承座之间的机械阻抗。此外，设备的地脚、机壳、缸体、进出口管道、阀门、基础等部位，也是测振的常设测点，须根据诊断目的和监测内容决定取舍。

测点一经确定，必须在每个测点的三个测量方位处做上永久性标记，以保证在同一点进行测量。

（2）预估频率和振幅。振动测量前，应估计一下所测振动信号的频率范围和幅值大小，这对选择传感器、测量仪器和测量参数非常必要，同时防止漏检某些可能存在的故障信号。预估振动频率和幅值可采用下面简易方法：

1）据长期积累的现场诊断经验，对各类常见多发故障的振动特征频率和振幅作一个基本估计。

2）根据设备的结构特点、性能参数和工作原理计算出某些可能发生的故障特征频率。

3）利用便携式振动测量仪，在正式测量前进行分区多点搜索测试，可以大致确定其敏感频段和幅值范围。

4）广泛搜集诊断知识，掌握一些常用设备的故障特征频率和相应的幅值大小。

（3）确定测量参数。根据诊断对象振动信号的频率特征来选择诊断参数。

（4）选择诊断仪器。测振仪器的选择除了重视质量和可靠性外，最主要的还要考虑两条：

1）仪器的频率要足够宽，要求能记下信号内所有重要的频率成分，一般在10～1000Hz或更宽一些。仪器的频率范围要能覆盖高频、低频各个频段。

2）要考虑仪器的动态范围。要求测量仪器在一定的频率范围内能对所有可能出现的振动数值，从最高到最低均能保证一定的显示（或记录）精度。这种能够保证一定精度的数值范围称为仪表的动态范围。

（5）选择与安装传感器。用于振动测量的传感器有三种类型，一般都是根据所测量的参数类别来选用：测量位移采用涡流式位移传感器，测量速度采用电动式速度传感器，测量加速度采用压电式加速度传感器。

由于压电式加速度传感器的频响范围比较宽，所以现场测量时在没有特殊要求的情况下，常用它同时测量位移、速度和加速度三个参数，基本上能满足要求。

（6）做好其他相关事项的准备。测量前的准备工作一定要仔细。为了防止测量失误，最好在正式测量前做一次模拟测试，以检验仪器是否正常，准备工作是否充分。比如检查仪器的电量是否充足，这看起来似乎是小事，但也绝不能疏忽，在现场常常发生因仪器无电而使诊断工作不得不中止的情况。各种记录表格也要准备好，真正做到“万事俱备”。

3. 进行振动测量与信号分析

在确定了诊断方案之后，根据诊断目的对设备进行各项相关参数测量。在所测参数中必须包括标准中所采用的参数，以便进行状态识别时使用。如果没有特殊情况，每个测点必须测量水平（H）、垂直（V）和轴向（A）三个方向的振动值。

对于初次测量的信号，要进行信号重放和直观分析，检查测得的信号是否真实。若对所测的信号了解得比较清楚，对信号的特性心中有数，那么在现场可以大致判断所测得信号的幅值及时域波形的真实性。如果缺少资料和经验，应进行多次复测和试分析，确认测试无误后再作记录。

如果所使用的仪器具有信号分析功能，那么，在测量参数之后，即可对该点进一步作波形观察、频率分析等有关项目，特别对那些振动超常的测点作这种分析很有必要。测量后要把信号储存起来。若使用振通数采器之类的仪器，只需按“存波形”键即可，数据存储是自动完成的。

测量数据一定要作详细记录。记录数据要有专用表格，做到规范化，完整而不遗漏。除了记录仪器显示的参数外，还要记下与测量分析有关的其他内容，如环境温度、电源参数、仪器型号、仪器的通道数（数采器有单通道、双通道之分），以及测量时设备运行的工况参数（如负荷、转速、进出口压力、轴承温度、声音、润滑等）。如果不及时记录，以后无法补测，将严重影响分析判断的准确性。

对所测得的参数值，最好进行分类整理，比如，按每个测点的各个方向整理，用图形或表格表示出来，这样易于抓住特征，便于发现变化情况。也可以把一台设备定期测定的数据或相同规格设备的数据分别统计在一起，这样有利于比较分析。

数采器都有存储功能，但存储时间有限，因此测量结束后对存储的数据要及时记录整理，防止过期消失。

4. 实施状态判别

根据测量数据和信号分析所得到的信息，对设备状态做出判别。首先判断它是否正常，然后对存在异常的设备作进一步分析，指出故障的原因、部位和程度。对那些不能用简易诊断解决的疑难故障，须动用精密诊断手段去加以确诊。

5. 做出诊断决策

通过测量分析、状态识别等几个程序，弄清了设备的实际状态，为处理决策创造了条件。这时应当提出处理意见：或是继续运行，或是停机修理。对需要修理的设备，应当指出修理的具体内容，如待处理的故障部位、所需要更换的零部件等。

6. 检查验证

设备诊断的全过程并不是做出结论就算结束了，最后还有重要的一步，必须检查验证诊断结论及处理决策的结果。诊断人员应当向用户了解设备拆机检修的详细情况及处理后的效果，如果有条件的话，最好亲临现场察看，检查诊断结论与实际情况是否符合，这是对整个诊断过程最权威的总结。

第七节　滚动轴承的简易诊断法

滚动轴承是旋转机械中应用最为广泛的机械零件，也是最易损坏的元件之一。旋转机械的许多故障都与滚动轴承有关，据统计旋转机械的故障有30%是由轴承引起的。轴承的工作好坏对机器的工作状态有很大影响，其缺陷会导致设备产生异常振动和噪声，甚至造成设备损坏。利用简易诊断仪器测出特定的振动量（速度、加速度、峭度系数、冲击脉冲等），再与标准值进行比较，以是否超出规定的界限值来判断轴承是否存在故障和存在故障的程度的方法，称为滚动轴承的简易诊断法。

一、滚动轴承的常见故障

（1）磨损。由于滚道和滚动体的相对运动和尘埃异物的侵入引起表面磨损。磨损的结果，配合间隙变大，表面出现刮痕或凹坑，使振动及噪声加大。

（2）疲劳。由于载荷和相对滚动作用产生疲劳剥落，在表面上出现不规则的凹坑，造成运转时的冲击载荷，振动和噪声随之加剧。

（3）压痕。受到过大的冲击载荷或静载荷，或因热变形增加载荷，或硬度很高的异物侵入，产生凹陷或划痕。

（4）腐蚀。有水分或腐蚀性化学物质侵入，以致在轴承元件表面上产生斑痕或点蚀。

（5）电蚀。由于轴电流的连续或间断通过，因电火花形成圆形的凹坑。

（6）破裂。残余应力及过大的载荷都会引起轴承零件的破裂。

（7）胶合（粘着）。由于润滑不良，高速重载，造成高温使表面烧伤及胶合。

（8）保持架损坏。保持架与滚动体或与内、外圈发生摩擦等，使振动、噪声与发热增加，造成保持架的损坏。

由于选材、加工、装配、使用、保养不当都会加速故障的发生和发展。

图2-17为滚动轴承的典型结构，它由内圈、外圈、滚动体和保持架四部分组成。

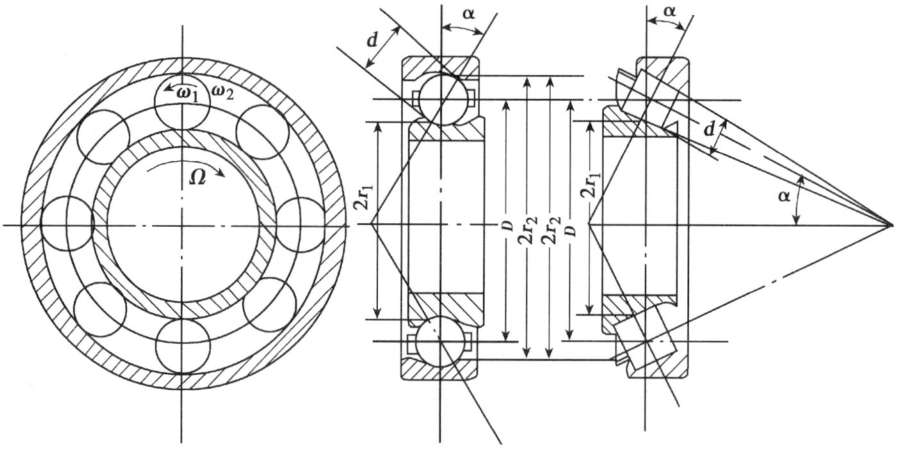

图 2－17　滚动轴承的典型结构

D—轴承节径；d—滚动体直径；r_1—内圈滚道半径；r_2—外圈滚道半径；α—接触角

二、滚动轴承的振动测量

滚动轴承产生的振动信号中，含有丰富的有用信息。实践表明，利用振动信息对滚动轴承进行故障诊断是十分有效的。测量轴承的振动信号时，测定部位选择的基本思路是选择在离轴承最近、最能反映轴承振动的位置上。一般讲，若轴承座是外露的，测点位置可直接选在轴承座上；若轴承座是非外露的，测点应选择在轴承座刚性较好的部分或基础上。同时，应在测点处做好标记，以保证不会由于测点部位的不同而导致测量值的差异。

根据滚动轴承的固有特性、制造条件、使用情况的不同，它所引起的振动可能是频率为1kHz以下的低频振动，也可能是频率为1kHz以上，数千赫乃至数十千赫的高频振动，更多的情况是同时包含了上述两种振动成分。因此，通常检测的振动速度和加速度应分别覆盖上述的两个频带，必要时可用滤波器取出需要的频率成分。如果是在较宽的频带上检测振动级，则对于要求低频振动小的轴承应检测振动速度，而对于要求高频振动小的轴承应检测振动加速度。

常用的频段和参数如下：

（1）低频段（小于1kHz）：

检测参数：速度。

（2）中频段（1～20kHz）：

检测参数：加速度的峰值、有效值或峭度系数等。

（3）高频段（20～80kHz）：

瑞典发明的冲击脉冲法（SPM）和美国首创的共振解调法（IFD）就是在这个频段上。

三、滚动轴承故障的简易诊断法

在轴承的简易诊断中，振动信号法是最简单、最常用的诊断方法。在利用振动对滚动轴承进行简易诊断的过程中，通常是要将测得的振幅值（峰值、有效值等）与预先给定的某种判定标准进行比较，根据实测的振值是否超出了标准给出的界限来判断轴承是否出现了故障，以决定是否需要进一步进行精密诊断。

（1）振幅值监测。这里所说的振幅值指峰值、绝对均值以及均方根值（有效值）。这是一种最简单、最常用的诊断法，它是通过将实测的振幅值与判定标准中给定的值进行比较来诊断的。

峰值反映的是某时刻振幅的最大值，因而它适用于像表面点蚀损伤之类的具有瞬时冲击的故障诊断；均方根值是对时间平均的，因而它适用于像磨损之类的振幅值随时间缓慢变化的故障诊断。

测量仪器有：便携式振动检测仪（通用）、轴承振动信号检测仪（专用）。如：日本RION理因Vm63、Vm64，上海华阳HY系列，北京京航HG－2500系列，日本NSK的NB系列（轴承监测仪）等。

（2）峰值系数监测。峰值系数定义为峰值与均方根值之比（X_p/X_{rms}）。该值用于滚动轴承简易诊断的优点在于它不受轴承尺寸、转速、载荷及环境温度的影响，也不受传感器、放大器等一、二次仪表灵敏度变化的影响。通过对X_p/X_{rms}值随时间变化趋势的监测，可以有效地对滚动轴承故障进行早期预报，并能反映故障的发展变化趋势。

（3）峭度系数监测。随着故障的出现和发展，峭度值具有与波峰因数类似的变化趋势。此方法的优点在于与轴承的转速、尺寸、载荷及环境温度无关。

（4）冲击脉冲法（SPM法）。从20世纪80年代起，用冲击脉冲法诊断滚动轴承故障在我国企业中开始广泛应用，取得了显著的成效。由于采用冲击脉冲法诊断轴承简便有效，深受企业欢迎。因此，直至今天冲击脉冲法仍然是现场诊断滚动轴承故障的有效手段。常用的仪器有冲击脉冲计CMJ－1型、电脑轴承分析仪HBA－2等。

冲击脉冲法的原理是，滚动轴承运行中有缺陷（如疲劳剥落、裂纹、磨损和混入杂物）时，就会发生冲击，引起脉冲性振动，冲击脉冲的强弱反映了故障的程度。冲击脉冲法就是用仪器测量滚动轴承的冲击脉冲值来判断轴承是否有故障及故障的严重程度。

采用冲击脉冲法诊断滚动轴承，为了取得最佳效果，必须掌握几个要点：

1）测点选择。为了准确地判断轴承的状态必须掌握准确的信息。因此，在选择轴承测点时，应遵守以下原则：测点应尽量靠近轴承的承载区，应尽量减少中间环节，测点离轴承外围的距离越短越直接越好。测点要选在轴承的承载区，一般为下部，对着轴的转向位置。传感器的探头在轴承座的不同位置，对故障检测灵敏度的影响很大。

测点选择必须考虑传递远近的影响。滚动轴承引起的冲击振动，冲击振动的频率很高，每通过零件的界面一次，其能量就损失80%。因此，为了消除传递通道的影响，避免测试信号的歪曲、减弱和失真，测点的布置要尽量减少中间环节，测点离轴承外围的距离越短、越直接越好。

此外，在信号传递过程中，还应尽量避开空腔、水套、填补、螺栓之类的中间介质或中间零件，以防信号衰减。为使被测表面光洁，要去掉油漆，让探头与金属直接接触。

2）注意测试条件。在测试过程中，应使轴承有充分的润滑，并使之承受一定的载荷，以稳定的转速运行，而且每次测试要在大致相同的工况下，使用相同的仪器进行。

3）强烈的外来冲击干扰源的存在，是实施冲击脉冲法的最大障碍，会使测值失真，造成误判误诊。因此，要善于识别和排除干扰。

冲击干扰主要是由机器的机械故障或自身的结构特点所引起的。机械故障（如连接松动、连轴器不对中、水泵汽蚀等）产生的冲击干扰，必须找到并予以排除。而对于由非机械故障引起的冲击干扰（如低精度齿轮传动、曲柄连杆机构等），则不适合用冲击脉冲法来测定。

当滚动轴承无损伤或有极微小损伤时，脉冲值（dB 值）很小；随着故障的发展，脉冲值逐渐增大。当冲击能量达到初始值的 1000 倍（$60dB$）时，就认为该轴承的寿命已经结束。当轴承工作表面出现损伤时，所产生的实际脉冲值用 dB_{SV}表示，它与初始脉冲值 dB_i 之差称为标准冲击能量 dB_N

$$dB_N = dB_{SV}' - dB_i \tag{2-9}$$

根据 dB_N 值可以将轴承的工作状态分为三个区域进行诊断。

$0 \leqslant dB_N < 20dB$ 绿区，轴承工作状态良好，为正常状态；

$20dB \leqslant dB_N < 35dB$ 黄区，轴承有轻微损伤，为警告状态；

$35dB \leqslant dB_N < 60dB$ 红区，轴承有严重损伤，为危险状态。

（5）共振解调法（IFD 法）。共振解调法也称为早期故障探测法，它是利用传感器及电路的谐振，将轴承故障冲击引起的衰减振动放大，从而提高了故障探测的灵敏度；同时，还利用解调技术将轴承故障信息提取出来，通过对解调后的信号作频谱分析，用以诊断轴承故障。

（6）轴承的劣化趋势图。表示滚动轴承的振动参数随点检日程（时间）变化的趋势图称为滚动轴承的劣化趋势图。是现场对滚动轴承状态的进行监测的重要内容和依据。

振动参数常用速度、加速度、冲击脉冲值等。

以下是某锅炉给水泵滚动轴承故障实例。设备结构简图如图 2－18 所示。所用振动参数为高频加速度值（振动尖峰能量 gSE 值）。

1994 年 1 月 4 日该锅炉给水泵自由端轴承座处振动尖峰能量 gSE 突增至 7.33gSE 峰值，表明 SKF 7310 轴承故障。拆开检查发现自由端轴承内环有明显的缺陷，更换轴承后，高频加速度值恢复正常。轴承的高频冲击加速度值变化趋势如图 2－19 所示。

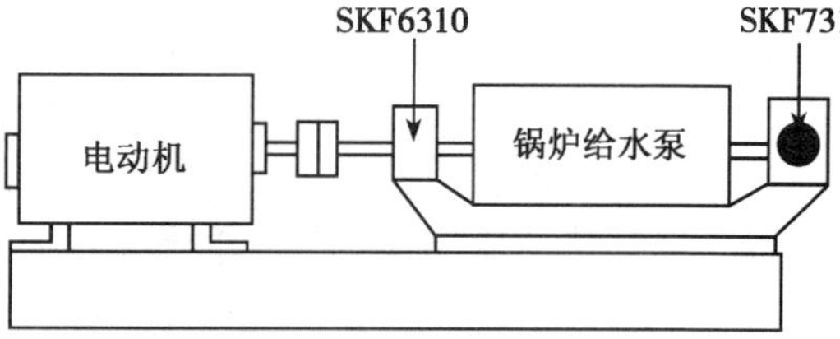

图 2－18　给水泵设备结构简图

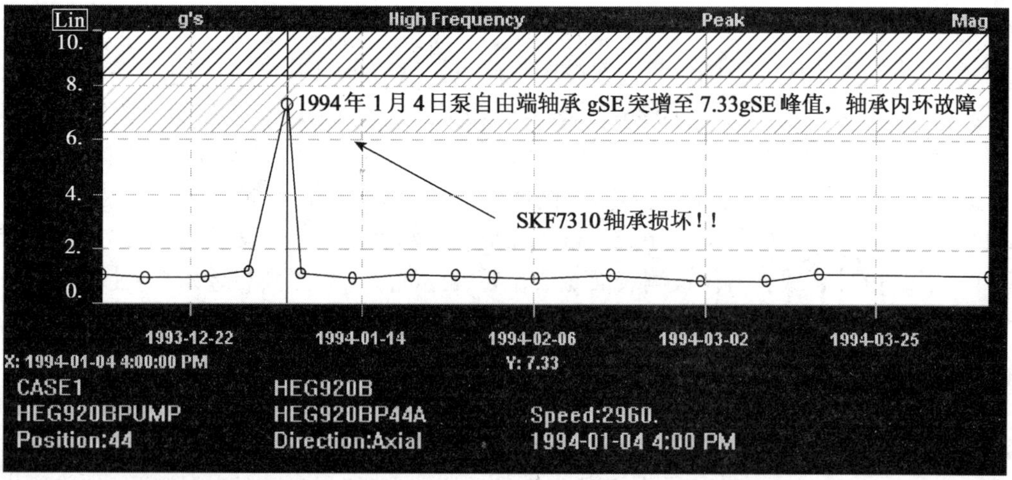

图 2－19　给水泵自由端滚动轴承劣化趋势图

第八节　齿轮的简易诊断法

齿轮是各类机械的变速传动部件，齿轮传动在机器中使用得非常广泛。齿轮的失效是造成机器故障的重要因素之一，其运行状况直接影响整个机器或机组的工作。因此，开展齿轮故障诊断对降低维修费用和防止突发性事故具有实际意义。诊断方法可分为两大类：一类是检测齿轮运行时的振动和噪声，运用频谱分析、倒频谱分析和时域平均法来进行诊断；另一类是根据摩擦磨损理论，通过润滑油液分析来实现。

齿轮故障诊断的困难在于信号在传递中所经的环节较多（齿轮—轴—轴承—轴承座—测点），高频信号在传递中基本丧失。故需借助于较为细致的信号分析技术以达到提高信噪比和有效地提取故障特征的目的。这一过程很难在一个简单仪器中实现，所以到目前为止，还没有专门的齿轮诊断仪问世。

一、齿轮的异常及常见失效形式

齿轮的异常通常包括以下三个方面：

（1）制造误差。齿轮制造时造成的主要异常有：偏心、齿距偏差和齿形误差等。所谓偏心，是指齿轮（一般为旋转体）的几何中心和旋转中心不重合；齿距偏差是指齿轮的实际齿距与公称齿距之差；而齿形误差是指渐开线齿廓有误差。

（2）装配误差。在装配工程中，由于箱体、轴等零件的加工误差、装配不当等因素，会使齿轮传动精度恶化。例如，在齿宽方向只有一端接触，使齿轮所承受的载荷在齿宽方向不均匀，不能平稳地传递动力。这种情况使齿的局部受力增加，有可能造成断齿，此现象称为“一端接触”。齿轮轴装配后不平行，或者齿轮和轴装配不正等，也会造成这种现象。

（3）齿轮的损伤。齿轮由于设计不当，制造有误差，装配不良，或在不适当的条件下运行时，会产生各种损伤。其形式很多，而且又往往是互相交错在一起，使齿轮的损伤形式显得更为复杂。齿轮的损伤形式随齿轮材料、热处理、运转状态等因素的不同而不同，常见的有：

1）磨损失效：主要包括磨料磨损、腐蚀磨损、粘着磨损和由此引起的擦伤及胶合。

2）表面接触疲劳失效：包括初期点蚀、破坏性点蚀和最终剥落。

3）齿面塑性变形：包括压痕、凹沟、凸角、呈波纹形折皱等。

4）齿轮弯曲断裂：齿轮承受载荷如同悬臂梁，其根部受到的弯曲应力过高，会产生裂纹，并逐步扩展至断裂，有疲劳断齿（断口呈疲劳特征）和过载断齿（断口粗糙）。

齿轮故障按其振动特征来分类，还可分为分布故障和局部故障。前者分布在一个齿轮的各个轮齿上，如磨损、点蚀等；后者集中于一个或几个齿上，如剥落、断齿等。

二、齿轮的振动测量

齿轮所发生的低频和高频振动中，包含了诊断各种异常振动非常有用的信息。

测量齿轮振动的测点通常也选在轴承座上，所测得的信号中当然也包含了轴承振动的成分。轴承常规振动的水平明显低于齿轮振动，一般要小一个数量级。

齿轮发生的振动中，有固有频率、齿轮轴的旋转频率及轮齿啮合频率等成分，其频带较宽。利用包含这种宽带频率成分的振动进行诊断时，要把所测的振动按频带分类，然后根据各类振动进行诊断。

通常在进行齿轮振动测定时，可选用频率范围较宽的加速度传感器。

三、齿轮的简易诊断方法

齿轮的简易诊断，主要是通过振动与噪声分析法进行的，包括声音诊断法、振动诊断法以及冲击脉冲法（SPM）等，与滚动轴承的简易振动诊断有相似之处。

进行齿轮简易诊断的目的，是迅速判别齿轮的工作状态，对处于异常工作状态的齿轮进行精密诊断分析或采取其他措施。简易诊断通常借助一些简易的振动检测仪器，对振动信号的幅域参数进行测量，通过监测这些幅域参数的大小或变化趋势，判断齿轮的运行状态。

（1）齿轮的振幅监测：监测齿轮的振动强度，如峰值、有效值等，可以判别齿轮的工作状态。判别标准可以用绝对标准或相对标准，也可以用类比的方法。

（2）齿轮无量纲诊断参数的监测：为了便于诊断，常用无量纲幅域参数指标作为诊断指标。它们的特点是对故障信息敏感，而对信号的绝对大小和频率变化不敏感。这些无量纲诊断参数有：波形指标、峰值指标、脉冲指标、裕度指标及峭度指标。这些指标各适用于不同的情况，没有绝对优劣之分。

第九节　往复机械的振动监测

在机械运动中，往复式运动是一种最常见的运动之一，通过各种机构将往复（直线、摆动）运动变成回转或将回转变成往复运动。由凸轮、齿轮、链轮、偏心轮、曲柄、连杆、齿条、链条等元件组成的往复机械应用十分广泛。

往复机械的特点是运动部件多，运动关系复杂，在其工作时引起振动的激励源很多，振动数据的解释较为困难。由于往复机械机构的这种复杂性，装配状态的不确定性，及其边界条件如激励特性、支承情况、冷却水及润滑油介质等的影响，很难作出符合实际的假定。用纯数学的方法来计算其振动响应是不可能的，必须配合大量的实验研究。

用测量表面振动的方法去识别一对运动副间的磨损情况，必须从激励源的识别，它们之间的传递特性以及阻尼特性等几个方面进行研究。当运动副发生磨损时，间隙必然变化，运动之间的作用力将随之变化。以汽缸套为例，活塞对气缸套的横向撞击除了随负荷、转速而变外，与活塞汽缸套间的间隙有很大关系，表现为撞击的能量、撞击点等参数的变化。因为机体表面的振动能反映这种变化，所以能运用到磨损监测。

目前往复机械的振动监测主要应用在如下几个方面：

（1）振动法识别缸套—活塞磨损故障；

（2）连杆组件综合故障，如连杆衬套和连杆轴瓦的磨损、连杆螺栓松动、连杆螺栓裂纹等的诊断；

（3）通过测量缸盖表面振动信号判断气门漏气等。

相对来讲，通过测量振动幅值的变化来判断机器的状态，进行趋势分析，判断故障发展趋势，在往复机械中显得更加简单实用。常用的往复式机器振动分类和评价标准如表2－5所示。

表 2-5 ISO10816-6 往复式机器振动分类和指导值

振动烈度级	机器结构上测得的总振级（最大值）			机器振动分级						
	位移 um（rms）	速度 mm/s（rms）	加速度 m/ss（rms）	1	2	3	4	5	6	7
				评定范围						
1.1				A/B	A/B	A/B	A/B	A/B	A/B	A/B
1.8	17.8	1.12	1.76	A/B	A/B	A/B	A/B	A/B	A/B	A/B
2.8	28.3	1.78	2.79	A/B	A/B	A/B	A/B	A/B	A/B	A/B
4.5	44.8	2.82	4.42	A/B	A/B	A/B	A/B	A/B	A/B	A/B
7.1	71	4.46	7.01	C	A/B	A/B	A/B	A/B	A/B	A/B
11	113	7.07	11.1	D	C	A/B	A/B	A/B	A/B	A/B
18	178	11.2	17.6	D	D	C	A/B	A/B	A/B	A/B
28	283	17.8	27.9	D	D	D	C	A/B	A/B	A/B
45	448	28.2	44.2	D	D	D	D	C	A/B	A/B
71	710	44.6	70.1	D	D	D	D	D	C	A/B
112	1125	70.7	111	D	D	D	D	D	D	C
180	1784	112	176	D	D	D	D	D	D	D

注：①A——新使用机器的振动区域；B——通常可接受的长期工作的机器振动区域；C——通常不能令人满意的长期工作的机器振动区域；D——振动值落在这个区域的，其振动足以能损坏机器。

②在机器使用寿命内，往复式机器振动值比旋转机器更稳定。因此，表中混合的 A 和 B 区域，在将来随着经验的积累，可以提供 A 和 B 之间的区分指导值。

参考文献

［1］丰田利夫．设备现场诊断的开展方法［M］．北京：机械工业出版社，1985.

［2］黄昭毅，易良榘．简易振动诊断现场实用技术［M］．机械工业出版社，2003.

［3］李葆文，张翠凤，王胜．机电设备故障诊断原理与技术［M］．广州：华南理工大学出版社，1996.

［4］佟德纯，李华彪．振动监测与诊断［M］．上海：上海科学技术文献出版社，1997.

［5］李国华，张永忠．机械故障诊断［M］．北京：化学工业出版社，1999.

［6］王宜．设备振动简易诊断技术［M］．北京：机械工业出版社，1990.

第三章　精密振动诊断技术

第一节　概　　述

精密诊断技术是使用精密的仪器和方法，对简易诊断难以确诊的设备做出详细评价的技术。一般具有以下几个特点：

1）使用各种比较复杂的诊断分析仪器或专用诊断设备；

2）由具有一定经验的工程技术人员及专家在生产现场或诊断中心进行；

3）需对设备故障的存在部位、发生原因及故障类型进行识别和定量评价；

4）涉及的技术知识和经验比较复杂，需要较多的学科配合；

5）进行深入的信号处理，以及根据需要预测设备寿命；

6）对设备进行评价和分析后，应给出对应的维修建议。

近年开发的计算机辅助设备诊断系统和人工智能与诊断专家系统等，也都属于精密诊断技术范畴，一般多用于关键机组和诊断比较复杂的故障原因。精密诊断除用于设备的开发研制过程外，更多用于使用维修阶段，由于它所需费用较高，一般只在简易诊断难以确诊时选用。

通常的精密诊断技术包括较为复杂的信号分析及特征提取技术。本章将主要介绍振动信号的分析方法以及常见设备故障的振动特征。

第二节　机械振动信号的分析方法

信号中包含对诊断有用的信息，但是也存在一些无用的东西，为了提取有用信息，我们必须对信号进行处理。任何信号都不可能是纯正的，去伪求真处理的最终目的，就是要提取与状态有关的特征参数。任何信息的采集都是以信号的形式存在，如果没有信号的分析处理，就不可能得到正确的诊断结果，因此信号处理广泛地应用于各种各样的领域，信号处理是设备诊断中不可缺少的重要手段。

振动信号的分析方法，可按信号处理方式的不同分为幅域分析、时域分析以及频域分析。信号的早期分析只在波形的幅值上进行，如计算波形的最大值、最小值、平均值、有效值等，后又进而研究波形的幅值的概率分布。在幅值上的各种处理通常称为幅域分析。信号波形是某种物理量随时间变化的关系，研究信号在时间域内的变化或分布称为时域分析。频域分析是确定信号的频域结构，即信号中包含哪些频率成分，分析的结果是以频率为自变量的各种物理量的谱线或曲线。不同的分析方法是从不同的角度观察、分析信号，使信号处理的结果更加丰富。

一、数字信号处理

机械故障诊断与监测所需的各种机械物理量（振动、转速、温度、压力等）一般用相应的传感器转换为电信号再进行深处理。通常传感器获得的信号为模拟信号，它是随时间连续变化的。随着计算机技术的飞速发展和普及，信号分析中一般都将模拟信号转换为数字信号进行各种计算和处理。

1. 采样

在信号处理技术中定义为将所得到的连续信号离散为数字信号，其过程包括取样和量化两个步骤。

取样将一连续信号 $X(t)$ 按一定的时间间隔 Δt 逐点取得其瞬时值。量化是将取样值表示为数字编码。量化有若干等级，其中最小的单位称为量化单位。由于量化将取样值表示为量化单位的整倍数，因此必然引入误差。由图 3－1 可知，连续信号 $X(t)$ 通过取样和量化在时间和大小上成为一离散的数字信号。采样过程现都是通过专门的模数转换（A/D）芯片实现的。

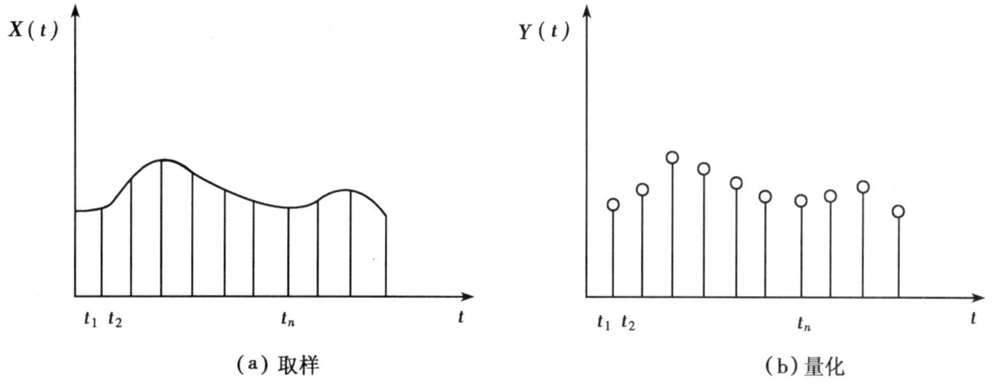

图 3－1　信号的采样过程

2. 采样间隔及采样定理

采样的基本问题是如何确定合理的采样间隔 Δt 和采样长度 T，以保证采样所得的数字信号能真实反映原信号 $X(t)$。显然，采样频率 f_s（$f_s=1/\Delta t$）越高，则采样越细密，所得的数字信号越逼近原信号；但当采样长度一定时，f_s 越高，数据量 $N=T/\Delta t$ 越大，所需内部存贮量和计算量就越大。根据 Shannon 采样定理，带限信号（信号中的频率成分 $f<f_{max}$）不丢失信息的最低采样频率为

$$f_s \geqslant 2f_{max} \tag{3-1}$$

式中，f_{max} 为原信号中最高频率成分的频率。当不满足采样定理时，将会产生频率混淆现象，采样得到的数字信号将不能正确反映原有信号的特征。

解决频率混淆的办法是：

（1）提高采样频率以满足采样定理。$f_s=2f_{max}$ 为最低限度，一般取 $f_s=(2.56\sim4)f_{max}$。

（2）用低通滤波器滤掉不需要的高频成分以防止频混现象。此时的低通滤波器也称为抗混频滤波器。如滤波器的截止频率为 f_c，则有 $f_s=(2.56\sim4)f_c$。

3. 采样长度和频率分辨率

采样长度太长会使计算量增大；但采样长度过短则不能反映信号的全貌，信号分析的频

率分辨率不够（$\Delta f=1/T$）。因此，必须综合考虑采样频率和采样长度的问题。一般在信号分析仪中，采样点数是固定的（如 $N=1024$、2048，4096 点等），各档分析频率范围取

$$f_a = f_s/2.56 = 1/(2.56\Delta t) \qquad (3-2)$$

则频率分辨率：

$$\Delta f = 1/N\Delta t = 2.56f_a/N = (1/400, 1/800, 1/1600, \cdots)f_a \qquad (3-3)$$

这就是信号分析仪的频率分辨率选择中通常所说的400线，800线，1600线，…。

二、振动信号的时域分析

幅域分析尽管也是用样本时间的波形来计算，但它不关心数据产生的先后顺序，将数据次序任意排序，所得结果一样。我们在这里提出的时域分析，主要是指波形分析、轴心轨迹分析、相关分析和时序分析等，它们可以在时域中抽取信号的特征。

1. *波形分析*

时间波形是最原始的振动信息源。由传感器输出的振动信号一般都是时间波形。对于具有明显特征的波形，可直接用来对设备故障作出初步判断。例如，大约等距离的尖脉冲是冲击的特征，削波表示有摩擦，正弦波主要是不平衡等等。波形分析具有简捷、直观的特点，这是波形分析法的一大优势。分析波形有助于区分不同故障。一般说来，单纯不平衡的振动波形基本上是正弦式的；单纯不对中的振动波形比较稳定、光滑、重复性好；转子组件松动及干摩擦产生的振动波形比较毛糙、不平滑、不稳定，还可能出现削波现象；自激振动，如油膜涡动、油膜振荡等，振动波形比较杂乱，重复性差，波动大。下面列举数例以作说明。

图 3－2 的波形基本上为一正弦波，这是比较典型的不平衡故障；图 3－3 所示的波形在一个周期内，比转动频率高一倍的频率成分明显加大，即一周波动两次，表示转轴有不对中现象。

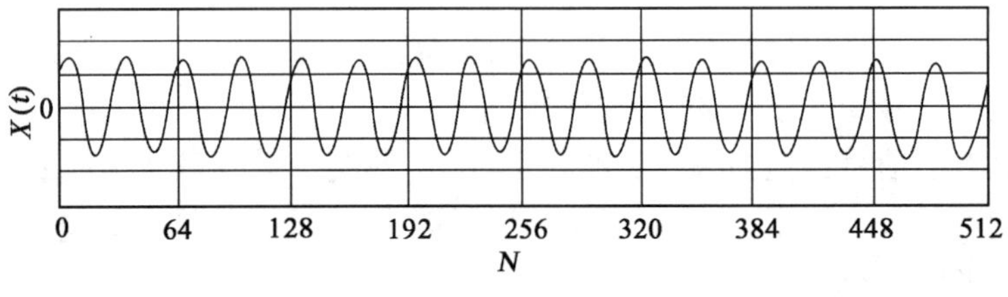

图 3－2　不平衡的时域波形

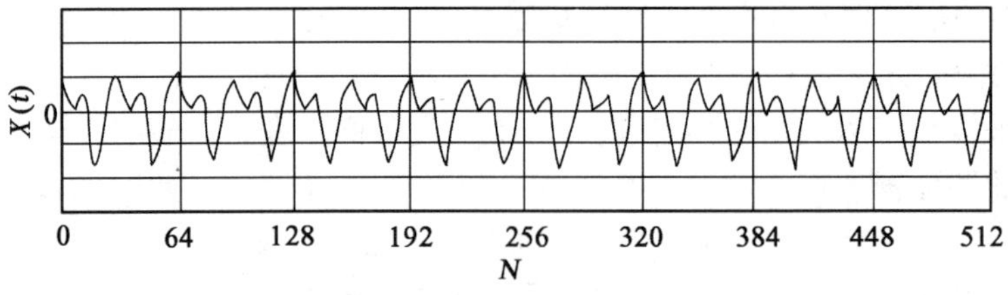

图 3－3　不对中的时域波形

2. 同步平均

它是一种把与机器转速相同步的大量的周期信号进行平均的时间信号。这种技术不仅可以消除背景噪声，而且还可以消除与被监测机器非精确同期的周期信号。它特别适用于具有多轴的齿轮振动诊断。所有与所测轴的不同步部件都能予以排除。典型的测量组态是由一个加速度传感器，一个能够产生参考脉冲的转速表，以及一个信号平均器所组成。如果还能有一个脉冲频率放大器以更正参考脉冲的重复率，则与参考轴不同步的轴信号也可以进行平均。图 3－4 是截取不同的段数 N，进行同步平均的结果，虽然原来图像（$N=1$）时的信噪比很低，但经过了多段平均后，信噪比大大提高。当 $N=256$ 时，就可以得到几乎接近理论的正弦周期信号，而原始信号中的周期分量，是几乎完全被其他信号和随机噪声所淹没的。

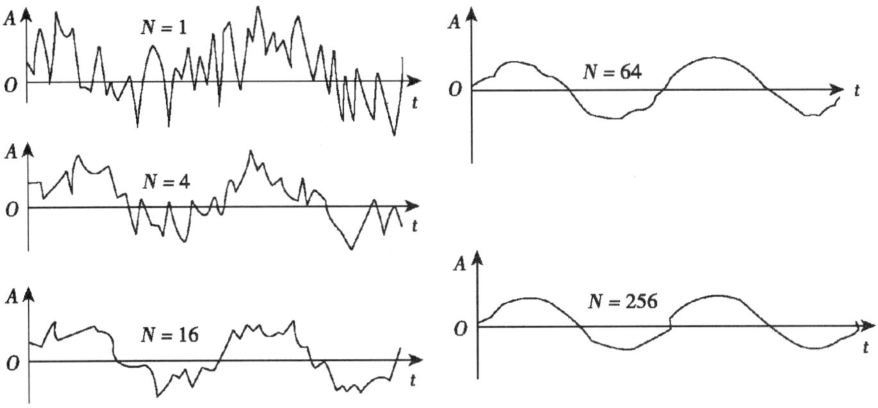

图 3－4 同步平均对信噪比的影响

3. 轴心轨迹分析

轴心运动轨迹是利用安装在同一截面内相互垂直的两支电涡流传感器对轴颈振动测量后得到的，如图 3－5 所示。它可以用来指示轴颈轴承的磨损、轴不对中、轴不平衡、液压动态轴承润滑失稳以及轴摩擦等。

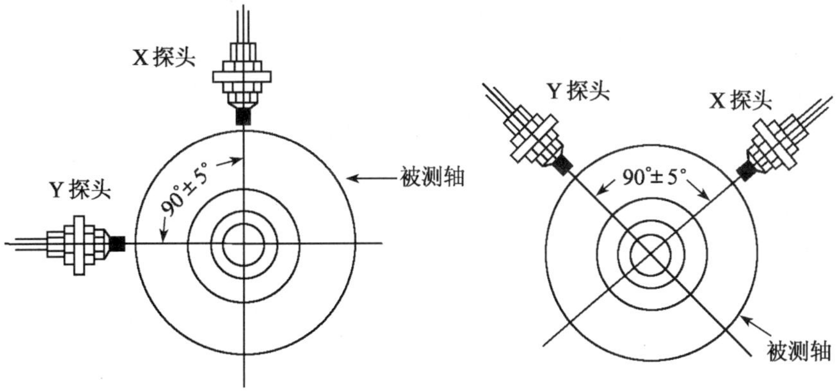

图 3－5 轴心轨迹测量传感器的安装

传感器的前置放大器输出信号经滤波后将交流分量输入示波器的 X 轴和 Y 轴或监测计算机，便可以得到转子的轴心轨迹。轴心轨迹非常直观地显示了转子在轴承中的旋转和振动情况，是故障诊断中常用的非常重要的特征信息。

对仅由质量不平衡引起的转子振动，若转子各个方向的弯曲刚度及支承刚度都相等，则轴心轨迹为圆，在 X 和 Y 方向为只有转动频率的简谐振动，并且两者的振幅相等，相位差为 90°。实际上，引起转子振动的原因也并非只有质量不平衡，大多数情况下转子各个方向的弯曲刚度和支承刚度并不相同，因此轴心轨迹不再是圆，而是一个椭圆或者更复杂的图形，反映在 X 和 Y 方向的振幅并不相等，相位也不是 90°。表 3－1 分别列出了振动频率分别为 1×、1/2×、1/3×和 1/4×转动频率下转子的轴心轨迹。如果同时从轴心轨迹的形状、稳定性和旋转方向等几方面进行综合分析，可以得到比较全面的机组运行状态信息。

表 3－1　典型的正反进动轴心轨迹图

频率比	正进动	反进动
$\Omega = 1\omega$		
$\Omega = \frac{1}{2}\omega$		
$\Omega = \frac{1}{3}\omega$		
$\Omega = \frac{1}{4}\omega$		

转轴轴心相对于轴承座的运动轨迹，直观地反映了转子瞬时运动状态，它包含着许多有关机械运转状态的信息。因此，轴心轨迹分析是诊断设备故障很有用的一种方法，对确诊设备故障能起到很好的作用。

轴心轨迹有未滤波的轴心轨迹和提纯的轴心轨迹两种类型，前者由轴端两个空间相距 90°的位移传感器输出综合而成。由于所含成分比较复杂，轨迹一般较为凌乱，不易获得清晰的特征。后者是在频谱分析基础上提取相应频率成分重构而成，也可通过带通保相滤波对轴心轨迹进行重构。提纯的轴心轨迹比原始轨迹简洁得多，而且突出了与故障有关的成分。因此，轨迹的特征与故障的相关性更加突出，诊断价值更大。观看轨迹的重复性，可判断机组运转稳定与否。分析轴心轨迹还可发现，探头的安装方向不一定就是振动最大的方向。也就是说，仅据单一的探头信号有可能低估转子实际振动的大小，只有将两个方向探头的信号合成轴心轨迹才可获得评价轴振动所需的振动最大值。分析轨迹的形状，可以得知转子受力的状态，直观地区分多种类型故障。表 3－2 给出了典型故障的波形及轴心轨迹图。

表 3－2　典型故障的波形及轴心轨迹图

缺　陷	时　域	$x-y$ 轨迹	诊　断
不对中	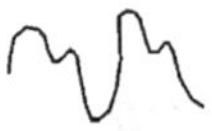		典型的严重不对中

续表 3－2

缺　陷	时　域	$x-y$ 轨迹	诊　断
油膜涡动		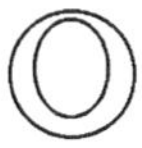	与不平衡相似而且涡动频率较慢，小于轴转速的 0.5 倍
摩擦			接触产生花状，它叠加在正常的轴心轨迹上
不平衡或轴弯			椭圆的 $x-y$ 显示

正常情况下，轴心轨迹是稳定的，每次转动循环基本都维持在同样的位置上，轨迹基本上都是相互重合的。如果轴心轨迹紊乱，形状、大小不断变化，则预示转子运行状态不稳，如得不到及时的调整控制，很容易导致机组失稳，酿成停车事故。

4. 起停过程（开/停车分析）

通常将开机、停机过程的振动信号称为瞬态信号，是转子系统对转速变化的响应，是转子动态特性和故障征兆的反映。在起停过程中，转子经历了各种转速，其振动信号是转子系统对转速变化的响应，是转子动态特性和故障征兆外在反映，包含了平时难以获得的丰富信息。因此，起停过程分析是转子检测的一项重要工作。

用于起停过程的分析方法很多，除轴心轨迹、轴心位置和相位分析以外，主要通过奈魁斯特图、波德图和瀑布图来了解起停过程的特性。奈魁斯特图是将在起停过程中每个转速下的基频振幅和相位用极坐标表示的一条曲线。由奈魁斯特图可以得到有关转子运行状态的一些基本特性。分析振幅峰值和相位偏移，能够发现转子系统共振频率和临界转速。根据低速下的幅值和相位，有助于了解转子弯曲的程度。纵观奈魁斯特图的全图，还可以看出整个起停过程中转子系统对于转子不平衡激振的响应。

波德图是将各转速下的振幅和相位分别绘在以转速为横坐标的直角坐标系上所得到的曲线，其作用与奈魁斯特图相同，只是表现形式不同。瀑布图也是一种转子过渡状态振动分析方法，它是将各个转速下的振动信号的幅值谱叠置而成的，纵坐标是转速，横坐标是频率。瀑布图反映了全部频率分量的振幅变化情况，图像直观易懂，不足之处是丧失了振动的相位信息。

实践表明，振动瞬态信号的变化是随着激励源的变化而变化的，不同的激励源产生不同的振动瞬态信号。在振动分析中，通过作波德图可以分析振动瞬态信号的形态。波德图是描述某一频带下振幅和相位随过程的变化而变化的两组曲线。频带可以是 1 次、2 次或其他谐波；这些谐波的幅值、相位可以用 FFT 法计算，也可以用滤波法得到。当过程的变化参数为转速时，例如开机、停机期间，波德图实际上又是机组随转速不同而幅值和相位变化的幅频响应和相频响应曲线。

图 3－6 是某压缩机转子在升速过程中的波德图。从图中可以看出，系统在通过临界转速时幅值响应有明显的共振峰，而相位在其前后变化近 180°。

图 3－7 是从一台通风机轴承座上测得的波德图，图形说明该机组存在共振现象。风机共振转速为 850r/min，共振范围 800～920r/min，由于该机设计工作转速为 900r/min，

恰好落在共振区内，故运行时会产生共振现象。因此，必须采取措施使风机运行转速避开共振区，解决办法有两个：一是改变机器结构，增大基础刚度；二是保证转子有良好的平衡性。

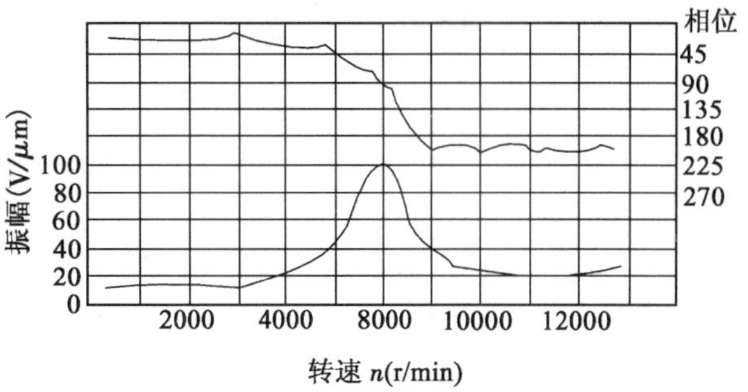

图3－6　压缩机转子波德图

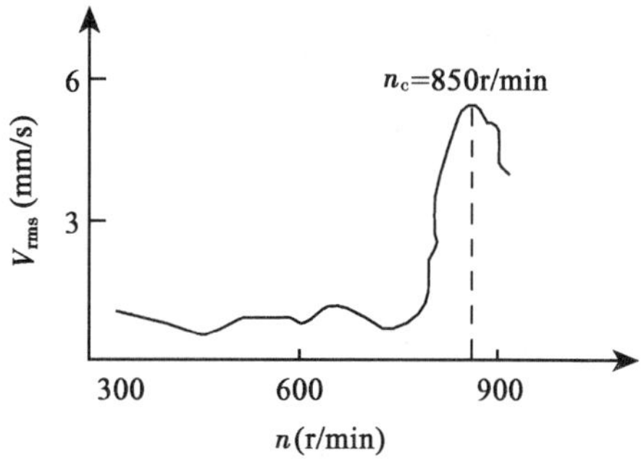

图3－7　风机转子波德图

在设备诊断中，通过分析振动瞬态信号来识别故障的方法有一定的局限性。一是因为测量机器的振动瞬态信号只有在机器降速停机或升速启动的时候才能进行，操作比较麻烦，在没有备用设备的岗位上，无法用此法进行测试，特别是连续生产线上的设备。设备振动瞬态信号曲线比较复杂，往往难以作出准确判断。

5. 其他

相关分析又称时延分析，用于描述信号在不同时刻的相互依赖关系，是提取信号中周期成分的常用手段。相关分析包括自相关分析和互相关分析。自相关函数描述的是同一信号中不同时刻的相互依赖关系，其定义为

$$Rx(\tau) = \lim_{T \to \infty} \frac{1}{T}\int_0^T x(t)x(t+\tau)\mathrm{d}t \qquad (3-4)$$

三、振动信号的频域分析

对于机械故障的诊断而言，时域分析所能提供的信息量是非常有限的。时域分析往往只能粗略地回答机械设备是否有故障，有时也能得到故障严重程度的信息，但不能提供故障发生部位等信息。作为机械故障诊断中信号处理的最重要和最常用的分析方法，频域分析能通过了解测试对象的动态特性，对设备的状态作出评价并准确而有效地诊断设备故障和对故障进行定位，进而为防止故障的发生提供分析依据。

实际的设备振动信号包含了设备许多的状态信息，因为故障的发生、发展往往会引起信号频率结构的变化。例如，齿轮箱的齿轮啮合误差或齿面疲劳剥落都会引起周期性的冲击，相应在振动信号中就会有不同的频率成分出现，从而根据这些频率成分的组成和大小，就可对故障进行识别和评价。频域分析是基于频谱分析展开的，即在频率域将一个复杂的信号分解为简单信号的叠加，这些简单信号对应各种频率分量并同时体现幅值、相位、功率及能量与频率的关系。

频谱分析是设备故障诊断中最常使用的方法。频谱分析中常用的有幅值谱和功率谱，另外自回归谱也常用来作为必要的补充。功率谱表示振动功率随振动频率的分布情况，物理意

义比较清楚。幅值谱表示对应于各频率的谐波振动分量所具有的振幅，应用时显得比较直观，幅值谱上谱线高度就是该频率分量的振幅大小。相应自回归谱为时序分析中自回归模型在频域的转换。频谱分析的目的就是将构成信号的各种频率成分都分解开来，以便于振源的识别。

频谱分析计算是以傅立叶积分为基础的，它将复杂信号分解为有限或无限个频率的简谐分量，如图 3－8 所示。目前频谱分析中已广泛采用了快速傅立叶分析方法（FFT）。

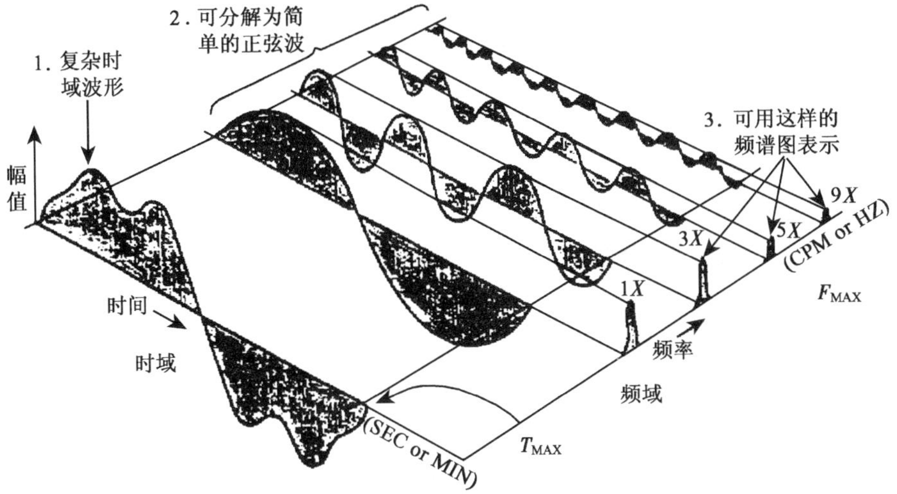

图 3－8 傅立叶变换与频谱分析图示

实际设备振动情况相当复杂，不仅有简谐振动、周期振动，而且还伴有冲击振动、瞬态振动和随机振动，必须用傅立叶变换对这类振动信号进行分析。

时域函数 $x(t)$ 的傅立叶变换为

$$X(f) = \int_{-\infty}^{\infty} x(t) e^{-j2\pi ft} \mathrm{d}t \tag{3-5}$$

相应的时域函数 $x(t)$ 也可用 $X(f)$ 的傅立叶逆变换表示为

$$x(t) = \int_{-\infty}^{\infty} X(f) e^{j2\pi ft} \mathrm{d}f \tag{3-6}$$

式（3－5）和（3－6）被称为傅立叶变换对。

$|X(f)|$ 为幅值谱密度，一般被称为幅值谱。

自功率谱可由自相关函数的傅立叶变换求得，也可由幅值谱计算得到。其定义为

$$S_x(f) = \int_{-\infty}^{\infty} R_x(\tau) e^{-j2\pi ft} \mathrm{d}\tau \tag{3-7}$$

$$S_x(f) = \lim_{T \to \infty} \frac{1}{2T} |X(f)|^2 \tag{3-8}$$

实际上，对于工程中的复杂振动，我们正是通过傅立叶变换得到频谱，再由频谱图为依据来判断故障的部位以及故障的严重程度的。

从某种意义上讲，振动故障分析诊断的任务就是读谱图，把频谱上的每个频谱分量与监测的机器的零部件对照联系，给每条频谱以物理解释。主要内容包括：

1）振动频谱中存在哪些频谱分量？

2）每条频谱分量的幅值多大？

3）这些频谱分量彼此之间存在什么关系？

4）如果存在明显高幅值的频谱分量，它准确的来源？它与机器的零部件对应关系如何？

5）如果能测量相位，应该检查相位是否稳定？各测点信号之间的相位关系如何？

进行频谱分析，建立频谱上每个频谱分量与监测的机器的零部件对照联系时，要注意以下几个方面：

（1）进行频谱分析首先要了解频谱的构成。依据故障推理方式的不同，对频谱构成的了解可按不同层次进行：

1）按高、中、低频段进行分析，初步了解主故障发生的部位。

2）按工频、超谐波、次谐波进行分析，用以确定转子故障的范围。振动信号中的很多分量都与转速频率（简称工频）有密切关系，往往是工频的整数倍或分数倍，所以一般均先找出工频成分，随后再寻找其谐波关系，弄清它们之间的联系，故障特征就比较清楚了。

3）按频率成分的来源进行分析。实际的谱图往往很复杂，除故障成分以叠加的方式呈现在谱图上外，还有由于非线性调制生成的和差频成分、零部件共振的频率成分、随机噪声干扰成分等非故障成分。弄清振动频率的来源有利于进一步进行故障分析。

4）按特征频率进行分析。振动特征频率是各振动零部件运转中必定产生的一种振动成分，如不平衡必定产生工频，气流在叶片间流动必定有通过频率，齿轮啮合有啮合频率，过临界有共振频率，零部件受冲击有固有振动频率等等。根据特征频率的了解，大体上即可掌握机组各构成部件的振动情况。

（2）对主振成分进行分析。做频谱分析时，首先抓住幅值较高的谱峰进行分析，因为它们的量值对振动的总水平影响较大。需要分析一下产生这些频率成分的可能因素。如工频成分突出，往往是不平衡所致，要加以区分的原因还有轴弯曲、共振、角度不对中、基础松动、定转子同心度不良等故障。$2X$ 频为主往往是平行不对中以及转轴存在有横裂纹。1/2分频过大，预示涡动失稳。$0.5X \sim 0.8X$ 是流体旋转脱离。特低频是喘振。整数倍频是叶片流道振动。啮合成分高是齿轮表面接触不良。谐波丰富是松动。边频是调制。分频是流体激振、摩擦等。

（3）做频谱对比发现状态异常。在分析和诊断过程时应注意从发展变化中得出准确的结论，单独一次测量往往难于对故障做出较有把握的判断。在机器振动中，有些振动分量虽然较大，但是很平稳，不随时间的变化而变化，对机器的正常运行也不会构成多少威胁。而一些较小的频率成分，特别是那些增长很快的分量，常常预示着故障的发展，应该加以重视。特别需要注意的是，一些在原来谱图上不存在或比较微弱的频率分量突然出现并扶摇直上，可能会在比较短的时间内破坏机器的正常工作状态，因此分析幅值谱时不仅要注意各分量的绝对值大小，还要注意其发展变化情况。

分析幅值谱的变化可以从以下几个方面着手：

1）某个谱峰的变化情况，是单调增大，单调减少，还是波动而无固定趋势。

2）哪些谱峰是同步变化的？哪些谱峰不发生变化？

3）是否有新的频率成分出现？

4）转子同一部分各测点（例如轴承座水平、垂直方向）振动之间，或相近部位各测点的振动之间振动谱上的相互联系，各种变化的快慢，等等。

四、几种常用的频谱处理技术简介

1. 加窗技术

时间信号 $x(t)$ 的采样过程可理解为用一矩形窗去截取原信号，在矩形窗外的信号值都假设为零。作傅立叶变换时，变换原理决定了必须将原信号解释为以窗长度为周期的周期信号。显然当原始信号不是周期信号，或即使是周期信号但截取长度不等于整周期时，则将遇到原信号的曲解问题，于是信号的频率结构被改变。在信号分析中称为频率泄漏。为了克服这种现象，常采用其他的时窗函数来对所截取的时域信号进行加权处理，于是产生了加窗技术。

常用的窗函数有

（1）Hanning 窗

$$w(t)=\begin{cases}0.5(1-\cos 2\pi t/T) & 0\leqslant t\leqslant T\\ 0 & t<0,t>T\end{cases} \tag{3-9}$$

（2）Hamming 窗

$$w(t)=\begin{cases}0.54(1-0.85\cos 2\pi t/T) & 0\leqslant t\leqslant T\\ 0 & t<0,t>T\end{cases} \tag{3-10}$$

（3）矩形窗

$$w(t)=\begin{cases}1 & 0\leqslant t\leqslant T\\ 0 & t<0,t>T\end{cases} \tag{3-11}$$

通常，矩形窗频率泄漏最严重，主瓣顶点误差最大，但主瓣最窄，故只用于要精确定出主瓣峰值频率时。Hanning 窗频率泄漏在这几种中最少，故使用最多，缺点是主瓣较宽，且主瓣顶点误差也不小。

2. 频率细化技术（Zoom 技术）

频谱分析中常常会遇到频率很密集的谐波成分，从而产生了分辨率的问题。在故障诊断信号处理技术中，通过减小分析带宽的特殊技术（如复调制法或相位补偿法）来细化频谱，以提高局部频段频谱分析的分辨率的技术，称为频率细化技术。频率细化的另一作用是提高分析中的信噪比。

第三节　精密振动诊断的常用仪器设备

精密振动诊断所用的典型仪器设备包括测振传感器、信号调理器、信号记录仪、信号分析与处理设备等几大部分。根据测量要求，可选择不同种类的系统。

1. 振动信号分析仪

信号分析仪种类很多，一般由信号放大、滤波、A/D 转换、显示、存储、分析等部分组成，有的还配有软盘驱动器，可以与计算机进行通信。能够完成信号的幅值域、时域、频域等多种分析和处理，功能很强，分析速度快、精度高，操作方便。这种仪器的体积偏大，对工作环境要求较高，价格也比较昂贵。适用于工矿企业的设备诊断中心以及大专院校、研究院所配备。

2. 离线监测与巡检系统

离线监测与巡检系统一般由传感器、采集器、监测诊断软件和微机组成，有时也称为设备预测维修系统。操作步骤包括：利用监测诊断软件建立测试数据库、将测试信息传输给数据采集器、用数据采集器完成现场巡回测试、将数据回放到计算机软件（数据库）中、分析诊断等。

数据采集器集测量、记录、存贮和分析为一体，并且可以在非常恶劣的环境下工作，使得它在现场测量中显示出极大的优越性。采集器一次可以检测和存贮几百个点以至上千个测点的数据，同时在现场还可以进行必要地分析和显示，返回后与PC机相联将数据传给计算机，由软件完成数据的分析、管理、诊断与预报等任务。功能较强的数据采集器除了能够完成现场数据采集之外，还能进行现场单、双面动平衡，开停车，细化谱，频率响应函数，相关函数，轴芯轨迹等的测试与分析，功能相当完善。

这种巡检系统是解决大、中型企业主要设备的监测和诊断的较好途径，近年来在电力、石化、冶金、造纸、机械等行业中得到广泛的应用，并取得比较好的效果。

3. 在线监测与保护系统

在石化、冶金、电力等行业对大型机组和关键设备多采用在线监测系统，进行连续监测。常用的在线监测与保护系统包括：在主要测点上固定安装的振动传感器、前置放大器、振动监测与显示仪表、继电器保护等部分。

这类系统连续、并行地监测各个通道的振动幅值，并与门限值进行比较。振动值超过报警值时自动报警，超过危险值时实施继电保护，关停机组。这类系统主要对机组起保护作用，一般没有分析功能。

4. 网络化在线巡检系统

网络化在线巡检系统由固定安装的振动传感器、现场数据采集模块、监测诊断软件和计算机网络等组成，也可直接连接在监测保护系统之后。其功能与离线监测与巡检系统很相似，只不过数据采集由现场安装的传感器和采集模块自动完成，勿需人工干预。数据的采集和分析采用巡回扫描的方式，其成本低于并行方式。

这类系统具有较强的分析和诊断功能，适合于大型机组和关键设备的在线监测和诊断。

5. 高速在线监测与诊断系统

对于石化、冶金、电力等行业的关键设备的重要部件，可采用高速在线监测与诊断系统，对各个通道的振动信号连续、并行地进行监测、分析和诊断。这样对设备状态的了解和掌握是连续的、可靠的，当然规模和投资都比较大。

6. 故障诊断专家系统

诊断的专家系统与一般的精密诊断不同，它是一种基于人工智能的计算机诊断系统，能够模拟故障诊断专家的思维方式，运用已有的诊断理论和专家经验，对现场采集到的数据进行处理、分析和推断，并能在实践中不断修改、补充和完善知识库，提高诊断专家系统的性能和水平。

第四节　轴承的故障诊断

一、滚动轴承振动信号的频率特征

滚动轴承发生故障时，通常会产生四种类型的特征频率，这些特征频率是利用振动诊断滚动轴承故障的基础。

1. 随机超声频率

滚动轴承故障最早产生约250kHz到350kHz频率范围内的超声频率。随着滚动轴承磨损增大，通常频率下降到约20kHz到60kHz（120到360万r/min）。这些高频振动可用振动尖峰能量（gSE），高频加速度（HFD）（g）和冲击脉冲（SPM）（dB）等参数来评定。

2. 轴承零部件的固有频率

机器运行过程中，滚动轴承由于局部缺陷或结构不规则会发生冲击振动，激发各个元件以其固有频率振动。此时，轴承振动的时域曲线是以零件回转间隔为包络的高频振动曲线。滚动轴承的固有频率一般在500Hz到20kHz频率范围内，与转速无关。

3. 旋转的故障频率（通过频率）

滚动轴承由内圈、外圈、滚动体和保持架四部分组成。假设滚道面与滚动体之间无相对滑动；承受径向、轴向载荷时各部分无变形；外圈固定，则滚动轴承工作时的特征频率如下：

（1）转动频率。滚动轴承工作时多数内圈转动，也可能外圈转动，但外圈转动时由于带动滚珠的线速度大，故轴承的寿命约减少1/3。转动频率可由它们的转速 n（r/min）求得：

$$f_r = \frac{n}{60} \tag{3-12}$$

（2）滚动体自转频率

$$f_b = \frac{D}{2d}\left[1 - \left(\frac{d}{D}\cos\alpha\right)^2\right]f_r \tag{3-13}$$

（3）滚动体公转频率（即保持架的转动频率）

$$f_c = \frac{1}{2}\left(1 - \frac{d}{D}\cos\alpha\right)f_r \tag{3-14}$$

（4）滚动体通过内圈的一个缺陷时的冲击振动频率

$$f_i = \frac{z}{2}\left(1 + \frac{d}{D}\cos\alpha\right)f_r \tag{3-15}$$

（5）滚动体通过外圈的一个缺陷时的冲击振动频率

$$f_o = \frac{z}{2}(1 - \frac{d}{D}\cos\alpha)f_r \qquad (3-16)$$

式中，D 为滚动体节径（即滚动体中心所在圆的直径，mm）；d 为滚动体直径（mm）；z 为滚动体数目；α 为接触角。

为简便起见，滚动轴承故障频率计算可用如下经验公式：

滚动轴承外环故障频率：　　$f_o \cong 0.4zn$

滚动轴承内环故障频率：　　$f_i \cong 0.6zn$

滚动轴承保持架故障频率：　　$f_c \cong 0.4n$

或：

滚动轴承外环故障频率：　　$f_o \cong n\ (0.5z - 1.2)$

滚动轴承内环故障频率：　　$f_i \cong n\ (0.5z + 1.2)$

滚动轴承滚动体故障频率：　　$f_b \cong n\ (0.2z - 1.2/z)$

滚动轴承保持架故障频率：　　$f_c \cong n\ (0.5 - 1.2/z)$

注：z 为滚动体数目，n 为轴的转速。滚动轴承没有滑动；滚动轴承几何尺寸没有变化；轴承外环固定不旋转。当滚动体数目在 6 至 12 范围内时以上公式计算结果较精确。

4. 和频与差频

以上轴承的若干故障频率之间及与其他振源频率之间相加或相减。

二、滚动轴承故障发展的四个阶段

1. 第一阶段

滚动轴承故障的最早的指示出现在从约 250kHz 到 350kHz 频率范围内的超声频率，随着滚动轴承磨损增大时，通常频率会下降到约 20kHz 到 60kHz（120 到 360 万 r/min）。此时在中、低频段一般不会有特征频率产生，采集高频冲击振动值可揭示和证实滚动轴承是否处于滚动轴承故障发展的第一阶段中，如振动尖峰能量（gSE），高频加速度（HFD）（g）和冲击脉冲（SPM）（dB）等参数。

2. 第二阶段

轻微的滚动轴承故障开始激励滚动轴承零件的固有频率，这些固有频率主要出现在 30k 到 120k r/min（500 到 2000Hz）频率范围内。这些频率也可能是滚动轴承支承结构的固有频率。在滚动轴承故障的第二阶段末期，在固有频率的左侧和右侧出现边带频率，振动冲击能量的总量值明显增大。

3. 第三阶段

在滚动轴承故障的第三阶段中，出现滚动轴承故障频率及其谐波频率。当滚动轴承的磨损扩展时，出现更多阶次的滚动轴承故障频率的谐波频率，边带频率数量增多，在轴承故障频率的谐波频率和轴承零件的固有频率两侧的边带数量都会增多，振动尖峰能量的总量值继续增大。这时，已经可以看到滚动轴承的磨损，并且，磨损扩展到滚动轴承的周围，尤其是伴随在轴承故障频率两侧有许多清晰的边带时。gSE 谱、高频解调和包络频谱可帮助证实滚动轴承故障的第三阶段。这时，应该可以考虑更换滚动轴承了（与振动频谱中滚动轴承的故障频率的幅值无关）。

4. 第四阶段

朝着滚动轴承故障发展的最后阶段发展，甚至影响 1×转速频率的振动幅值。该频率的幅值增大，通常还引起转速频率的许多谐波频率的幅值增大。离散的滚动轴承故障频率和轴承零件固有频率实际上开始“消失”，被随机的、宽带高频“噪声地平”代替。此外，高频噪声地平和振动冲击能量两者的幅值事实上可能减小，但是，恰好到损坏之前，振动冲击能量和高频加速度值通常增大到过大的幅值。

三、滚动轴承故障的精密诊断法

滚动轴承的振动频率成分十分丰富，既含有低频成分，又含有高频成分，而且每一种特定的故障都对应有特定的频率成分。

1. 低频信号分析法

低频信号是指频率低于 1kHz 的振动。一般测量滚动轴承振动时都采用加速度传感器，但对低频信号都分析振动速度。因此，加速度信号要经过电荷放大器后由积分器转换成速度信号，然后再经过上限截止频率为 1kHz 的低通滤波器去除高频信号，最后对其进行频率分析，以找出信号的特征频率，进行诊断。在这个频率范围内易受机械及电源干扰，并且在故障初期反映的故障频率能量很小，信噪比低，故障检测灵敏度较差。

2. 中、高频信号分析法

中频信号的频率范围为 1～20kHz，高频信号的频率范围为 20～80kHz。由于对高频信号可直接分析加速度，因而由加速度传感器获得的加速度信号经过电荷放大器后，可直接通过下限截止频率为 1kHz 的高通滤波器去除低频信号，然后对其进行绝对值处理，最后进行频率分析，以找出信号的特征频率。

滚动轴承各种常见故障的特征频率及故障原因见表 3－3，可参考此表诊断故障原因及故障部位。

表 3－3 滚动轴承的特征频率及其故障原因

<table>
<tr><th colspan="2">异常原因</th><th>振动特征频率</th><th>备　注</th></tr>
<tr><td rowspan="3">轴承构造</td><td>轴弯曲、倾斜</td><td>$zf_c \pm f_r$</td><td></td></tr>
<tr><td>轴承元件的受力变形</td><td>zf_c</td><td></td></tr>
<tr><td>滚动体直径不一致</td><td>f_c、$nf_c \pm f_r$</td><td></td></tr>
<tr><td rowspan="2">轴承不同轴</td><td>两个轴承不对中
轴承架内表面划伤或进入异物
轴承架装配松动
轴承本身安装不良</td><td>$1/2f_r$</td><td></td></tr>
<tr><td>内滚道的圆度误差
轴颈的圆度误差
轴颈面划伤或进入异物</td><td>$2f_r$</td><td></td></tr>
<tr><td rowspan="3">精加工波纹</td><td>内圈的波纹</td><td>$nf_i \pm f_r$</td><td></td></tr>
<tr><td>外圈的波纹</td><td>nf_c</td><td></td></tr>
<tr><td>滚动体的波纹</td><td>$2nf_b \pm f_c$</td><td></td></tr>
</table>

续表 3 – 3

异常原因		振动特征频率	备　注
轴承元件损伤	由磨损产生偏心	nf_r	
	内圈有缺陷	nf_i、$nf_i \pm f_r$、$nf_i \pm f_c$	
	外圈有缺陷	nf_o	
	滚动体有缺陷	$nf_b \pm f_c$	

注：z 为滚动体数，f_r 为轴旋转频率，f_i 为内圈特征频率，f_o 为外圈特征频率，f_b 为滚动体自转频率，f_c 为滚动体公转频率，n 为正整数 1，2，3，…。

现以某化工厂一台电动机滚动轴承故障的诊断为例，说明滚动轴承故障精密诊断的分析过程。2001 年 11 月 6 日，该电机一端轴承座振动速度值显示报警。该端采用 FAG6215C3 滚动轴承，当转速 $n = 1042.01$r/min 时，对其故障频率进行理论计算，结果如下：

轴承保持架故障频率　　FTF = 0.4146n = 432.02r/min；

轴承滚动体故障频率　　BSF = 2.85n = 2969.7r/min；

轴承外环故障频率　　BPFO = 4.56n = 4751.6r/min；

轴承内环故障频率　　BPFI = 6.438n = 6708.5r/min；

内环故障频率的第一右边带　　BPFIFAG6215 + n = 7750.51r/min；

内环故障频率的第二右边带　　BPFIFAG6215 + 2n = 8792.51r/min。

实测该电动机 FAG6215C3 滚动轴承的振动，并进行振动频谱分析，检测该轴承是否出现轴承故障频率，实测结果如下：

当转速 $N = 1042.01$r/min 时，振动速度频谱上出现三条非常明显的振动频率尖峰谱线，如图 3 – 9 所示。它们分别为：

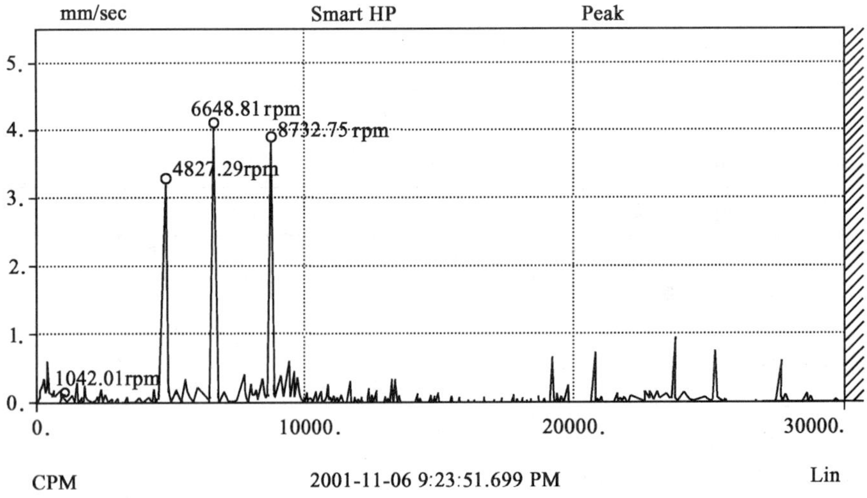

图 3 – 9　电动机滚动轴承振动频谱图

轴承外环故障频率　　4827.29r/min

轴承内环故障频率　　　　6648.81r/min

内环故障频率的第二右边带　　8732.75r/min

因此，可以诊断该轴承（FAG6215C3）的内环和外环同时出现明显的缺陷，而且内环的损坏比外环更严重。实际分解检查结果证实诊断结果完全正确。该实例采用精密振动故障诊断方法准确地诊断电动机轴承 FAG6215C3 滚动轴承的内环和外环损伤故障，避免了因轴承损坏而导致电动机转子等二次破坏的事故，从而最大限度减小了生产和设备的经济损失。

另一个实例为一台功率为 220kW 的水泵，转速 1450r/min，叶片数为 26，泵的驱动端采用德国 FAG 公司 NU315 滚动轴承。为了尽早发现轴承故障，采用高频振动加速度参数（冲击振动尖峰能量 gSE）对该滚动轴承进行监测。轴承故障特征频率计算的结果如下：

（平均）转速　　　　$n = 1490.53$r/min

保持架故障频率　　　　FTF $= 0.4062n = 605.45$r/min

滚动体故障频率　　　　BSF $= 2.577n = 3841$r/min

外环故障频率　　　　BPFO $= 5.487n = 8165.1$r/min

内环故障频率　　　　BPFI $= 7.122n = 10616$r/min

该设备驱动端轴承座垂直方向实测的高频振动加速度（冲击振动尖峰能量 gSE）频谱如图 3－10 所示。谱图显示出明显的内环故障频率（10572r/min）及其谐波，以及它们两侧的转速频率边带频率。图 3－11 给出了该 NU315 轴承内环故障频率 BPFI 的出现和发展的趋势。

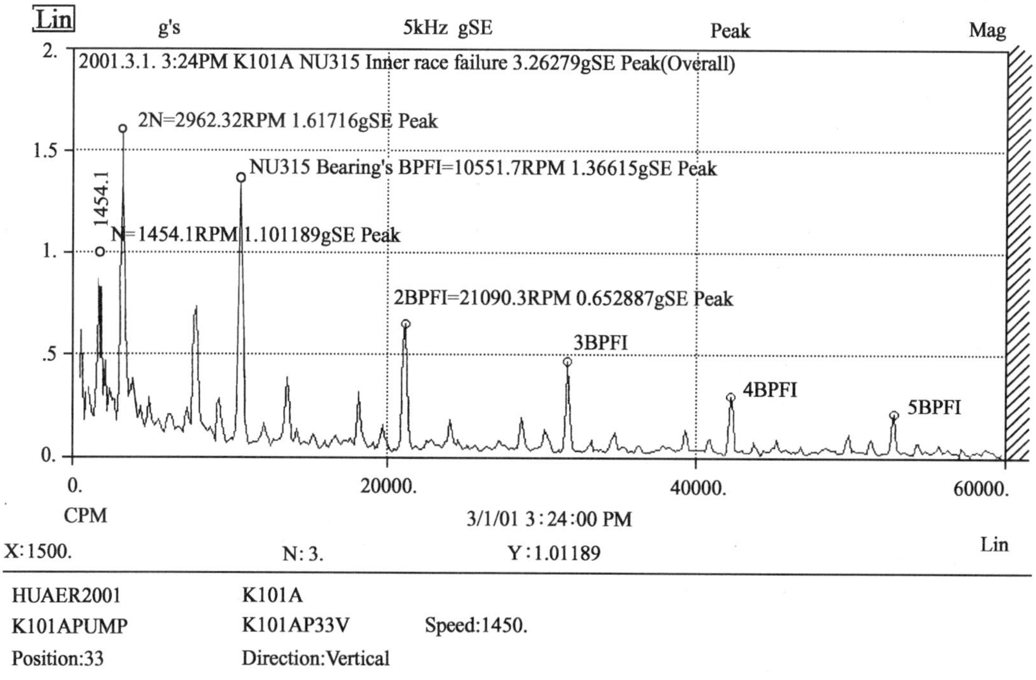

图 3－10　设备驱动端轴承座垂直方向实测的高频振动加速度频谱

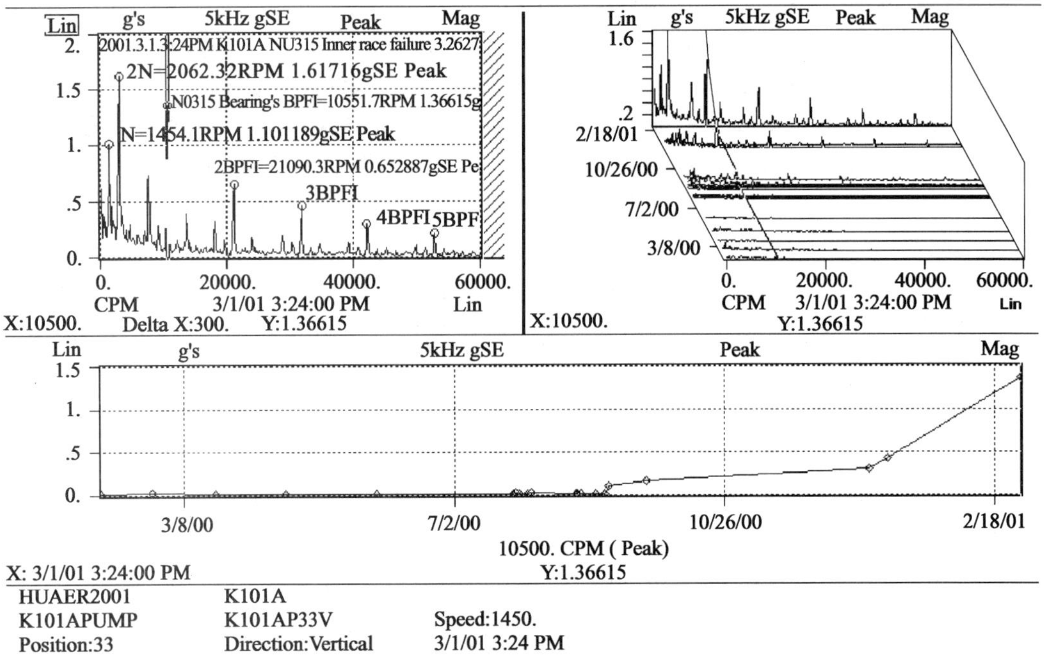

图 3－11 高频振动加速度频谱图、瀑布图及频率趋势图

第五节 齿轮的故障诊断

齿轮箱的结构较为复杂，运动部件多。当出现异常振动时，很难用简易振动诊断方法确定故障部位，一般都需要采用精密的振动分析及诊断方法。

一、齿轮振动信号的频率特征

振动和噪声信号是齿轮故障特征信息的载体，目前能够通过各种振动信号传感器、放大器及其他测量仪器测量出齿轮箱的振动和噪声信号，通过各种分析和处理方法提取其故障特征信息，从而诊断出齿轮的故障。作为实用特征信息，频域分析与识别仍然是最为有效的方法，但也应看到，在许多情况下，从齿轮的啮合波形也可以直接观察出故障。

（1）啮合频率在齿轮传动工程中，每个轮齿周期地进入和退出啮合。以直齿圆柱齿轮为例，其啮合区分为单齿啮合区和双齿啮合区。在单齿啮合区内，全部载荷由一对齿副承担；当一旦进入双齿啮合区，则载荷分别由两对齿副按其啮合刚度的大小分别承担（啮合刚度是指啮合齿副在其啮合点处抵抗挠曲变形和接触变形的能力）。很显然，在单、双齿啮合区的交变位置，每对齿副所承受的载荷将发生突变，这必将激发齿轮的振动；同时，在传动过程中，每个轮齿的啮合点均从齿根向齿顶（主动齿轮）或齿顶向齿根（从动齿轮）逐渐移动，由于啮合点沿齿高方向不断变化，各啮合点处齿副的啮合刚度也随之变化，相当于变刚度弹簧，这也是齿轮产生振动的一个原因；此外，由于齿轮的受载变形，其基节发生变化，在轮齿进入啮合和退出啮合时，将产生齿入冲击和齿出冲击，这更加剧了齿轮的振动。

对于斜齿圆柱齿轮，产生振动的原因基本相同，但由于同时啮合的齿数较多，传动较平稳，所产生的啮合振动的幅值相对较低。

齿轮啮合产生的振动是以每齿啮合为基本频率进行的，该频率称为啮合频率f_g。其计算公式为

$$f_g=\frac{z_1n_1}{60}=\frac{z_2n_2}{60} \tag{3-17}$$

式中　z_1、z_2——主、从动齿轮的齿数；

n_1、n_2——主、从动齿轮的转速。

当齿轮的运行状态劣化之后，对应于啮合频率及其谐波的振动幅值会明显增加，这为齿轮的故障诊断提供了有力的依据。

（2）齿轮振动信号的调制。由于齿轮的故障，加工误差如节距不均，安装误差如偏心等，使齿面载荷波动，影响振幅而造成幅值调制。由于齿轮载荷不均、齿距不等及故障造成载荷波动，除了影响振幅之外，同时也必然产生扭矩波动，使齿轮转速波动。这些波动就是振动上的频率调制（也称相位调制）。所以，任何导致幅值调制的因素也同时会导致频率调制。频率调制现象对小齿轮副尤为突出。

齿轮振动信号的调制中包含了许多故障信息。从频域上看，调制的结果是在齿轮啮合频率及其谐波周围产生以故障齿轮的旋转频率为间隔的边频带，且其振幅随故障的恶化而加大。

（3）齿轮振动信号中的其他成分如齿轮平衡不善、对中不良和机械松动等，均会在振动频谱图中产生旋转频率及其低次谐波。

假定一对齿轮啮合副的低速齿轮的齿数为Z_0，低速齿轮轴转速频率为f_0Hz，高速齿轮的齿数为Z_1，高速齿轮轴转速频率为f_1，这对齿轮可能产生的主要振动频率分量有：

1）低速齿轮转速频率f_0赫兹及其谐波频率if_0Hz（$i=1, 2, 3, \cdots$）

2）高速齿轮转速频率f_1赫兹及其谐波频率if_1Hz（$i=1, 2, 3, \cdots$）

3）低、高速齿轮齿啮合频率$f_g=f_0\times Z_0=f_1\times Z_1$Hz及其谐波频率$if_g$Hz（$i=1, 2, 3, \cdots$）

4）低速齿轮转速边带频率族（$f_g\pm if_0$）Hz（$i=1, 2, 3, \cdots$）

5）高速齿轮转速边带频率族（$f_g\pm if_1$）Hz（$i=1, 2, 3, \cdots$）

6）低、高速齿轮及其支承等的固有频率。

二、齿轮的精密诊断方法

由于齿轮动态特性及故障特性的复杂性，齿轮的故障诊断通常需要进行较为细致的信号分析与处理，通过前后对比得出诊断结论。在工程实际中，目前应用较多的方法是频域分析、时域分析、倒频域分析等。

1. 齿轮正常时的频谱

正常齿轮的振动频谱图（图3-12）中，通常可以发现高速齿轮和低速齿轮的转速频率，较低的齿轮啮合频率

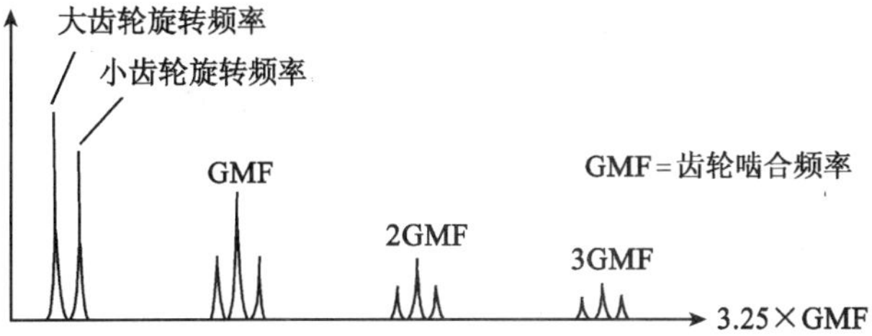

图3-12　齿轮正常时的频谱图

和非常小的齿轮啮合频率的谐波。有可能在齿轮啮合频率的两侧有高、低速齿轮的转速频率边带。频谱图中所有尖峰的幅值都很小，没有激起齿轮的自然频率。已知齿轮的齿数时，一般测量频率范围f_{max}设定为3. 25 ×f_g。如果不知道齿轮的齿数，可把频率范围f_{max}设定为每根轴的转速的200倍。

2. 齿磨损

齿磨损的关键指示是激起齿轮的固有频率（f_n）和在此齿轮固有频率两侧伴有磨损的齿的转速频率边带。当齿磨损明显时，虽然边带的幅值高并且在齿轮啮合频率两侧出现的边带数增多，但是齿轮啮合频率的幅值可能变化也可能不变化。边带是比齿轮啮合频率本身更好的齿磨损的指示。而且，虽然齿轮啮合频率的幅值可能还在可接受范围内，但是2 ×或3 ×（尤其是3 ×）的啮合频率幅值经常很高（图3 –13）。

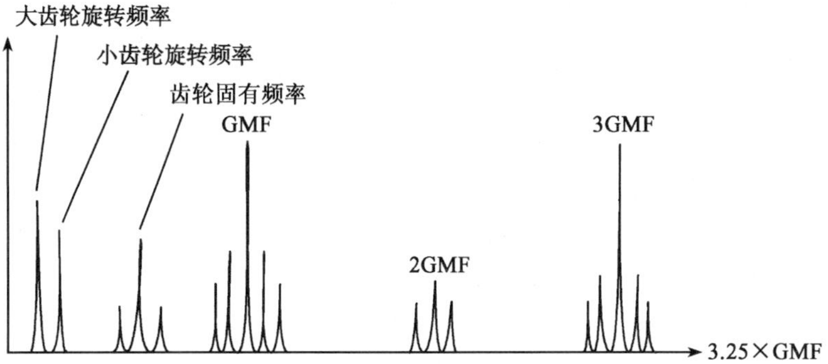

图3 –13　齿轮磨损时的频谱图

3. 齿的负载

齿轮啮合频率往往对齿的负载非常敏感。啮合频率的幅值高未必一定指示有故障，尤其是如果边带频率幅值保持较小，没有激起齿轮固有频率的时候。为了频谱比较有意义，每次测量分析都应该在系统处于最大负载下运转时进行（图3 –14）。

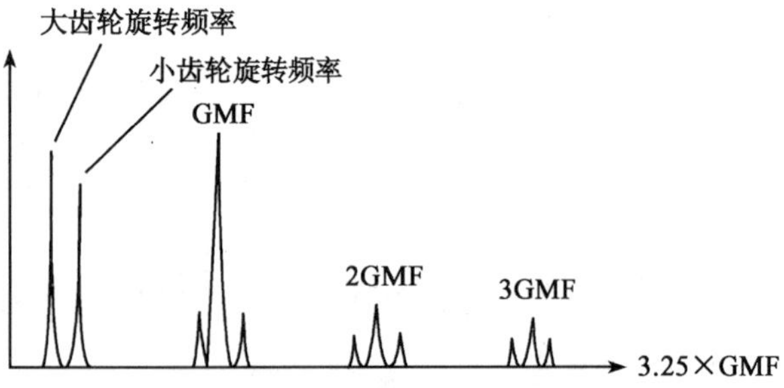

图3 –14　齿轮高负载时的频谱图

4. 齿轮偏心和齿隙游移

在齿轮啮合频率两侧十分高的边带幅值往往说明齿轮偏心，齿隙游移或两根齿轮轴不平行，这样使一个齿轮的转速“调制”齿轮啮合频率的幅值或另一个齿轮的转速。边带频率的间隔指示哪个齿轮有故障。如果齿轮偏心是占优势的故障，则偏心的齿轮的1 ×转速频率的幅值通常较高。不适当的齿隙游移通常要激起齿轮啮合频率的谐波频率和齿轮的固有频率。而且，它们都伴有1 ×转速频率的边带。如果齿隙游移是故障，则随着负载增大，齿轮啮合频率的幅值常常随负载增大而减小（图3 –15）。

5. 齿轮不对中

齿轮不对中几乎总是激起第二阶或高阶齿轮啮合频率谐波，并且它们都伴有转速边带，往往只显示小的齿轮啮合频率的幅值，但是2×或3×啮合频率的幅值较高。而且，2×啮合频率两侧常伴有2×转速频率边带。由于齿不对中，齿轮啮合频率及其谐波频率的左侧和右侧的边带频率的幅值不等，引起不均匀磨损（图3-16）。

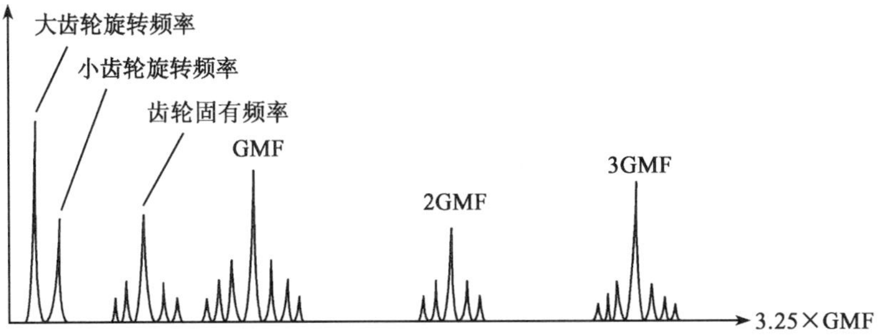

图3-15 齿轮偏心时的频谱图

6. 齿断或齿裂

齿断或齿裂仅在时域波形中产生这个齿的1×转速频率的大幅值，另外，它激起齿轮固有频率，并伴有断的或裂的齿的齿轮的转速边带。在时域波形中较好检测，断的齿或裂的齿每次与跟它匹配的齿轮啮合时，都出现一个明显的尖峰。两次冲击之间的时间将相应于断的或裂的齿的齿轮转速的倒数（1/转速）。时域中冲击尖峰的幅值往往比FFT谱中的1×转速频率的幅值高10到20倍（图3-17）。

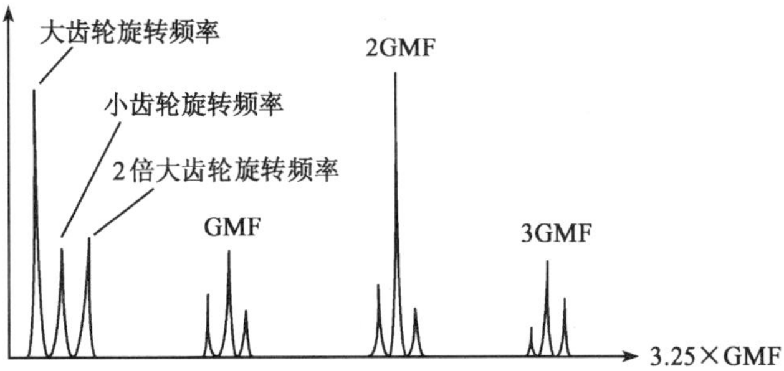

图3-16 齿轮不对中时的频谱图

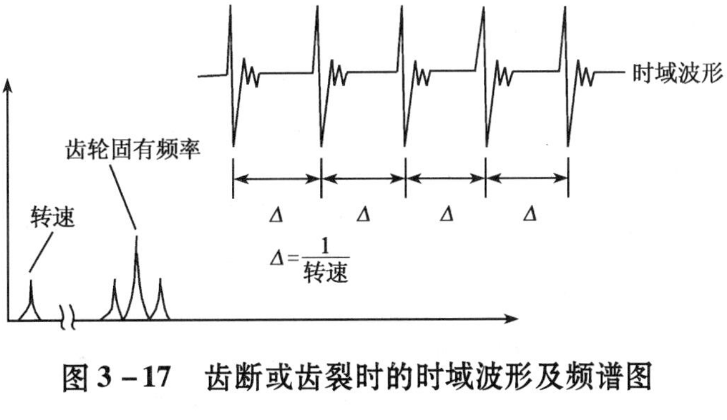

图3-17 齿断或齿裂时的时域波形及频谱图

7. 轴承配合松动

支承齿轮的轴承间隙过大不仅可激起许多转速频率的谐波频率，还常引起齿轮1×、2×或3×啮合频率较大的振动响应。这些大幅值的齿轮啮合频率振动实际上是对支承齿轮的轴承内松动的响应，并且不是故障的原因。轴承过大的磨损或者在安装时轴承配合不当可引起这种过大的间隙。如果不修正，它可引起过大的齿轮磨损和对其他零部件的损坏（图3－18）。

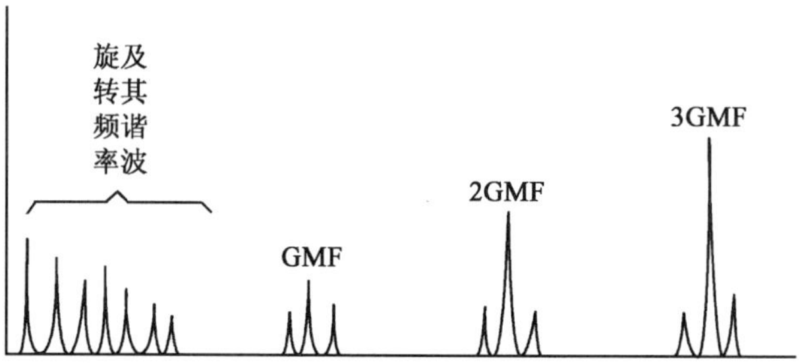

图3－18 齿轮轴承配合松动引起的振动频谱图

第六节 旋转机械的故障诊断

旋转机械是指那些主要功能是由旋转动作来完成的机械。工业领域中有相当部分生产机械可以归入旋转机械这一类，例如离心式压缩机、汽轮机、鼓风机、离心机、发电机、离心泵、电动机及各种齿轮箱等。由于转子、轴承、壳体、联轴节、密封和基础等部分的结构、加工及安装方面的缺陷，使机械在运行中会产生振动；机器运行过程中，由于运行、操作、环境等方面的原因所造成的机器状态的劣化，也会表现为振动的异常。同时，过大的振动又往往是机器破坏的主要原因。所以对旋转机械的振动测量、监视和分析是非常重要的。另外，振动这个参数比起其他状态参数能更直接地，快速、准确地反映机组的运行状态。

一、旋转机械的常见故障及特征

旋转机械的常见故障有转子不平衡，转子不对中，转轴弯曲及裂纹，油膜涡动及油膜振荡，机组共振，机械松动，碰磨，流体的涡流激振等。

在描述旋转机械的常见故障前，首先介绍转子的临界转速。

旋转机械在升、降速过程中，当转速达到某一值时，振幅会突然增大很多，使机组无法正常工作；而错开这一转速后，振动又恢复正常。这个使转子产生剧烈振动的特定转速就称之为临界转速。转子的临界转速是转子轴系的一种固有特性。理论和实践证明，每种转子因其结构和状态不同有不同的临界转速，而且往往有多个（即 n 阶）临界转速。当多个转子（例如电动机驱动泵或压缩机等）串联时，转子的临界转速将会有变化。

在一阶临界转速以下工作的转轴称为刚性轴，在一阶临界转速以上工作的转轴称为柔性轴。

1. 转子不平衡

在旋转机械的各种异常现象中，由于不平衡造成的振动的情形占有很高的比例。造成不平衡的原因主要有：材质不匀、制造安装误差、孔位置有缺陷、孔的内径偏心、偏磨损、杂质沉积、转子零部件脱落、腐蚀等等。这些原因引起转子中心惯性主轴往往会偏离其旋转轴线，造成转子不平衡。当转子每转动一转，就会受到一次不平衡质量所产生的离心惯性力的冲击，这种离心惯性力周期作用的结果，便引起转子产生异常的强迫振动，振动的频率与转子的旋转频率相同。

由转子质量中心和旋转中心之间的物理差异所引起的不平衡一般可分为以下三种形式：

（1）力不平衡：转子质量偏心引起的不平衡力作用于一个平面内，如图 3－19（a）所示；

（2）偶不平衡：不平衡力作用在转子相对的两侧面，其质心仍然保持在旋转中心上，如图 3－19（b）所示。当转子转动时，由每一侧的不平衡重量产生方向相反的离心力，形成离心力矩，使转子产生振动。

（3）动不平衡：转子既有力不平衡又有偶不平衡，是属于多个平面内有不平衡的情况，也是最常见的不平衡形式。

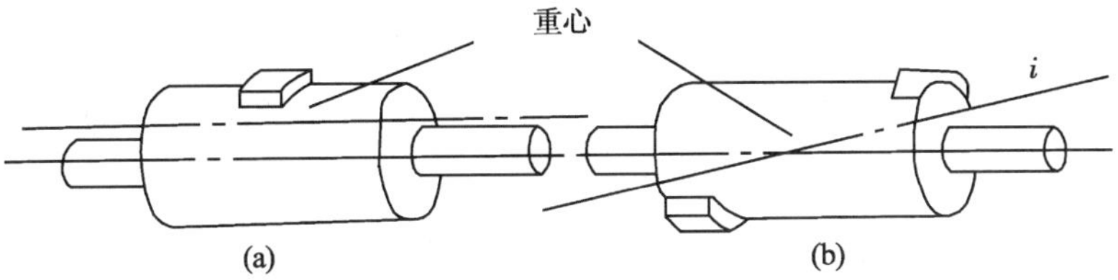

图 3－19 转子不平衡现象

转子不平衡所产生的振动的主要特征为：振动方向以径向为主；振动频率以转轴的旋转频率（轴频）$f_r = n/60$ 为主；在临界转速以下，振幅随着转速的升高而增大。不同的不平衡形式，其振动特征又有所不同：

力不平衡：

- 轴频占主导，相位稳定。如果只有不平衡，轴频幅值大于等于通频幅值的 80%，且按转速平方增大。
- 通常水平方向的幅值大于垂直方向的幅值，但通常不应超过两倍。
- 同一设备的两个轴承处相位接近。
- 水平方向和垂直方向的相位相差接近 90°。

偶不平衡：

- 轴频占主导，相位稳定。振幅按转速平方增大。需进行双平面动平衡校正。
- 偶不平衡在机器两端支承处均产生振动，有时一侧比另一侧大。
- 较大的偶不平衡有时可产生较大的轴向振动。
- 两支承径向同方向振动相位相差 180°。

动不平衡：

- 动不平衡是前两种不平衡的合成结果。
- 仍是轴频占主导，相位稳定。
- 两支承径向同方向振动相位差接近。

悬臂转子不平衡：

- 悬臂转子不平衡在轴向和径向都会引起较大轴频振动。

- 轴向相位稳定，而径向相位会有变化。
- 悬臂式转子可产生较大的轴向振动，轴向振动有时甚至超过径向振动。
- 两支承处轴向振动相位接近。
- 往往是力不平衡和偶不平衡同时出现。

轴弯曲：

- 振动特征类似动不平衡，振动以轴频为主，如果弯曲靠近联轴节，也可产生2×振动。类似不对中、通常振幅稳定，如果2×与供电频率或其谐频接近，则可能产生波动。
- 轴向振动可能较大，两支承处相位相差180°。
- 振动随转速增加迅速增加，过了临界转速也一样。

各类不平衡引起的振动的测量方法及其典型频谱如图3－20所示。

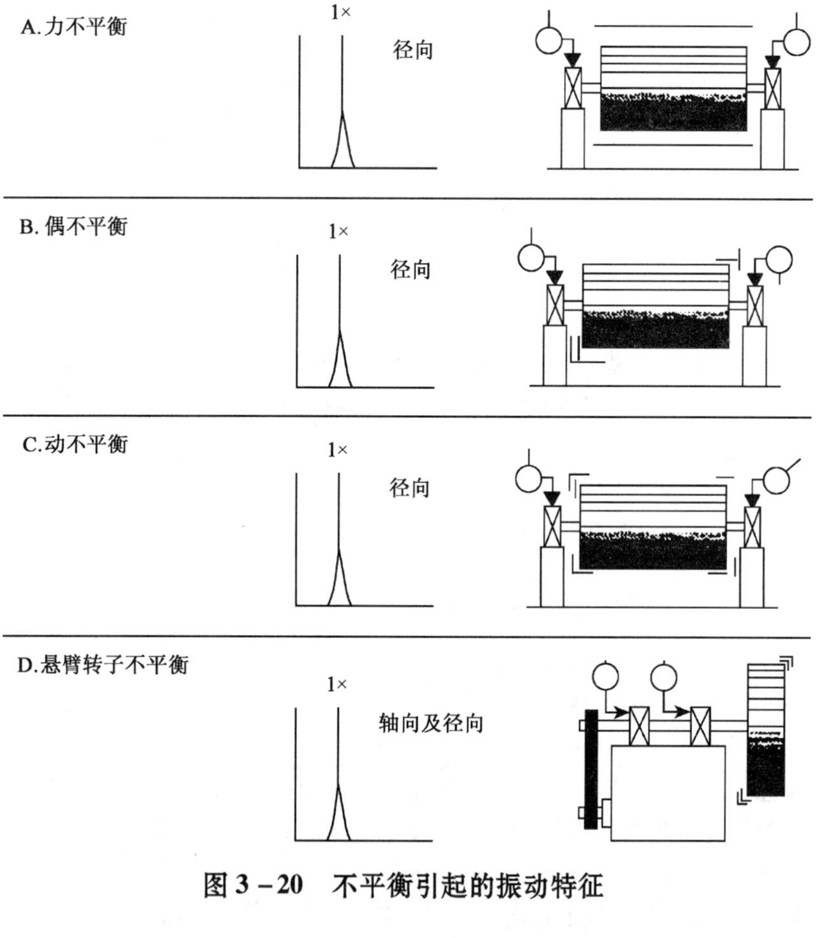

图3－20　不平衡引起的振动特征

对转子进行现场动平衡或在动平衡机上实施动平衡可显著降低不平衡的影响。

图3－21所示为某锅炉除尘风机的诊断实例。该风机为悬臂式结构，工作转速为600～1300r/min，功率为1300kW，采用柔性支承，测点布置如下图所示（各轴承座位置）。该机2004年3月8日启动时振动很大，无法达到最高工作转速，1120r/min时风机端（测点4）的振动幅值（水平方向）已达45mm/s（峰值），且随转速提高振动明显增大。

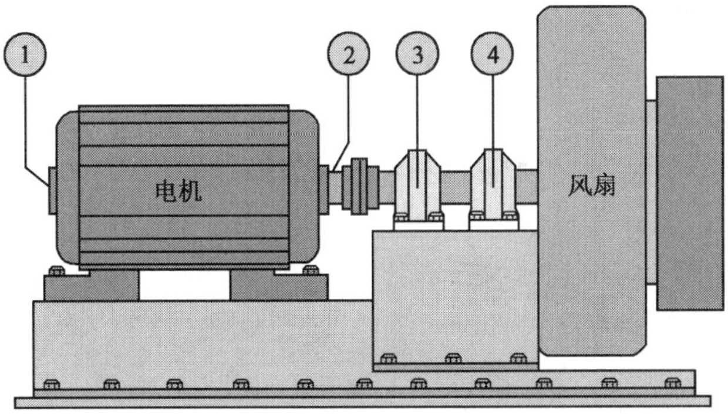

图 3－21　悬臂风机的不平衡实例

风机的振动频谱如图 3－22（a）所示，几乎只有轴频成分。可判断风机的异常振动由风机转子腐蚀、积垢导致的不平衡引起。通过清洗风机叶轮，对转子进行现场动平衡后，机器振动大幅降低，振动值降低至 4mm/s（峰值），运行状态在允许范围内。

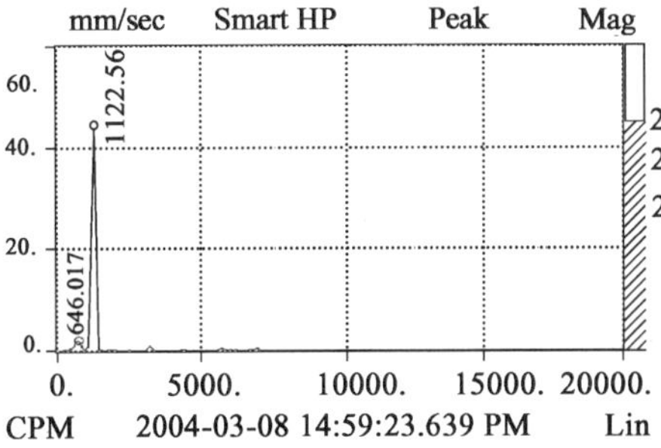

(a)振动频谱图

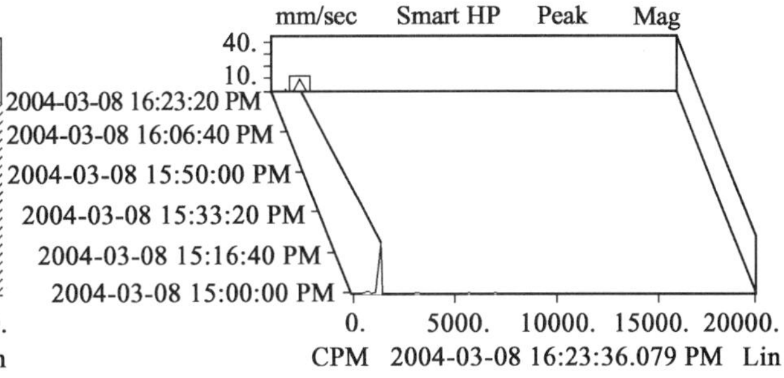

(b)三维频谱图

图 3－22　风机转子不平衡引起的振动频谱

2. 不对中

旋转机械在安装时应保证良好的对中，即连接的转子中心线为一条连续的直线，并且轴承标高应能适应转子轴心曲线运转的要求。然而现场安装操作时往往难以保证，从而形成转子轴线的不对中，旋转机械因对中不良可以引起多种故障：

（1）导致动、静部件摩擦，引起转轴热弯曲；

（2）改变轴系临界转速，使轴系振型变化或引起共振；

（3）使轴承载荷分配不均，恶化轴承工作状态，引起半速涡动或油膜振荡，甚至引起轴瓦升温，烧毁轴瓦。

转子轴系不对中有两种类型，一是转子轴系间连接不对中，反映联轴节的对中程度；二是转子轴颈与轴承间的安装不对中。它的几种形式如图 3－23 所示。

转子不对中所产生的振动的主要特征为：紧靠联轴节两端的轴承往往振动最大；平行不对中主要引起径向振动，角度不对中主要引起轴向振动；联轴节两端转子振动存在相位差；振动频率以转轴的旋转频率（轴频）f_r、二倍频 $2\times f_r$、三倍频 $3\times f_r$ 等为主；振幅随着负荷的加大而增大。

有关研究指出，如果在二倍频上的振幅是轴频上振幅的 30% ~75% 时，此不对中可被联轴节承受相当长的时间；当二倍频振幅是轴频振幅的 75% ~150% 时，则某一联轴节可能会发生故障，应加强其状态监测；当二倍频振幅超过轴频振幅 150% 时，不对中会对联轴节产生严重作用，联轴节可能已产生加速磨损和极限故障。

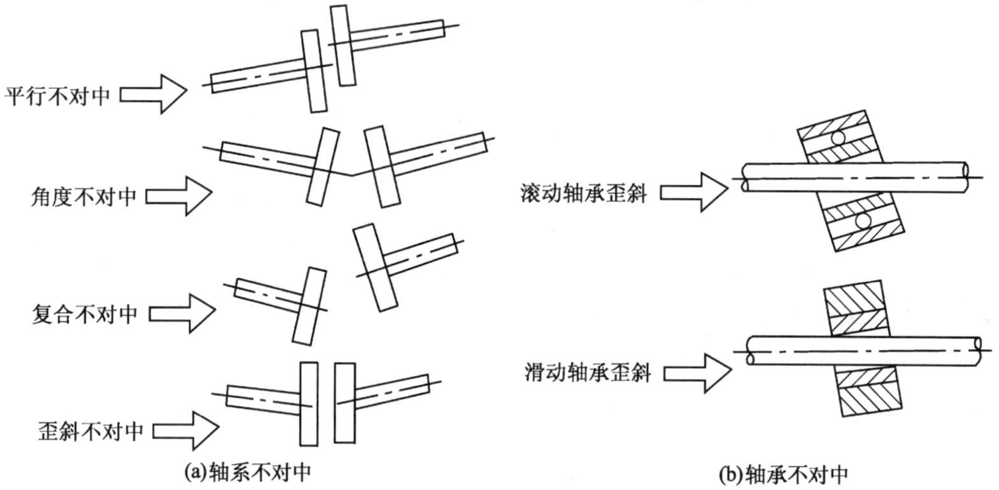

图 3－23　转子不对中的类型

有资料表明现有企业在役设备 30% ~50% 存在不同程度的不对中，严重的不对中会造成设备部件的过早损坏，同时会造成能源的浪费。不对中既可产生径向振动，又会产生轴向振动；既会造成临近联轴节处支承的振动，也会造成远离联轴节的自由端的振动。严重的不对中有时会产生类似松动的高次谐波振动，相位是判断不对中的最好判据之一。下面介绍各种不对中的典型振动特征。

角度不对中（图 3－24）：

- 角度不对中的特征是轴向振动大，联轴器两侧振动相位差 180°。典型地出现在 1 × 转速频率和 2 × 转速频率的大的轴向振动。严重的角向不对中可激起 1 × 转速频率的许多阶谐波频率。与机械松动不一样，这些转速谐波频率典型地在频谱上都没有升高的噪声地平。
- 如果 2 × 或 3 × 超过 1 × 的 30% 到 50%，则可认为是存在角度不对中。
- 联轴节两侧轴向振动相位相差 180°。

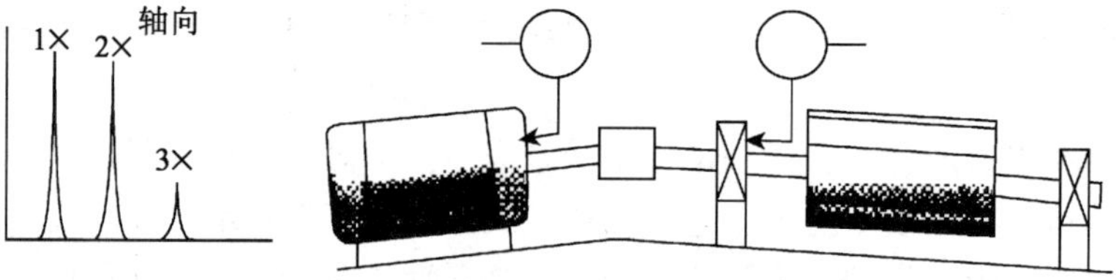

图 3－24　角度不对中的典型频谱

平行不对中（图 3－25）：

- 平行不对中的振动特性类似于角度不对中，但径向振动较大。
- 频谱中 2×较大，常常超过 1×，这与联轴节结构类型有关。
- 角不对中和平行不对中严重时，会在较高谐波频率（4×到 8×转速频率谐波）处出现大的振动，甚至出现类似于机械松动时出现的完整系列的高频谐波。当不对中严重时，联轴器的类型和材料往往对整个频谱有很大的影响。
- 联轴节两侧径向振动相位相差是 180°。

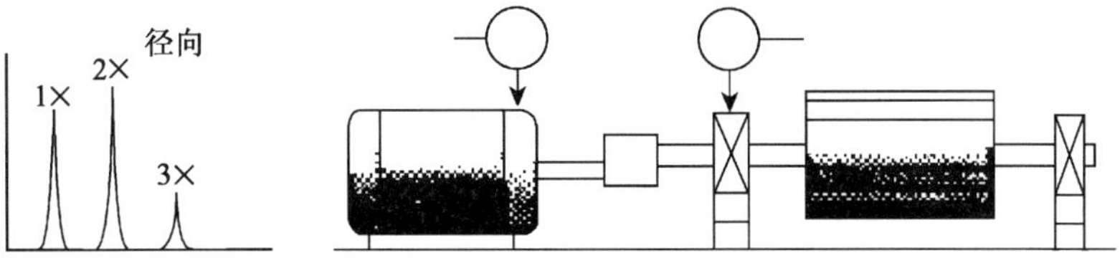

图 3－25　平行不对中的典型频谱

轴承不对中：

- 轴承不对中或卡死将产生 1×，2×轴向振动，如果测试一侧轴承座的四等分点的振动相位，同一轴承座上顶部与底部轴向振动相位差约 180°，左侧与右侧轴向振动相位差约 180°。
- 通过找对中无法消除振动，只有卸下轴承重新安装。

3. 机械松动

机械松动现象是因紧固不牢、轴承约束松弛、配合间隙过大等原因引发的，可以使已经存在的不平衡、不对中等所引起的振动问题更加严重。

其振动特征表现为：在松动方向的振动较大；振动不稳定，工作转速达到某阈值时，振幅会突然增大或减小；振动频率除转轴的旋转频率（轴频）f_r、可发现高次谐波（二倍频 $2\times f_r$、三倍频 $3\times f_r$ 等）及分数谐波（$1/2\times f_r$、$1/3\times f_r$ 等）。

图 3－26 为一种典型的松动引起的振动现象。这种频谱特征通常是由零部件之间配合不良引起的，由于松动的零部件对转子的动态力产生非线性的响应，所以，将产生许多谐波频率。常见的有轴承衬套在其盖内松动，轴承松动和在轴上旋转，滑动轴承或滚动轴承间隙过大，叶轮在轴上松动等。其振动相位往往是不稳定的，这一次测量到下一次测量可能变化很大，尤其是如果转子在轴上的位置从这一次启动到下一次启动漂移的话。机械松动往往是非常定向的，在一个轴承座的径向方向每隔 30°测量的振动值完全不同。而且，松动往往引起

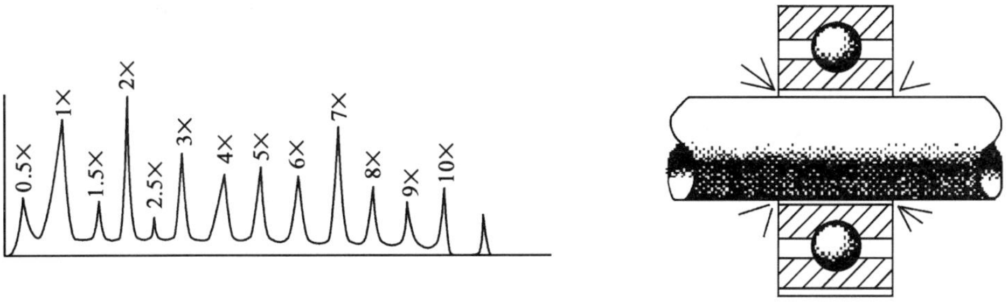

图 3－26　轴承配合松动引起的振动特征

精确的1/2×或1/3×转速频率的亚谐波频率（0.5×，1.5×，2.5×等等）。

4. 油膜涡动和油膜振荡

旋转机械常常采用滑动轴承作支承，滑动轴承的油膜振荡是旋转机械较为常见的故障之一，轴颈因振荡而冲击轴瓦，加速轴承的损坏，以致影响整个机组的运行。对于大质量转子的高速机械，油膜振荡更易造成极大的危害。

（1）油膜涡动：油膜涡动一般是在高于一阶临界转速情况下，轴承中发生的流体动力的不稳定性，是一种转子的中心绕着轴承中心转动的亚同步振荡现象。涡动频率大约为转动频率的一半，因此也称为半速涡动。当半速涡动频率小于转子的一阶固有频率时，半速涡动是一种比较平静的涡动，涡动频率随着转速的提高而增大，并大致保持为转动频率一半的比例。

实际上，油膜涡动频率总是小于轴回转频率之半。据统计分析，涡动频率为轴回转频率的0.42～0.48倍。

（2）油膜振荡：如果轴的工作转速达到其一阶临界转速的两倍时，有可能造成涡动频率等于转子临界转速，此时将发生共振，半速涡动的振幅将被放大，振动非常剧烈，这种强烈的振动状态称为油膜振荡。转子一旦发生油膜振荡，涡动频率将在一个很宽的转速范围内，不随转子转速的升高而改变，只是维持在以转子一阶临界转速为涡动频率的大振幅振动，这种现象被称为油膜振荡的惯性效应。

所以，半速涡动是油膜振荡的先决条件，油膜振荡是比半速涡动更为危险的状态。因此，应通过优化设计选择合适的承载油膜刚度和阻尼力，并采取避免转子的工作转速在轴系的一阶临界转速的两倍附近等措施来抑制半速涡动，以避免发生油膜振荡。

5. 共振

强迫振动频率与系统的固有频率一致时将出现共振，使振动幅值急剧放大，导致过早损坏或灾难性破坏。产生共振的部件可能是转子，也可能是支承框架，基础，齿轮箱或甚至传动皮带。如果转子处在或接近共振区，由于存在很大的相位漂移，其振动几乎不可能被平衡掉（共振时相位漂移为90°，通过共振时相位漂移接近180°，如图3－27所示）。所以往往需要通过改变结构刚度来提高或降低固有频率。固有频率通常不随转速变化，这一点有助于对它的识别（除非在大型平面轴颈轴承机器或在有明显悬臂的转子上）。

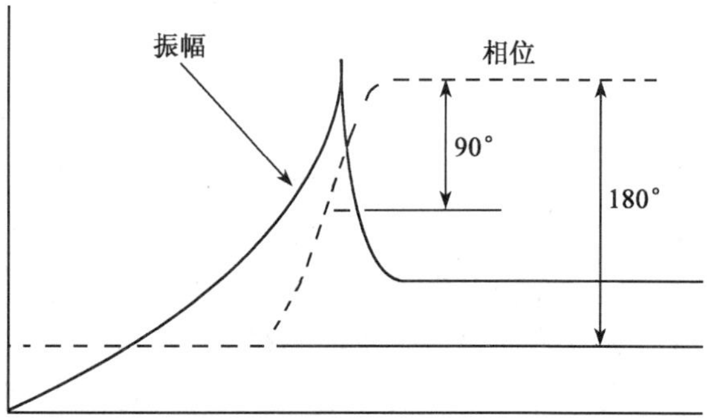

图3－27 共振产生的振动现象

除了以上描述的故障现象外，碰磨、流体机械转子的旋转失速、透平压缩机的喘振、轴裂纹、叶片端部间隙不均匀引起的气隙振荡、转子内阻引起的自激振荡等故障在旋转机械中也时有发生，其振动频率以临界频率及局部结构固有频率为主。

二、旋转机械的振动故障识别

通过转子系统各种振源的振动机理分析可知，不同振源在振动功率谱上出现的激振频率和幅值变化特征是不相同的，频谱图中每个振动分量都与特定的零部件和特定原因相联系。

所以，对转子系统振动原因的识别是基于对各类激振频率和幅值变化特征的分析。J. Sohve于20世纪60年代用600余次事故分析的经验编成了旋转机械振动原因分析表。他将40余种故障按照振动主频率分量，主要振动方向、位置，以及振动随转速变化等方面表现出来的统计百分数列成表格，对分析振动原因很有帮助。附表3－1给出了在其基础上总结的振动特征分析表，表中的数字表示所示特征占有的百分比。

三、动平衡技术

1. 现场动平衡

现场动平衡是指旋转机械在现场工作状态或接近现场工作状态下，对其进行振动测量分析和平衡校正的一种平衡方法。与将转子拆下放到动平衡机上进行动平衡方式相比，有工作量小、快速、平衡精度高等优点。进行现场动平衡的常用设备有动平衡仪，幅值－相位分析仪等。在没有动平衡分析仪的情况下，也可用测振仪进行。

对于长度小、转速低的转子只需作单面校正，反之要作两面校正。

2. 动平衡机上的动平衡

转子安装在弹性轴承上，由驱动机构带动转动，转子的不平衡在转动时产生的力作用在弹性轴承上引起弹性轴承摆动和振动，用测振仪器测定弹性轴承的振幅，可计算出转子不平衡量。

3. 平衡计算方法

- 矢量图法：将静平衡中测量的振动水平和相位表示成矢量，利用矢量作图法求出校正质量大小和安放位置。
- 编程计算法：将上述计算过程编成程序，利用可编程袖珍计算器能够简便快速地得出结果。
- 解析法
- 影响系数法

影响系数法是目前现场动平衡中较为常用的一种方法。进行动平衡时要在与转轴垂直的两个校正平面内安放试探质量，在两个测量平面内测量振动，然后求出每个校正平面的试探质量对每个测量平面的影响系数并列出动平衡方程，最后求得校正质量的大小及其安放位置。表3－4给出了对一台锅炉除尘风机进行现场动平衡过程中所获得的数据，表明现场的动平衡取得了非常明显的效果。

表3－4　除尘风机的现场动平衡数据

	振动值 μm（p－p）	相位（°）	重量（g）	角度（°）
初始振动测量值	769	193		
动平衡试重			185	90
加试重后的振动值	388	183		
第一次动平衡配重			363	99
第一次加配重后的振动值	115	310		
第二次动平衡配重			54	342
第二次加配重后的振动值	56	35		

附表 3－1 旋转机械振动原因分析表

振动原因	主要频率											主要振幅的方向和位置								
	0～40%工频	40%～50%工频	50%～100%工频	1×工频	2×工频	高阶工频	$\frac{1}{2}$×工频	$\frac{1}{4}$×工频	低阶工频	奇数频率	极高频率	垂直	水平	轴向	轴	轴承	壳体	基础	管道	联轴节
	1	2	3	4	5	6	7	8	9	10	11	12	13	14	15	16	17	18	19	20
初始不平衡	—	—	—	90	5	5	—	—	—	—	—	40	50	10	90	10	—	—	—	—
转子呈永久性弓形变形或缺掉一块叶片	—	—	—	90	5	5	—	—	—	—	—	|	|	|	|	|	—	—	—	—
转子临时性弓性弯曲	—	—	—	90	5	5	—	—	—	—	—	|	|	|	|	|	—	—	—	—
机壳临时性变形	←	10	→	80	5	5	—	—	—	—	—	|	|	|	|	|	—	—	—	—
机壳永久性变形	←	10	→	80	5	5	—	—	—	—	—	|	|	|	↓	↓	—	—	—	—
基础变形	—	20	—	50	20	—	—	—	—	10	—	↓	↓	↓	40	30	10	10	10	—
密封摩擦	10	10	10	20	10	10	—	—	10	10	10	30	40	30	80	10	10	—	—	—
转子轴向摩擦	←	20	→	30	10	10	—	—	10	10	10	30	40	30	70	10	20	—	—	—
不对中	—	—	—	40	50	10	—	—	—	—	—	20	30	50	80	10	10	—	—	—
管道力	—	—	—	40	50	10	—	—	—	—	—	20	30	50	80	10	10	—	—	—
轴颈和轴承偏心	—	—	—	80	20	—	—	—	—	—	—	40	50	10	90	10	—	—	—	—
轴承损坏	20	→	→	40	20	—	—	—	—	—	20	30	40	30	70	20	10	—	—	—
轴承和支承激励振动（如油膜涡动）	10 ⇔	70 ⇔	—	—	—	—	10	10	—	—	—	40	50	10	50	20	20	10	—	—
轴承在水平和垂直方向刚度不等	—	—	—	—	80	20	—	—	—	—	—	40	50	10	40	30	20	—	—	—
推力轴承损坏	90	→	→	→	→	—	—	—	—	—	10	20	30	50	60	20	20	—	—	—

续附表 3－1

振动原因	主要频率											主要振幅的方向和位置								
	0～40%工频	40%～50%工频	50%～100%工频	1×工频	2×工频	高阶工频	$\frac{1}{2}$×工频	$\frac{1}{4}$×工频	低阶工频	奇数频率	极高频率	垂直	水平	轴向	轴	轴承	壳体	基础	管道	联轴节
	1	2	3	4	5	6	7	8	9	10	11	12	13	14	15	16	17	18	19	20
转子零件在轴上配合不紧	主要振动频率显示为第一临界或共振频率											40	50	10	60	20	20	—	—	—
	40	40	10	—	—	—	—	—	—	10	—									
轴瓦问题	90	→	—	—	—	—	—	—	—	10	—	40	50	10	80	10	10	—	—	—
轴承箱问题	90	→	—	—	—	—	—	—	—	10	—	40	50	10	70	20	10	—	—	—
机壳和支承问题	50	→	—	—	—	—	—	—	—	50	—	40	50	10	50	20	30	—	—	—
齿轮不精密	—	—	—	—	—	20	—	—	—	20	60	30	50	20	80	10	10	—	—	—
联轴节不精密或损坏	10	20	10	20	30	10	—	—	—	—	—	30	40	30	70	20	—	—	—	10
转子和轴承系统临界	—	—	—	100	—	—	—	—	—	—	—	40	50	10	70	30	—	—	—	—
联轴节临界	—	—	—	100	确信联轴节齿配合是紧密的							20	40	40	10	10	—	—	—	80
悬臂端临界	—	—	—	100	—	—	—	—	—	—	—	40	50	10	70	10	—	—	—	20
机壳结构共振	—	10	—	70	10	—	10	—	—	—	—	40	50	10	—	40	40	10	10	—
支承共振	—	10	—	70	10	—	10	—	—	—	—	40	50	10	—	20	50	20	10	—
基础共振	—	20	—	60	10	—	10	—	—	—	—	30	40	30	—	10	40	40	10	—
压力脉动	如果和共振结合，最容易出现故障									100	—	30	40	30	能激励涡动或共振		30	30	40	—
电激励振动	线频、多倍线频或差频											30	40	30			40	40	20	—
振动传递	—	—	—	—	—	—	—	—	—	90	—	30	40	30			40	40	20	—

续附表 3－1

振动原因	主要频率											主要振幅的方向和位置								
	0～40%工频	40%～50%工频	50%～100%工频	1×工频	2×工频	高阶工频	$\frac{1}{2}$×工频	$\frac{1}{4}$×工频	低阶工频	奇数频率	极高频率	垂直	水平	轴向	轴	轴承	壳体	基础	管道	联轴节
	1	2	3	4	5	6	7	8	9	10	11	12	13	14	15	16	17	18	19	20
阀件振动	—	—	—	—	—	—	—	—	—	—	100	30	40	30	—	—	80	10	10	—
问题名称	以下各项可用来区别基本问题																			
次谐波共振	—	碰到很少,要寻找气体动力源(密封)					←	100	→	—	—	30	30	40	若轴承被激励 20 80		20	20	20	—
谐波共振	—	—	—	—	←	100	→	—	—	—	—	40	40	20	20	10	10	30	20	—
摩擦诱发涡动	80	10	10	—	—	—	—	—	—	—	—	40	50	10	80	20	—	—	—	—
临界速度	—	—	—	100	—	—	—	—	—	—	—	40	50	10	60	40	—	—	—	—
共振振动	—	—	—	100	—	—	—	—	—	—	—	40	40	20	20	10	20	30	20	—
油膜涡动	—	100					注意气体动力升举作用(如部分进气等)					40	50	10	80	20	—	—	—	—
共振涡动	—	100	—	—	—	—	—	—	—	—	—	40	50	10	20	20	20	20	20	—
干摩擦涡动	—	—	—	—	—	—	—	—	—	—	100	30	40	30	40	20	20	10	—	10
间隙诱发振动	10	80	10	—	—	—	—	—	—	—	—	40	50	10	70	10	10	—	—	10
扭转共振	—	—	—	40	20	20	—	—	—	20	—	扭转		扭转振幅 100	横向振幅 40		—	—	—	10
瞬态扭转	—	—	—	50	—	—	—	—	—	50	—	—	扭转 100	—	50	40	40	—	—	10

续附表 3－1

振动原因	升速和降速时振幅随转速的变化		
	升　速		
	振幅不变	随转速增加	随转速下降
	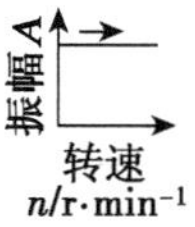		
	21	22	23
初始不平衡	—	100	—
转子呈永久性弓形或缺掉一块叶片	—	100	—
转子临时性弓形弯曲	30	60	5
机壳临时性变形	30	50	5
机壳永久性变形	40	60	—
基础变形	20	80	—
密封摩擦	10	70	—
转子轴向摩擦	10	40	10
不对中	20	30	10
管道力	20	40	—
轴颈和轴承偏心	40	50	10
轴承损坏	10	50	10
轴承和支承激励振动（如油膜涡动）	—	10	—
轴承在水平和垂直方向刚度不等	—	40	—
推力轴承损坏	20	50	10
转子零件在轴上配合不紧	—	—	—
轴瓦问题	—	—	—
轴承箱问题	—	—	—
机壳和支承问题	—	—	—
齿轮不精密	20	20	20
联轴节不精密或损坏	10	20	—
转子和轴承系统临界	10	20	—
联轴节临界	—	20	—

续附表3－1

振动原因	升速和降速时振幅随转速的变化			
	升　速			降　速
	出现峰值	突然上升	突然下降	振幅不变
	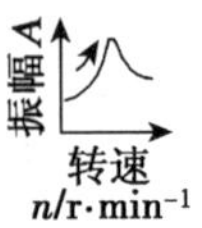		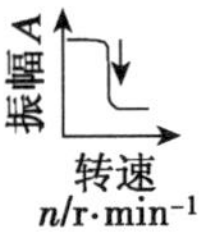	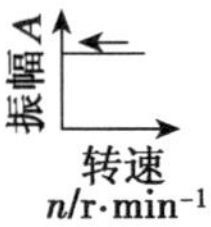
	24	25	26	27
初始不平衡	峰值在临界转速	—	—	—
转子呈永久性弓形或缺掉一块叶片		—	—	—
转子临时性弓形弯曲		5	—	30
机壳临时性变形		5	10	30
机壳永久性变形		—	—	40
基础变形		—	—	20
密封摩擦		10	10	10
转子轴向摩擦		20	20	10
不对中		20	20	20
管道力		20	20	20
轴颈和轴承偏心		—	—	40
轴承损坏		20	10	10
轴承和支承激励振动（如油膜涡动）	—	90	—	—
轴承在水平和垂直方向刚度不等	50	10	—	—
推力轴承损坏	—	10	10	20
转子零件在轴上配合不紧	—	90	10	—
轴瓦问题	—	90	10	—
轴承箱问题	—	90	10	—
机壳和支承问题	—	90	10	—
齿轮不精密	20	10	10	20
联轴节不精密或损坏	20	轴承松动，摩擦40 脏物进入齿内10		10
转子和轴承系统临界	20	40	10	10
联轴节临界	80	—	假如松动50	—

续附表 3－1

振动原因	升速和降速时振幅随转速的变化			
	降　速			
	随转速增加	随转速下降	突然上升	突然下降
	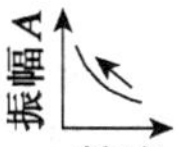 转速 n/r·min^{-1}	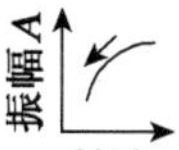 转速 n/r·min^{-1}	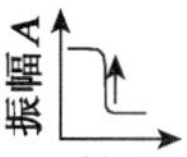 转速 n/r·min^{-1}	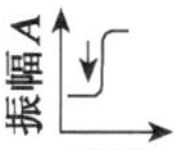 转速 n/r·min^{-1}
	28	29	30	31
初始不平衡	—	100	—	—
转子呈永久性弓形或缺掉一块叶片	—	—	—	—
转子临时性弓形弯曲	5	50	5	10
机壳临时性变形	5	50	5	10
机壳永久性变形	—	60	—	—
基础变形	—	80	—	—
密封摩擦	—	70	10	10
转子轴向摩擦	—	50	20	20
不对中	—	40	20	20
管道力	—	40	20	20
轴颈和轴承偏心	10	50	—	—
轴承损坏	10	50	10	20
轴承和支承激励振动（如油膜涡动）	—	10	—	90
轴承在水平和垂直方向刚度不等	—	40	—	10
推力轴承损坏	10	50	10	10
转子零件在轴上配合不紧	—	—	10	90
轴瓦问题	—	—	10	90
轴承箱问题	—	—	10	90
机壳和支承问题	—	—	10	90
齿轮不精密	20	20	10	10
联轴节不精密或损坏	—	20	10	40
转子和轴承系统临界	—	20	10	40
联轴节临界	—	20	假如松动 50	—

续附表 3-1

振动原因	升速和降速时振幅随转速的变化		
	升　　速		
	振幅不变	随转速增加	随转速下降
	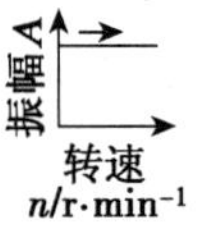		
	21	22	23
悬臂端临界	—	30	—
机壳等结构共振	—	20	—
支承共振	—	20	—
基础共振	—	20	—
压力脉动	90	10——与扰动源有关	
电激励振动	90	—	—
振动传递	90	—	—
阀件振动	80	—	—
问题名称			
次谐波共振	—	20	—
谐波共振	20	20	—
摩擦诱发涡动	—	—	—
临界转速	—	20	—
共振振动	—	20	—
油膜涡动	—	—	—
共振涡动	—	—	—
干摩擦涡动	—	—	—
间隙诱发振动	—	—	—
扭转共振	—	20	—
瞬态扭转	—	—	—

续附表 3－1

振动原因	升速和降速时振幅随转速的变化			
	升　　速			降　速
	出现峰值	突然上升	突然下降	振幅不变
	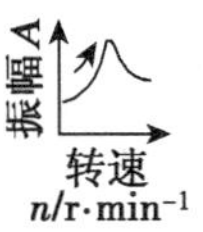	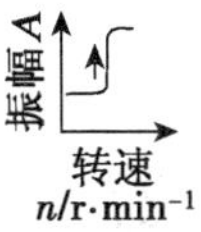	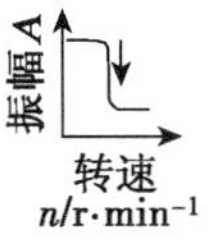	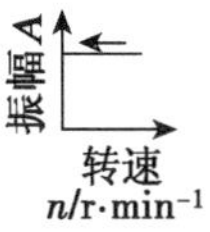
	24	25	26	27
悬臂端临界	70	—	—	—
机壳等结构共振	80	—	—	—
支承共振	80	—	—	—
基础共振	80	—	—	—
压力脉动	10——与扰动源有关			90
电激励振动	—	—	—	90
振动传递	—	—	—	90
阀件振动	—	10	10	80
问题名称				
次谐波共振	20	30	30	—
谐波共振	60	—	—	20
摩擦诱发涡动	—	90	10	—
临界转速	80	—	—	—
共振振动	80	—	—	—
油膜涡动	—	100	—	—
共振涡动	—	80	20	—
干摩擦涡动	—	80	20	80
间隙诱发振动	—	80	20	20
扭转共振	30	30	20	20
瞬态扭转	50	30	20	—

续附表 3－1

振动原因	升速和降速时振幅随转速的变化			
	降　速			
	随转速增加	随转速下降	突然上升	突然下降
	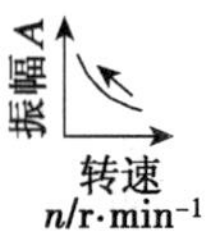	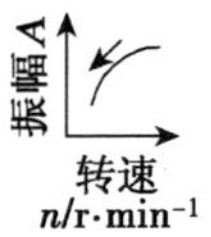	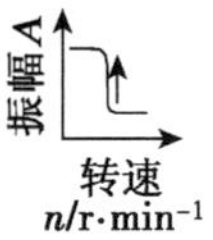	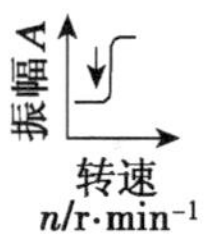
	28	29	30	31
悬臂端临界	—	30	—	—
机壳等结构共振	—	20	—	—
支承共振	—	20	—	—
基础共振	—	20	—	—
压力脉动	10	→	→	→
电激励振动	↓	—	—	—
振动传递	↓	—	—	—
阀件振动	—	—	10	10
问题名称				
次谐波共振	—	20	30	30
谐波共振	—	20	—	—
摩擦诱发涡动	—	—	10	90
临界转速	—	20	—	—
共振振动	—	20	—	—
油膜涡动	—	—	—	100
共振涡动	—	—	20	80
干摩擦涡动	—	—	—	20
间隙诱发振动	—	—	20	60
扭转共振	—	—	20	30
瞬态扭转	—	—	30	20

注：①本表由美国得克萨斯州 MOSANTO 石油化工公司 C. Jackson 在 J. S. Sohre 振动特征分析表的基础上编纂的；

②表中数字指所示特征占有的百分数。

参考文献

［1］韩捷，张瑞林．旋转机械故障机理及诊断技术［M］．北京：机械工业出版社，1997.

［2］裴峻峰，扬其俊．机械故障诊断技术［M］．山东：石油大学出版社，1997.

［3］屈梁生，何正嘉．机械故障诊断学［M］．上海：上海科学技术出版社，1986.

［4］陈克兴，李川奇．设备状态监测与故障诊断技术［M］．北京：科学技术文献出版社，1991.

［5］黄文虎，等．设备故障诊断技术［M］．北京：科学出版社．

［6］黄昭毅，陈大禧，朱铁光．大型回转机械诊断现场实用技术［M］．北京：机械工业出版社，2002.

［7］张碧波．设备状态监测与故障诊断［M］．北京：化学工业出版社，2005.

［8］钟秉林，黄仁．机械故障诊断学（2版）．北京：机械工业出版社，2003.

第四章　油－磨屑监测及故障诊断

第一节　概　　述

一、润滑和润滑剂

设备运行情况的好坏直接影响着生产的效益。机械零部件的失效是影响机器正常运行的主要障碍之一。在任何机械系统中，伴随相接触的零件间的相对运动，都会发生磨损。因此，机械零部件的磨损失效是最常见的、最主要的失效形式，有 80% 的机械设备失效是因磨损引起的。

润滑是人们控制摩擦、磨损的一种手段，所采取的办法是向摩擦副之间加入某种物质以改变原来的摩擦状态，以延长零部件的使用寿命，这种措施叫润滑，能起到润滑作用的物质被称为润滑剂。

搞好机械设备的润滑有重大意义，是设备管理内容之一。按国外经验推算，我国仅从改进机械设备润滑、采用节能润滑技术和节能型润滑剂，近期可节约重油 200 万吨，电力 100 亿千瓦时，总价值折合 60 亿～100 亿元。同时，由于搞好机械设备的润滑与维修，减少因摩擦、磨损而更换零部件所造成的停机误产所产生的效益（约为直接节能价值的 5 倍左右），约为 300 亿～500 亿人民币。因此，普及润滑知识，提高工程技术人员对油液管理的水平，在设备管理中具有十分重要的意义。

润滑剂主要是指润滑油、润滑脂、润滑性粉末、薄膜材料（粘结干膜、电镀、固体润滑膜、陶瓷膜等）和固体材料（如金属基、无机非金属基或塑料基自润滑材料等）。润滑剂的存在，主要功能是减小摩擦；减少或消除两个运动表面的直接接触，从而减少摩擦表面的磨损。此外，润滑剂还具有防止表面腐蚀、降低摩擦表面温度、冲刷磨屑等功能。润滑涉及润滑剂和润滑方式两个方面。

二、油－磨屑分析与设备状态监测

油液分析技术可分为两大类：一类是油液（润滑剂）本身物理、化学性能的分析；另一类是对油液中不溶物质（特别是磨屑）的分析技术。前者主要是针对润滑系统的，因为它是机械设备的一部分，润滑剂的性能和状态直接影响机器摩擦副的磨损状态，对润滑剂理化性能的监测就是对润滑系统工作状态的监测，主要是发现和防止由于机械润滑不良所产生的设备故障；后者则是监测摩擦副（作相对运动的摩擦表面）本身的工作状态，由于其监测的对象是润滑剂里携带的磨屑，因此也称为磨屑检测技术。

机械设备的润滑状况决定和反映了它的运行状况，根据实际工作需要选定合适的润滑剂与润滑方式，且保持其应具有的性能，就保证了设备的正常运行。反之，润滑剂失去了设备所需的基本性能，设备的正常运行也就不能保证了，因此定期对设备的润滑状况进行检查十分必要。而油液分析更是发现和防止设备故障的重要手段，也是工业设备管理中十分重要的工作方面。

由于运动零部件表面的磨损，就会产生磨屑微粒，并且进入机械的润滑系统中，大多数磨屑微粒在油液中呈悬浮状态，这些微小的磨损颗粒是表面磨损过程的产物，它们带来了机械设备失效和故障的主要信息。

第二节　润滑剂的性能检测与设备管理

润滑剂是指加在做相对运动的摩擦面之间，使两接触表面之间形成润滑膜而降低摩擦阻力作用的介质。润滑剂所形成的润滑膜把做相对运动摩擦面间的干摩擦变为润滑剂内部分子间的内摩擦，达到减少摩擦，降低磨损，延长机械零部件使用寿命的目的。因此，正确的选择和使用润滑剂对于保证机械设备的正常、持久的运行至关重要。

弄清润滑剂的基本性能、使用性能、保证运行中润滑剂不劣化，是保障设备正常运行的关键。

表4－1对比了润滑油、润滑脂、固体润滑剂与气体润滑剂在性能方面的优劣情况。

表4－1　四类润滑剂的性能优劣

润滑剂性能	油	脂	固体润滑剂	气体
流体动力润滑	优	一般	无	良
边界润滑	差至优	良至优	良至优	差
冷却	很好	差	无	一般
低摩擦	一般至良	一般	差	优
易于加入轴承	良	一般	差	良
保持在轴承中的能力	差	良	很好	很好
密封能力	差	很好	一般至良	很好
防大气腐蚀	一般至优	良至优	差至一般	差
温度范围	一般至优	良	很好	优
蒸发性	很高至低	通常低	低	很高
闪火性	很高至很低	通常低	通常低	决定于气体
相容性	很差至一般	一般	优	通常良
润滑剂价格	低至高	相当高	相当高	通常很低
轴承设计复杂性	相当低	相当低	相当低	很高
寿命决定于	衰败和污染	衰败	磨损	保持气体供给能力

一、润滑油的理化指标

（一）润滑油的基本理化指标

1．粘度

润滑油的作用，是在机械设备运行时，在相对运动部件表面形成油膜，使部件表面的相互摩擦变为油膜内油层之间的内摩擦。相对运动油层间的内摩擦力，称为粘性，润滑油粘性的大小用粘度指标来衡量。粘度既是影响油液流动的主要物理性质，又是决定油膜厚度的主要因素，因此粘度是润滑油最基本的性能指标，是润滑油选择牌号的主要依据。

根据牛顿粘性流体流动定律，内摩擦力 $F_{内}$ 与两流层间的接触面积 S 及相对运动速度 dv 成正比，而与此两流层间的距离 dz 成反比。

$$F_{内} = \eta S \frac{\mathrm{d}v}{\mathrm{d}z} \tag{4-1}$$

内摩擦力 $F_{内}$ 除以接触面积 S，就得到层流间的剪应力 τ

$$\tau = \frac{F_{内}}{S} = \eta \frac{\mathrm{d}v}{\mathrm{d}z} \tag{4-2}$$

该公式称为牛顿粘性公式，式中 dv/dz 称为流速梯度。比例常数 η 称为油液的动力粘度或绝对粘度。动力粘度的单位为 N · S/m^2（牛顿 · 秒/米^2）。1 牛顿 · 秒/米^2 = 1Pa · s（帕斯卡 · 秒）=10 泊（poise）=10^3 厘泊。

动力粘度 η 的物理定义清楚，但应用起来并不方便，使用中，润滑油粘度一般采用运动粘度和恩氏粘度。

（1）运动粘度。油液的动力粘度 η 与同温度下密度 ρ 的比值被定义为油液的运动粘度 ν，即

$$\nu = \eta / \rho \tag{4-3}$$

运动粘度的单位是 m^2/s（米^2/秒），实用中常用厘沲（cSt）做单位，cSt = 10^{-6} m^2/s = 1mm^2/s。

我国润滑油牌号是以 50℃或 100℃时的运动粘度 cSt（厘沲）的平均值命名的。而国际标准牌号是以 40℃温度下的油液运动粘度为标准。

运动粘度的测定方法为 GB 265－88。

（2）相对粘度。又称为条件粘度，它是使用特定的粘度计，在规定条件下测量的粘度。我国采用恩氏粘度（°E），美国采用赛式粘度（SUS），英国用雷氏粘度（°R）。各种相对粘度可以通过查表来换算，亦可用经验公式近似计算。

（3）表观粘度。稠化矿油和润滑脂的粘度随剪切应力的变化而变化，其粘度性质由图 4－1 所示。在实用中用表观粘度 η_a 表示。表观粘度 η_a 定义为在规定剪应力 τ 或流速梯度（dv/dz）条件下剪应力和流速梯度之比值。因此，表观粘度仅表示该液体在特定条件时的粘度，不是粘度曲线，仅是该线上一点，不能反映该液体的粘度性质。

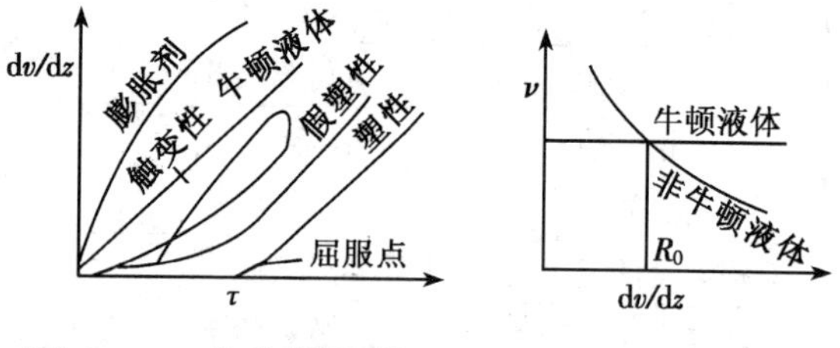

图 4－1　非牛顿液体 τ、ν 与 dv/dz 的关系

2. 润滑性

润滑油的润滑性包括油性、抗磨损性和极压性三种性能。减少摩擦和磨损，防止烧结，是润滑油的主要功能，因此要求润滑油有良好的油性、抗磨损性和极压性。

油性指润滑油减少摩擦的性能，为此使用的添加剂称为油性剂或减摩剂，如动、植物

油、脂肪酸、酯、胺等。

抗磨损性润滑油在轻负荷和中等负荷条件下在摩擦表面形成薄膜、防止磨损。润滑油中加入抗磨损添加剂如硫化油脂、磷酸脂、二硫化磷酸金属盐等，可提高抗磨损性。

极压性是指润滑油在低速高负荷或高速冲击摩擦条件下（极压条件下）防止摩擦面发生烧结、擦伤的能力。极压添加剂含硫、磷、氯等活性物质，能在摩擦面上与金属起化学反应，生成剪应力较小及熔点较低的化合物，构成极压固体润滑膜，防止烧结。

3. 抗氧化安定性

抗氧化安定性是指润滑油在加热和在金属催化作用下，抵抗氧化变质的能力。反映润滑油在使用、贮存和运输中氧化变质或老化倾向的特性，是润滑油很重要的质量指标。

（二）润滑油的其他理化指标

1. 水分

润滑油中水分含量，用质量百分比表示。用 GB/T 260—77 方法测定。

2. 酸值

润滑油中有机酸总含量的质量指标，它的定义是：为中和 1 克润滑油中的有机酸所需氢氧化钾的毫克数（单位是 mgKOH/g）。

3. 闪点

在规定条件下润滑油加热、蒸发，遇火焰闪火的最低温度，可用 GB/T 267—88（开杯闪点）和 GB/T 261—83（闭杯闪点）所定的方法测定。

4. 其他

如倾点和凝点、总碱值、水溶性酸和碱、灰分、残炭、机械杂质、抗乳化性、抗泡性、腐蚀性等等。

二、润滑脂的理化性能指标

润滑脂是由基础油、稠化剂、添加剂（有时还要加填料）所组成。润滑脂的性质当然是由其组成它的各个组分，以及所形成的结构共同决定的。

润滑脂的主要质量指标包括：

1. 外观

依润滑脂的均匀性、软硬度、有无皂块、有无机械杂质等情况，来判断润滑脂的质量，鉴定它的品种，了解它的粘附性和机械安定性（手捻压是否变稀）。

2. 滴点

指润滑脂受热熔化开始滴落的最低温度。是一种耐温性能指标。采用 GB/T 4929—85 方法测定。

3. 锥入度

是润滑脂稠度或软硬度指标。在规定温度，以规定大小、重量的标准圆锥体 5s 内沉入润滑脂的深度表示锥入度，单位 1/10mm（GB/T 269—91）。

4. 水分

指润滑脂含水的质量百分比。按 GB/T 512—65（90）方法测定。

5. 机械杂质

指润滑脂中混入的无机盐、矿物质、尘土、砂粒等等，按 SH/T 0330—92 测定。

其他尚有游离有机酸和游离碱、盐酸不溶物、皂分、腐蚀性试验、机械安定性（剪切安定性）、胶体安定性和化学安定性等等。

总之，润滑剂是参加机械设备运转的一部分，它的性能正常与否，本身就意味着机械是否存在故障。按照设计要求、定期对润滑剂的性能进行检测，就是掌握机械设备运转状态的重要手段。

第三节 铁谱监测技术和油液中的磨屑分析

机械设备零部件的磨损失效是影响机器正常运行的主要故障之一，有80%的机械设备失效是磨损失效。在机械设备里，施加于运动部件表面间的润滑油不但能减少这些零部件的摩擦和磨损，而且随着它的流动，也会不断地把零部件磨损的产生物——磨屑带离摩擦表面，使这些磨屑悬浮于油液中。在油液中磨屑的含量达10^{12}个/ml，是多粒子系统。尽管这些磨损微粒的尺寸极其微小（几十毫微米到几百微米），但它们产生于零部件的磨损，因此它们的性状就反映了产生它的磨损过程的特征。任何零部件的磨损失效都会遵守“浴盆曲线”（图4－2）因此量测润滑油中磨屑的总含量或大小磨屑的比例的变化，也能诊断出零部件所处的磨损状况。

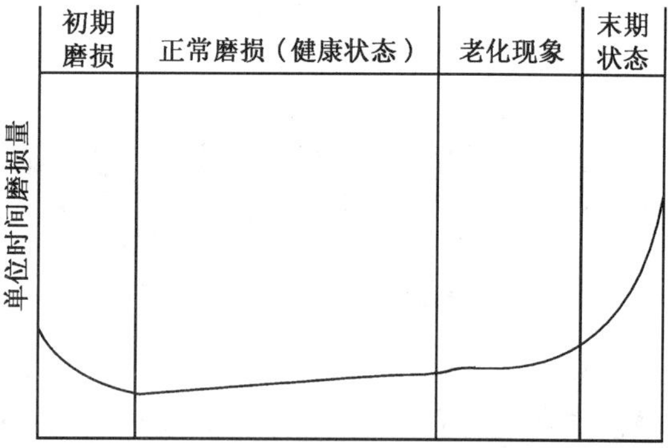

图4－2 磨损浴盆曲线

油液中的磨屑分析主要包括磨屑浓度的分析和磨屑形态的分析，前者通过磁塞技术、颗粒定量仪（P·Q）技术等测量油液中磨屑总的含量来判断设备零部件的磨损情况，根据它们数值的变化对设备的健康状况进行诊断（对油液进行光谱分析——判断油液中所含元素的种类和多少也属于对油液中磨屑总含量进行量测）。后者通过分析和观测这些混于润滑油（或液压油及其他润滑剂）中磨屑的形状、大小、数量比例、表面形貌、颜色、成分等来诊断设备所处的运行状态。掌握磨损的主要形式（正常磨损、切削磨损、表面疲劳磨损、腐蚀磨损等）及其在这些磨损过程中产生的磨屑的形貌，这就是铁谱技术。

一、铁谱分析与故障诊断技术

（一）铁谱分析技术的基本含义

铁谱分析技术是利用高梯度的磁场，将油内磨屑颗粒与油液及杂质分离，并使其按一定规律，沉积在置于磁场上方的玻璃基片上，形成谱片。

利用双光显微镜（或称铁谱显微镜）对谱片上的磨屑进行大小、形状、色泽、表面纹理等的观察、磨损类型的识别，称之定性铁谱。该法的本质是根据个别异常磨屑的特征判断设备的磨损部件曾发生过的摩擦磨损过程。

通过加装在显微镜上的光密度计对谱片不同沉积区域（一般指大颗粒沉积区域和小颗

粒区域）的透光度分别进行测量，检测出磨损烈度（定义见后面所述），在铁谱分析技术中，认为这个数值能反映大小磨屑的数量差，称之为定量铁谱。

显然，定量铁谱和定性铁谱并不存在哪个更精确的问题。为了使定性铁谱更易于掌握，D. P. Anderson 等人制定了基于单个磨屑形貌特征的“磨粒图谱”。该书的出版为铁谱技术的应用和发展起到了一定的推动作用，许多利用铁谱分析技术对设备状态监测的成功事例就是利用该书的方法。这些方法至今仍在应用。

图 4－3 给出了铁谱分析程序图。

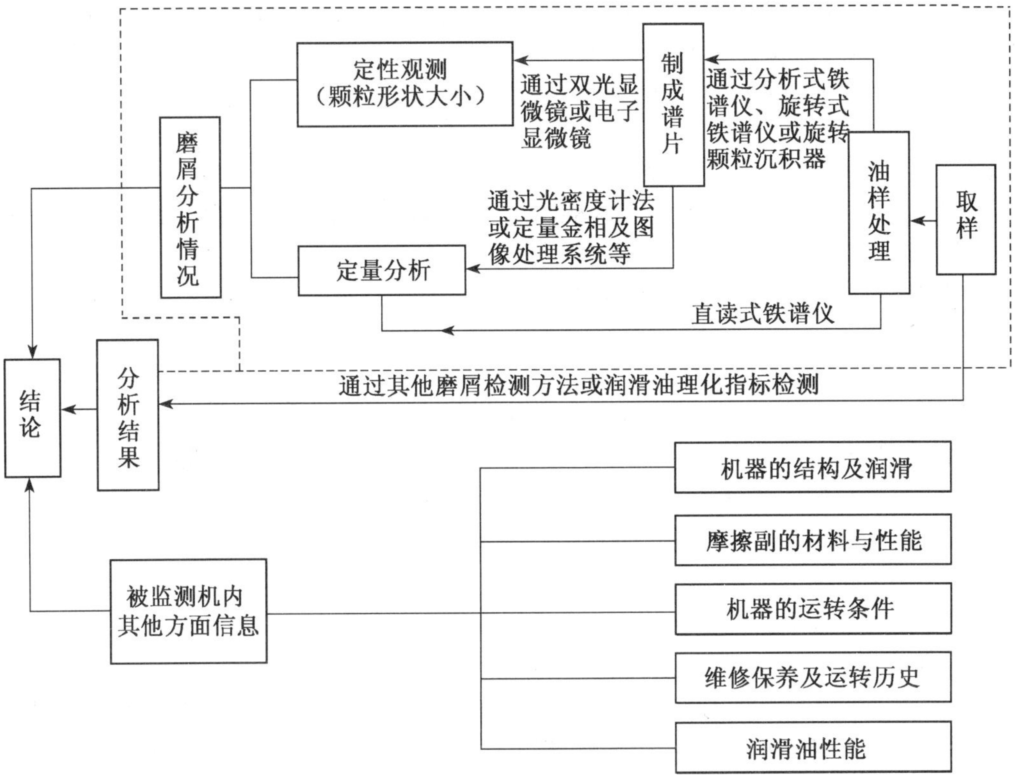

图 4－3　铁谱分析程序图

（二）各种铁谱仪及其特征信息的提取

1. 分析式铁谱仪

分析式铁谱仪系统包括制谱仪、铁谱显微镜和加装在铁谱显微镜上的光密度测定仪三部分。

图 4－4 是分析式铁谱仪的工作原理示意图。取自机械润滑系统或液压系统的油样 1 被微量泵 2 输送到与磁铁 4 呈一定角度的玻璃基片 3 上。在油液沿玻璃基片流动的过程中，可磁化的磨屑在磁场作用下，由大到小依序沉积（大颗粒先沉积，小颗粒漂移得较远），并沿磁力线方向（与油流方向垂直）排列成链状。经清洗残油和固定颗粒的处理之后（用四氯乙稀），制成铁谱基片（图 4－5 所示）。

铁谱基片是通过铁谱显微镜和加装在其上的光密度计进行观测和特征信息提取的。

铁谱分析显微镜是带照相机的双光源显微镜，因此它兼有生物显微镜和金相显微镜两者

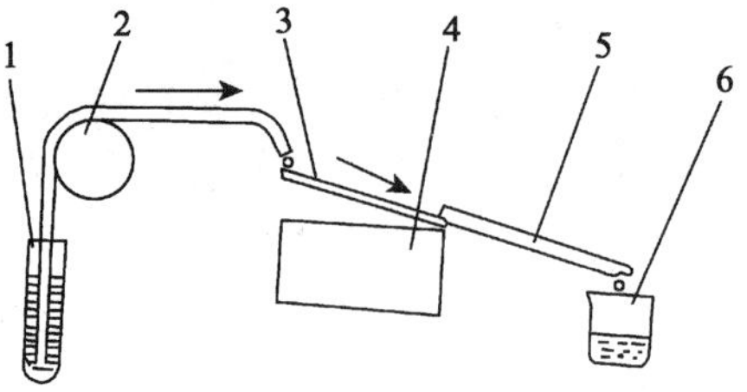

图4-4 分析式铁谱仪工作原理示意图

1—油样；2—微量泵；3—玻璃基片；
4—磁场装置；5—导流管；6—储油器

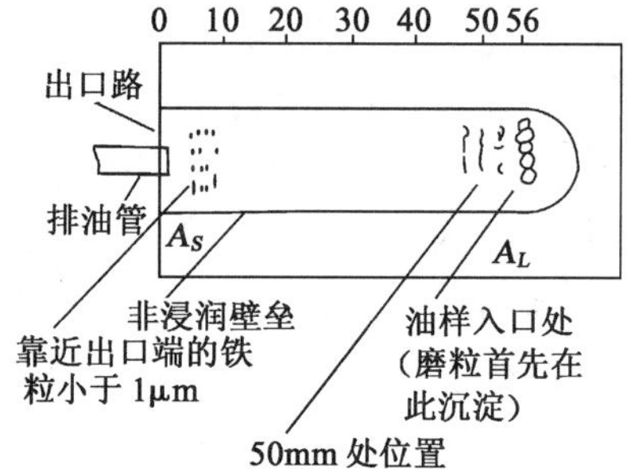

图4-5 谱片磨屑排列图

的功能。尤其是对两个光源同时使用时，反射光加红色滤光片，透射光加绿色滤光片，形成双色混合照明的双光显微镜，使它可以做出单独使用反射光或透射光都不能做出的铁谱磨屑鉴别和分析。

分析式铁谱仪的定量参数通常用一种磨损烈度指数 I_A 来表示。

$$I_A = (A_L + A_S)(A_L - A_S) = A_L^2 - A_S^2 \tag{4-4}$$

其中 A_L 为入口端处光密度计读数，A_S 为出口端处光密度计读数（见图4-5）其中A_L+A_S表示油液中磨屑总量的情况（A_L+A_S）越大说明油液中所含磨屑总数越多，而（A_L-A_S）则表示大小磨屑比例的情况。大磨屑越多这个差值就越大，反之亦然，因此可以用 I_A 磨损烈度，表示磨损严重程度。

由于不同的机器润滑系统在磨屑数量的尺寸分布上变化很大，给这些参数规定一个统一的标准值是不可能的，因此必须对所监测的对象建立起特有的正常运转值。

2. 直读式铁谱仪

直读式铁谱仪主要用来直接测定油样中磨屑浓度和尺寸分布，只能做定量分析，但是比分析式铁谱仪的定量分析更准确，检测过程更简单、迅速，仪器成本更低廉。

如图4-6所示取自机器的油样，经粘度及浓度稀释后，在虹吸作用下流经位于磁场上方的玻璃沉积管、油样中可磁化磨屑在高梯度强磁场作用下，依其粒度顺序排列在沉积管内壁不同置位上。在沉积管入口区，是在1~2μm的磨屑沉积上层覆盖着大于5μm的大磨屑；而在5mm之后的位置上沉积着只有1~2μm的小磨屑。光导纤维将光线引至与这两个区域相对应的固定测点上，并由两只光敏探头接收穿过磨屑层的光信号，经电子线路放大，A/D转换处理最终在 A_L 和 A_S 两个数显屏上直接显示出磨粒沉积的覆盖值。

与分析式铁谱仪类似，直读式铁谱仪特征信息的提取是用磨损烈度指数 I_A 来表示。

$$I_A = (A_L + A_S)(A_L - A_S) = A_L^2 - A_S^2 \tag{4-5}$$

3. 回转式颗粒沉积器（R. P. D）

回转式颗粒沉积器的工作原理见图（4-7）。它是由永久磁铁、变速电机和转盘等组成。永久磁铁是由一个圆柱形磁铁和一个与其同轴的圆筒形磁铁构成的在柱与筒之间填充了非铁磁性的物质。工作磁场的磁力线垂直于铁谱基片，当油样滴注在回转圆形磁铁上方的矩形玻璃基片上时，油样内所含的铁磁性磨屑将受到磁场力、随磁铁回转时的离心力、重力、润滑油内摩擦力的作用。铁磁性磨屑被磁化后，在磁场力的作用下沿磁力线方向排列，圆柱形磁铁和圆环形磁铁的边缘磁场强度最强。铁磁性磨屑将沉积在玻璃基片上相应的三个边缘的区域，形成内、中、外三个沉积环形区，形成谱片。借助于光学显微镜（双光显微镜）或扫描电镜等仪器来观测和分析微粒的形貌及成分，但不能利用光密度计法对谱片进行定量铁谱的测量，主要原因是磨屑的重叠比较严重，不符合光密度计法应用的基本条件，或说其光密度计量测结果不能反映谱片上磨屑存在量的情况。

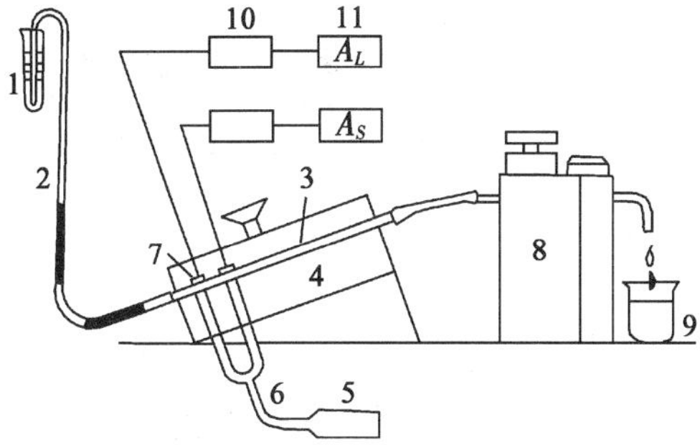

图 4－6　直读式铁谱仪工作原理图

1—油样；2—毛细管；3—沉积管；4—磁铁；5—灯；6—光导纤维；7—光电探头；8—虹吸泵；9—废油；10—电子线路；11—数显屏

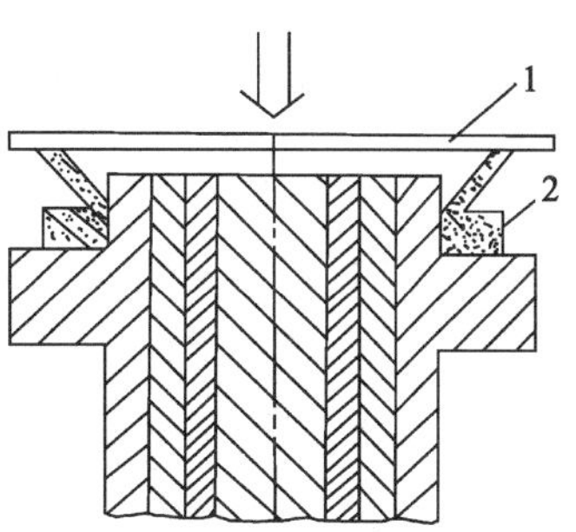

图 4－7　回转颗粒沉积器工作原理

1—玻璃基片；2—橡胶密封吸环

4. KTP 型旋转式铁谱仪

KTP 型旋转式铁谱仪，考虑到回转式颗粒沉积器由于磁力线垂直于基片而造成的铁磁性磨屑堆积重叠的缺点，重新设计了磁场。它是利用永久磁铁、极靴和磁轭共同构成闭合磁路以极靴上的三个环形气隙（0.5mm 的窄缝）作为工作磁场。工作位置的磁力线平行于玻璃基片，当含有铁磁屑的润滑油流过玻璃基片时，铁磁磨屑在磁场力的作用下，滞留于基片上，而且沿磁力线方向（径向方向）排列。

图 4－8 为旋转式铁谱仪磁头示意图。

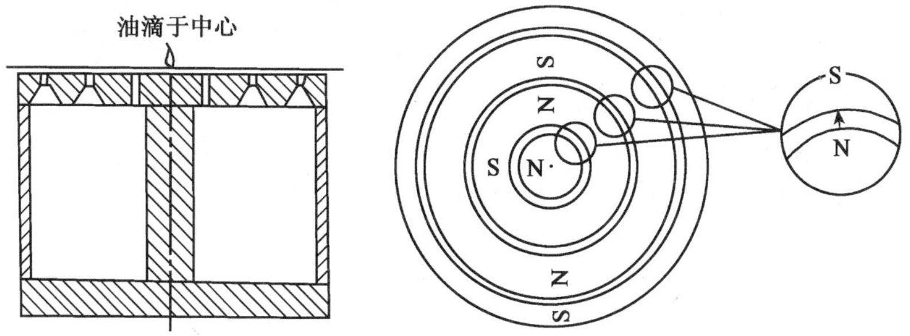

图 4－8　KTP 型旋转式铁谱仪磁头示意图

其定量铁谱参量与磨损烈度 $D = A_{内}^2 - (A_{中} + A_{外})^2$，$A_{内}$为按图 4－9 所示 8 个视场内光密度计读数的平均值；$A_{中}$和 $A_{外}$按图 4－8 所示与 $A_{内}$读数点在同一径向方向的光密度读数平均值。

定性铁谱则按统计规律进行量化，所关心的磨屑包括块片状磨屑颗粒，切削磨损颗粒；球形磨损颗粒，深色及红色氧化的颗粒，腐蚀磨损颗粒，污染杂质颗粒等。其量化标准按表4－2所示。

表4－2 颗粒数量划分标准

	浓密	大量	中量	少量	微量	备注
球型颗粒和削颗粒	$\frac{1}{2}$	$\frac{1}{3}$	$\frac{1}{6}$	$\frac{1}{12}$	$\frac{1}{24}$	占视场颗粒总数的百分比
其他类型的颗粒（片状，块状）	$\frac{1}{2}$	$\frac{1}{3}$	$\frac{1}{6}$	$\frac{1}{12}$	$\frac{1}{24}$	占视场颗粒总面积的百分比
		偏多	偏少	很少		

总之，各种铁谱仪器是检测设备状态信号的手段，正确地、真实地、充分地检测到反映设备状态的信号，是设备诊断技术的关键。对油液中的磨屑分析说来也不例外。

由于每毫升油液中具有高达10^{12}个磨屑，属于多粒子系统，应遵从统计物理的规律，油中的个别粒子的特征具有随机性，但粒子群体却具有确定的统计规律性，即个别磨屑的特征受偶然性的支配，磨屑群的整体特征却受必然性的支配。这种必然性，表现为磨屑群中个体磨屑的状态以一定的几率出现。为了利用润滑油中包含磨屑的群体特征监测摩擦副的状态，不能仅从个别磨屑的特征出发，因为它的特征具有偶然性；必须对全部磨屑的统计特征进行研究分析，方可预测摩擦副的准确状态，因为群体特征具有必然性，即必须采用基于统计物理的磨屑群观点对摩擦副的状态进行研究。

理论推导和实践证明：

（1）在按取样规范取样的前提下，摩擦副任意状态下的润滑油，只需取一次油样，该油样的磨屑群体特征参数的数值，即可反映润滑油在该时刻的相应磨屑群体特征参数的数值。

（2）在按制谱规范制谱的前提下，任一个油样只需制得一张谱片，该谱片的磨屑群体特征参数的均值，即可在90%的概率下，反映相应油样中磨屑群体特征参数的数值。

（3）对于实用磨屑群的选取。在旋转式铁谱仪制得谱片上，通过利用概率论、数理统计及误差处理的有关理论和方法，最大限度地减少取样误差、制谱误差、观察误差等误差，得到适合摩擦副的所有摩擦磨损阶段的磨屑群选取规范，即实用磨屑群提取的原则为：在按制谱规范制谱的前提下，任一张谱片磨屑群体特征参数的提取规范是：只需随机地提取相应等几率沉积区域中任何6个视场中磨屑群体特征参数的数值，其平均值即可在90%的概率下，表征相应谱片的等几率沉积区域中磨屑群体特征参数的数值。考虑到在显微镜下对谱片进行分析量化时，显微镜载物台操作的方便性和提高可靠性，一般取如图4－9所示的8个位置视场。

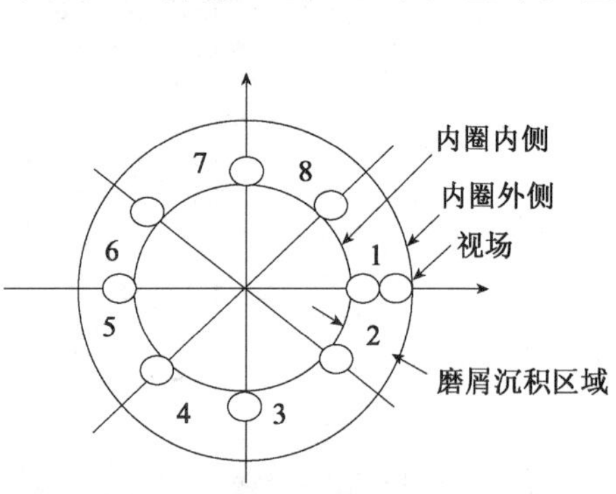

图4－9 谱片实用磨屑群选取示意图

（三）铁谱监测中的信号处理和模式识别技术

油－磨屑分析是机电设备故障的重要诊断方法，对反映设备故障的特殊信号，从信息论角度出发进行分析和基于知识的各种故障诊断方法的应用是目前最为活跃的领域。其中统计诊断中的时序分析法（刘玉斌等）、灰色系统法（李柱国及其学生）、模糊故障诊断法（程坚、严新平等）、专家系统故障诊断法（左洪福等）、神经网络故障诊断法（顾大强、李忠等）、信息融合故障诊断法（左洪福、师杭军等）、粗集理论法（曹龙汉等）、聚类分析法（李燕军等）、分形几何理论法（葛世荣等）等等，都有人在尝试使用。由于油－磨屑分析方法在特殊信号的检测方法上尚不完备，因此建立在它们基础之上的信号处理和基于知识的模式识别等工作发展缓慢。目前商品化的专家系统有美国超谱公司提供的 ATLAS3^{C}。

（四）在煤炭系统铁谱监测技术应用实例

设备健康诊断工况监测所用的方法很多，如振动、油液分析、声发射、温度场测试，无损探伤等等，在煤矿采煤工作面工作的采煤机械，工作条件极为严酷，黑暗、潮湿、煤尘、粉尘极大，一般监测仪器很难在这种环境下使用，采煤机属低速、重载，行走设备，工作时伴随着高水平的冲击和振动；振动监测不是首选的办法（其他属低速、重载作往复运动的设备，振动监测效果也不好）；井下空间狭小，监测仪器和传感器必须是防爆型的，变得庞大结实，操作更加困难，因而铁谱分析是这种工况的首选。（在其他低速、重载做往复运动的设备，铁谱监测也是首选）。

1. 铁谱监测的工作程序

图 4－10 给出了铁谱分析的工作程序图。

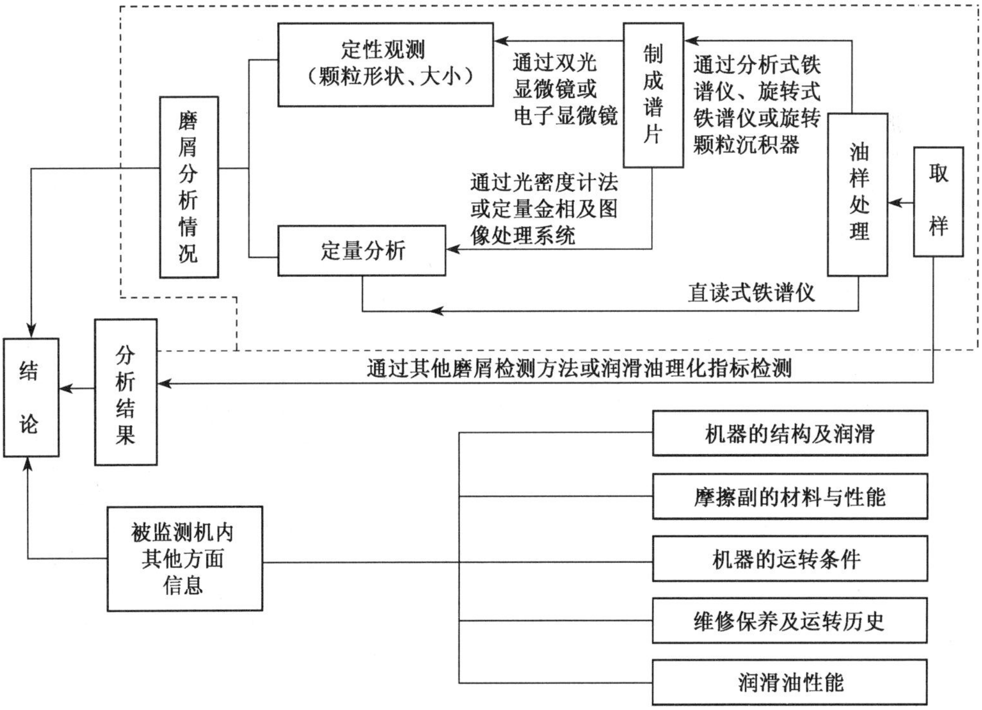

图 4－10 铁谱分析程序图

2. 取样间隔时间

取样间隔时间见表4－3。

表4－3 取样间隔时间参考值

监测机械类型	跑合阶段	正常阶段磨损	失效前夕阶段
地面液压系统	80	200	80
煤矿井下液压系统	20	50	20
地面传动装置	100	300	100
煤矿井下传动装置	30	100	30
重型燃气轮机		250～500	
煤油机		200	
蒸汽轮机		250～500	
飞机燃气轮机		50	

3. 铁谱分析报告单

铁谱分析报告单见表4－4。

表4－4 铁谱分析报告单

委托单位			
取样日期		设备型号	
设备名称		取样部位	
润滑油型号		油使用时间	
运转时期			
编号			

谱片制备条件			
油样取量	ml	成谱转速	r/min
浓度稀释		清洗转速	r/min
粘度稀释		清洗液量	ml
其他处理		制谱者	

	$A_{内}$	$A_{中}$	$A_{外}$
1			
2			
3			
4			
平均			
$D=A_{内}^2-(A_{中}+A_{外})^2=$			

颗粒定量仪测试结果			
油样用量			读数
量测方法	盒		
	纸		
	谱		
	其他		

续表4－4

颗粒类型	没有	少量	中量	浓度	主要尺寸
正常磨损颗粒					
严重滑动磨损颗粒					
切削磨损颗粒					
疲劳剥块					
层状磨粒					
深色金属氧化物					
红色氧化物					
腐蚀磨损颗粒					
非铁金属颗粒					
摩擦聚合物					
非金属颗粒					
球状颗粒					
其　他					

常规分析结果		
粘度	里氏	
水份	%	
酸值	KOH/g	
闪点	℃	

结　论
分析者________审核者________

回执

编号：　　日期：　　填表人：

监测结论与实际吻合程度：

吻　合	基本吻合	错　报

备　注

4. 煤矿常用机械的铁谱监测判据

煤矿常用机械的铁谱监测判据见表4－5～表4－9。

表4－5　AM－500型采煤机液压系统的磨损状态判据

磨屑情况＼设备状态	正常	需要注意并采取措施	严重警告
块片状屑	一般小于10μm；大于10μm者小于$\frac{1}{24}$；	10～15μm者达$\frac{1}{12}$～$\frac{1}{6}$（偏少）；大于15μm者达$\frac{1}{12}$	10～15μm者达$\frac{1}{6}$～$\frac{1}{3}$（偏多）；大于15μm者达$\frac{1}{12}$～$\frac{1}{6}$（偏少）
切削磨损颗粒	无	达到$\frac{1}{24}$～$\frac{1}{12}$	达到$\frac{1}{12}$～$\frac{1}{6}$
球形颗粒	无	达到$\frac{1}{24}$～$\frac{1}{12}$	达到$\frac{1}{12}$～$\frac{1}{6}$
岩尘、砂粒	数个	达到$\frac{1}{24}$～$\frac{1}{12}$	达到$\frac{1}{12}$～$\frac{1}{6}$
煤尘	$\frac{1}{24}$～$\frac{1}{12}$	$\frac{1}{12}$～$\frac{1}{6}$	$\frac{1}{6}$～$\frac{1}{3}$
I_A磨损度烈度	小于100	100～150	大于150

表 4-6 AM-500 型采煤机齿轮传动系统的磨损状态判据

磨屑情况 \ 设备状态	正常	需要注意并采取措施	失效前夕
块、片状磨屑	一般小于 25μm； 大于 25μm 者达 $\frac{1}{24}$ ~ $\frac{1}{12}$	25 ~ 60μm 者达$\frac{1}{12}$ ~ $\frac{1}{6}$； 大于 60μm 者达$\frac{1}{12}$以上	25 ~ 60μm 者达 $\frac{1}{6}$ ~ $\frac{1}{3}$； 大于 60μm 者达$\frac{1}{12}$ ~ $\frac{1}{6}$
切削磨损磨屑	无	达到$\frac{1}{12}$ ~ $\frac{1}{6}$	达到$\frac{1}{3}$以上
球形磨屑	无	达到$\frac{1}{24}$ ~ $\frac{1}{12}$	达到$\frac{1}{3}$以上
有色金属磨屑 （轴承保持架）	极少（数个）	达到$\frac{1}{12}$ ~ $\frac{1}{6}$	达到$\frac{1}{3}$以上
岩尘、砂粒	极少（数个）	达到$\frac{1}{24}$ ~ $\frac{1}{12}$	
煤尘	小于$\frac{1}{24}$ ~ $\frac{1}{12}$	达到$\frac{1}{12}$ ~ $\frac{1}{6}$	

表 4-7 EDW-170 采煤机液压系统磨损状态判据

判据指标 / 磨屑类型 \ 设备状态	正常	需要注意并采取措施	失效前夕
未氧化大颗粒	一般小于 15μm； 大于 15μm 者少于$\frac{1}{24}$	15 ~ 20μm 者达 $\frac{1}{24}$ ~ $\frac{1}{12}$	15 ~ 30μm 者达$\frac{1}{12}$以上； 大于 30μm 者达$\frac{1}{24}$以上
深色及红色氧化物	一般小于 15μm； 大于 15μm 者少于$\frac{1}{24}$	15 ~ 20μm 者达$\frac{1}{12}$ ~ $\frac{1}{6}$	15 ~ 60μm 者达$\frac{1}{6}$以上； 大于 60μm 者达$\frac{1}{24}$以上
切削颗粒	数个	达到$\frac{1}{24}$ ~ $\frac{1}{12}$	达到$\frac{1}{12}$以上
煤粉	数个	达到$\frac{1}{24}$ ~ $\frac{1}{12}$	达到$\frac{1}{12}$以上
沙粒等污染物	数个	达到$\frac{1}{24}$ ~ $\frac{1}{12}$	达到$\frac{1}{12}$以上
I_A	小于 150	150 ~ 300	大于 300

表4－8 EDW－170型采煤机齿轮传动系统磨损状态判据

判据指标 / 设备状态 / 磨屑类型	正常	需要注意并采取措施	失效前夕
未氧化大颗粒	一般小于20μm； 大于20μm者少于$\frac{1}{24}$	20～40μm者达$\frac{1}{12}$～$\frac{1}{6}$； 40～60μm者达$\frac{1}{24}$～$\frac{1}{12}$	20～60μm者达$\frac{1}{6}$以上； 大于60μm者达$\frac{1}{12}$以上
深色及红色氧化物	一般小于20μm； 大于20μm者少于$\frac{1}{24}$	20～60μm者达 $\frac{1}{24}$～$\frac{1}{12}$	20～60μm者达$\frac{1}{12}$以上； 大于60μm者达$\frac{1}{24}$以上
切削颗粒	数个	达到$\frac{1}{12}$～$\frac{1}{6}$	达到$\frac{1}{6}$以上
煤粉	数个	达到$\frac{1}{24}$～$\frac{1}{12}$	
沙粒等污染物	数个	达到$\frac{1}{24}$～$\frac{1}{12}$	
I_A	小于200	200～400	大于400

表4－9 赵各庄矿主井皮带运输机减速箱齿轮磨损状态判据

判据指标 / 设备状态 / 磨屑类型	正常	需要注意并采取措施	失效前夕
未氧化大颗粒	一般小于20μm； 大于20μm者少于$\frac{1}{24}$	20～50μm者达 $\frac{1}{12}$～$\frac{1}{6}$	20～50μm者达$\frac{1}{6}$以上； 大于50μm者达$\frac{1}{24}$以上
深色及红色氧化物	一般小于20μm； 大于20μm者少于$\frac{1}{24}$	20～50μm者达 $\frac{1}{12}$～$\frac{1}{6}$	20～50μm者达$\frac{1}{6}$以上； 大于50μm者达$\frac{1}{12}$以上
切削颗粒	数个	达到$\frac{1}{24}$～$\frac{1}{12}$	达到$\frac{1}{12}$～$\frac{1}{6}$
煤粉	数个	达到$\frac{1}{24}$～$\frac{1}{12}$	
沙粒等污染物	数个	达到$\frac{1}{24}$～$\frac{1}{12}$	
I_A	小于200	200～600	大于600

上述判据是分析了3000多油样在四个矿区的监测实践中总结出来的，在后来的近十年在其他矿重复使用，都是有效的。

铁谱分析对其他行业的设备工况监测和故障诊断无疑也是应该有效的。但有两个问题必须注意：

（1）铁谱监测技术是实用技术，脱离实实在在的现场监测，很难得到真正有用的判据。

（2）设备的多样性决定了这项工作的艰巨性，只有结合本行业本单位工作经过大家的积累，才能使这个技术完善。

二、磁塞技术和颗粒定量仪

这两种技术都是通过分析油液中铁磁磨屑总含量对机械设备的磨损故障进行诊断的，磁塞技术属于在线监测，颗粒定量仪则适用于无法安装机电仪表的环境，（如煤矿）对油液中的铁磁磨屑总量作离线的检测。

1. 磁塞技术

磁塞检查法是最早出现的一种检查机器磨损状态的简便方法。它是在机器的润滑油路系统中插入磁性探头（磁塞）用以搜集悬浮在润滑油液中的铁磁性磨粒，并定期观察所搜集到的磨粒大小、数量和形态以判断机器的磨损状态的一种检测方法。这种方法只能用于铁磁性磨粒的检测，而且当磨损程度严重，出现大于50μm 以上的大尺寸磨粒时，才能显示其较高的检测效率。

2. 颗粒定量仪（PQ）

英国斯旺西大学制造的 PQ－2000 型颗粒定量仪是一种强磁仪器，它可以测定润滑油样中铁磁磨屑的含量。

图 4－11 和图 4－12 给出了 PQ 测试原理方框图和颗粒定量仪使用流程图。

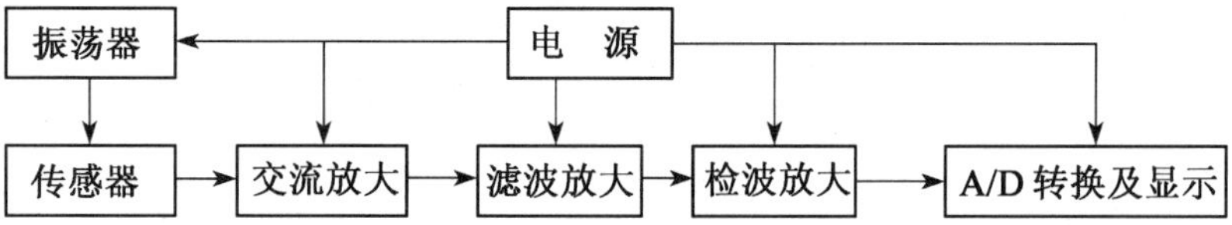

图 4－11　PQ 原理方框图

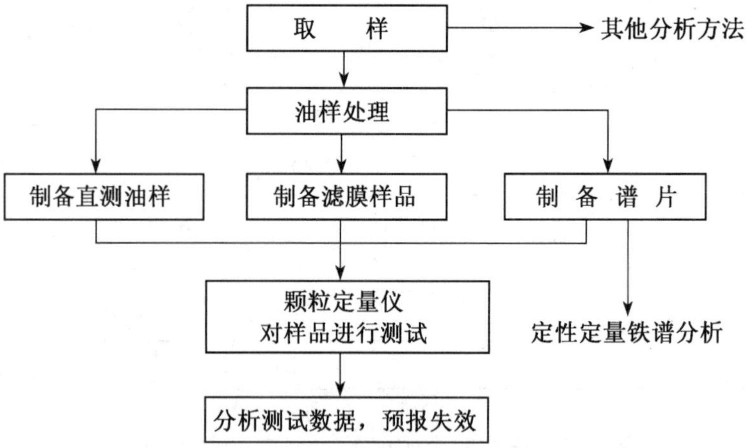

图 4－12　颗粒定量仪使用流程图

该仪器每次操作仅需30秒，快速、准确。且不必对油样进行特殊处理。

第四节　油液光谱分析

油液的光谱分析技术是油——磨屑监测及故障诊断的方法之一。光谱分析技术可以有效地监测机械设备润滑油所含磨损颗粒的成分及其含量的变化。同时，也可以准确地检测润滑油中添加剂的状况以及润滑油污染度和变质的程度。

一、光谱分析的基本原理及仪器

（一）原子发射光谱

1. 基本原理

各种元素都是由原子组成的，原子是由原子核及绕核旋的电子组成，每个电子处在一定的能级上，具有一定的能量。在正常的情况下，原子处于稳定状态，它的能量最低，这种状态称为基态。当物质受到外界能量（电能、热能等）作用时，核外电子就跃迁到高能级，处于高能态的原子很不稳定，被称为激发态。激发态原子可存在的时间约 10^{-8}s，它从高能态跃迁至基态或较低能级时，把多余的能量以光的形式释放出来。若使辐射光通过棱镜或光栅，就能得到按一定波长顺序排列的图谱，即光谱。

自由原子或离子产生的光谱呈线状，称为线光谱（图4－13上图），分子激发辐射出来的光谱为带光谱（图4－13下图）。

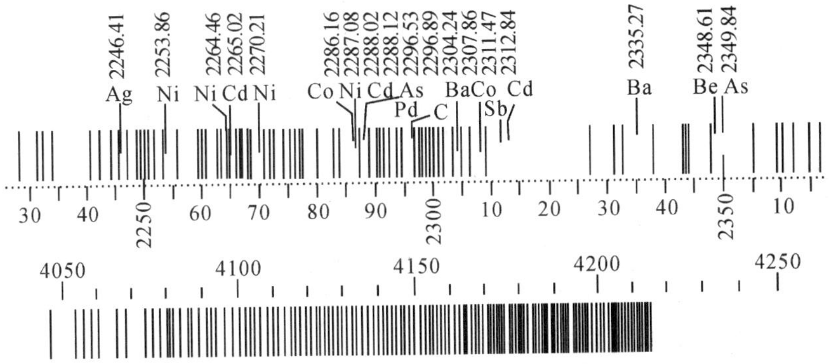

图4－13　线光谱（上）和带光谱（下）

液态或固态物质受热时，往往辐射出各种不同波长的光，通过棱镜或光栅后得到的是连续光谱。

气体分子在高温中受激发后，辐射出来的光分成几个波段，经过棱镜或光栅可以得到带状光谱。

气体的原子或离子，受激发后辐射的光谱，是一些单一波长的光，即线光谱。原子发射光谱分析法所利用的正是这种线光谱。

利用物质受电级或热能激发后，辐射出的特征线光谱来判断物质组成的方法，叫做原子发射光谱分析法。

2. 光谱分析的步骤和所用仪器的基本构成。

（1）步骤。使待分析的油样，在一定的实验条件下蒸发为气体原子态，然后使之激发，将辐射出的光经过色散，得到按波长排列的线光谱。根据特征谱线有无出现判断某物质是否存在；根据特征谱线的强弱判断该物质含量的多少。

（2）光谱分析的仪器。图 4－14 给出了原子发射光谱示意图。

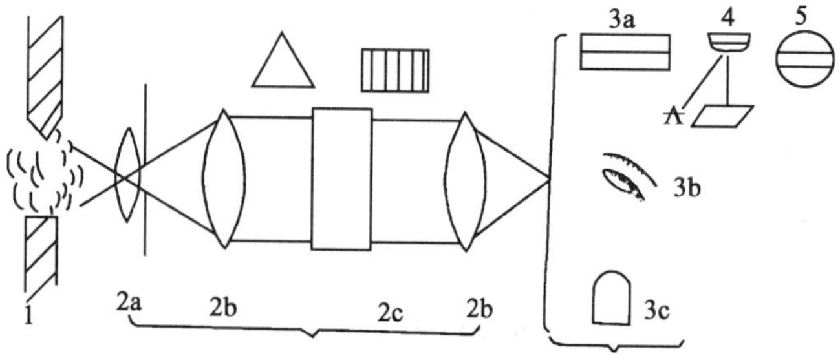

图 4－14　原子发射光谱示意图

1—光源；2—光谱仪（2a—狭缝　2b—透镜　2c—色散器）；3—接收器（3a—感光板　3b—目镜　3c—光电管）；4—投影仪；5—测微光度计

由于接收器不同，光谱仪器有三种：摄谱仪、看谱仪和光电光谱仪。

1）摄谱仪。把光谱记录在感光板上，然后用投影仪（又称放大仪）或测微光度计进行定性或定量分析。

2）看谱仪。通过目镜，用眼睛直接观察谱线进行定性及半定量分析。

3）光电光谱仪。谱线通过出射狭缝后，用光电倍增管把光信号转变为电信号，直接给出分析结果。例如用于分析润滑油试样所含杂质的光谱仪，就属于这种。

采用直读光电光谱仪测定润滑油中各种金属元素的浓度，是用电极产生的电火花做光源激发这些金属元素辐射发光，将辐射出的线光谱由出射狭缝引出，再由光电倍增管将光能变为电能，再向积分电容器充电，通过测量积分电容器上的电压，达到测量待分析油内杂质元素含量浓度的目的。如果测量和数据处理由微机控制，速度更快。这种直读原子发射光谱称为 RDEAES。此外还有一种等离子体发射光谱（ICPAES）。它们之间的差别在于光源不同，即对油样中的原子的激发方式不同。

等离子体原子发射光谱仪采用电感耦合等离子炬（ICP 炬），ICP 炬是由高频放电产生的电火焰，油液试样经雾化后，随载气——氩气带入炬焰的中心通道而被原子化和激发，如图 4－15 所示。

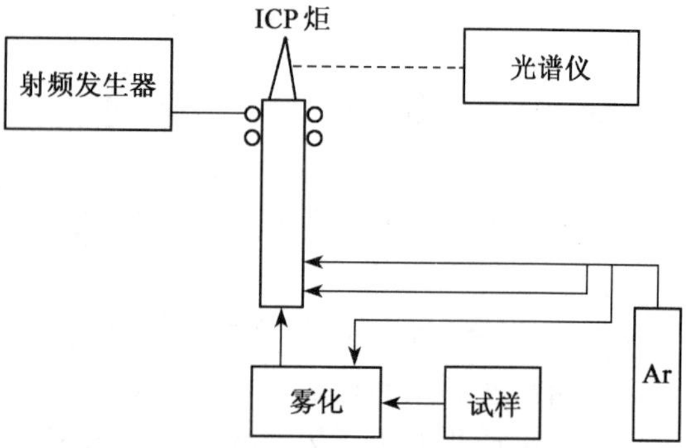

图 4－15　ICP－AES

超谱公司生产的超谱 M 型光谱仪和贝尔德公司出品的直读式发射光谱仪，是在国内使用比较广泛的光谱分析仪器。

（二）原子吸收光谱

1. 基本原理

原子吸收光谱分析法是将待测元素的化

合物（或溶液）在高温下进行试样原子化，使其变为原子蒸气。当锐线光源（单色光或称特征辐射线）发射出的一束光，穿过一定厚度的原子蒸气时，光的一部分被原子蒸气中待测元素的基态原子吸收。透射光经单色器将其他发射线分离掉，检测系统测量特征辐射线减弱后的光强度。根据光吸收定律就能求得待测元素的含量。

假定入射光强度为 I_0，透射光强度为 I，其关系为

$$I = I_0 e^{-k_v cl} \tag{4-6}$$

式中 e——自然对数的底；

v——共振幅射光频率；

k_v——频率 v 下的吸收系数；

l——原子蒸气的厚度；

c——原子蒸气的浓度。

当原子蒸气的厚度 l 保持一定时，设 $k = k_v l$，则上式简化为

$$I = I_0 e^{-kc}$$

透射率：

$$\frac{I}{I_0} = e^{-kc} \tag{4-7}$$

吸光度：

$$A = \ln \frac{I}{I_0} = kc \tag{4-8}$$

实际测量吸光度 A 是比较方便的。

在一定的基态原子浓度范围内，吸光度 A 与浓度 c 具有线性关系。可以方便地作出标准试样吸光度与浓度的工作曲线。因此，实际分析测量中，只需测出试样浓度的吸光度值，便可根据标准工作曲线，求出试样中待测元素的浓度。

原子吸收光谱法又可称为原子吸收分光光度法，但按国际理论化学与应用化学联合会（International Union of Pure and Applied Chemistry——IUPAC）规定应称为“原子吸收光谱法”。

2. 原子吸收光谱仪的基本构成

图 4-16 和图 4-17 为原子吸收光谱仪的基本构成图。

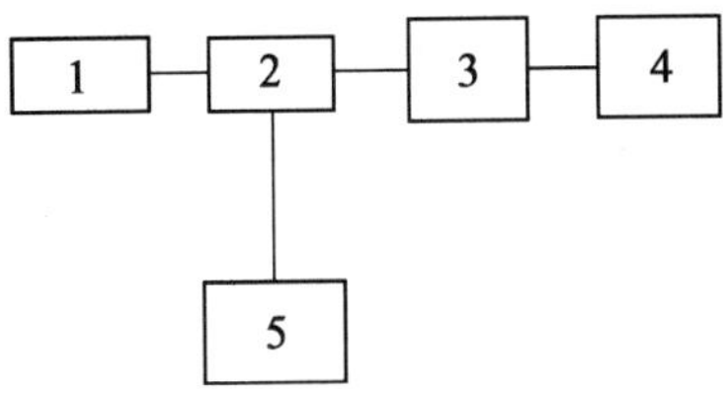

图 4-16 原子吸收光谱分析

1—锐线光源；2—原子化池；3—分光系统；4—检测系统；5—试样

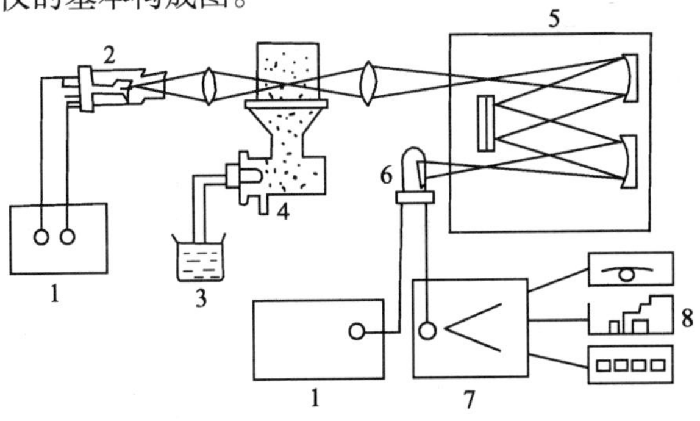

图 4-17 原子吸收光谱仪装置图

1—电源；2—光源；3—试样；4—火焰原子化器；5—光学系统；6—光电元件；7—放大器；8—读数系统

润滑油试样，经过预处理后，在原子吸收分光光度计上，由雾化器将试液喷成雾状，与燃料气及助燃气一起进入燃烧器的火焰中。在高温下，试样经去溶剂化作用，挥发及解离，润滑油中的待测物质（如铁）转变为原子蒸气，由待测含量的物质（如铁）相同元素做成的空心阴极灯辐射出波长为3720 Å（埃）的特征辐射，通过火焰后，一部分光被 Fe 的基态原子吸收。测量吸光度，根据标准系列法做吸光度—浓度曲线图，根据未知试样的吸光度从曲线上即可查出 Fe 的含量。

此法的优点在于分析灵敏度高，精确度高，适用范围广，取样量少。

缺点在于：①测一个元素换一个灯（光源）比较麻烦；②火焰法要用燃料气，不方便也不安全；③只能给出磨屑中的元素含量，不能了解磨屑的外形、尺寸等信息。

原子吸收光谱法就是原子吸收分光光度法，分光光度计法所用的光源是可见光，若所用的光源为红外光，则称为红外分光光度法。若所用光源为紫外光则称为紫外分光光度法。

（三）X 射线荧光光谱法

被测元素在原子化池中转变为自由原子，它共振吸收了激发光源中的光子而光致激发为激发态，再辐射为原子荧光（图 4－18）。

若光源为 X 射线管发出的 X 射线波长，它又比待分析的元素可吸收的限波长 λ_K 稍短时，该元素就会发射出大量的二次标识（具有特征频率）的 X 射线，称为荧光 X 射线，各元素的荧光 X 射线波长是固定不变的，是该发射元素的特征。通过荧光 X 射线波长色散仪，我们可以了解发射相应荧光 X 射线的元素种类，通过荧光 X 射线的强度及激发 X 射线强度的换算，可以知道吸收 X 射线的元素含量。

因此，利用 X 射线荧光光谱仪可以分析油液中磨屑的元素含量及元素成分。

图 4－19 为荧光 X 射线光谱仪的工作原理和结构图。

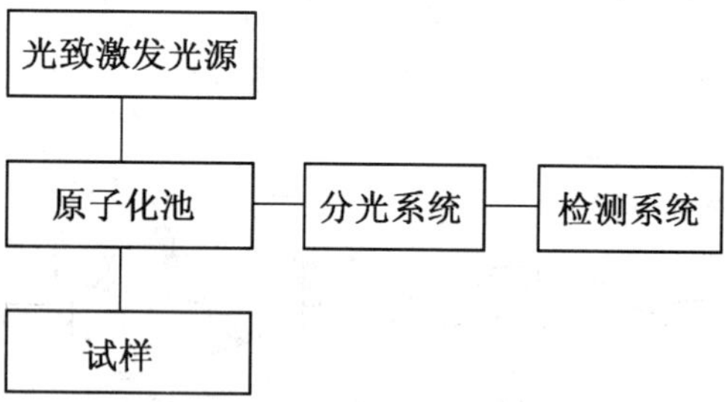

图 4－18 原子荧光光谱分析

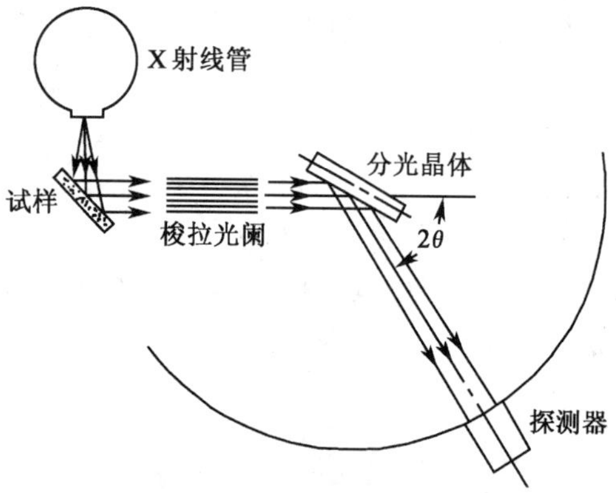

图 4－19 荧光 X 射线光谱仪的基本部件

（四）红外光谱分析法

润滑油添加剂在使用过程中会逐渐降解，为监测设备使用过程中润滑油内添加剂的变化趋势，人们选用了傅立叶变换红外光谱技术（FTIR）。

红外光谱主要是研究分子中以化学键连接的原子之间的振动光谱和分子的转动光谱，是确定分子组成和结构的有力工具。根据待监测油样的红外光谱中吸收峰的强度，位置和形状，可以确定它所包含的基因的构成和含量。

傅立叶变换红外光谱仪的核心部分是红外光学台（光学系统）。平时所说的红外光谱仪就是指它。红外光学台由红外光源、光阑、干涉仪、样品室、检测器及光路所需各种红外反射镜组成。

由于红外吸收光谱只反映分子结构的信息，因此红外分析技术对原子质点、溶解态离子和金属颗粒都不敏感。换言之，在通过油液分析对设备状态进行监测时，红外光谱仪不能代替原子发射/吸收光谱仪和铁谱仪。由于原子发射/吸收光谱仪和铁谱仪也不能互相代替，因此在以设备状态监测为目的的现代油液分析技术中，此三种技术——红外分析技术、原子发射光谱技术/原子吸收光谱技术和铁谱技术独立存在并相互补充。图4－20和图4－21是新、旧油中硫元素含量分析以及红外光谱图中主添加剂成分的吸收峰位置分布、添加剂元素浓度对比分析图。

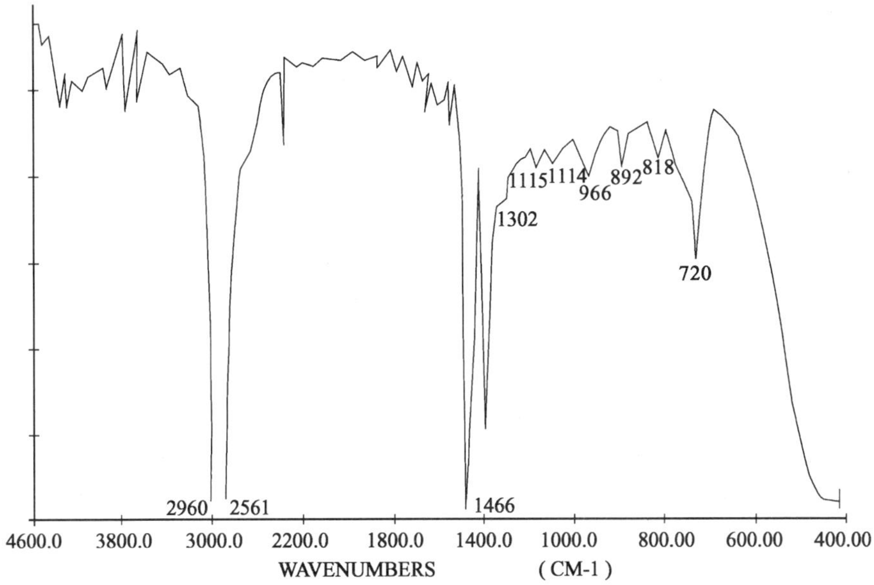

图4－20　新油傅立叶变化红外光谱图

二、铁谱、光谱分析技术在设备状态监测及故障诊断中的应用实例

（一）胜利油田大型设备的油液监测

胜利油田技术检测中心在2003年对石化总厂的一台气压机进行例行光谱监测，发现润滑油中铜、铝、铁等元素含量激增，如图4－22和图4－23所示。

同时进行铁谱分析也发现大量的异常磨损颗粒，经拆检发现有一密封圈失效，导致废气和冷却水混入润滑系统，使轴瓦异常磨损。油液监测发现了隐患，终止了可能的事故。

（二）利用ICP等离子发射光谱分析变压器烧损事故

吉林省某变电所于2003年7月对一台220kV有载调压变压器大修后只运转了8h变压器就严重烧损了。为确定故障原因，吉林省电力科学研究院对故障变压器进行了进一步的故障诊断，发现主变本体进水，变压器油含水，造成C相线圈匝间短路。为分析进水原因，抽取了两个沉于变压器底部的水样，同时又采集了当地的雨水和自来水，用ICP等离子发射光

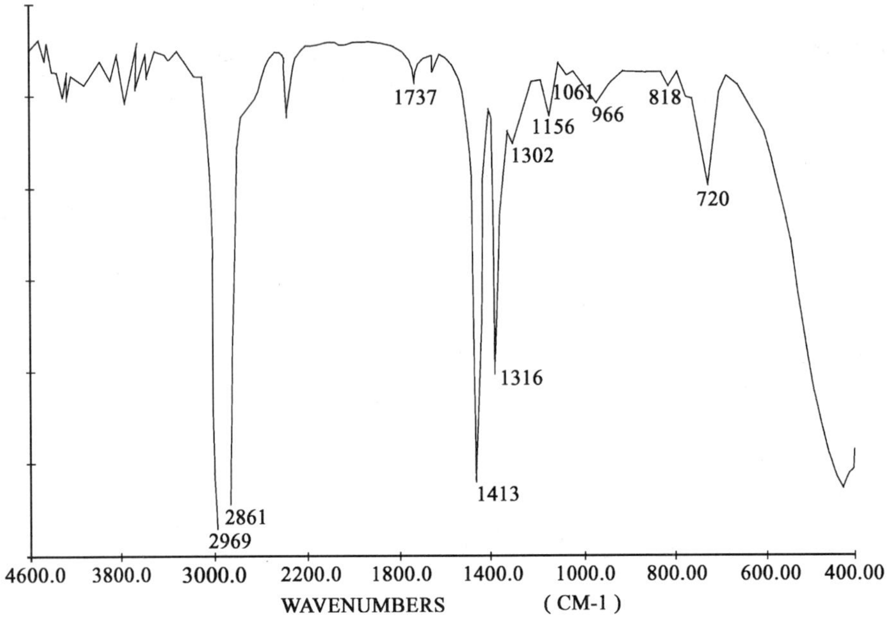

图 4－21　旧油傅立叶变化红外光谱图

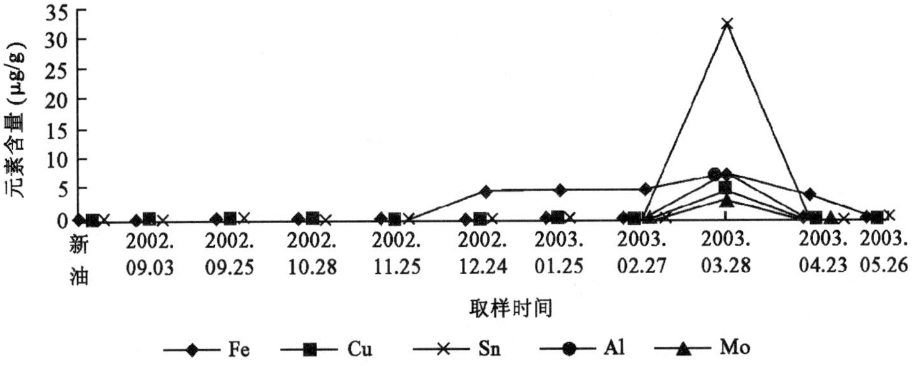

图 4－22　主要磨损金属元素含量变化趋势图

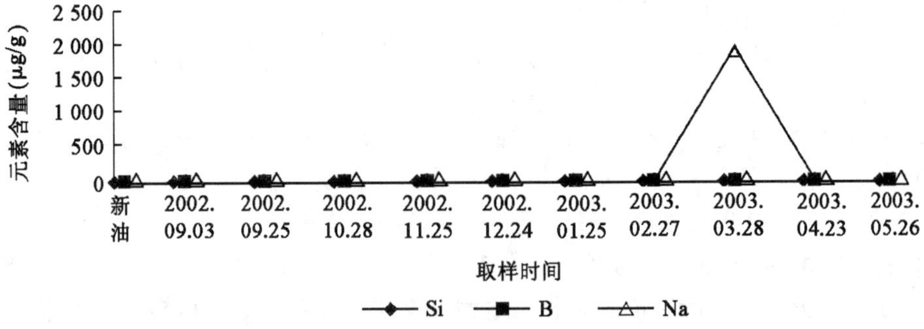

图 4－23　主要污染元素含量变化趋势图

谱进行了 Na，K，Ca，Mg，Fe，Cu，P，S 等元素的分析（见表4－10）。

表4－10　4种样品ICP质量浓度检测结果　　单位：mg/L

试样名称	Na	K	Ca	Mg
本体1	25.90	29.30	44.6	14.00
本体2	21.10	14.90	38.9	15.70
自来水	21.70	1.21	44.7	9.69
雨　水	2.39	3.19	17.1	0.73
试样名称	Fe	Cu	P	S
本体1	0.393	0.198		21.40
本体2	1.510	0.544	0.890	11.90
自来水	0.002	0.004		3.36
雨　水	0.040	0.012	0.002	8.64

对比发现本体水样1、2与当地自来水水样的元素含量更接近，排除了变压器进雨水和变压器内结露的可能性，大大缩小了事故分析范围，确认了大修过程中操作失误，并非设计和材质方面的问题。这是利用ICP等离子发射光谱分析确认故障原因的实例。

参考文献

［1］颜志光．润滑材料与润滑技术［M］．北京：中国石化出版社，2000.

［2］杨志伊．工业设备管理中的油液分析与状态监测．中设协网上培训教材，2001.

［3］程坚．磨屑群体特征分析方法及“矩阵序列”法研究［D］．中国矿业大学，2002.

［4］刘玉斌．磨损状态磨屑群体特征分析方法的研究［D］．中国矿业大学，2002.

［5］师杭军．往复运动状态监测磨屑群体特征分析方法的研究［D］．中国矿业大学，2005.

［6］陈士玮．基于灰色理论和油液分析的不等距预测模型与故障诊断研究［D］．上海交通大学，2005.

［7］周文新，周洪澍．机械设备的油液监测技术［N］．石油商报，2005（1）．

［8］田莉．油田大型设备的油液监测分析［J］．中国设备工程，2005（9）．

［9］马卫平，等．非电气法诊断大型变压器故障［J］．吉林电力，2005（6）．

第五章 温度监测与红外诊断技术

温度是工业生产中的重要工艺参数，为保证生产工艺在规定的温度条件下完成，需要对温度进行监测和调节；另一方面，温度也是表征设备运行状态的一个重要指标，设备出现机械、电气故障的一个明显特征就是温度的升高，同时温度的异常变化又是引发设备故障的一个重要因素。有统计资料表明，温度检测约占工业检测总数的50%。因此，温度与设备的运行状态密切相关，温度监测也因此而在设备故障诊断的整个技术体系中占有重要的地位。

第一节 温度测量基础

一、温度与温标

1. 温度

温度是一个很重要的物理量，它表示物体的冷热程度，也是物体分子运动平均动能大小的标志。物体的许多物理现象和化学性质都与温度有关，许多生产过程均是在一定的温度范围内进行的。机器的轴承在运转过程中会由于润滑不良或严重磨损而过度发热；电气设备在运转时因电流过大或绝缘损坏，也会引起不正常的发热。因此，通过监测温度的变化，可以发现设备的故障。

2. 温标

为保证温度测量值准确一致，首先要建立统一的标准。用来量度物体温度高低的标准尺度叫作温度标尺，简称温标，温标就是温度的数值表示方法。各种各样温度计的数值都是由温标决定的，计有华氏、摄氏、列氏、理想气体、热力学和国际实用温标等。其中摄氏温标和热力学温标最常用。

“1968 年国际实用温标”规定：以热力学温度为基本温度，用符号 T 表示，单位是开尔文，符号为 K。温度也可以用摄氏温度表示，用符号 t 表示，单位是摄氏度，符号为℃。二者的关系为

$$t = T - 273.15(℃) \tag{5-1}$$

摄氏温度的数值是以 273.15K 为起点（$t=0$）；而热力学则以 0K 为起点（$T=0$）。这两种温度仅是起点不同，无本质差别。表示温度差时，1℃ =1K。

$T=0$（K）称为绝对零度，在该温度下分子运动停止（即没有热存在）。一般 0℃以上用摄氏度℃表示，0℃以下用开尔文 K 表示，这样可以避免使用负值，又与一般习惯相一致。

二、温度测量方式

温度测量方式可分为接触式与非接触式两类。

当把温度计和被测物的表面很好地接触后，经过足够长的时间达到热平衡，则二者的温

度必然相等，温度计显示的温度即为被测物表面的温度，这种方式称为接触式测温。

非接触测温利用物体的热辐射能随温度变化的原理来测定物体的温度。由于感温元件不与被测物体接触，因而不会改变被测物体的温度分布。且辐射热与光速一样快，故热惯性很小。

接触式与非接触式两种测温方式的比较如表 5－1 所示。

表 5－1　接触式与非接触式测温的比较

	接触式测温	非接触式测温
必要条件	检测元件与测量对象有良好的热接触； 测量对象与检测元件接触时，要使前者的温度保持不变	检测元件应能正确接收到测量对象发出的辐射； 应明确知道测量对象的有效发射率或重现性
特点	测量热容量小的物体、运动的物体等的温度有困难； 受环境的限制； 可测量物体任何部位的温度； 便于多点、集中测量和自动控制	不会改变被测物体的温度分布； 可测量热容量小的物体、运动的物体等的温度； 一般是测量表面温度
温度范围	容易测量 1000℃以下的温度	适合于高温测量
响应速度	较慢	快

三、温度监测仪表、仪器概述

温度监测仪表、仪器的种类繁多，它们的工作原理各有不同，但都是利用某一物质具有随温度而变化的某种性质作为测温依据的。目前，温度计的制造是利用下列几种物质的性质：物体体积随温度的变化，金属（或半导体）电阻的变化，热电偶电动势的激发以及加热物体的辐射等。

常用测温仪表如表 5－2 所示。

表 5－2　测温仪表、仪器分类表

测温方式	分类名称		作用原理
接触测温	膨胀式温度计	液体式 固体式	液体或固体受热膨胀
	压力表式温度计	液体式 气体式 蒸气式	封闭在固定容积中的液体、气体或某种液体的饱和蒸气受热体积膨胀或压力变化
	电阻温度计		导体或半导体受热电阻值变化
	热电偶温度计		物体的热电性质
非接触测温	光电高温计		物体的热辐射
	光学高温计		
	红外测温仪		
	红外热像仪		
	红外热电视		

第二节　接触式温度测量

在日常生活和生产中，测量温度的方式大量的是“接触式测量”，即必须把温度计和被测物的表面很好地接触，方可得出正确的结果，故称为接触式测温。

常用于设备诊断的接触式温度监测仪器有下列几种：

一、热膨胀式温度计

这种温度计是利用液体或固体热胀冷缩的性质制成的，如水银温度计、双金属温度计、压力表式温度计等。

双金属温度计是一种固体热膨胀式温度计，它用两种热膨胀系数不同的金属材料制成感温元件，一端固定，另一端自由。由于受热后，两者伸长不一致而发生弯曲，使自由端产生位移，将温度变化直接转换为机械量的变化（如图 5－1 所示）。利用这一特性，可以制成各种形式的温度计。双金属温度计结构紧凑、耐震、价廉、能报警和自控，可用于现场测量气体、液体及蒸气温度。

压力表式温度计利用被封闭在感温筒中的液体、气体等受热后体积膨胀或压力变化，通过毛细管使波登管端部产生角位移，带动指针在刻度盘上显示出温度值（图 5－2）。测量时感温筒放在被测介质内，适用于测量对感温筒无腐蚀作用的液体、蒸气和气体的温度。

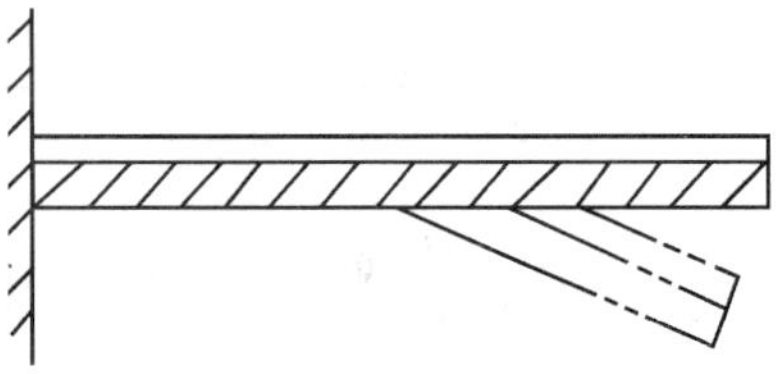

图 5－1　双金属温度计

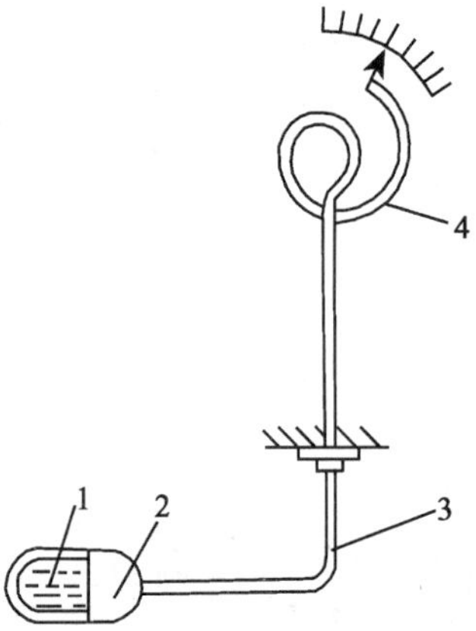

图 5－2　压力表式温度计

1—酒精等；2—感温筒；3—毛细管；4—波登管

二、电阻式温度计

电阻式温度计的感温元件是用电阻值随温度变化而改变的金属导体或半导体材料制成。当温度变化时，感温元件的电阻随温度而变化，通过测量回路的转换，在显示器上显示出温度值。电阻式测温是接触式测温的一种主要方式，广泛地应用于各工业领域以及科学研究部门。

用于电阻式温度计的感温元件有金属丝电阻及热敏电阻。

1. 金属丝电阻温度计

一般金属导体受热后电阻率增加。在一定的温度范围内，电阻与温度的关系为

$$R_t = R_o[l + \alpha(t - t_o)] = R_o(1 + \alpha\Delta t) \quad (5-2)$$

式中　R_t——温度为 t 时的电阻；

R_o——温度为 t_o 时的电阻；

α——电阻温度系数，随材料不同而异。

由上式可知，电阻增加的数值正比于温度差（$t-t_o$），所以通过测量导体的电阻就可以确定被测量物体的温度值。常用的测温电阻丝材料有铂、铜、镍等。铂电阻温度计的结构如图 5-3 所示。铂丝绕在玻璃棒上，置于陶瓷或金属制成的保护管内，引出的导线有二线式、三线式。工业热电阻的结构如图 5-4 所示。

为了测出金属丝的电阻变化，一般是将其接入平衡电桥中。电桥输出的电压正比于金属丝的电阻值变化。该电压的变化由动图式仪表直接测量或经放大器放大输出，实现自动测量或记录。

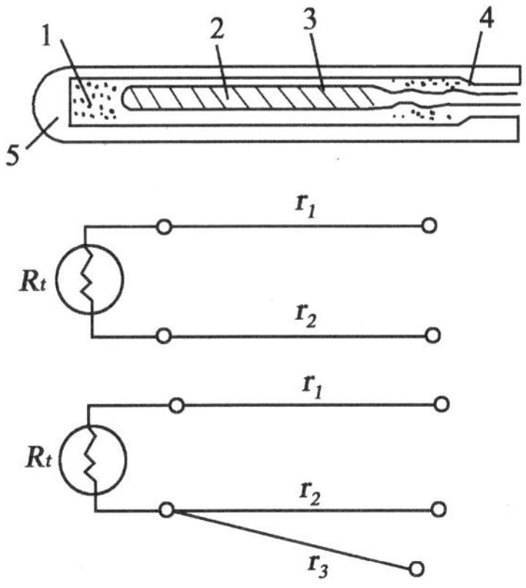

图 5-3　铂热电阻

1—氧化钴粉；2—玻璃轴；3—铂丝；4—引出导线；5—保护管

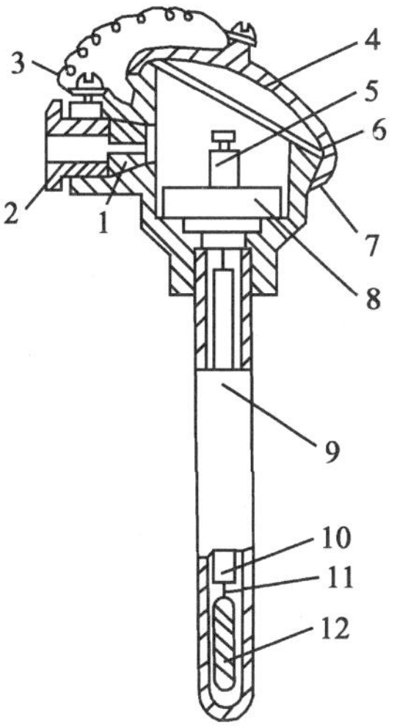

图 5-4　工业热电阻的结构

1—出线密封圈；2—出线螺母；3—小链；4—盖；5—接线柱；6—密封圈；7—接线盒；8—接线座；9—保护管；10—绝缘管；11—引出线；12—感温元件

2. 半导体热敏电阻温度计

半导体热敏电阻通常是用铁、锰、镍、铝、钛、镁、铜等一些金属氧化物做原料制成，也常用它们的碳酸盐、硝酸盐和氯化物等做原料制成。它的阻值随温度升高而降低，具有负的温度系数。

与金属丝电阻相比，半导体热敏电阻具有电阻温度系数大、灵敏度高、电阻率大、结构简单、体积小、热惯性小、响应速度快等优点。它的主要缺点是电阻温度特性分散性很大，互换性差，非线性严重，且电阻温度关系不稳定，故测温误差较大。

三、热电偶温度计

热电偶温度计由热电偶、电测仪表和连接导线所组成，广泛地用于 300～1300℃温度范

围内的测温。

热电偶可把温度直接转换成电量，因此对于温度的测量、调节、控制，以及对温度信号的放大、变换都很方便。它结构简单，便于安装，测量范围广，准确度高，热惯性小，性能稳定，便于远距离传送信号。因此，它是目前使用最普遍的接触式温度测量仪表。

1. 热电偶测温的基本原理

由两种不同的导体（或半导体）A、B 组成的闭合回路中，如果使两个接点处于不同的温度，回路就会出现电动势，称为热电势，这一现象即是热电效应，组成的器件为热电偶。若使热电偶的一个接点温度 t_o 保持不变，即产生的热电势只和另一个接点的温度有关，因此，测量热电势的大小，就可知道该接点的温度值了。

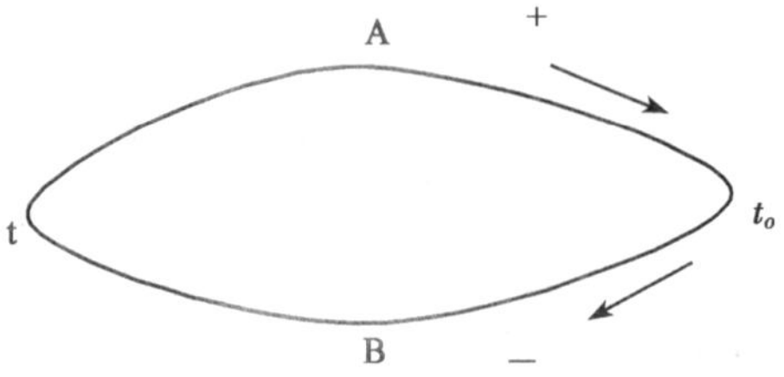

图 5－5　热电极

组成热电偶的两种导体，称为热电极。通常把 t_o 端称为自由端、参考点或冷端，而另一端称为工作端、测量端或热端。如果在自由端电流是从导体 A 端流向导体 B，则 A 称做正热电极而 B 称做负热电极，如图 5－5 所示。

2. 标准化热电偶

所谓标准化热电偶是指制造工艺比较成熟、应用广泛、能成批生产、性能优良而稳定并已列入工业标准化文件中的热电偶。这类热电偶发展早，性能稳定，互换性好，并有与其配套的显示仪表可供使用，十分方便。

3. 非标准化热电偶

非标准化热电偶没有被列入工业标准，用在某些特殊场合，如监测高温、低温、超低温、高真空和有核辐射等对象。常用的非标准化热电偶主要有钨铼热电偶、铱铑系热电偶、镍铬—金铁热电偶、镍钴—镍铝热电偶、铂铑$_5$—铂铑$_{0.1}$热电偶、非金属热电偶等。

4. 热电偶的结构

常用的普通型热电偶是由热电极（热偶丝）、绝热材料（绝缘管）和保护套管等部分构成，其热电偶本体是一端焊接的两根金属丝。当被测介质对热电偶不会产生侵蚀作用时，可不用保护套管，以减小接触测温误差与滞后。普通工业用热电偶的典型结构如图 5－6 所示。

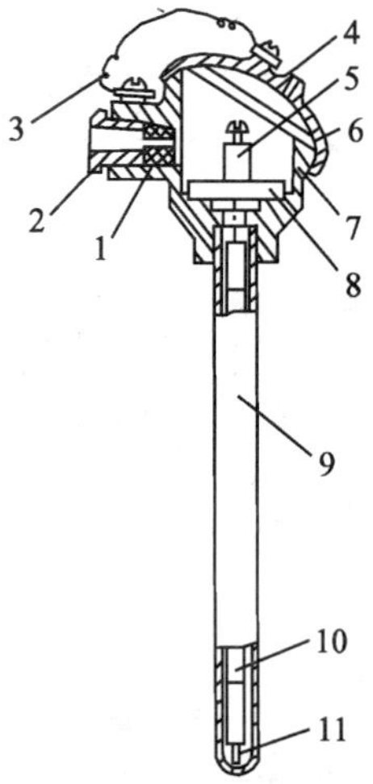

图 5－6　工业用热电偶的典型结构

1—出线孔密封圈；2—出线孔螺母；3—链条；4—盖；5—接线柱；6—密封圈；7—接线盒；8—接线座；9—保护管；10—绝缘管；11—热电偶丝

对于工业部门的应用，应考虑耐高压、耐强烈振动和耐冲击，常采用铠缆热电偶。

为了测量微小面积上的瞬变温度，可用薄膜热电偶，测量端小而薄。

第三节　非接触式温度测量

接触式测温由于沿着测温元件（如热电偶）有热量导出而破坏被测物的温度场，从而造成误差；测量时还需要有一个同温过程。随着生产和科学技术的发展，对温度监测提出了越来越高的要求，接触式测温方法已远不能满足许多场合的测温要求。

近年来非接触式测温获得迅速发展，除了敏感元件技术的发展外，还由于它不会破坏被测物的温度场，适用范围也大大拓宽，许多接触式测温无法测量的场合和物体，采用非接触式测温，得到很好解决。如温度很高的目标、距离很远的目标、有腐蚀性的物质、高纯度的物质、导热性差的物质、目标微小的物体、小热容量的物体、运动中的物体和温度动态过程及带电的物体等等。

一、非接触式测温的基本原理

在太阳光谱中，位于红光光谱之外的区域里存在着一种看不见的、具有强烈热效应的辐射波，称为红外线。一般可见光的波长为 0.4 ~ 0.7μm，红外线的波长范围相当宽，达 0.75 ~ 1000μm。通常它又分为四类：近红外，波长 0.75 ~ 3μm；中红外，波长 3 ~ 6μm；远红外，波长 6 ~ 15μm；超远红外，波长 15 ~ 1000μm。

红外线和所有电磁波一样，具有反射、折射、散射、干涉、吸收等性质。它在真空中的传播速度为 3×10^8m/s。红外辐射在介质中传播时，会产生衰减，这主要是由介质的吸收和散射作用而造成的。

自然界中的任何物体，只要它本身的温度高于绝对零度，就会产生热辐射。物体温度不同，辐射的波长组成成分不同，辐射能的大小也不同，该能量中包含可见光与不可见的红外线两部分。物体的温度在 1000℃ 以下时，其热辐射中最强的波均为红外辐射；只有在温度达到 3000℃、近于白炽灯丝的温度时，它的辐射能才包含足够多的可见光。

物体的温度与辐射功率的关系由斯蒂芬－玻尔兹曼定量给出。1819 年，斯蒂芬根据实验总结出，绝对黑体的全部波长范围内的全辐射能与绝对温度的四次方成正比。1884 年，他根据热力学推导出同样的结果，因此称之为斯蒂芬－玻尔兹曼定律，其数学表达式为

$$E_0(T)=\sigma T^4 \tag{5-3}$$

对于非黑体，可表示为

$$E(T)=\varepsilon\sigma T^4 \tag{5-4}$$

式中　E——单位面积辐射的能量（W/m^2）；

σ——斯蒂芬－玻尔兹曼常数，$\sigma=5.69\times10^{-8}$［$W/(m^2K^4)$］；

T——热力学温度（K）；

ε——发射率（非黑体辐射度/黑体辐射度）。

不同的物质具有不同的辐射能力，理想黑体具有最大的辐射能力，而对其他物质辐射能力的衡量引入了一个参量——发射率 ε。实际物体（非黑体）与同温度的黑体，在相同的条件下辐射度的比值，称为发射率。发射率是表示实际物体发射热辐射的能力与黑体辐射接近程度的物理量。$\varepsilon=1$ 的物体称为黑体，黑体能够在任何温度下全部吸收任何波长的辐射，热辐射能力比其他物体都强。一般物体不能把投射到它表面的辐射功率全部吸收，发射热辐射的能力也小于黑体，即 $\varepsilon<1$。但一般物体的辐射强度与热力学温度的四次方成正比，所以物体辐射强度随温度升高而显著地增加。通常又称发射率为“辐射率”或“辐射系数”。

物体能量的辐射与吸收并不是连续的，而是以一粒粒不可分割的粒子或“量子”形式

进行的。黑体光谱辐射通量密度的分布规律，由普朗克定律给出

$$E_{0\lambda}(\lambda, T) = \frac{2\pi hc^2}{\lambda^5 e^{hc/(\lambda kT)} - 1} \quad (5-5)$$

式中 $E_{0\lambda}$——波长为 λ 的黑体光谱辐射通量密度 [W/ ($m^2 \mu m$)]；

c——光速，[$c = 3 \times 10^8$ (m/s)]；

h——普朗克常数；

k——玻尔兹曼常数 [$k = 1.38 \times 10^{-23}$ (Ws/K)]；

λ——波长 (μm)。

根据普朗克定律，对各种不同的温度做图，可得到如图 5－7 所示的一族曲线，曲线的最高点所对应的波长 λ 可由维恩位移定律给出

$$\lambda_m = 2898/T(\mu m) \quad (5-6)$$

由图 5－7 可知：

(1) 对于每一种温度都有一条辐射曲线与之相对应；

(2) 辐射曲线连续、平滑，具有单一峰值；

(3) 所有曲线都不相交，且随着温度的增高，曲线位置也增高；

(4) 当温度升高时，辐射曲线的峰值向波长较短的方向移动；

(5) 当温度升高时，辐射幅度按指数规律增加；

(6) 每条曲线下的面积，就是斯蒂芬－玻尔兹曼定律所表示的辐射强度值；

(7) 曲线最高点对应的波长 λ_m 的左侧，即短波段辐射的能量约占总能量的 25%，其余约 75% 的辐射能量存在于 λ_m 的右侧的长波段内。

以上结论是对黑体研究而得出的，但对一般物体也适用，只要乘以一个系数，即比辐射率就可以了。

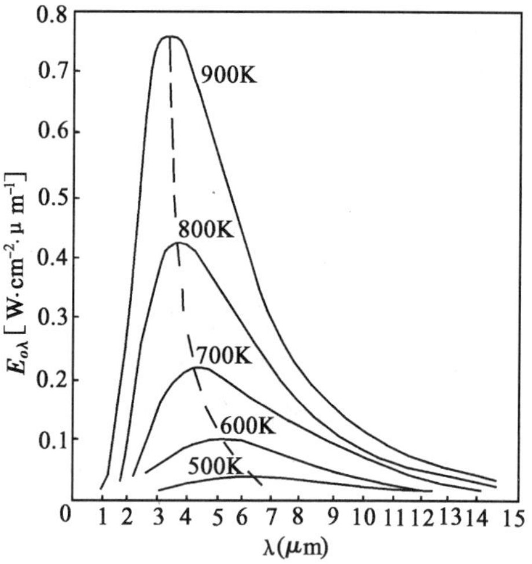

图 5－7 光谱辐射通量密度对波长的分布规律

斯蒂芬－玻尔兹曼辐射定律告诉我们，物体的温度越高，辐射强度就越大。只要知道了物体的温度及其比辐射率，就可算出它所发射的辐射功率；反之，如果测出了物体所发射的辐射强度，就可以算出它的温度，这就是红外测温技术的依据。由于物体表面温度变化时红外辐射将大大变化，例如，物体温度在 300K 时，温度升高 1K，辐射功率将增加 1.34%。因此，被测物表层若有缺陷，其表面温度场将有变化，可以用灵敏的红外探测器加以鉴别。

二、红外热成像系统探测波段的选择

当红外辐射在大气中传输时，大气会有选择地吸收红外能量而使之衰减，故红外探测器工作要受到大气的阻尼，阻尼源之一是空气的二氧化碳及水分子的吸收。为使水蒸气和二氧化碳分子的影响减至最小，可根据红外波长与大气传导率的关系来选择探测波长。实验表明，有四个波段可供探测：1μm 左右的近红外段；2～2.5μm 段；3.5～4.2μm 段；8～14μm

段。形象地把这些波长范围叫大气窗口，如图 5－8 所示。

同时，红外辐射在大气窗口中传播也会有一定的能量衰减，辐射穿过大气未被吸收衰减的能量与总辐射能量之比，称“大气透过率”。

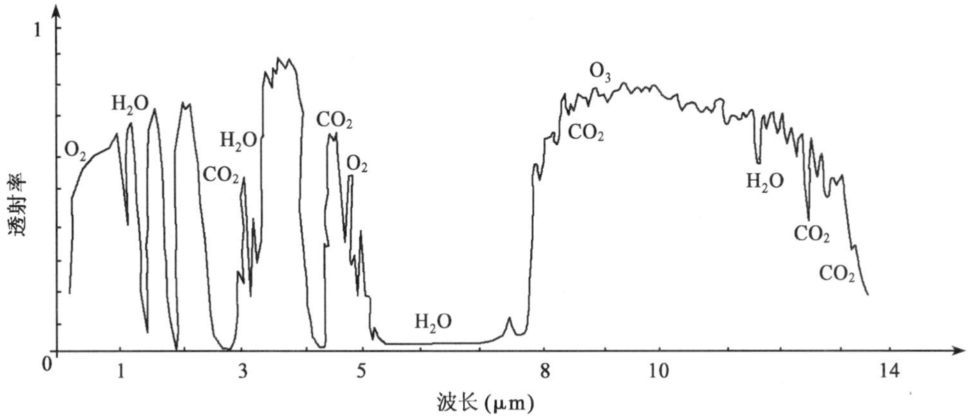

图 5－8　大气窗口

对红外探测器的主要要求是快速响应及高灵敏度，3 ~ 5μm 及 8 ~ 14μm 两个波段可适用。这两个波段称为“短波”和“长波”窗口。短波段能在较宽范围内提供最佳功能，达到良好的测温效果。而长波段则更多用于低温（－10 ~ 20℃）及远距离，多用于军事方面及气体的检查。

三、影响红外测温精度的主要因素

红外测温精度与很多因素有关，如测试背景状况、目标特性（温度、光谱辐射率及尺寸），热像仪特性（瞬时视场角、波长范围、总光谱响应），测量距离（影响大气透过率）等。主要有发射率的选择、距离系数的大小、太阳光的照射、尘埃的散射、风的冷却、邻近辐射体的干扰、大气的吸收、设备负荷不同的影响、仪器工作波段不同的影响等。

1. 发射率的影响

物体的发射率表征了该物体表面辐射能力的强弱。根据工程设计的需要和测试方法的不同，发射率可分为全波法向发射率、半球向全波发射率、定向发射率和单色法向发射率等。在红外诊断技术中采用的是全波法向发射率，多数资料给出的也是全波法向值，而且也是参考值，限定在规定的温度范围和相同的物体表面状态下使用。物体发射率的大小与其材料的性质、温度和表面状态直接相关。

（1）材料性质的影响。材料的性质包括有化学成分、化学性质、物理性能和物理结构。绝大多数的非金属材料，特别是金属的氧化物，它们的红外发射率都很高；而绝大多数的纯金属正与非金属相反，它们的红外发射率都很低。

（2）温度的影响。物体的红外发射率不仅与材料的各种化学物理性质有关，还与材料的温度有关，它随物体的温度而变化。而且不同材料在不同波长和不同温度范围内，红外发射率的变化也不一样，没有统一的规律来概括。对于温度的影响往往采用实验方法测定，绝大多数非金属材料的发射率随温度升高而减小；而绝大多数金属材料的发射率近似地随热力学温度成比例增大，其比例系数和金属的电阻率有关。

（3）表面状态的影响。实际物体的表面不可能绝对光洁，总会有不同程度的粗糙度和表面覆盖物，它们都将直接影响该物体的红外发射率。物体表面粗糙不平时，它的反射率必定大大降低，从而其发射率将明显提高。尤其是金属材料，其表面粗糙度将对发射率产生较大的影响。但对于非金属材料，发射率受表面粗糙度的影响较少，甚至没什么关系。应该强调指出，在物体表面覆盖的各种薄层，如漆膜、涂料、润滑油、金属表面的氧化膜、尘埃等污染层，都会显著地影响物体的红外发射率。由于这种层、膜的状态千变万化，不可能对这种影响进行定量描述，可行的办法仍然是实测为佳。

（4）测定发射率的方法。为了消除发射率设置误差，在红外检测和诊断的工作中应对实际的发射率进行现场测定。测定发射率的方法有如下五种：参考黑体法，用于很多红外检测仪器本身；模拟黑体法，多用于试验室；仪器直接测定法；涂料法和接触测温法，常用于现场红外诊断。

2. 大气透过率的影响

在很多情况下，需要采用红外仪器进行远距离的温度测量，这就要求知道大气的透过特性。人们对大气透过率进行了很多的实地测量，见图 5－8 大气窗口的曲线。从大气透过率曲线可以看到，在光谱可见区到 14μm 的红外区，有几个高透过率区域，通常称之为“大气窗口”，它们中间被高吸收率的区域所分开。

在大气窗口中没有强吸收带，主要是大气散射造成的衰减。红外辐射在它的传输过程中遇到孤立的或互相结合的微粒，使其偏离原来的方向，致使原传输方向的辐射能量变弱，这种能量改变的情况称为散射现象。在纯净的大气中，由于气体分子密度发生涨落，引起大气均匀性的破坏，从而就会产生这种气体分子本身所引起的散射。大气中含有一些比气体分子大得多的微粒，它们的存在会使大气均匀性遭到更大的破坏，那么由于它们的存在而引起的散射更是可想而知了。

测量距离越远，红外辐射被大气吸收得越多，大气透过率越低。如图 5－9 所示。部分红外检测仪器可以通过大气模式对大气衰减进行补偿，提高测温精度。

3. 距离系数的影响

距离系数是指被测目标的距离 L 与光学目标的直径 d 之比，即 $K=L/d$，如图 5－10 所示。距离系数越大，表示在相同测距的情况下被测目标的尺寸可以越小，或是在检测相同大小的目标时，测量距离可以更远。在使用单色测温仪时，必须注意被测目标的实际尺寸要大于按距离系数计算出来的尺寸的 1.5 倍。例如，当距离系数为 50 时，测量距离为 2m，要求

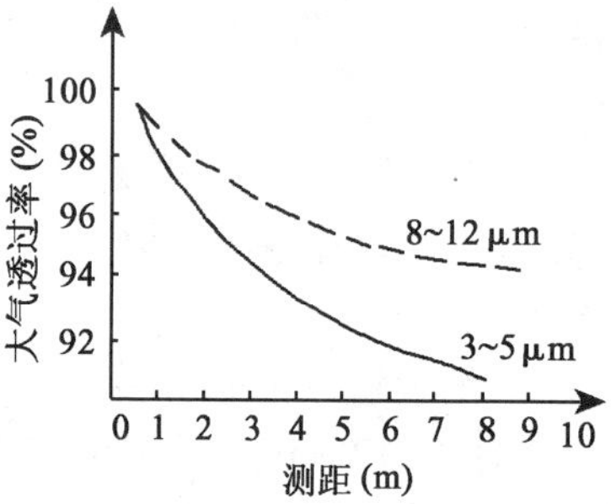

图 5－9　测量距离与大气透过率的关系

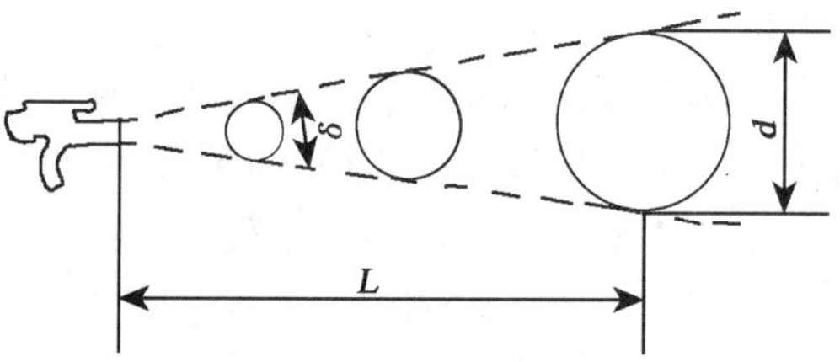

图 5－10　红外点温仪距离系数示意图

被测目标的直径应大于 $2m \div 50 \times 1.5 = 0.06m = 6cm$。

仪器的距离系数决定了仪器最大的可用测距。只有测量距离满足了红外测温仪器光学目标的要求，才能对物体进行准确的测温。

4. 背景辐射的影响

当用红外探测器检测目标辐射信号时，探测器不可避免地要受到周围物体、天空或地面发射的大量红外辐射的影响，这些从环境中发射出来的红外辐射称为背景辐射。在对被检测的目标进行红外监测时，除了目标本身的红外辐射，还存在目标对太阳和环境辐射的反射、设备其他部位及周围设备的辐射等。

当被测物体在太阳光的直接照射下时，炎热的阳光将使被测物体的温度上升。随着日照强度的不同，日照叠加的温升也不同。另一方面，其他物体对太阳光的反射和漫反射会明显地影响测量结果。因为太阳的反射和漫反射波长为 3～14μm，这一波段范围正好与红外测温仪器的工作波段相近，这将会对红外测温产生极不规律的影响。为了获得更为准确可靠的测温结果，红外测温的时间宜选在没有阳光的阴天或傍晚、夜间进行。

四、非接触测温仪器

最初的辐射式温度计都是高温计，有单色辐射、全辐射和比色高温计，它们又可分为光学计和光电计两种。近年来，为适应工业生产和科学技术的要求，辐射式温度计的测量范围逐渐向中温（100～700℃）和低温（小于100℃）方向扩展。由于在2000K以下的辐射大部分能量不是可见光而是红外线，因此红外测温得到了迅猛的发展和应用。红外测温的手段不仅有红外点温仪、红外线温仪，尚有红外电视和红外成像系统等设备，除可以显示物体某点的温度外，尚可实时显示出物体的二维温度场，温度测量的空间分辨率和温度分辨率都达到了相当高的水平。红外成像系统除带黑白、彩色监视器外，还有多功能处理器、录像机、实时记录器、软盘记录仪等。

1. 红外点温仪

对温度的非接触测温手段，最轻便、最直观、最快速、最价廉的是红外点温仪。红外点温仪是以黑体辐射定律为理论依据，通过对被测目标红外辐射能量进行测量，经黑体标定，从而确定被测目标的温度。红外点温仪按其所选择使用的接收波长分为三类

（1）全辐射测温仪。将波长从零到无穷的目标之全部辐射能量进行接收测量，由黑体校定出目标温度。特点是结构简单、使用方便，但灵敏度较低，误差也较大。

（2）单色测温仪。选择单一辐射光谱波段接收能量进行测量，它靠单色滤光片选择接收特定波长下的目标辐射，以此来确定目标温度。特点是结构简单、使用方便、灵敏度高，并能抑制某些干扰。

以上两类测温仪，由于各种目标的比辐射率不同而带来误差。

（3）比色测温仪。它靠两组（或更多）不同的单色滤光片收集两相近辐射波段下的辐射能量，在电路上进行比较，由此比值确定目标温度。它基本上可消除比辐射率带来的误差。其特点是结构较为复杂，但灵敏度较高，在中高温测温范围内使用较好。它受测试距离和其间吸收物的影响较小。

红外点温仪通常由光学系统、红外探测器、电信号处理器、温度指示器及附属的瞄准器、电源及机械结构等组成。

光学系统的主要作用是收集被测目标的辐射能量，使之汇聚在红外探测器的接收光敏面

上。其工作方式分为“调焦式”和“固定焦点式”。光学系统的场镜有“反射式”、“折射式”和“干涉式”三种。

红外探测器的作用也是把接收到的红外辐射能量转换成电信号输出。测温仪中使用的红外探测器有两大类：光探测器和热探测器。典型的光探测器具有灵敏度高、响应速度快等特点，适于制作扫描、高速、高温度分辨率的测温仪。但它对红外光谱有选择吸收的特性，只能在特定的红外光谱波段使用。典型的热探测器有热敏电阻、热电堆、热释电探测器等。它们对红外光谱无选择性，使用方便、价格便宜，但响应慢、灵敏度低。其中，热释电探测器对变化的辐射会有响应，因此为了实现对固定目标的测量，还需对入射的辐射进行调制，其灵敏度较其他热探测器高，适于中低温测量。

电信号处理器的功能有：探测器产生的微弱信号放大，线性化输出处理，辐射率调整的处理，环境温度的补偿，抑制非目标辐射产生的干扰，抑制系统噪声，供温度指示的信号或输出，供计算机处理的模拟信息，电源部分及其他特殊要求的部分。

温度指示器一般有两种：普通表头指示和数字指示，数字显示读数直观、精度高。

红外点温仪原理框图见图 5－11。

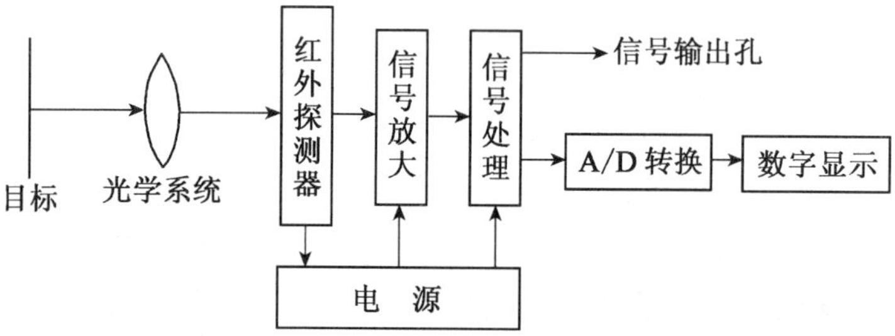

图 5－11　红外点温仪原理框图

2. 红外热成像仪

红外热成像系统是利用红外探测器、光学成像物镜和光机扫描系统，在不接触的情况下接收物体表面的红外辐射信号，该信号转变为电信号后，再经电子系统处理传至显示屏上，得到与景物表面热分布相应的“实时热图像”。它可绘出空间分辨率和温度分辨率都较好的设备温度场的二维图形，从而就把景物的不可见热图像转换为可见图像，使人类的视觉范围扩展到了红外谱段。

红外热成像系统（图 5－12）是一个利用红外传感器接收被测目标的红外线信号，经放

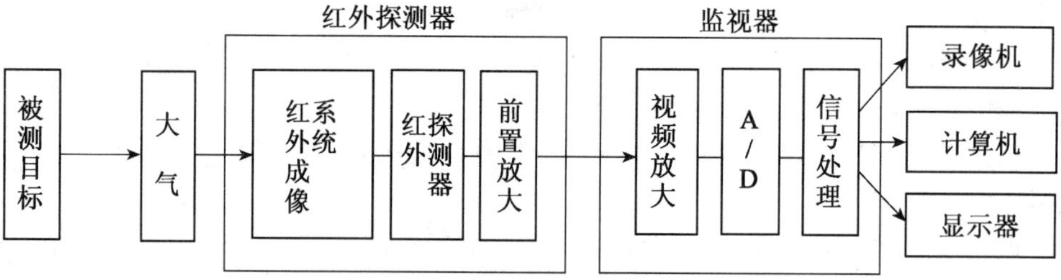

图 5－12　红外热成像系统

大和处理后送至显示器上，形成该目标温度分布二维可视图像的装置。

热成像系统的主要部分是红外探测器和监视器，性能较好的应有图像处理器。为了对图像实时显示、实时记录和进行复杂的图像分析处理，先进的热像仪都要求达到电视兼容图像显示。红外探测器又称“扫描器”或“红外摄像机”、“摄像头”等，其基本组成有：成像物镜、红外探测器、控制电路及前置放大器。

（1）成像物镜。根据视物大小和像质要求，可由不同透镜组成。

（2）红外探测器。红外元件是一小片半导体材料，或是在薄弱的基片上的化学沉淀膜。

（3）前置放大器。由探测器接收并转换成的电信号是比较微弱的，为便于后面进行的电子学处理，必须在扫描前进行前置放大。

（4）控制电路。该控制电路有两个作用：一方面是消除由制造和环境条件变化产生的非均匀性；另一方面是使目标能量的动态大范围变化能够适应电路处理中的有限动态范围。

红外探测器的主要性能包括元数、每个元的探测率、响应率、时间常数及这些参数的均匀性及制冷性能等。

目前最先进的热成像系统为焦平面式的红外热像仪，探测器无需制冷，无需光机扫描机构，体积小，智能化程度高，在现场使用起来非常方便。

3. 红外热电视

红外热像仪具有优良的性能，但它装置精密，价格比较昂贵，通常在一些必需的、测量精度要求较高的重要场合使用。对于大多数工业应用，如果并不需要太高的温度分辨率，就不要选用红外热像仪，而可以采用红外电视。红外电视虽然只具有中等水平的分辨率，可是它能在常温下工作，省去制冷系统，设备结构更简单些，操作更方便些，价格比较低廉，对测温精度要求不太高的工程应用领域，使用红外热电视是适宜的。

红外热电视采用热释电靶面探测器和标准电视扫描方式。被测目标的红外辐射通过热电视光学系统聚焦到热释电靶面探测器上，用电子束扫描的方式得到电信号后，经放大处理，将可见光图像显示在荧光屏上。

红外电视是20世纪70年代发展起来的。近年来，由于器件性能改善，特别是采用先进的数字图像处理和微机数据处理技术，整机的性能显著提高，已能满足多数工业部门的实用要求。便携式热电视，过去都没有温度标定装置，不能测量目标温度。近年来已研制出具有温度测量功能的便携式热电视，该仪器实际上是把红外辐射温度计和热电视巧妙地结合在一起，因此在显示目标热像的同时，还可读出位于监视器屏幕中心位置的温度。

第四节 红外诊断技术

红外技术是研究和应用红外辐射的一门新型科学技术。采用红外辐射原理对设备或材料及其他物体的表面进行检验和测量的过程被称为红外检测，它是采集物体表面温度信息的一种手段。利用红外技术来了解和掌握设备在使用过程中的状态，确定其整体和局部是正常或异常，早期发现故障及其原因，并预测故障发展趋势的技术，称为红外诊断技术。红外检测技术是红外诊断技术的组成部分，是红外诊断技术的基础。

一、红外检测技术

当一个物体本身具有不同于周围环境的温度时，不论其温度高于环境温度，还是低于环境温度，也不论物体的温度变化来自与外部热量的交换，还是由于其内部产生的热量造成，都会在该物体内部产生热量的流动。由于材料或设备的热物理性质不同，热流在物体内部扩散和传递的特性也有所不同，最终会在物体表面形成相应的“热区”和“冷区”。通过这种由里及表出现的温差现象，可以判断物体的热物理性质，它是红外检测的基础。

红外检测无需接触被检目标，被检物体可静可动，温度测量范围宽。因此，红外检测的应用范围极为宽广，且便于在生产现场进行检验和测量。

由于红外检测本身是探测自然界无处不在的红外辐射，所以它的检测过程对人员和设备材料不会构成任何危害。

在恰当的检测条件下，红外检测的温度分辨率和空间分辨率均可达到相当高的水平，检测的准确度很高。它能检测出0.01°的温差，能在数毫米大小的目标上检测出其温度场的分布。

红外检测设备的操作简单，检测速度很快，可在设备运行当中完成检测，结果的处理和保存也相当简便。

二、红外检测方法

红外检测的基本方法分为两大类型，即被动式和主动式。

被动式的红外检测在设备的红外诊断技术中应用比较多。它在进行红外检测时不对被测目标加热，仅仅利用被测目标与周围环境存在温度差异的条件，在被测目标与环境的热交换过程中进行红外检测。由于它不需要附加热源，在生产现场基本都采用这种方式。

主动式红外检测是在进行红外检测之前对被测目标主动加热，根据材料或设备的热物理性质不同，在物体表面形成温差现象，从而判断物体的热物理性质。加热源可来自被测目标的外部或在其内部，加热的方式有稳态和非稳态两种。红外检测可在加热过程当中进行，也可在停止加热有一定延时后进行。

红外检测仪器的安装和运载方式有固定式、便携式、车载式和机载式（直升机装载）等多种。

三、红外诊断技术

红外诊断技术是一种较典型的设备诊断技术，它利用被诊断的目标所提供的红外辐射信息，经过分析处理，从而了解设备使用过程中的状态，识别其整体和局部是否正常，尽早发现故障，查找故障原因，并预测故障发展趋势。红外诊断技术属于信息技术范畴。与其他设备诊断技术一样，要想准确地判断设备故障，仅仅知道设备的红外辐射信息是远远不够的，还必须具备对被诊断设备的结构原理、设计、制造、安装、运行和维修方面的实践知识，掌握设备及其零部件过热失效的机理和热力学基础。

当设备的零部件产生故障时，例如磨损、疲劳、破裂、变形、腐蚀、剥离、渗漏、堵塞、松动、熔融、材料劣化、污染和异常振动等，故障现象绝大部分都直接或间接地和其温度的变化相关。设备内部的热必然通过各种传播方式，逐步达到其外部表面，造成外表温度场的变化。利用红外检测技术能够捕捉到这些红外辐射信息，通过对大量检测结果的总结分析，可以总结出设备在各种运行状态下其不同部位不同的温度界限，同一部位在不同故障情况下又有不同的温度等级，逐步建立设备的温度判别标准；再通过对设备结构、运行状况和维修、安装工艺等多种情况的分析概括，参考专家的经验等，就可以逐步确诊出设备的故障性质、部位和程度，进而预测故障发展趋势和设备的寿命。其过程和振动诊断技术是一致的。

1. 红外诊断技术的基本内容

红外诊断技术的基本内容包括四个方面：

（1）红外辐射信息的检测；

（2）信号处理；

（3）设备状态识别及评价；

（4）故障诊断与预测。

与振动诊断方法一致，红外诊断技术包括简易红外诊断技术和精密红外诊断技术。简易诊断是精密诊断的基础。

2. 红外诊断技术的作用

设备运行中，红外检测往往可以找到一些看似无关大局的小问题，允许在正常停机检修过程中分别给予解决。当我们逐个解决了这些小问题后，也就避免了大多数严重问题的发生，从而改善了设备的运行状况。对于运行中的老旧设备，红外诊断技术可以迅速找出其失效部件，最大限度地减少它对整个系统造成的损害，使设备的寿命得到延长，避免灾难性的故障；同时，还能确定检修的具体部位，避免整个系统的关闭。

对于刚刚投入运行的新设备，一方面红外诊断技术可以检查设备的性能和施工安装质量，另一方面可以为运行人员提供有价值的原始数据作档案资料；对于检修后的设备，它不仅能检查设备的检修质量，而且可以确认它们的工作正常性，从而进一步提高设备的工作效率。

红外诊断技术的应用，可预防设备电气的、机械的事故及灾难性火灾的发生，改变维修管理体制，使其从预防性的维修，甚至是紧急状态下的抢修变成为预知性的维修。实现预知维修的前提是采用科学的手段监测设备，以达到经济而正确的诊断。红外诊断技术在设备异常诊断中的成功应用，恰恰为维修方式的转变提供了极为良好的手段。

红外诊断技术可带来如下的多种效益：

（1）降低贵重设备的损坏程度，延长设备的使用寿命；

（2）减少因故障导致的非计划停机；

（3）可预先做好有的放矢的维修计划；

（4）有效管理能耗，节约能源；

（5）节约维修时间，降低维修费用；

（6）增加系统的安全性和可靠性；

（7）可快速、有效地收回投资。

3. 红外简易诊断技术

红外简易诊断技术要求所采用的红外检测仪器要轻巧便携、使用简便、价格低廉；对操作人员的素质没有太高要求；诊断方法易于掌握；能够诊断设备一些简单的故障。另一方面，红外简易诊断是基础性的红外诊断工作，是普遍使用于工业现场的红外诊断技术。

红外简易诊断工作包括四方面的内容：设备热异常的早期检出、设备热状态监测、设备状态劣化倾向的定量管理以及挑选出要求进行精密红外诊断的设备。

红外简易诊断使用的检测仪器主要是各种性能的红外点温仪，还有性能结构比较简单的红外热电视或低性能的热像仪等。日常的巡检多采用便携式红外点温仪单独进行，在必要的情况下可由两种仪器配合使用，一般是用热成像仪器先进行大面积扫描检测，对局部的细致检测可由大距离系数的红外点温仪进行跟踪。红外测温结果需依据有关标准进行判定，对设备状态进行评估：

1）正常状态：设备温度值在正常范围内；

2）异常状态：设备温度值超过正常范围，但并不等于故障，而若发展会形成故障；

3）故障状态：设备的温度已达到使其丧失规定的性能状态，有的已经产生了缺陷和事故。

4. 红外精密诊断技术

红外精密诊断使用的仪器精密准确，其温度分辨率和空间分辨率都比较高，成像清晰度高，分析处理功能强。对操作人员的素质要求高，需要熟练掌握准确红外测温的技术；诊断人员应掌握热故障失效机理、设备多方面知识和热力学知识；有逐渐形成和完善的量化判定基准。目前的红外精密诊断技术还不如红外简易诊断技术成熟和简便易行，因此多在重大设备和要求测温精度高的设备（如电力系统的电压致热型设备）上使用。

在红外简易诊断基础上进行的红外精密诊断应达到下述的几项要求：确诊设备热异常发生的部位、诊断热异常的原因、诊断缺陷性质、预测缺陷的发展趋势或设备的寿命、决定最适当的检修方法和检修时间。

红外诊断方法和判断依据如下：

（1）表面温度判断法。表面温度判断法是根据测得的设备表面温度值，遵照已有的标准（如 GB 763 的有关规定），对设备显示温度过热的部位按相关的规定判断它的状态正常与否。凡温度（或温升）超过标准者可根据设备温度超标的程度、设备负荷率的大小、设备的重要性及设备承受机械应力的大小来确定设备缺陷的性质。这种方法可以判定设备的部分故障情况，但不可能充分显示红外诊断技术超前诊断的优越性。

（2）相对温差判断法。相对温差判断法是为了排除设备负荷不同、环境温度不同对红外检测和诊断结果的影响而提出的。众所周知，当环境温度低或设备负荷小时，设备的温度必然低于高环温和负荷大时的温度。但大量事实说明，此时的温度值并不能说明设备没有缺陷存在，往往在负荷增长之后，或环境温度上升后，就会引发设备事故。

相对温差是指两台设备状况相同或基本相同（指设备型号、安装地点、环境温度、表面状况和负荷大小）的两个对应测点之间的温差，与其中较热测点温升比值的百分数。其数学表达式为：

$$\delta_t = \frac{\tau_1 - \tau_2}{\tau_1} \times 100\% = \frac{T_1 - T_2}{T_1 - T_0} \times 100\% \qquad (5-7)$$

式中 τ_1和 T_1——发热点的温升和温度；

τ_2和 T_2——正常相对应点的温升和温度；

T_0——环境参照体的温度。

（3）同类比较法。同类比较是指对型号、工况、环温和背景热噪声相同可比的同类被检设备进行比较。具体做法是将同类设备的对应部位温度值进行比较，这样更容易判断出设备是否正常。在进行同类比较时，要注意不排除它们同时存在热故障的可能性。

（4）热谱图分析法。热谱图分析法是根据同类设备在正常状态和异常状态下的热谱图的差异去判断设备是否正常的方法。

（5）档案分析法。档案分析法是将测量结果与设备的红外诊断技术档案相比较进行分析的诊断方法。通过分析同一设备在不同时期的检测数据（例如温升、相对温差和热谱图），找出设备致热参数的变化趋势和变化速率，以判断设备是否正常。

这种方法有利于对重要的、结构复杂的设备进行正确诊断。应用这种方法的前提是要为被诊断的设备建立红外诊断技术档案，从而在进行诊断时，掌握设备热态的变化趋势，同时还应参考其他相关检测结果以进行综合分析判断。

四、红外检测与诊断技术的应用

红外测温具有非接触、便携、快速、直观、可记录存贮等优点，故使用范围很广。它的响应速度快，可动态监测各种启动、过渡过程的温度；它的灵敏度高，可分辨被测物的微小温差；它的测温范围宽广，从摄氏零下数10℃到零上2000℃，适于多种目标使用。当被测物件是细小、脆弱、不断移动或是在真空或其他控制环境下时，使用红外测温是唯一可行之法。对于隔一定距离的温度、移动物体的温度、低密低材料的温度、需快速测量的温度、粗糙表面的温度、过热不能接近场所的温度、高电压元件的温度等的测量，红外测温都具有突出的优势。

电力生产中应用红外测温可对大型发电厂和变电站、输电线路等设备、接头以及热力管道隔热材料等进行红外温度监测。许多国家对电力设备的红外监测已形成一套制度和标准方法。目前，我国电力行业红外诊断技术应用的标准是DL/T 664—1999《带电设备红外诊断技术应用导则》。

对于具有大型高温设备的冶金工业，红外热像仪应用于炼钢、轧钢、浇铸、淬火时的温度测量，以及对高炉、转炉、回转窑等大型炉窑做检验，对热风炉、钢水包、钢锭模、烟筒等进行温度测试。

铁路运输中，它用于轴温、挂瓦、套轴温度监测。

在化工生产流程中，它用于监测设备的热分布状况，检查热管道接口损耗、热泄漏故障。热像仪检查换热器的泄漏和堵塞是最有效的；还可检测密封漏油故障；测量转化炉炉墙温度，了解保温状况和热损失部位等。

它也用于水泥窑外壳及护体表面热分布的监测，以了解炉壁衬底的烧蚀、隔热情况，为检修及安全生产提供依据。

玻璃工业中，用于炉温、料温、退火温度的监测。

造纸工业中，用于各设备温度监测，原料堆隐患的监测。

在电子工业中，热像仪用于大规模集成电子仪器和控制系统的故障检查。电子元器件在工作中因故障要大量发热造成升温，监测它们的温升是找出故障的关键的一环。

在医疗方面，用于测量人体、动物口腔及皮肤温度，以及外科手术时体温的监测，等等。

图 5 – 13 显示了高压输电线路接头位置的红外热像图，图 5 – 14 为电机温度异常时的红外热像图。从图中可清晰地看到被监测对象的温度异常位置。

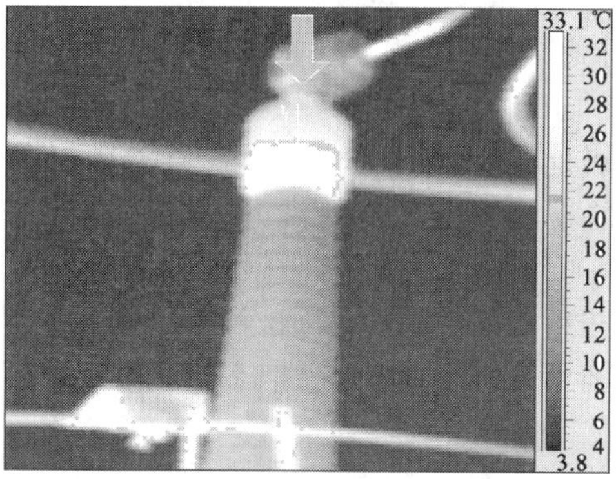

图 5 – 13　高压输电线路接头的红外热像图

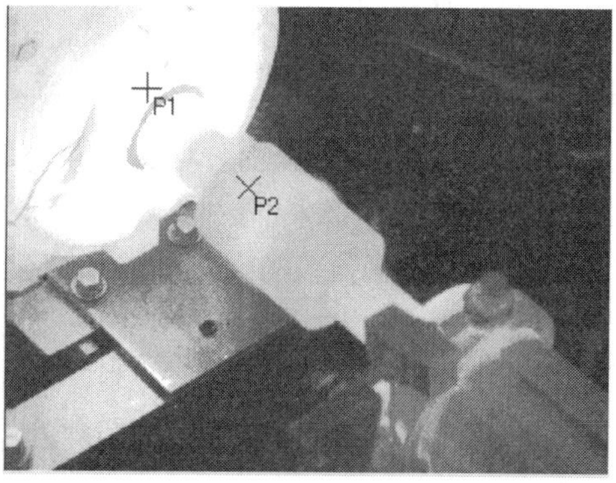

图 5 – 14　电机的红外热像图

参考文献

[1] 程玉兰. 红外诊断现场实用技术 [M]. 北京：机械工业出版社，2002.

[2] 虞和济，宋利明. 故障诊断的热像技术 [M]. 北京：冶金工业出版社，1992.

[3] 董其国. 红外诊断技术在电力设备中的应用 [M]. 北京：机械工业出版社，1998.

[4] 陈衡，等. 电力设备故障红外诊断 [M]. 北京：中国电力出版社，1999.

[5] 王康印. 红外检测 [M]. 北京：国防工业出版社，1986.

第六章　无损检测

无损检测以不改变被检测对象的状态和使用性能为前提，应用物理和化学理论，对各种工程材料、零部件和产品进行有效的检验和测试，借以评价它们的完整性、连续性、安全可靠性及力学、物理性能等，是一门新兴的综合性应用科学。无损检测主要包括三个内容：

（1）无损探伤。发现材料或工件中的缺陷，确定缺陷的位置、数量、大小、形状及性质以便对设备的安全运行、对产品质量做出评价，并为产品设计、制定（或修改）工艺提供重要依据。

（2）测试。测定材料的机械或物理性能（如裂纹扩展速率、机械强度、硬度、电导率、磁性等），检查产品的性质和状态（如热处理状态、应力应变特性、硬化层深度、应力腐蚀等），以及进行产品的几何度量（如产品的几何尺寸，涂层、镀层或板厚的测量）等。

（3）监控。对正在运行的设备中的重要部件进行现场或动态检测，将部件中产生缺陷的变化信息连续地提供给检测者，从而实行现场监控，保障设备的运行安全。

目前，无损检测技术已在机械制造、冶金、石油化工、航空航天、核能电力、交通等行业获得广泛应用，成为控制产品质量、保证设备安全运行的重要技术手段。随着无损检测技术应用的日益广泛和伴随着其他基础科学的综合应用，已发展了九大类无损检测的方法：射线检测、声学方法检测、电学方法检测、磁学方法检测、微波与介电测量检测、光学方法检测、热学方法检测、渗透法检测、渗漏检测等，其中常用的无损检测方法一般是指渗透、磁粉、涡流、射线、超声、声发射等，可以满足一般对工件表面和内部的检测要求。

第一节　渗透检测

一、渗透检测原理

渗透检测是用黄绿色的荧光渗透液或者红色的着色渗透液来显示放大了的缺陷图像的痕迹，从而能够用肉眼检查出试件表面的开口缺陷的一种检测方法。它由渗透（将试件浸渍于渗透液中或者用喷雾器或刷子等工具把渗透液涂在试件表面，如果试件表面有缺陷，则渗透液就会渗入缺陷）、清洗（待渗透液充分渗透后，用水或清洗剂把试件表面的渗透液洗掉）、显像（把用显像材料调匀在水或溶剂中制成的显像剂或者把微细粉末状的显像材料涂敷在试件表面上，留在缺陷中的渗透液就会被显像剂吸出，到表面上形成放大的黄绿色荧光或者红色的显示痕迹）和观察四个基本步骤组成。

二、渗透检测方法

1. 渗透检测方法的类型

根据不同色调的渗透液和不同的清洗方式，渗透检测法可以分为以下几种类型：

（1）荧光和着色渗透检测法。根据渗透液的不同色调，渗透检测大致可分为荧光渗透检测法和着色渗透检测法两种。荧光渗透检测法是采用含荧光材料的渗透液进行检测，它用波长为360nm ±30nm 的紫外线进行照射，使缺陷显示痕迹发出黄绿色的光线。荧光渗透检测的观察必须在暗室中采用紫外线灯进行。而着色渗透检测法是采用含红色染料的渗透液进行检测的，它在自然光或在白光下可以观察出红色的缺陷痕迹。

（2）水洗型、后乳化型和溶剂去除型渗透检测法。根据清洗渗透液形式的不同，渗透检测法可以分为水洗型渗透检测法、后乳化型渗透检测法和溶剂去除型渗透检测法三种。水洗型渗透液可以直接用水清洗干净；后乳化型渗透液因渗透液本身用水洗不掉，要把乳化剂加到试件表面的渗透液上以后，再用水洗净；溶剂去除型渗透检测法所用的渗透液要用有机溶剂进行清洗去除。

（3）湿式、快干式、干式和无显像剂式显像渗透检测法。根据显像方式的不同，渗透检测法可以分为湿式显像、快干式显像、干式显像和无显像剂式显像四种。

湿式显像法是把白色微细粉末状的显像材料调匀在水中作为湿式显像剂的一种方法，把试件浸渍在显像剂中或者用喷雾器把显像剂喷在试件上，当显像剂干燥时，在试件表面就形成白色显像薄膜，由白色显像薄膜吸出缺陷中的渗透液而形成显示痕迹。这种方法适用于对大批量试件的检测，其中水洗型荧光渗透检测法用得较多。

快干式显像法是把白色微细粉末状的显像材料调匀在高挥发性的有机溶剂中，作为快干式显像剂的一种方法。本方法的操作简单，在溶剂去除型荧光或着色渗透检测法中用得较多。

干式显像法是直接使用干燥的白色微细粉末状显像材料作为显像剂的一种方法。把试件放在显像剂中或者把试件放在显像装置中再用喷粉的办法来涂敷显像剂，使显像剂附着在试件表面，从缺陷中吸出渗透液而在表面形成固定的显示痕迹。这种显像方法在后乳化型荧光渗透检测法和水洗型荧光渗透检测法中用得较多。

无显像剂式显像法是在清洗处理之后，不使用显像剂来形成缺陷显示痕迹的一种方法。它在荧光辉度高的水洗型荧光渗透检测法中或者在把试件加交变应力的同时检测缺陷显示痕迹等方法中使用。

2. 渗透检测装置

（1）便携式装置：

1）工具箱式的便携式设备。工具箱式的便携式设备里面装有渗透液、清洗液、显像剂，以及擦洗构件用的毛刷、金属刷等。若是采用荧光法，还配有携带式紫外灯、电源线及黑布等。

2）内压式喷罐。内充气雾剂和检测剂混合物的喷罐在渗透检测中应用非常广泛。通常是由装有渗透剂、清洗剂和显像剂的三个喷罐构成一套装置。

（2）固定式装置。固定式装置一般布置在检测车间内的生产流水线上或是独立的检测车间内，分为预清洗装置、渗透装置、乳化装置、清洗装置、干燥装置、显像装置、观察装置和后处理装置。

（3）紫外线照射装置：紫外灯照射装置是荧光检测的关键装置，荧光检测所用的紫外线波长在330 ~390nm 范围内。紫外线照射装置由高压水银灯、紫外线过滤器和镇流器组成。高压水银灯和紫外线过滤器组合在一起制成紫外灯泡，串接一个与灯泡相同功率的镇流器就可接到220V交流电源上使用。

（4）对比试块。渗透检测的对比试块是用来检查渗透检测剂的性能及操作方法是否正确的试块，通常有铝合金经淬火制成和不锈钢单面镀铬制成的两种。

三、渗透检测工艺

渗透检测的基本操作程序包括试件表面的预处理、渗透剂的施加和滴落、渗透剂的去除及干燥、显像剂的施加、显示的检验、去除显像剂等环节。水洗型渗透检测工艺流程如图6－1所示。

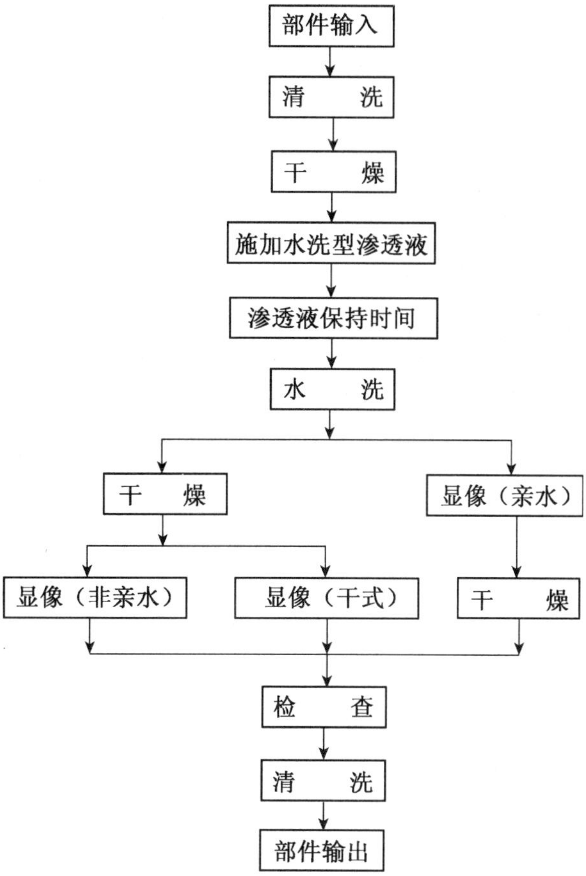

图6－1　水洗型渗透检测工艺流程图

四、应用案例

1. 锻造和机加工镍基合金盘的荧光渗透检测（图6－2）

（1）三氯乙烯蒸气除油，以清洗和除去所有的机加工润滑油和冷凝剂。

（2）零件需要时，可用混合酸性溶液进行轻微浸蚀，并在水中清洗（浸或喷）以清洗掉所有酸的痕迹。

（3）目视检验浸蚀的程度，并在室温下用热的空气吹干。

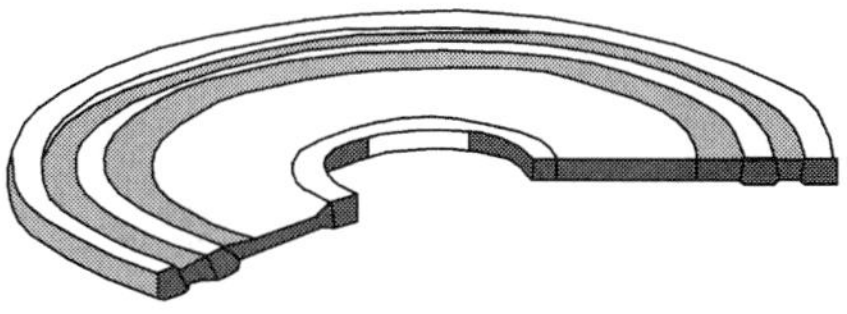

图6－2　镍基合金盘的荧光渗透检测

（4）浸入高灵敏度后乳化型荧光渗透剂中，停留时间不少于15min，环境温度应保持在15～40℃之间。

（5）在滴落架上滴落约10min，并转动零件，防止滴落过程中渗透剂的积聚，滴落时间最长不超过2h。

（6）预水洗：将水压调至0.2MPa左右，喷嘴与零件之间的距离保持在40cm左右，水温为10～40℃，对零件进行预清洗，以清除表面上附着的渗透剂。

（7）浸入亲水性乳化剂中，使渗透剂充分乳化，乳化剂的浓度一般不超过35%（V/V），在乳化过程中，乳化剂应缓慢地进行搅拌，乳化时间最长不超过2min，保证不发生“过乳化”。

（8）按预清洗的条件进行水清洗，并在黑光灯下检查清洗效果，对背景较深的部位可通过补充乳化的办法予以去除，乳化时间最长不超过2min。

（9）零件应在热空气循环烘箱中干燥，烘箱温度控制在65℃左右，干燥时间保持在表面上的水分充分干燥即可。

（10）零件干燥后，将它放到喷粉柜中进行喷粉显像，用经过过滤的干净和干燥的压缩空气将干燥的显像粉末吹扬起来，呈粉雾状，在零件上均匀地覆盖一薄层显像粉，显像时间15min，最长不超过3h。

（11）在暗室的黑光下，目视检查合金盘：

1）在检验合金盘之前，检验人员应对黑暗至少适应2min，并戴上防紫外线眼镜和浸塑手套。

2）暗室的白光照度应小于20 lx，黑光灯在零件表面上的辐照度至少应为$1000\mu W/cm^2$。

3）对没有显示或仅有不相关显示的合金盘，准予验收，并把合格的合金盘放至合格区。

4）所有的合金盘不允许有任何的显示，对所观察到的显示，应用100倍的放大镜进行观察，在任何方向上有超过0.025mm的小孔缺陷，需进行挽救处理。

（12）合金盘检验完成后，应用水进行后清洗，以去除表面上附着的显像粉末和荧光底色，并用抹布将表面上水分吸干和进行干燥。

2. 锻造不锈钢大阀门体着色渗透检测（图6-3）

（1）从便携箱中取出清洗剂、着色渗透剂、显像剂的按钮式喷罐，并将不起毛的抹布准备好。

（2）按清洗剂喷罐，清洗剂喷到被检查的部位并用润湿的抹布擦以去除表面上所有的油污、灰尘和污物，再用清洁、不起毛的干燥抹布擦干。

（3）用喷的方法把渗透剂集中到烧杯或容器内，再用画笔或棉花球沾渗透剂擦涂到被检表面并形成一薄的渗透剂层，温度保持在15～40℃之间。

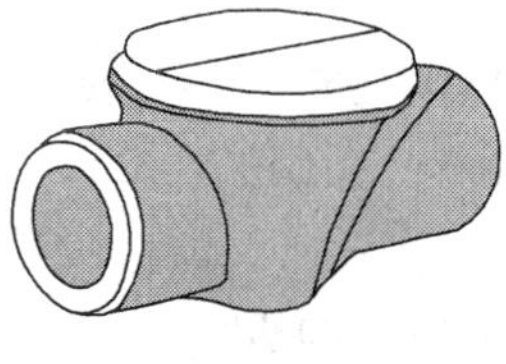

图6-3 锻造不锈钢阀门体着色渗透检测

（4）渗透15～20min，用清洁干棉布擦去过量的渗透剂，再用一块被清洗剂润湿的棉布擦掉表面上的渗透剂。

（5）非水湿显像剂应轻轻地、薄薄地喷在被检的区域内，在喷雾的过程中，喷罐应不断地摇动，显像剂在被检表面上应形成一均匀白色的涂层，给着色渗透剂的显示提供合适的红色对比，10min以后对零件进行检验。

（6）对全部有红色显示的地方应作出解释，被检表面上的白光照度至达到1000 lx。

（7）零件的验收：

1）长度大于3.2mm的线性显示不允许。

2）直径大于4.76mm的圆形显示不允许。

3）四个或多个排列在一条线上的显示，间距不大于1.6mm视为一条线性显示。

4）锻件上有超过标准的缺陷，应打磨或抛光修理，只要不影响尺寸的验收和把缺陷打磨掉就行。

（8）检验完毕，用清洗剂进行清洗和擦洗，以除去对以后工序和锻件性能有损害的残留物。

3. 签发报告

（1）零件名称、材料、数量（合格数和不合格数）、零件编号、送检单位和日期；

（2）检验标准和验收标准；

（3）检验结果和结论；

（4）检验员、审核员和主任签字或盖章；

（5）签发报告日期。

第二节　磁粉检测

一、磁粉检测原理

当工件被磁化时，若工件表面及近表面存在裂纹等缺陷，就会在缺陷部位形成泄漏磁场，泄漏磁场将吸附、聚集检测过程中施加的磁粉，形成磁痕，从而提供缺陷显示，如图6－4所示。

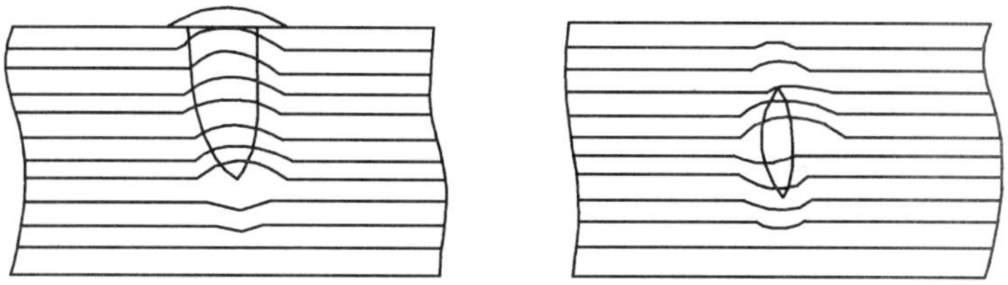

(a) 表面缺陷　　(b) 内部缺陷

图6－4　缺陷漏磁

二、磁粉检测方法

磁力线应尽可能与缺陷主平面垂直，以产生足够的漏磁场使缺陷显示最为清晰。由于缺陷可能有多种取向，且有时难以预计，发展了各种不同的磁化方法以便在试件上建立不同方向的磁场，一般分为两种，一种是周向磁化：磁化源所建立的磁回路完全处于试件之内；另一种是纵向磁化：试件中的磁路仅是磁化源所建立磁回路的一部分。具体实施又有电流法、磁轭法之分。

1. 电流法

根据条件，可以使用单相交流电、单相半波整流电、单相全波整流电、三相全波整流电等产生低压高电流的磁化电流。

（1）直接通电法。将试件夹在装置的两接触头之间，使电流由接触头从试件上直接通过，从而在试件中形成周向磁场，如图6－5所示。

（2）支杆触头法。笨重的大部件难以夹在接触头之间磁化，一般情况下可采用支杆触头法，如图6－6所示。

（3）芯棒法（穿棒法）。对于管材或环形件这类内表面与外表面检测同样重要的试件，可将导电芯棒穿入管材或环形件的孔中，使电流从芯棒上通过以对试件作周向磁化，检测纵向缺陷如图 6－7 所示。

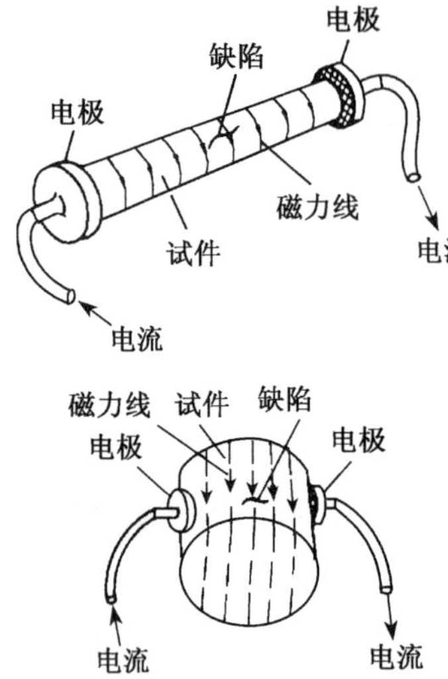

图 6－5　直接通电法示意图

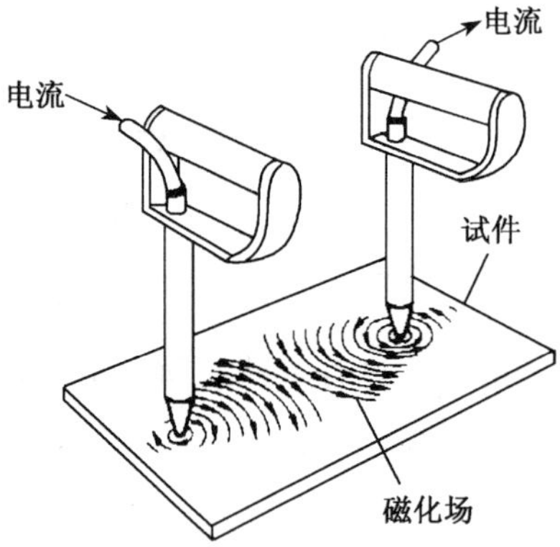

图 6－6　支杆触头法示意图

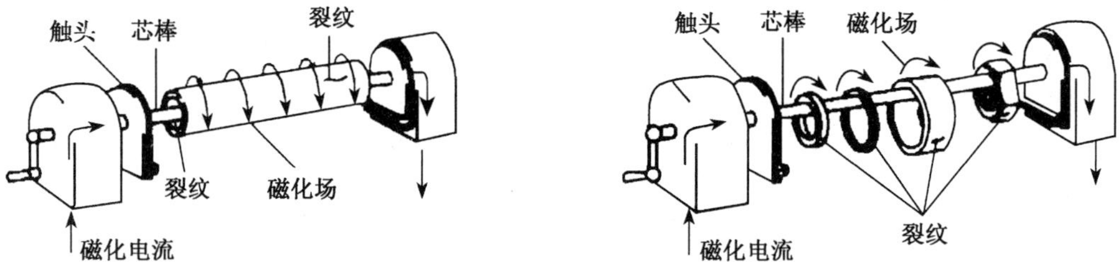

(a) 管材磁粉检测　　(b) 环形件磁粉检测

图 6－7　芯棒法磁粉检测

（4）线圈法。线圈法是将试件放在通有电流的螺管线圈中进行磁化的方法，如图 6－8（a）所示。对于大型试件不能放入固定的螺管线圈中时，可在试件外面缠绕电缆，电流从电缆中通过以磁化试件，如图 6－8（b）、图 6－8（c）所示。

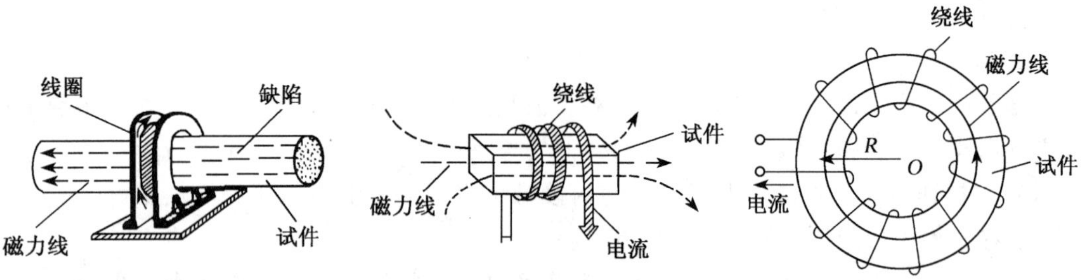

(a) 螺管线圈法磁化　　(b) 绕线法纵向磁化　　(c) 绕线法周向磁化

图 6－8　线圈法磁粉检测

2. 磁轭法

将一线圈绕在软铁的U形芯子上组成电磁铁轭。轭是固定的，也可以是可调的，可调的支柱容许改变接触的间隔和相对的接触角，以与不规则形状试件相适应。电磁铁轭可很容易地与电源接通或断开，这使其能方便使用和易于从试件上取下。电磁铁轭可设计成使用直流电或交流电或两者均可用。交流电磁铁轭已有广泛应用，且可用于退磁。

磁粉检测设备有固定式、移动式和便携式三种，国产固定式主要有TC－2000、TC－2000A、TC－4000、TC－9000、TC－10000，移动式主要有CYD－3000和CYD－5000，便携式磁粉检测设备型号较多，如CY系列、CEY系列、CJE系列等，可根据具体情况选用。

三、磁粉检测工艺

1. 预处理

用溶剂等把试件表面的油脂、涂料以及铁锈等去掉，以免妨碍磁粉附着在缺陷上。用干磁粉时还要使试件的表面干燥。组装的部件要拆开后再进行检测。

2. 磁化

首先应根据缺陷特性与试件形状选定磁化方法。其次根据磁化方法、磁粉、试件的材质、形状、尺寸等确定磁化电流值，使得试件的表面有效磁场的磁通密度达到试件材料饱和磁通密度的80%～90%。

3. 施加磁粉

磁粉是用几微米至几十微米的铁粉等材料制成，分为干式和湿式两种。把干磁粉或磁悬液撒在磁化的试件上叫做施加磁粉，分连续法和剩磁法两种。连续法是在试件加有磁场的状态下施加磁粉的，且磁场一直持续到施加完成为止。而剩磁法则是在磁化过后施加磁粉的，可以用于工具钢等矫顽力较大的材料。

4. 观察与记录

磁粉痕迹的观察是在施加磁粉后进行的。用非荧光磁粉时，在光线明亮的地方进行观察；而用荧光磁粉时，则在暗室等暗处用紫外灯进行观察。

5. 后处理

检测完成后，按需要进行退磁、除去磁粉和防锈处理。退磁时，一边使磁场反向，一边降低磁场强度。退磁有直流法和交流法两种。

四、应用案例

1. 锻、铸件的磁粉检测

锻、铸件由于尺寸、形状关系检测有时是困难的，外表面可用支杆触头法检测，但对于大零件很费时且内表面不能检查，为此可采用图6－9所示的方法。图6－9（a）中，电路1和3是直接通电法，电路2是绕线法；图6－9（b）中，电路1和3是芯棒法，电路2是绕线法。如果所用的磁化装置有足够高的功率多向输出，每种零件上的三个电回路可同时通电，采用湿法，磁悬液可以很容易施加到内表面和全部覆盖面。

2. 锻造起重钩的磁粉检测

图6－10为一起重钩，A区（弯曲处）受拉应力，B区（柄的下部）受拉应力和压应力，C区（柄处）则受拉应力。磁粉检测的步骤：

1）从钩上除去灰尘和油脂；
2）用磁轭所产生的平行于钩轴的交流场磁化并施加磁粉检查 A 区和 B 区；
3）用磁轭所产生的平行于钩轴的交流场磁化并施加磁粉检查 C 区；
4）用直流场重复②和③以检查近表面缺陷。

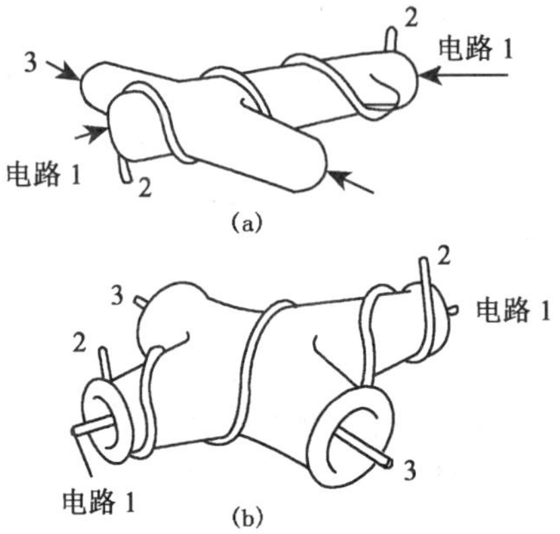

图 6－9　大锻铸件的磁粉检测

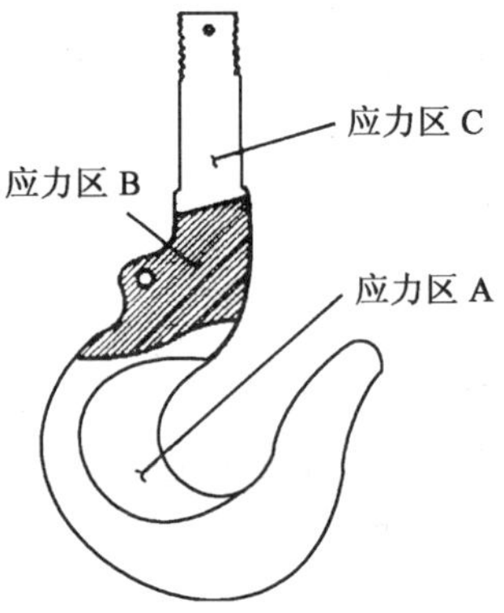

图 6－10　锻造起重钩的磁粉检测

对于大批量生产的机加工件，国内也已研制成专用磁粉检测装置可供采用。这些典型件有摩托车和汽车连杆、通用弹簧、棒材、汽车转向节、汽车曲轴、缸套、轴承内外圈。此外，尚有采用 PC 编程控制、复合磁化、自动退磁、全方位检测的装置可用于活塞缸顶、高强度连接螺栓、机车连杆、轿车左右支架、活塞销、火车车轴等的磁粉检测。

第三节　涡流检测

一、涡流检测原理

涡流检测是以电磁感应为基础，其基本原理是：通以交变电流的检测线圈靠近导电试件时，由于线圈交变磁场的作用，试件中会感生出涡流，涡流又产生使检测线圈阻抗发生变化的反作用磁场；由于试件表面或近表面缺陷的存在，会使涡流的大小、分布和流动形式等发生畸变，相应地涡流产生的反作用磁场也发生变化，通过检出由于反作用磁场的变化而引起的检测线圈阻抗的变化，便可检测出试件中的缺陷。

二、涡流检测仪的组成

涡流检测仪按检测目的不同可分为导电仪、测厚仪和探伤仪，基本组成大致相同。电子电路主要分两大部分：一部分是基本电路，包括振荡器、信号检出电路、放大器、显示器和电源；另一部分是信号处理电路，即鉴别影响因素和抑制干扰的电路，完成产生激励信号、检测涡流信息、鉴别影响因素、指示检测结果等任务，如图 6－11 所示。

振荡器用以向激励线圈提供所需频率及幅度的电流，以便在试件中感生所需强度的涡流。一般的涡流仪中多采用 LC 振荡器，具有起振容易、调整频率方便、频率稳定度高等优点。在正常情况下，涡流检测线圈中所产生的信号在出现有关参量变化时，其幅度、相位可作相应的改变（调制），但这种调制量常是很小的，信号必须经相当大的放大。在线圈信号被放大到合适大小后必须予以处理以提取出由有关参量所施加的调制，即需要用检出电路来解调，可用幅度探测器和相敏探测器。

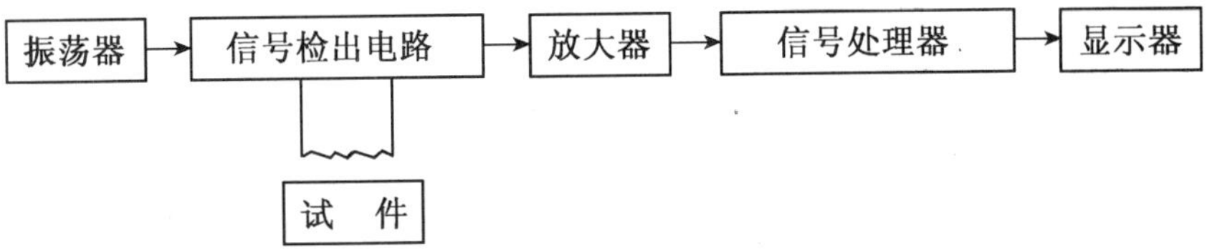

图 6－11　涡流检测仪的基本组成

三、涡流检测方法及案例

涡流检测方法有两种：一种是放置线圈法，如图 6－12（a）所示，另一种是穿过线圈法，如图 6－12（b）所示。

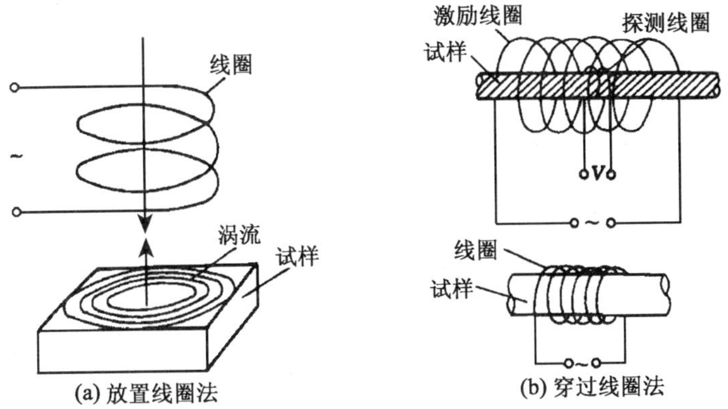

图 6－12　涡流的激励与检测方法

从检测对象来说，涡流方法适用于如下项目的检测：

1）缺陷检测：检测试件表面缺陷或近表面的内部缺陷；

2）材质检查：检测金属的种类、成分、热处理状态等变化；

3）尺寸检测：检测试件的尺寸、涂膜厚度、腐蚀状况和变形等；

4）形状检测：检测试件形状的变化情况。

下面以铝制件螺栓孔的裂纹检查为例说明涡流检测方法。

铝制件高应力区，螺栓孔裂纹成长的速率是非常快的。为了发现微小裂纹，需要移去紧固件，可检出小至 0.1mm 的裂纹。在螺栓孔的检查中，通常采用绝对法，即在铁氧体磁芯上绕有一个线圈，检查时探头与材料直接接触；差动法则有两个线圈，可将在一个线圈下的无裂纹材料和另一线圈下有裂纹材料的响应进行比较。两种方法裂纹响应的典型阻抗图见图 6－13。线圈插在孔中旋转扫查可检查孔壁缺陷，旋转一周后沿深度下移，每次间距不应超过 1.5mm。

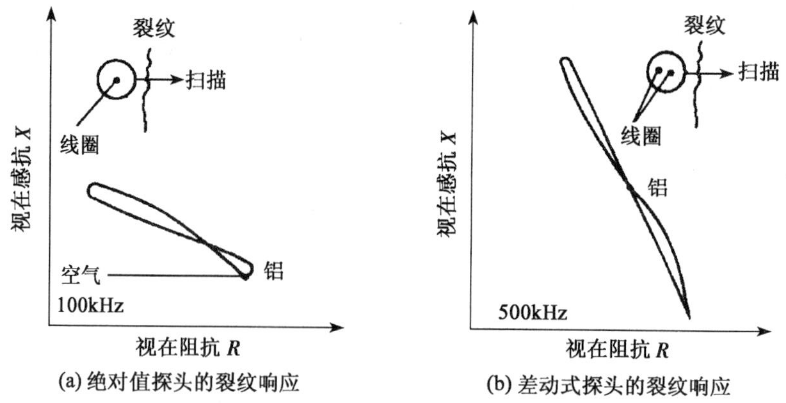

图 6-13 裂纹响应的典型阻抗图

第四节 射线检测

一、射线检测原理

射线在穿过物质的过程中，由于受到物质的散射和吸收作用而使其强度降低，强度降低的程度取决于物体材料的种类、射线种类及其穿透距离，X 射线和 γ 射线因易于穿透物质而在产品质量检测中获得了应用。当把强度均匀的射线照射到物体上一个侧面，通过在物体的另一侧检测射线在穿过物体后的强度变化，就可检测出物体表面或内部的缺陷，包括缺陷的种类、大小和分布状况。如果物体局部区域存在缺陷，它将改变物体对射线的衰减，引起透射射线强度的变化，采用胶片检测透射射线强度，就可以判断物体中是否存在缺陷。由小厚度差 ΔT 引起的物体对比度满足下述关系

$$\frac{\Delta I}{I}=-\frac{(\mu-\mu')\Delta T}{1+n} \tag{6-1}$$

式中 ΔT——缺陷在射线透照方向的尺寸；

μ——工件的线衰减系数；

μ'——缺陷的线衰减系数；

I——透射的一次射线强度；

ΔI——透射射线强度差；

n——散射比。

对于工业应用，射线检测技术已形成了一个完整的方法系统，大体上其可分为：射线照相检测技术、射线实时成像检测技术、射线层析检测技术等。

二、射线机检测设备

1. X 射线机

工业射线照相探伤中使用的低能 X 射线机主要由四部分组成：X 射线管、高压发生器、

冷却系统、控制系统，图6－14为其工作原理图。

(1) X射线管。X射线管是X射线机的核心器件，其基本结构为在高真空的壳体中封装的阳极和阴极。阴极由灯丝和一定形状的金属电极——聚焦杯构成。阳极主要由阳极体、阳极靶和阳极罩构成。阳极体为具有高热传导性的金属电极，阳极靶紧密镶嵌在阳极体上。典型的阳极体由无氧铜制作，阳极靶采用钨制作。阳极罩常用铜制作，它可以吸收高速电子撞击阳极靶时产生的二次电子。

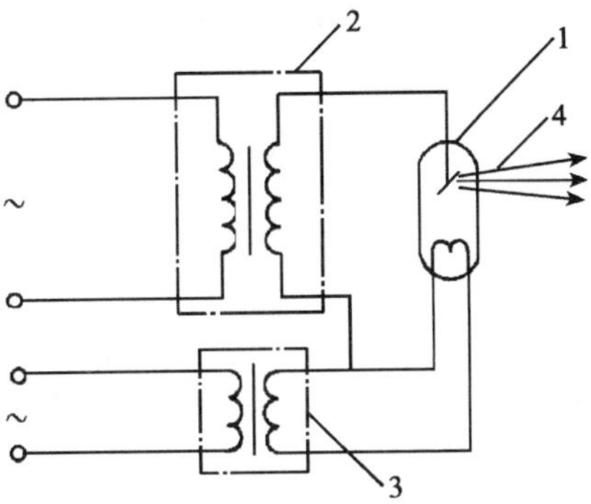

图6－14　X射线机工作原理

1—X射线管　2—高压变压器
3—灯丝变压器　4—X射线

(2) 高压变压器和灯丝变压器。分别提供X射线管的加速电压——阳极与阴极之间的电位差和X射线管的灯丝电压。高压变压器、高压整流管、灯丝变压器共同装在一个机壳中，里面充满了耐高压的绝缘介质。

(3) 冷却系统。低能X射线机只能将电子能量的1%左右转换为X射线，99%左右的能量在阳极靶上转换为热量，因此，X射线机有良好的冷却系统，冷却方式一般有油循环冷却、水循环冷却和空气冷却。

(4) 控制系统。X射线机的控制系统主要包括：高压电路、低压电路、控制与保护装置等，某些X射线机还有曝光参数测量、自动调整、存贮等部分。

(5) X射线机类型。按照其结构，X射线机通常分为便携式、移动式和固定式三类。便携式X射线机的X射线管与高压发生器组合，采用低压电缆与操纵箱连接，重量轻、体积小；移动式X射线机的X射线管与高压发生器分离，相互用高压电缆连接；固定式X射线机的X射线管与高压发生器分离，相互用高压电缆连接，有良好的冷却系统，重量、体积大。

选用X射线机时应考虑的主要方面包括：管电压范围、管电压的调整跨度、焦点尺寸、窗口材料、辐射角、管电流范围，此外还有工作方式、重量等。X射线机的管电压直接决定了产生的X射线的能量，因此也决定了其适宜检验的材料和厚度范围。

2. γ射线机

按使用方式分，γ射线机可分为便携式、移动式、固定式及管道爬行器，其基本结构由源组件、探伤机机体、驱动机构、输源管及附件五个部分组成，如图6－15所示。

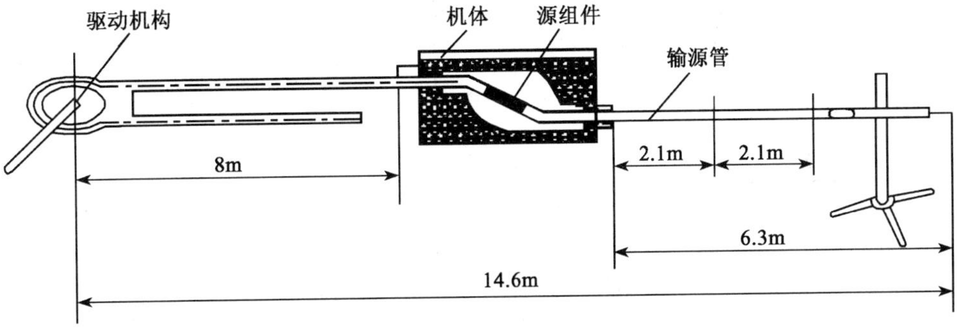

图6－15　γ射线机基本结构示意图

（1）源组件：由放射源、包壳和辫子组成。

（2）探伤机的机体：γ射线机体的外形比较小巧，机体屏蔽容器的内部通道，有直通道式和“S”通道式两种。

（3）驱动机构：是一套用来将放射源从机体的屏蔽贮藏位置驱动到曝光焦点位置，并能将放射源收回到机体内的装置。

（4）输源管：由一根或多根软管连接一个一头封闭的包塑不锈钢软管制成，保证源始终在管内移动。

（5）附件：为了γ射线探伤设备的使用安全和操作方便，一般都配套一些设备附件，如各种专用准直器、γ射线监测仪、各种定向架、换源器等。

三、射线检测工艺

对被检工件进行射线照相时，一般把被检物安放在离X射线源或γ射线源0.5～1m的地方，把胶片盒紧贴在被检物的背后，让射线照射适当的时间进行充分曝光。把曝光后的胶片在暗室中进行显影、定影、水洗和干燥。将干燥的底片放在显示屏的观察灯上观察，根据底片的黑度和图像来判断缺陷的种类、大小和数量，随后按通行的要求和标准对缺陷进行等级分类，这就是直接照相法射线检测的全过程。在射线检测中，射线照相检验的基本透照参数的确定是重要的。X射线照相检验的基本透照参数是：射线能量、焦距、曝光量。

1. 射线能量

射线能量是指X射线管所施加的高压，即管电压，一般称它为透照电压。推荐的选取射线能量的原则是，在保证射线具有一定穿透能力条件下选用较低的能量。在实际的射线照相检验工作中，确定射线能量时，对低能射线必须遵守的一项具体规定是，透照电压不能高于允许的最高透照电压。表6－1是X射线源适用的透照厚度，可作为确定射线能量的参考。

表6－1　X射线适用的透照厚度

射线能量	透照厚度 *T*（mm）（钢）
160kV	～15
250kV	～30
320kV	～40
420kV	～50
1000kV	6～90
2MeV	6～250
4.5MeV	25～300
7.5MeV	60～450
20MeV	75～450

2. 焦距

焦距是射线源与胶片之间的距离。确定焦距时一方面考虑所选取的焦距必须满足射线照相对几何不清晰度的规定，另一方面所选取的焦距应给出射线强度比较均匀的适当大小的透照区。前者限定了焦距的最小值，后者指导如何确定实际使用的焦距值。在射线照相检验中

可按下式计算焦距最小值

$$F_{min} = T(1 + \frac{d}{U_g}) \tag{6-2}$$

式中　F_{min}——焦距最小值；

d——射线源焦点尺寸；

T——物体的透照厚度；

U_g——几何不清晰度。

在实际的射线照相检验工作中，确定焦距最小值常采用诺模图。

3. 曝光量

曝光量是透照时间（曝光时间）与射线强度（X 射线机管电流）的乘积。按照射线照相检测所采用的技术、得到的射线照相灵敏度及射线照片的黑度，通常把射线照相检测技术分为二个级别，A 级是普通灵敏度级别，B 级是高灵敏度级别。我国标准 GB 3323－1987 引入了 AB 级，即中等灵敏度级别。对普通灵敏度技术曝光量应不小于 15mA · min，对较高灵敏度技术曝光量应不小于 20mA · min，对高灵敏度技术曝光量应不小于 30mA · min（焦距均为 700mm 左右）。

四、射线检测案例

射线照相法在船体、管道和其他结构的焊缝和铸件等方面应用得非常广泛。对于气孔、夹渣和铸造孔洞等缺陷，在 X 射线透射方向有较明显的厚度差别，即使很小的缺陷也较容易检查出来。而对于裂纹等虽有一定的投影面积但厚度很薄的一类缺陷，只有用与裂纹方向平行的 X 射线照射时，才能够检查出来，而用与裂纹面几乎垂直的射线照射时就很难查出。

1. 铸件射线检测

铸件中常见的内部缺陷主要有四类：孔洞类缺陷（如气孔、针孔、缩松、疏松）、裂纹类缺陷（如冷裂纹、热裂纹、白点、冷隔）、夹杂类缺陷（如夹杂物、夹渣、砂眼）、成分类缺陷（如偏析）等，产生原因与在射线照片上其影像的特点如表 6－2 所示。

表 6－2　铸件主要内部缺陷及其影像特点

缺陷类型	产生原因	常见缺陷	影像特点
缩孔类	冷却和凝固过程中合金将发生液态收缩和固态收缩，补缩不足，产生孔洞	缩孔	形状不规则，黑度大，轮廓清晰
		纤维状缩孔	树枝状，黑度大
		海绵状缩松	云雾状，轮廓不清晰
		层状疏松	（镁合金中出现）条纹状，轮廓不清晰
		疏松	细网纹或模糊暗斑
气孔类	在浇注过程中，挥发、燃烧、化学反应产生的气体，在铸件中形成气孔	气孔	孤立或成群的圆形、椭圆形、梨形暗斑，轮廓光滑，黑度较大
		针孔	均匀散布的细小点状暗斑
裂纹类	在凝固末期或常温冷却过程中，铸造应力引起开裂	热裂纹	不规则的暗线，常为波折状，可分叉
		冷裂纹	平滑直线状或弯曲平滑线状
夹杂类	混入的异物或各种物理、化学反应的产物	夹渣	在一定范围分布的小颗粒状或片状影像，轮廓比较清晰
		砂眼	影像整体可不规则，黑度具有颗粒状特征

2. 熔焊接头射线检测

焊接过程中产生的缺陷主要有五类：熔合不良类（未焊透、未熔合）、裂纹类（热裂纹、冷裂纹）、孔洞类（气孔、缩孔）、夹杂物类（夹渣）、成形不良类（咬边、烧穿、焊瘤）等，其产生原因与在射线照片上影像的特点如表 6－3 所示。

表 6－3　熔焊接头主要缺陷及其影像特点

缺陷类型	产生原因	常见缺陷	影像特点
熔合不良	焊接过程中，焊接规范不适当或焊接操作不正确	未焊透	位于焊缝中心的直暗线
		未熔合	模糊的宽线条影像，黑度较小
裂纹	焊接应力、拘束应力等引起开裂	纵向裂纹	沿焊缝纵向的暗线
		横向裂纹	垂直焊缝的暗线
		弧坑裂纹	星状辐射的暗线
气孔	在熔池结晶过程中未能逸出而残留在焊缝金属中的气体形成的孔洞	孤立气孔	孤立圆形暗斑或条形暗斑，边缘圆滑
		密集气孔	密集点状暗斑
		链状气孔	线状分布的点状暗斑
		虫孔	人字形规则排列的虫状暗斑
夹杂物	残留的各种非熔焊金属以外的物质	点状夹渣	点状暗斑
		密集夹渣	密集点状暗斑
		条状夹渣	沿焊缝分布的条形暗斑，边缘不规则
成形不良	焊接规范不当或焊接操作不良，造成焊缝成形不良缺陷	咬边	沿焊缝侧边分布的条形暗斑
		烧穿	低黑度圆环、中心高黑度的暗斑

第五节　超声检测

一、超声检测原理

超声检测是指使超声波与试件相互作用，就反射、透射和散射的波进行研究，对试件进行宏观缺陷检测、几何特性测量、组织结构和力学性能变化的检测和表征，并进而对其特定应用性进行评价的技术。

对于宏观缺陷的检测，常用频率为 0.5～25MHz 的短脉冲波以反射法进行。此时，在试件中传播的声脉冲遇到声特性阻抗（材料密度与声速的相乘积）有变化处（如出现缺陷），部分入射声能可被反射，根据反射信号的幅度可对缺陷的大小作出评估。通过测量入射波与反射波之间的时差可确定反射面与声入射点之间的距离。为适应不同类型试件及不同的质量要求，可选用的波型有纵波、横波、表面波、板波等。采用特定的扫描显示方式及相应的电子线路可获得试件中缺陷分布及形态的图像。

二、超声检测基础知识

1. 超声波的发生与接收

超声波探伤所用的高频超声波是在压电材料，如石英、钛酸钡等晶片上施加高频电压后产生的。在晶片的上、下两面都镀上很薄的银层作为电极，在电极上加高频电压后，晶片就在厚度方向上产生伸缩。这样就把电的振荡转换为机械振动，并在介质中进行传播，如图 6－16 所示。反之，将高频振动（超声波）传到晶片上时，使晶片发生振动，这时在晶片的两极间就会产生频率与超声波频率一样但强度与超声波强度成正比的高频电压，这就是超声波的接收。

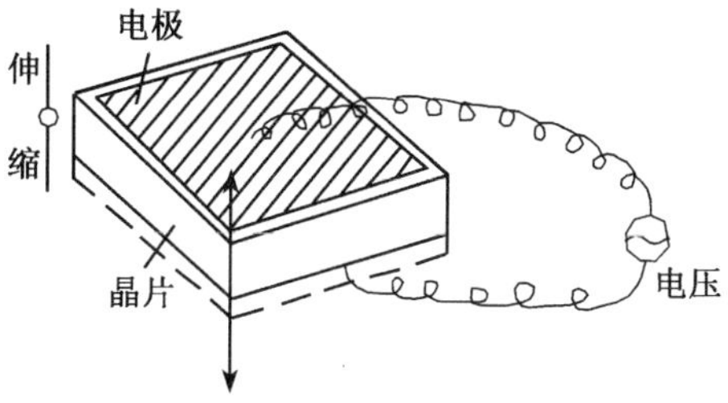

图 6－16　超声波的产生

2. 超声波的种类

作为一种弹性波，超声波是靠弹性介质中的质点不断运动进行传播的。

1）纵波：质点振动方向与传播方向相同的弹性波称作纵波或疏密波（图 6－17a）。纵波是由于介质中的质点交替地受到拉伸和压缩形成的波形，可以在固体、气体和液体介质中传播。

2）横波：质点振动方向与传播方向垂直的弹性波称作横波或切变波（图 6－17b）。当介质质点受到交变的剪切应力作用时产生切变变形，从而形成横波。横波只能在固体中传播。

3）表面波：当介质表面受到交变应力作用时，产生沿介质表面传播的波，称为表面波或瑞利波（图 6－17c）。表面波在介质表面传播时，介质表面质点做椭圆运动，椭圆的长轴垂直于波的传播方向，短轴平行于波的传播方向。椭圆运动可视为纵向运动与横向运动的合成，即纵波与横波的合成。表面波只能在固体表面传播。

4）板波：在厚度与波长相当的弹性薄板中传播的波称为板波。通常所说的板波仅狭义地指兰姆波。兰姆波又分为对称型和非对称型两种。对称型兰姆波（图 6－17d）的特点是：薄板中心质点作纵向振动，上下表面质点作相位相反并对称于中心的椭圆振动；非对称型兰姆波（图 6－17e）的特点是：薄板中心质点做横向振动，上下表面做相位相同的椭圆振动。

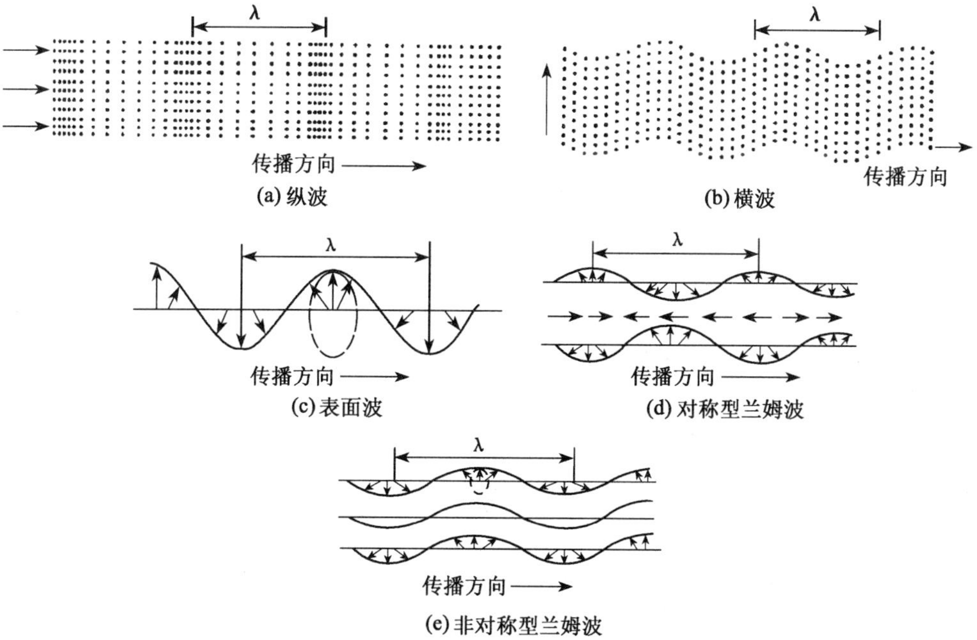

图 6－17　超声波波型

声波在介质中传播的速度是由传播介质的弹性系数和密度以及声波的种类而决定的，它与晶片和频率无关。

3. 超声波的反射与穿透

当超声波传到缺陷处、被检物底面或者不同金属结合面处的不连续部分时，会发生反射。不连续部分就是指正在传播超声波的介质与另一个不同介质相接触的界面。

（1）垂直入射时的反射和穿透。当超声波垂直地传到界面上时，一部分被反射，而剩余的部分就穿透过去。这两部分的比率取决于接触界面的两种介质的密度和在该介质中传播的声速。当钢中的超声波传到空气界面时，由于声波在空气和钢中传播的声速相差较大，且两者的密度也相差很大，因此超声波在界面上几乎100%地被反射了，它完全传播不到空气中去。在钢与水的界面上，88%的能量被反射，12%穿透出来。因此，如果探头与被检物之间有空气存在时，对超声波实际不作传递，只有两者之间涂满了油或甘油等液体（耦合剂）时，才能使超声较好地传播过去。

（2）斜射时的反射和穿透。当超声波斜射到界面上时，在界面上会产生反射和折射。如果介质为液体，反射波和折射波只有纵波。当斜探头接触钢件时，因为两者都是固体，所以反射波和折射波都存在纵波和横波。在斜射时，折射的穿透率与折射角有关，通常斜探头采用的折射角为35°~80°。这时穿透率最好。

4. 小物体上的超声波反射

当超声波碰到缺陷（即异物）或者空洞时，就会在那里反射和散射。可是，当这些缺陷的尺寸小于波长的一半时，由于衍射的作用，波的传播就与缺陷的是否存在没什么关系了。因此，在超声波探伤中缺陷尺寸的检出极限为超声波波长的一半。

5. 超声波探头

超声波探头又称超声波换能器或传感器，是实现电能和声能相互转换的关键元件。探头是由压电晶体、阻尼块、斜楔、延迟块和同轴式接头等部分构成。压电晶体是探头中的关键元件，由于它的压电效应和逆压电效应，使电振动和机械振动相互转换。超声波探头中的压电晶体在高频电脉冲激发下，晶片发生变形、振动而发出超声波，当探头与被测件接触时，超声波进入被测件，在被测件中如有缺陷或界面时，超声波会发生反射，反射回的超声波作用于接受晶片上并产生相应的电脉冲。超声探头中压电晶片的性能是影响探头灵敏度和保证测试质量的关键。超声探头形式有直探头和斜探头两种。

（1）直探头。直探头又称平探头，应用最普遍，在一般情况下发射和接收纵波，其结构如图6-18a所示。直探头主要由压电晶体、吸收块、保护膜等构成。压电晶体是探头的核心元件，其厚度决定了探头的频率，其直径和频率决定了超声场的近场长度，探头的最高使用温度主要由压电晶体决定。吸收片对晶片振动起阻尼作用，使晶片被激励后能很快停振，减小超声波的脉宽，提高探头的分辨力。保护膜使晶片不与被测件直接接触而起到保护作用。保护膜有硬膜和软膜两种。硬膜用不锈钢制作，软膜用耐磨橡胶和塑料制作。保护膜不仅起保护作用，并可使被测件粗糙的表面与探头表面有较好的声耦合，但声能的损失较大。

（2）斜探头。斜探头与直探头相比在结构上主要是增加了一个斜楔，其晶片产生的纵波在斜楔和被测件界面发生波型转换，进而在被测件中产生所需要的波型。斜楔角度不同，即可改变入射角，可在被测件中产生横波、表面波和板波中的任一种波型，因而形成了横波探头、表面波探头和板波探头，其结构如图6-18b所示。

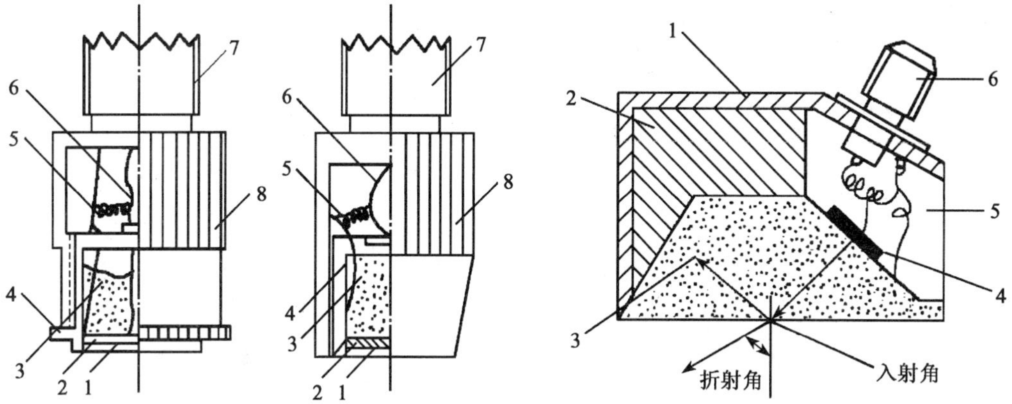

(a)直探头

(b)斜探头

图 6-18 超声波探头结构

（a）1—保护膜；2—晶片；3—吸收块；4—内套；5—匹配电感；6—接线；7—接插件；8—外套

（b）1—外壳；2—背衬材料；3—塑料斜楔；4—压电元件；5—背衬材料；6—同轴接头

6. 超声检测仪

用于固体材料超声检测的装置按其指示的参量可分为三类：第一类指示声的穿透能量，常用于穿透法；第二类指示频率可变的超声连续波在试件中形成驻波的情况，可用于共振测厚；第三类指示反射声波的幅度和运行时间，常用于脉冲反射法。对于宏观缺陷的检测来说，根据反射的显示方式及显示内容又可分为 A、B、C 三种类型：A 型主要显示反射面在试件中的埋藏深度及反射信号的幅度，B 型主要显示反射面在试件纵截面上的分布，C 型则主要显示反射面在平面视图上的分布。

三、超声检测方法

1. 脉冲反射法

脉冲反射法是用一定持续时间按一定频率发射的超声脉冲进行缺陷诊断的方法，其结果用示波管显示。

（1）直接接触纵波脉冲反射法。其原理如图 6-19 所示。将探头置于被测面上，电脉冲激励的超声脉冲经耦合剂进入工件，传播到工件底面，如底面光滑，则脉冲反射回探头，声脉冲又变换回电脉冲，由仪器显示。仪器显示屏上的时基线与激励脉冲是同步触发的，在时基线的始端出现“始波”T（图 6-20），当探头接收到底面反射波时，时基线上出现“底波”B。时基线上从 T 扫描到 B 的时间恰为脉冲在工件中的传播时间，据此可算出其厚度。如果工件中有缺陷，探头接收到的缺陷反射“伤波”F 将显示在时基线上，故可利用 T、F、B 之间的距离关系，判断出缺陷的部位及其大小。

设探伤面到缺陷的距离为 x，材料厚度为 t，于是在示波管上可以显示出发射脉冲 T 到缺陷回波 F 处的长度 L_F，从 T 到底面回波 B 处长度 L_B。因为声速在被检物中传播是一个定值，因此可得下式：

$$\frac{x}{t}=\frac{L_F}{L_B} \tag{6-3}$$

由此式，就可以准确地求出缺陷位置。

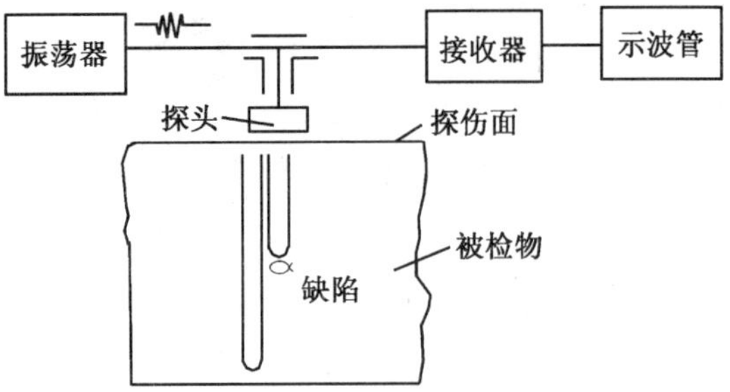

图 6－19 脉冲反射垂直探伤原理

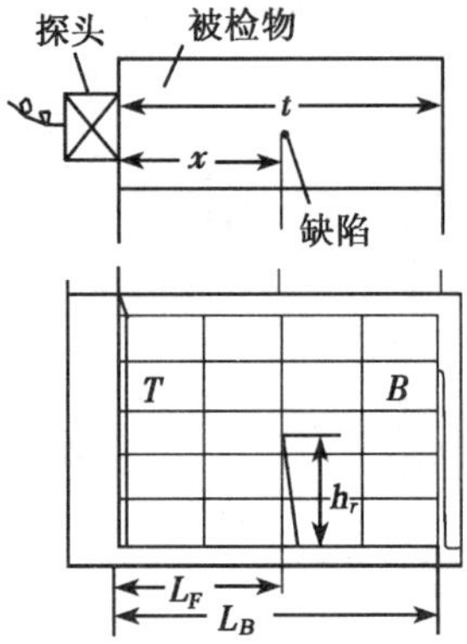

图 6－20 探伤图形的观察方法

另外，因缺陷回波高度 h_F 是随缺陷的增大而增高的，所以可由 h_F 来估计缺陷的大小。当缺陷很大时，可移动探头，按显示缺陷的范围求出缺陷的延伸尺寸。

（2）横波脉冲反射法。利用横波探头进行缺陷诊断时，有时用一个探头兼作发射和接收，即单斜探头法，也有分别用发射探头、接收探头的，即双斜探头法。横波在工件中传播时，遇到工件表面将产生多次反射，直至声能衰减殆尽。

在单探头斜角探伤中，横波遇到缺陷时会反射，被探头接收并显示。在双探头法中，发射脉冲遇到缺陷时，缺陷表面反射后，由接收探头接收并在荧光屏上显示。

2. 共振法

应用共振现象诊断工件缺陷的方法称为共振法。探头把超声波辐射到工件后，通过连续调整发射频率，改变波长。当工件的厚度为超声波半波长的整数倍时，在工件的两个侧壁间超声能量将发生振荡，从而在工件中产生驻波，其波腹在工件的表面上。用共振法测厚时，在测得共振频率和共振次数后，可用下式计算工件厚度

$$\delta = n \cdot \frac{\lambda}{2} = \frac{n \cdot c}{2f} \tag{6-4}$$

式中 δ——试件厚度（mm）；

c——超声波在工件中的传播速度（km/s）；

f——频率（MHz）；

λ——波长（mm）；

n——谐波阶次。

此法常用于壁厚的测量，另外，在工件中若存在较大的缺陷或厚度改变时，将使共振现象消失或共振点偏移。可用此现象诊断复合材料的胶合质量、板材点焊质量、均匀腐蚀量和板材内部夹层等缺陷。

3. 穿透法

穿透法采用两个探头，一个探头发射超声能量，另一个探头接收超声能量，如图 6－21 所示。由于透过被检零件的超声能量取决于零件内部的状态，存在有严重的疏松或气穴时，大部分能量就会反射或散射，因此另一探头所接收到的能量就会有不同程度的减少。根据荧光屏上

比较发射脉冲和接收脉冲的幅值 A_T 与 A_R，就可以判断材料的粘结质量和检查出内部的缺陷。

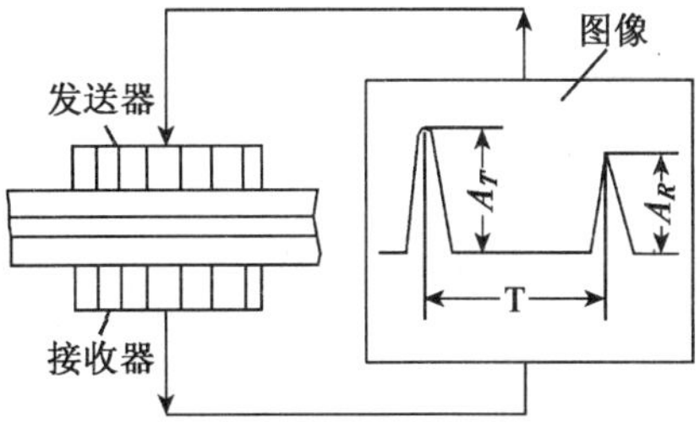

(a) 探头直接和被检零件接触的方式

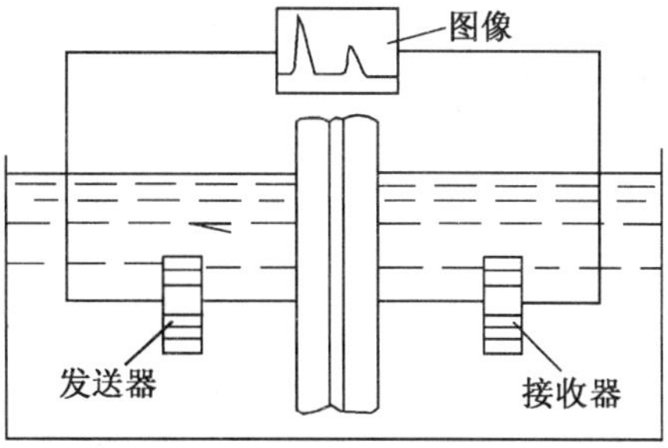

(b) 用水作耦合剂的方式

图 6－21　穿透法

图 6－20（a）是探头直接和被检零件接触的方式，图 6－21（b）为用水作耦合剂的方式。为了取得较好的效果，可以用钛酸钡制作发射探头，用硫化锂制作接收探头，常用的超声波频率为 0.2～0.9MHz。

四、超声检测案例

超声检测的应用是多方面的，既可用在压力容器、管道壁厚的检测，又可用于箱体、床身、轴类、焊缝的探伤等。其应用范围如图 6－22 所示。

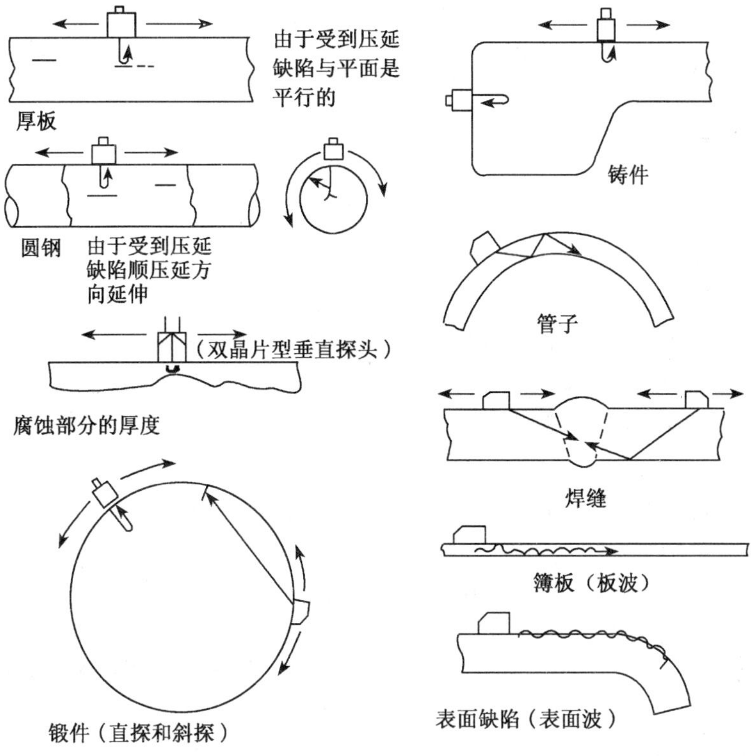

图 6－22　超声波探伤的适用范围

1. 压力容器、管道壁厚的超声检测

利用共振法可以进行超声波测厚，但实际应用中多采用脉冲反射法进行容器、锅炉、储罐及管道壁厚的检测，其原理如图 6－23 所示。

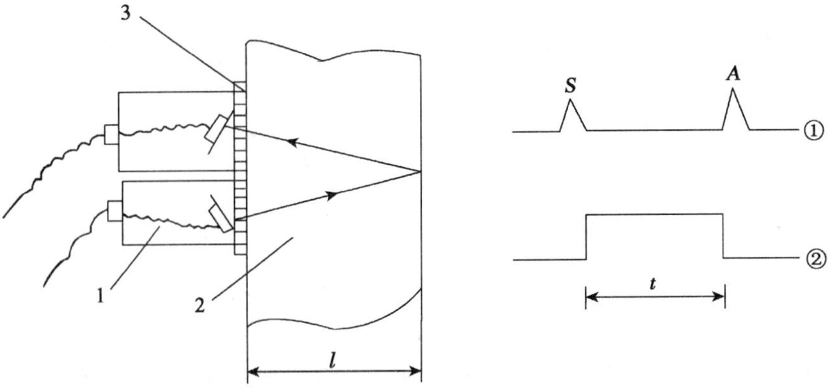

(a) 原理图　　(b) 超声脉冲反射曲线

图 6－23　脉冲反射法测量壁厚的原理

1—垂直双晶片探头　2—被测件　3—耦合介质

它是采用垂直探伤法利用双晶片探头，从单面且无损地测定壁厚。测定时，为了使超声波探头和被测件间无空气反射且透射率好，中间要加一层耦合介质（多采用甘油之类的接触润滑剂）。探头发射的超声脉冲射向被测件，并以一定声速向深处传播，达到被测件的另一面时，又反射回来，被另一个接受晶片接受。图 6－23（b）中的曲线①为反射波，S 为表面的回波，A 是底面反射后又回到探头的底面波；曲线②表示超声脉冲从 S 到 A 所经历的时间为 t。若超声波在被测件中传播声速为 C，则可得

$$t = \frac{2l}{c} \tag{6-5}$$

式中　l——试件厚度；

t——超声脉冲从被测件表面射入经底面反射再回到表面经历的时间；

c——超声波在被测件中的声速。

2. 箱体、床身的超声检测

箱体、床身等构件多采用铸造毛坯，因此晶粒较粗大，为此在进行超声波检测时往往采取如下一些措施：

（1）适当降低探伤的超声波频率，以增加穿透能力，但也不能太低以免影响探测灵敏度。

（2）加大发射功率，弥补声能的衰减。

（3）采用一发一收双斜探头，提高灵敏度并减少一部分杂波。

（4）采用大直径的聚焦探头，产生细的声束，提高灵敏度减少杂乱回波。

对于铸件裂纹探伤，其裂纹方向大多与表面垂直，图 6－24 所示为与表面垂直裂纹超声检测示意图。

图 6－24 中采用一发一收两个斜探头，发射探头发出的超声波倾斜入射到被测件中，其在底面的第一次反射波被接收探头收到。图 6－24 中的 a、b、c 三条射线表示探头移动的三

个位置，a 线因反射途中无裂纹，所以能收到强的反射波和晶界反射引起的林状回波，b 线因反射途中声束被一部分裂纹阻挡，回波高度整个被减弱了，c 线因反射声束完全被裂纹阻挡，所以几乎没有回波。当探头在被测件表面移动时，反射波的高度会发生像图中所示的 V 形（或 U 形）变化。

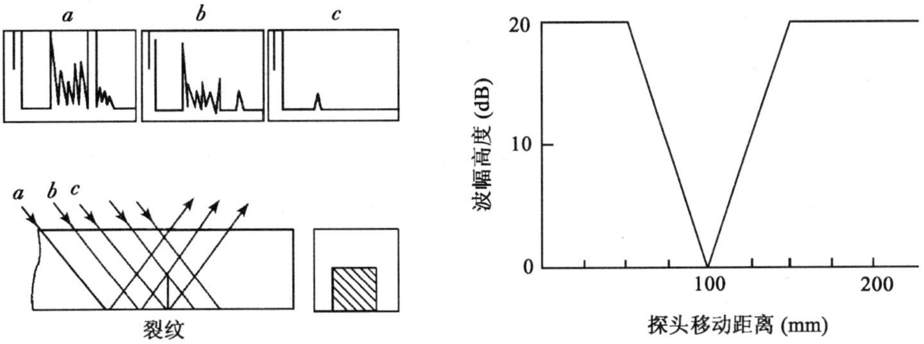

图 6－24　裂纹超声检测示意图

第六节　声发射检测

一、声发射检测原理

当材料受力作用产生变形或断裂时，或者构件在受力状态下使用时，以弹性波形式释放出应变能的现象称为声发射。声发射波的频率范围从次声频、声频到超声频，幅度从微观位错运动到宏观断裂。声发射源发出的弹性波，经介质传播到达被检体表面，引起表面的机械振动。声发射传感器将表面的瞬态位移转换成电信号，再经放大、处理，其波形或特性参数被记录与显示，经数据分析与解释，评定出声发射源的特性，其基本原理如图 6－25 所示。

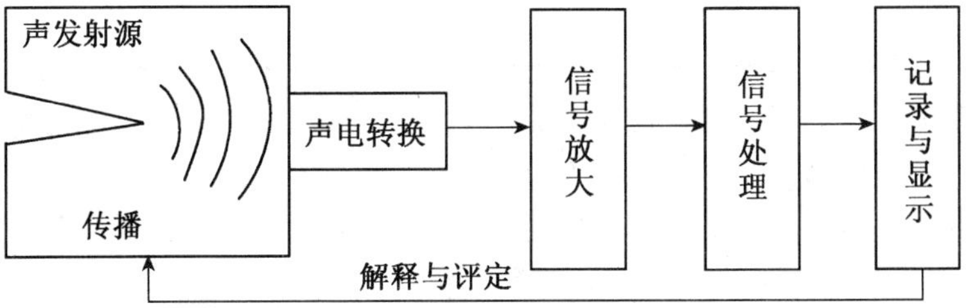

图 6－25　声发射检测基本原理

声发射检测的目标是确定声发射源的部位，鉴别声发射源的类型，确定声发射发生的时间或载荷，评定声发射源的严重性。

声发射检测与多数无损检测的区别表现在两方面：其一，多数无损检测方法是射线穿透检测，被检零件处于静止、被动状态；而声发射检测是动态无损检测，只有被检零件受到一定载荷，有开放性裂纹发生和发展的前提下才会有声发射可以接收，因而声发射检测可以实时地反映缺陷的动态信息，实现状况监测和险情报警。其二，多数无损检测方法是射线按一定途径穿透试件，而声发射是试件本身发射的弹性波，由传感器加以接收。因此，接收到的信号，其幅值、相位、频率不能直接表征声发射源发出的信号。

二、声发射检测设备与信号处理

1. 声发射检测仪

按接收声发射信号的通道数目，声发射仪器分为三类：即单通道声发射仪、双通道声发射仪、多通道声发射仪。

（1）单通道声发射仪。单通道声发射仪只有一个信号测量通道，图 6－26 是它的工作原理图。来自试样的声波被传感器接收，转变为电信号，经前置放大器放大，滤波器进一步提高信噪比，主放大器将信号进一步放大。

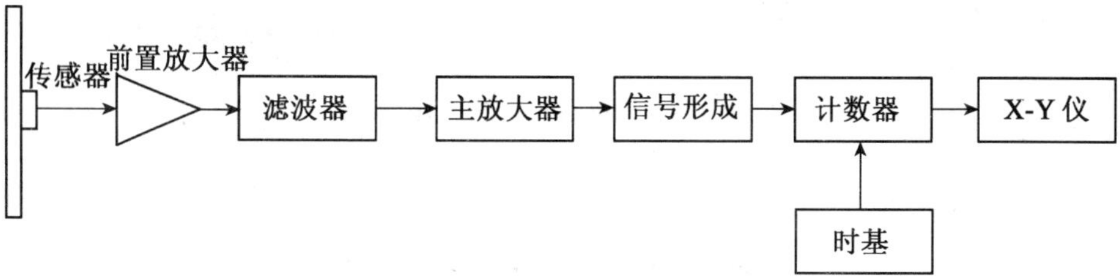

图 6－26　声发射仪工作原理

（2）双通道声发射仪。双通道声发射仪包括两个声发射的信号通道，它的功能除了和单通道声发射仪一样外，主要特点是可以进行声发射源的线定位，并具有较强的剔噪功能。它的两个传感器从试样接收声波后，分别经装有滤波器的前置放大器放大并送入信号处理器。

（3）多通道声发射仪。多通道声发射仪的功能除具有单通道和双通道的功能以外，它还能作声发射源的平面定位，并配有小型计算机实时处理数据。多通道声发射仪的通道数为 2^n 个，目前已达 128 个通道。

2. 声发射传感器

常用声发射传感器为压电型谐振式传感器，将声发射波所引起的被检件表面振动转换成电压信号，供于信号处理器。锆钛酸铅（PZT－5）接收灵敏度高，是声发射传感器常用压器电材料。常用的压电型谐振传感器结构形式如图 6－27 所示。

压电晶片两表面镀上 5～19μm 厚的银膜，起着电极作用。陶瓷保护膜，起着保护晶片及传感器与被检体之间的电绝缘作用。金属外壳对电磁干扰起着屏蔽作用。导电胶，起着固定晶片与导电的作用。在差动式传感器中，正负极差接而成的两个晶片，可输出差动信号，起着抑制共模电噪声的作用。

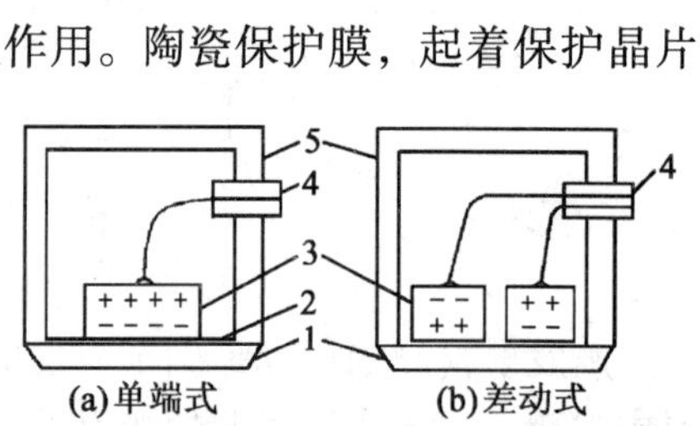

图 6－27　压电型谐振传感器的结构

1—保护膜；2—导电胶；3—压电晶片；4—插座；5—金属外壳

3. 前置放大器

前置放大器置于传感器附近，放大传感器的输出信号，并通过长电缆供主机处理。主要作用为：

①高阻抗传感器与低阻抗传输电缆之间提供阻抗匹配，以防信号衰减；②通过放大微弱的输入信号，以改善与电缆噪声有关的信噪比；③通过差动放大，降低由传感器及其电缆引进的共模电噪声；④提供频率滤波器。

4. 声发射信号探测与处理

（1）信号类型。在示波器上观察到的传感器输出信号有两种基本类型：突发型和连续型。突发型信号，指在时域上可分离的波形。实际上，所有声发射过程，均为突发过程，如断续的裂纹扩展。当声发射频度高达时域上不可分离的程度时，就以连续型信号显示出来，如塑性变形和泄漏信号。

（2）门槛比较器。为排除低幅度背景噪声及确定系统灵敏度，对前置放大器的输出，设置高于背景噪声水平的阈值电压，即称为门槛值。门槛比较器仅将幅度高于门槛值的信号鉴别为声发射信号，其原理如图 6－28 所示。

（3）信号特性参数。特征提取电路将过门槛信号测量为几个信号特性参数。连续信号参数包括：振铃计数、平均信号电平和有效值电压，而突发信号参数包括：波击（事件）计数、振铃计数、幅度、能量计数、上升时间、持续时间和时差，如图 6－29 所示。

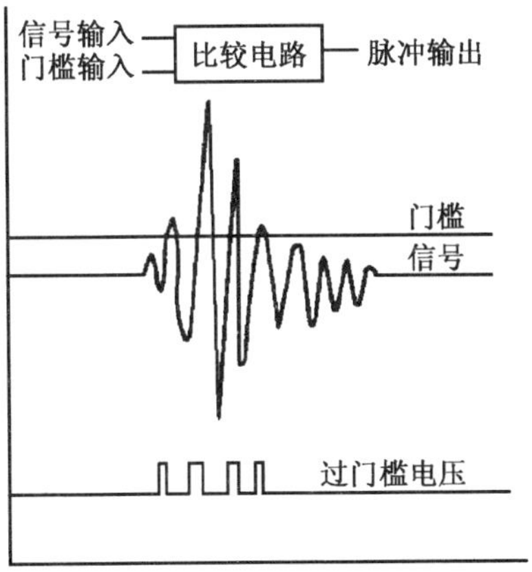

图 6－28　门槛比较电路

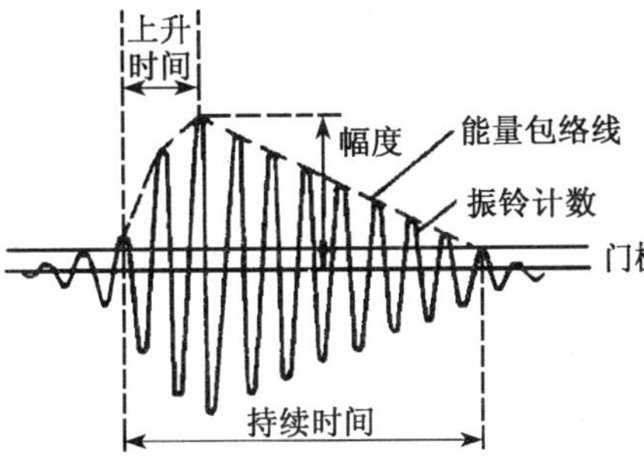

图 6－29　突发信号特性参数示意图

5. 声发射源定位

（1）一维源定位（线定位）。使用两个通道的声发射仪，便可在一条焊缝上定出声发射源位置，如图 6－30 所示。

设传感器 1 和 2 相距为 $2c$，坐标原点选在 $2c$ 中间，传感器 1 与 2 的坐标分别为（$-c$，0）与（c，0），这两个传感器测得一组信号的到达时差为 ΔT。即先后收到了信号，则声发射源离 1 和 2 的距离之差 $2a = v\Delta T$，其中 v 是事先测得的声速。满足上式的位置均位于以两个传感器为焦点的双曲线上，双曲线的顶点距离为 $2a$，双曲线方程为

$$\frac{x^2}{a^2} - \frac{y^2}{c^2 - a^2} = 1 \qquad (6-6)$$

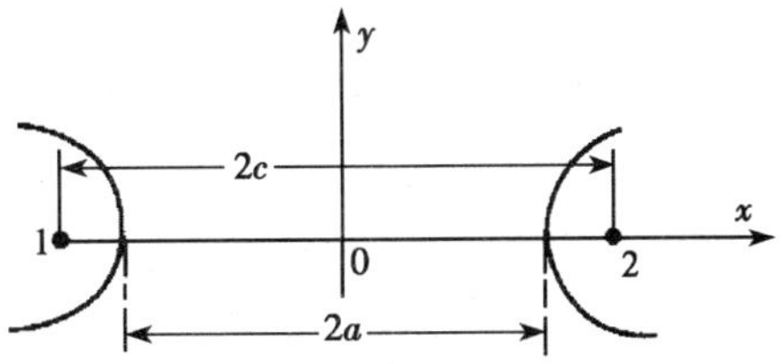

图 6－30　一维声发射源定位（线定位）图解

只要测得传感器接收到声发射信号的次序及一组时差，即可决定出声发射源的位置。如果声发射源不在1、2的连线上，而在另一条 $y = mx + b$ 直线上，将此式代入上式。解得

$$x_{1,2} = \frac{B \pm \sqrt{B^2 + 4AC}}{2}$$

式中，$A = c^2 - a^2(1 + m^2)$；$B = -2a^2bm$；$C = -a^2(b^2 + c^2 - a^2)$。

当1→2时，$x = x_1$，当2→1时，$x = x_2$。

（2）二维源定位（面定位）。在声发射检测中，通常要求确定声发射源的平面位置，即二维源定位，此时可将三个或四个传感器排列成阵列，如三角形、方形、菱形等，再用阵列法进行源定位。由四个传感器构成的方形阵列平面定位原理如图6－31所示。

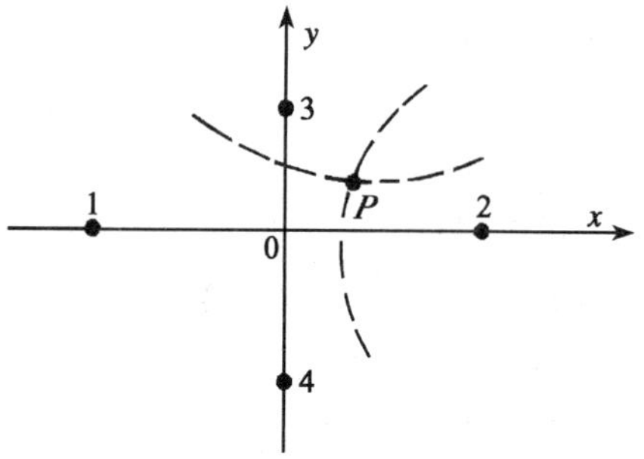

图6－31　二维源定位（面定位）图解

1、2和3、4两对传感器互相独立。1、2距离为2c，坐标为（$-c$、0）、（c，0）；3、4距离为2c'，坐标为（0，c'）和（0，$-c'$）。设 P_0 为声源，分别测得两组时差

$$v\Delta T = 2a,(1 \rightarrow 2 \text{ 或 } 2 \rightarrow 1)$$
$$v\Delta T = 2a',(3 \rightarrow 4 \text{ 或 } 4 \rightarrow 3)$$

可见，P_0 位于距1和2之差为2a的双曲线上，也位于距3和4之差为2a'的双曲线上，即位于 $\frac{x^2}{a^2} - \frac{y^2}{c^2 - a^2} = 1$ 和 $\frac{y^2}{a'^2} - \frac{x^2}{c'^2 - a'^2} = 1$ 和两曲线交点上，得

$$x = \pm\sqrt{\frac{c^2 - a^2 + a'^2}{\frac{c^2 - a^2}{a^2} - \frac{a'^2}{c'^2 - a'^2}}},\ y = \pm\sqrt{(c^2 - a^2)\left(\frac{x^2}{a^2} - 1\right)}$$

当1→2时，x 取负；当2→1时，x 取正。当4→3时，y 取负，当3→4时，y 取正。x，y 取正或负，出现4种组合，只要测出两对传感器的两组时差，和收到信号的先后，即可确定4种组合中的一种。

三、声发射检测技术

1. 设置与校准

（1）检测门槛设置。检测门槛，多用dB（相对于传感器输出1μV）来表示。检测门槛越低，测得信息越多，但易受噪声的干扰，因此，在灵敏度和噪声干扰之间应作折中选择。多数检测是在门槛为35～55dB的中灵敏度下进行，最常用门槛值为40dB。

（2）定时参数设置。定时参数，是指波击信号测量过程的控制参数，包括：峰值鉴别时间（PDT）、波击鉴别时间（HDT）和波击闭锁时间（HLT）。峰值鉴别时间，是指为正确确定波击信号的上升时间而设置的新最大峰值等待时间间隔。如将其选得过短，会把高速、低幅度前驱波误作为主波处理，但应尽可能选得短为宜。波击鉴别时间，是指为正确确

定一波击信号的终点而设置的波击信号等待时间间隔。如将其选得过短，会把一个波击测量为几个波击，而如选得过长，又会把几个波击测量为一个波击。波击闭锁时间，是指在波击信号中为避免测量反射波或迟到波而设置的关闭测量电路的时间间隔。声发射波形随试件的材料、形状、尺寸等因素而变，因而，定时参数应根据试件中所观察到的实际波形进行合理选择，推荐范围如表 6－4 所示。

表 6－4　定时参数选择

材料与试件	PDT（μs）	HDT（μs）	HLT（μs）
复合材料	20～50	100～200	300
金属小试件	300	600	1000
高衰减金属构件	300	600	1000
低衰减金属构件	1000	2000	20000

（3）通道灵敏度调整。为确认传感器的耦合质量和检测电路的连续性，检测前后应检查各信号通道对模拟信号源的响应幅度。多数金属压力容器的检测规程规定，每通道对铅笔芯模拟信号源的响应幅度与所有传感器通道的平均值偏差为 ±3dB 或 ±4dB。为了保证模拟源的重复性，一般采用直径 0.5mm 的 HB（或 2H）笔芯，其伸长量为 2.5mm，笔芯与构件表面夹角为 30°。

（4）传感器间距。时差定位中，最大传感器间距所对应的传播衰减，不宜大于预定最小检测信号幅度与检测门槛值之差，例如，门槛值为 40dB，预定最小检测信号幅度为 70dB，则其衰减不宜大于 30dB。区域定位比时差定位可允许更大的传感器间距。在金属容器中，常用的传感器间距约为 1～6m，多数容器的检测需布置约 8～40 多个传感器。

（5）源定位校准。多通道检测时，应在构件的典型部位上，用模拟源进行定位校准。所加模拟信号，应被一个定位阵列所接收，并提供唯一的定位显示。区域定位时，应至少被一个传感器接收到。多数金属容器检测方法中规定，源定位精度应在两倍壁厚或最大传感器间距的 5% 以内。

2. 传感器安装

（1）表面准备。传感器表面与试件表面之间良好的声耦合为传感器安装的基本要求。试件的表面须平整和清洁，松散的涂层和氧化皮应清除，粗糙表面应打磨，表面油污或多余物要清洗。对半径大于 150mm 的曲面可看成平面，而对小半径曲面应采取适当措施，例如，可采用转接耦合块或小直径传感器。对于接触界面，应填充声耦合剂，以保证良好的声传输。耦合剂的类型，对声耦合效果影响甚少，多采用真空脂、凡士林、黄油、快干胶等。

（2）固定方式。多用机械压缩来固定传感器。常用固定夹具包括：松紧带、胶带、弹簧夹、磁性固定器、紧固螺丝等。所加之力，应尽可能大一些，约为 0.7MPa。一些快干式粘接剂，包括快干胶、环氧树脂，既可固定传感器，而又起着声耦合作用，适于长期监视应用。

3. 加载程序

（1）加载准备。加载方式应尽量模拟试件的实际受力状态，包括：内压、外压、热应力及拉、压、弯；加载设备包括：试压泵、材料试验机，应尽量选择低噪声设备；加载程序主要决定于产品的检测规范，常用的加载参数包括：升压速率、分级载荷和最高载荷及其恒载时间；确定声发射检测人员与加载人员之间的联络方法，以实时控制加载过程；确定记录载荷的方法，多用声发射仪记录载荷传感器的电压输出。

（2）载荷控制。升载速率：慢速加载会过分延长检测周期，而快速加载也会带来不利的影响，如增大机械噪声、引起高频度声发射活动、带来试验安全问题等。压力容器的加载，多采用较低的加载速率，且要保证均匀加载。

恒载：近年来，恒载声发射时序特性已成为声发射源严重性评价和破坏预报的一主要依据。对于压力容器，分级恒载时间约设定 2 ~ 10min，而最高压力下约恒载 10 ~ 30min。

重复加载：对一些新制容器，当首次加载时常常伴随大量无结构意义的声发射，包括局部应力释放和机械摩擦噪声，这给检测结果的正确解释带来很大困难，为此需进行二次加载检测。另外，在役容器的定期检测，原理上也属于重复加载检测，以发现新生裂纹。

4. 数据解释与评价。数据解释是指从所测得数据中分离出与检测目的有关的数据。在记录的数据中，识别有关数据或噪声与无关数据，识别方法包括：分布图、关系图、定位图分析等常规方法和波形鉴别、频带鉴别、模式识别等新方法。采用数据滤波方法剔除噪声或无关数据，包括：时差滤波或空间滤波，波击特性参数滤波，外参数滤波。绘制出与检测有关的数据图表。

在现行的构件检测规程中，多采用简便的验收/拒收式判据。这种判据，主要指示结构缺陷的存在与否，而不指示缺陷的结构意义，但可为验收或后续复检及其处理提供依据。与验收/拒收式评价判据不同，声发射源的多级分类法可提供缺陷的结构意义，即缺陷的严重程度，可为声发射源的后续处理提供更为具体的指南。

四、声发射检测案例

声发射检测主要应用在金属塑性变形的声发射分析、表面渗层脆性的评价、断裂韧性的声发射分析、疲劳裂纹扩展的检测，还有控制焊接质量、评价压力容器安全性、泄漏监测、运转机械的状况监测，以及内部放电监测等。金属压力容器，由于数量、使用安全和常规检测成本等问题，始终是国内外声发射检测活动的重点对象，尤其是化学、石油和核工业用在役容器。下面以金属压力容器的声发射检测为例，介绍声发射检测基本程序与要求，如表 6 －5所示，它对其他领域的应用具有指导意义。

表 6 －5　压力容器声发射检测基本程序与要求

检测程序	主要内容
资料准备	①申请单 ②材料牌号、焊接及热处理条件 ③总装图、包括焊缝和关键部位 ④设计压力、使用压力、验收压力和受压历史 ⑤预计的噪声发射源

续表 6－5

检测程序	主要内容
加载准备	①加压程序，包括加压率、分级和最高压力及保压时间 ②检测人员和加压人员之间的联络方法 ③记录压力的方法
传感器布置	①传感器选择，包括类型和特性 ②传感器阵列方式、位置和间距 ③传感器固定与声耦合
设置与校准	①检测参数设定 ②检测仪校准 ③各通道噪声水平检查 ④检测系统通道灵敏度调整 ⑤传播衰减测量 ⑥波速测量 ⑦定位校准
检测	①记录加载过程中的声发射数据 ②观察加载过程中的数据和波形显示 ③对强噪声干扰和异常情况应采取临时措施
结果的解释与评定	①事后剔除无关信号和噪声干扰 ②绘制数据图表 ③按标准评定声发射级别
检测报告	①检测条件 ②典型图表 ③评定结果

图 6－32 示出了压力容器与贮罐所采用传感器布置实例，图 6－33 示出了压力容器液压试验时声发射源定位结果。对这类构件，使用 20 通道检测系统，可实现全区域时差定位。

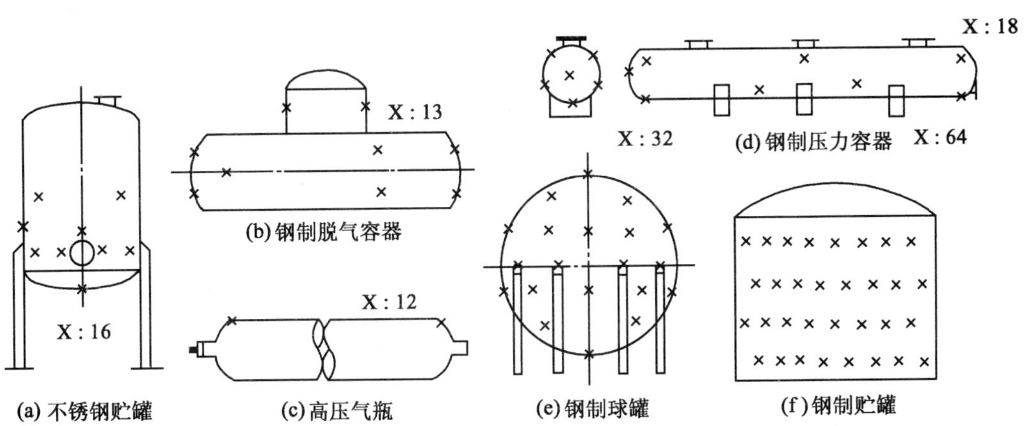

图 6－32　传感器的布置

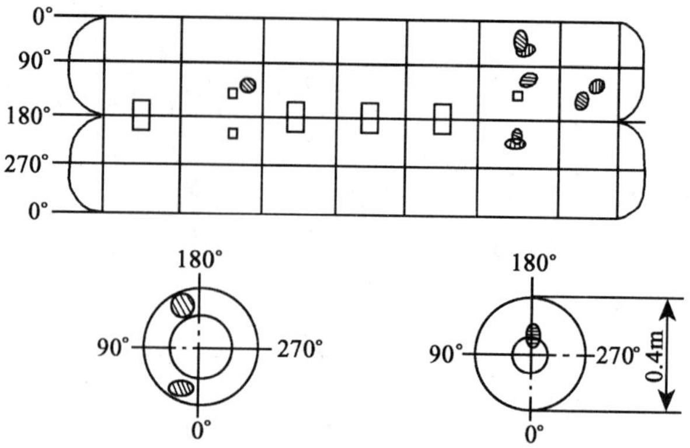

图6-33 声发射源定位结果

参考文献

[1] 张兆国，包春江．机械故障诊断与维修［M］．北京：中国农业出版社，2004.

[2] 李家伟，陈积懋．无损检测手册［M］．北京：机械工业出版社，2004.

[3] 虞和济，韩庆大，李沈．设备故障诊断工程［M］．北京：冶金工业出版社，2001.

[4] 李国华，张永忠．机械故障诊断［M］．北京：化学工业出版社，1999.

[5] 孙金立．无损检测及在航空维修中的应用［M］．北京：国防工业出版社，2004.

第七章　液压设备故障诊断

第一节　液压故障及其诊断概述

一、液压故障的重要特点

与一般的机械与电气故障相比，液压故障具有下列特点：

1. 隐蔽性

液压装置的损坏与失效，往往发生在深层内部，由于不便装拆，现场上的检测条件也很有限，难以直接观测，各类泵、阀、液压缸与液压马达无不如此，由于表面的症状个数有限，加上随机性因素的影响，故障分析很困难。大型液压阀板内部孔系纵横交错，如果出现串通与堵塞，液压系统就会出现严重失调，在这种情况下找故障点难度很大。

例：某液压系统如图 7－1 所示。症状为：卸荷压力仅比工作压力低 1MPa 左右（工作压力约为 4MPa）。系统运行约 10min 后，油液便温升至 50℃以上。

引起这一问题的原因是主油路与溢流阀卸荷控制油路在阀板上串通（串通油路如图中虚线所示）。一部分经这一通道换向阀再回油箱。换向阀通径小，有阻力，故油液在换向阀前有压力 p_1，使溢流阀处在二级压力控制下，溢流阀芯不能充分开启，系统压力上升，油液因节流发热加剧。

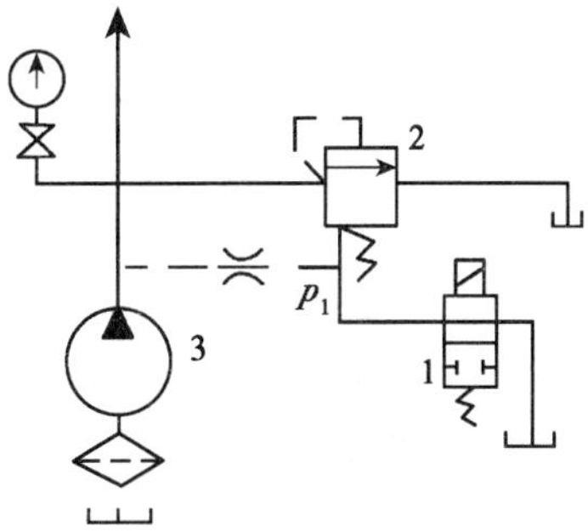

图 7－1　主油路与卸荷油路串通的液压系统

1—换向阀；2—溢流阀；3—油泵

当时故障分析人员对有关的液压元件作了详细的检查，未找到可疑点。后来对阀板孔系的串通情况作了一系列校验，才找到了故障位置。

2. 交错性

液压系统的故障，症状与原因之间存在各种各样的重叠与交叉。一个症状有多种可能原因。例如，执行元件速度慢，引起的原因有：负载过大、执行件本身磨损、导轨误差过大、系统内存在泄漏口、调压系统故障、调速系统故障及泵故障等。一个故障源也可能引起多处的症状。例如，叶片泵定子内曲线磨损之后，会出现压力波动增大和噪声增大等故障，泵的配流盘磨损之后会出现输出流量下降泵表面发热及油温升高等症状。一个症状也可能同时由多个故障源叠加起来形成的，液压系统在运行一段时间以后，多个元件均被磨损。例如，当泵、换向阀和液压缸均处于磨损状态时，系统的效率有较大幅度的下降。当逐一更换这些元件，效率将逐步地提高。对于一个症状有多种可能原因的情形，应采取有效手段剔除不存在的原因，对于一个故障源产生多个症状的情形，可利用多个症状的组合去确定故障源。对于叠加现象，应全面考虑各影响因素，分清各因素作用的主次轻重。

3. 随机性

液压系统在运行过程中，受到各种各样的随机性因素的影响，如电网电压的变化、环境温度的变化、机器工作任务的变化等。外界污染物的侵入也是随机性的。由于随机性因素的影响，故障具体发生的变化方向更不确定，引起判断与定量分析的困难。

4. 差异性

由于设计、加工材料及应用环境等的差异，液压元件的磨损劣化速度相差大，一般的液压元件寿命标准在现场无法应用，只能对具体的液压设备与液压元件确定具体的磨损评价标准，这又需要积累长期的运行数据。

二、液压故障诊断的一般步骤

现场液压故障的分析与处理涉及多方面的因素，只有对其活动过程进行合理的组织，才能取得较高的工作效率。现场的情况差别甚大，没有固定的模式，但其中主要工作步骤是大致相同的。

（1）确定任务。明确考察对象的范围、故障分析的最终目的。

（2）初步了解现场情况。这一步骤是收集相关的现有信息，并对现场状况作大致的判断。

（3）确定工作方案。根据现场的状况，围绕给定的任务，选定技术手段（包括技术路线、搜索方向、检测方式），确定所需的维修人员、技术资料及其他必须的条件，估计工作进程。

（4）按设定的工作程序对考察对象作检查、测试、分解、判断，得出结论。

（5）对技术活动进行总结，做好记录。记录的主要内容是症状，失效件的损坏情况，有关的环境因素，分解测试过程，故障定论，故障和处理及往后的运行状况。

以上步骤显然适合于较大规模的现场问题的诊断与处理。较小规模的故障分析过程可参照这种方式灵活处理。设定工作步骤的目的是使工作过程更加有序，更有成效。

三、液压故障诊断的基本要求

工业生产现场故障诊断与处理的目的是保证设备的正常运行，进而保证生产秩序的正常与稳定。现场的技术经济条件也对实际工作起制约作用，因此，故障诊断应尽量满足下列要求：

（1）正确。即得出的结论一定要正确，不允许错判，否则就无法排除故障，使设备恢复正常。

（2）精确。得出的结论越精确，消除故障的费用与时间就越少，预防故障的能力也越高，因此，故障分析不能过于粗略，而是要尽可能地深入下去。

（3）简捷。现场上干扰因素过多，过于精密与复杂的仪器不一定适用，且价格昂贵，一般应采用简单的方法直接分析现场问题。为了降低工人的劳动强度，并防止拆装过程对液压元件精度产生不良的影响，应尽可能避免反复装拆。这需要在工作程序与分析方法上多想办法，找出窍门。

（4）快速。关键液压设备停机往往造成整个车间，整个生产线停顿，在这种情况下必须争分夺秒地进行工作，尽早解决问题。

(5) 超前。为了防止大的故障损失，故障分析人员必须具备较强的判断能力，在故障的萌芽状态，就能找到其苗头，并采取有效措施予以处理。

四、液压装置的测试与判断方法

1. 用感官直接判断液压装置的状态

(1) 视觉。用于观察各类仪表的指示状况，执行元件的速度与转速，执行元件运动联贯与协调情况，各类操作控制器件的安装与连接状况，各类工作指示灯与故障指示灯的情况，各类控制电线的连接状况，各类电器的吸合情况，液压油的油面、气泡、色泽与浑浊程度等。

(2) 听觉。用于判断液压泵是否有功率输出，是否有气蚀，液压泵运动件与轴承是否损坏，泵或马达是否有干摩擦，系统内是否存在泄漏口，电磁铁是否吸合或放松，机器安装是否牢靠，是否存在液压冲击与炮鸣现象，此外，还可监听报警器。

(3) 触觉。用于考察液压元件表面温升情况，通过触摸液压元件外壁或液压管道，也可判断其中是否有油流过，以及流过的油是否具有较高的压力。

(4) 嗅觉。主要用于判断电机电器线圈及电磁铁是否烧坏，液压油是否变质。

2. 用压力表测试与判断液压装置的状态

压力是液压装置最重要的参数，它对液压装置状态的变异十分敏感，用压力表测试系统有关部位压力来判断其状态，是最为普遍的故障检测手段。在此，要正确选择压力表的量程与精度，正确选择能准确反映元件状态的测点。在设备正常状态下，测出各点正常的压力值，以此为基准，根据液压系统的工作机理，推测相关元件磨损以后，有关点的压力值将发生什么样的变化，由此判断元件的损坏情况。

3. 用流量计测试与判断液压装置的状态

流量也是液压装置的重要参数，用流量计可准确地测出液压元件的内泄漏及容积效率，流量计也能方便地检测液压回路的阻塞情况。在生产现场，采用普通的 LC 型椭圆齿轮流量计便可获得足够的精度。现举一用流量计判断液压元件损坏的例子。

液压回路如图 7-2 所示。在正常状态下测出有关元件的流量与泄漏量，作为今后故障评判的标准。

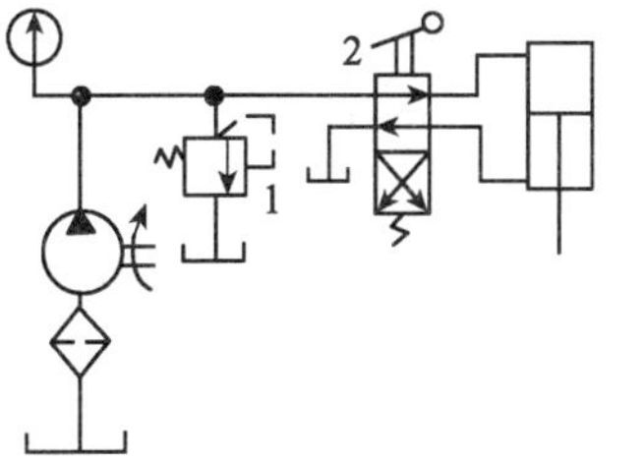

(a)液压系统现场测试

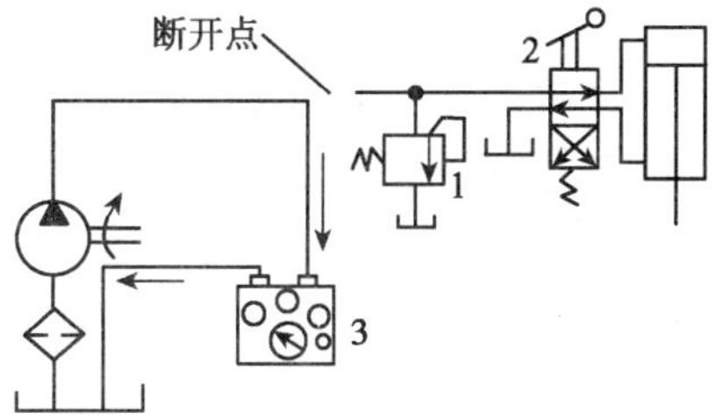
(b)液压泵故障旁通测试

图 7-2 用流量计测出液压元件的内泄漏及容积效率

1—溢流阀；2—方向控制阀；3—测试器

(1) 现场直接检测。液压系统如图 7-2 (a) 所示，测试工具为秒表、油桶、台秤等，检测方法是将液压缸处于下端顶死位置，同时将溢流阀回油管用一根橡胶软管接通至油箱外的油桶内，再将溢流阀压力调至额定压力 p_p，启动泵电机即可测出额定压力下的流量 Q_p。将橡胶管接在换向阀回油管上，还可检测手动换向阀和液压缸是否存在内泄漏。

（2）测试器检测。图7－2（b）所示为泵故障旁通测试。图中3为测试器，它是由流量计、控制阀、压力表、温度指示仪等组成的手提式仪器，体积小，安装方便。将测试器的回油管绑在油箱上，此时泵与系统隔开不再受溢流阀的控制与保护，打开测试器的控制阀，启动电机（或发动机）使其在额定转速下运转，将压力调至空载压力 p_o 和 p_p，即可测定空载流量 Q_o 与 Q_p。

4. 通过测试执行元件的速度或转速判断系统状态

执行元件的运动速度或转速的变化，是液压系统中某些元件结构状态变化的反映。可通过考察执行元件速度或转速的变化，再增补一些其他方面的信息，具体判断液压系统的故障状态。例如，液压马达转速下降时，如果液压马达泄漏油管泄漏量增大，说明液压马达泄漏引起症状，如果液压泵的泄漏油管泄漏量增大，则说明是泵损坏引起症状。液压缸运行速度可用秒表测出在一定长度上运行时间来求出，液压马达的转速可由转速表测出。如果没有转速表，在转速不太高（低于1000r/min）时，可在旋转件上做标记。直接读出每分钟转速。

考察执行件的速度或转速，同样要在设备完好时测出速度或转速值作日后判断故障的比较基准。测试过程必须注意调整压力，调整流量与系统负载等因素前后一致。

5. 通过测试液压元件表面温度判断元件状态

液压元件表面温度，由其内部热量产生与发散情况所决定。液压元件本身发热过多，引起表面温度升高主要有两种情况，一是节流发热，一是摩擦发热，这两种情况都与元件损坏相连。用温度计直接测试元件表面温度，可推断其内部状态变化状况。正常情况下，液压元件表面温度在50℃以下，当发生故障，温度可上升至80℃以上。液压元件本身故障可引起其表面温度升高，系统中其他要素不正常也会引起元件表面温度升高，如冷却不当或压力流量调整不当等引起油温升高。在现场，有时难以弄清到底是元件故障引起油温升高还是其他因素引起油温升高。因此，测试液压元件表面温度还必须同时获取其他方面的信息，对系统状况作综合评判。

液压元件表面温度测试可采用接触式温度计，也可采用比较简便方法，如用橡皮泥将普通玻璃管温度计测头裹住，贴在测点表面。液压元件表面温度测试分析仍是在正常状况下测出标准温度值。测试过程必须注意环境温度、负载条件、冷却条件的前后一致。测试要在设备正常运行，温度达到平衡状态时进行。

任何物体在温度较低时向外辐射的能量大部分是红外线辐射，红外线辐射能够被物体吸收转变为热能，因此它也是热射线。红外线传感器就是根据这一原理设计的，它将红外线辐射能转变为电信号，这个信号经处理放大，可通过显示器显示出来。用红外线检测仪监测液压系统的温度，可获得其状态变化的重要信息。红外线检测仪操作简便，灵敏度高，有利于在现场精确诊断液压故障。

五、液压故障诊断的策略与技巧

现场故障诊断工作往往是在条件很不具备、情形十分紧迫的困难状态下进行的，讲究策略与技巧，严密组织故障分析过程，是十分必要的。

1. 找出故障的特征信息

尽管不同原因可引起某一相同的症状，但无论如何，它们有不同的表现形式。此外，不同故障原因在引起同一症状的同时，它们还会带来一些其他的现象，这些现象之间显然是有差异的。我们将症状本身的不同表现形式和不同原因所附带的特有信息叫做特征信息。将故障各种可能原因对应的特征找出来了，便找到了区分它们的标志。这样，当系统出现了某个症状，就可根据特征信息找出引起故障的真实原因。特征信息可由个别参量来表示。在问题比较复杂时，往往需要将一系列参量综合起来，才能构成故障原因存在的特征信息。液压故障的不同原因的特征信息有下列三种：症状本身的差异，不同原因存在时伴随而来的其他异常现象，液压元件结构状态的变化。

2. 设定故障检测的先后次序

为了高效率地查找液压故障原因，必须设定一个合理的故障检测次序，排定故障检测次序有两个原则，一是根据故障原因可能性大小排序，二是根据元件或部件的拆缸分解及装配的难易程度排序。

3. 积极假设，严谨验证

故障分析是一个试探过程，通常的做法是对故障症状的可能原因作出积极的假设，再通过适当途径验证假设是否真正成立，通过假设与验证分析，往往能在困难中找到解决问题的路径，并扭转不利局面。在假设时，应尽可能将思路展开一些，不放过任何可能的故障点，有时甚至可将系统中所有组成要素都当作怀疑对象考察一番。验证时，则要找到有充分说服力的证据，以证实假设是能够成立还是不能成立，而不能模棱两可。假设与验证是交替进行的，即先对故障点作出假设，再通过试验，拆卸分解观测，或逻辑论证，辨别出假设的真伪。当假设被证实不能成立，再对另一个可能的故障点作假设验证分析，就这样不断重复上述分析方法，直至找出真正的故障原因为止。

某 1500 方耙吸式挖泥船液压系统耙中吊架液压缸回路如图 7－3 所示。

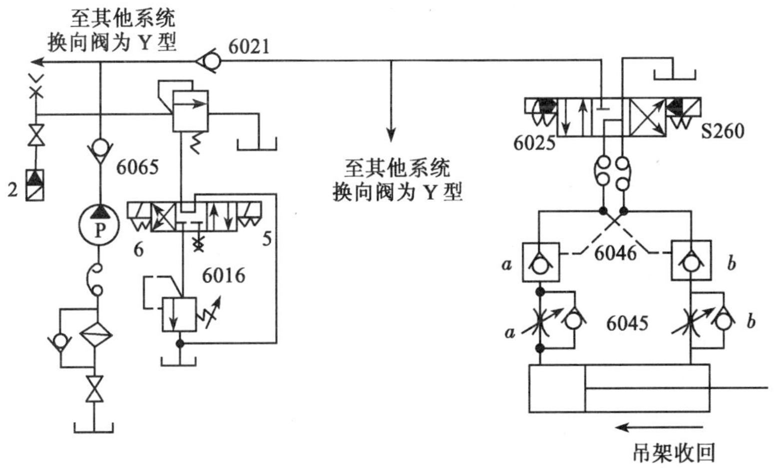

图 7－3　耙中吊架液压缸回路

6065、6021—单向阀；6025—电液换向阀；6045—单向节流阀；6046—液控单向阀；6016—溢流阀

船舶在施工时，出现耙中吊架液压缸的活塞杆伸出一段时间后无法缩回的症状，该耙中

吊架液压回路与其他液压回路（如耙中绞车）共用一台液压泵 B 供油，当故障发生时，耙中绞车回路工作正常。

上述情况表明，换向阀 6025 前回路是正常的，问题发生在阀 6625 之后的有关元件上，吊架收回时，阀 6025 的 S260 电磁铁通电，压力油经阀 6025，进入液控单向阀 6046b，单向节流阀 6046b（单向阀）再进入液压缸有杆腔，推动液压缸左行，回油从液压缸有杆腔出发，经单向节流阀 6045a（节流阀），再经液控单向阀 6046a 和换向阀 6025 回油箱。因此，出现上述症状的可能原因有：换向阀 6025 故障，液控单向阀 6046b 故障，单向节流阀 6046b（单向阀）故障，液压缸及负载故障，单向节流阀 6046a 节流阀故障，液控单向阀 6046a 故障等。现按液流经过先后顺序对各故障点作假设－验证分析。

（1）假设换向阀 6025 故障，不能正常换向，引起症状。

验证：让电磁铁 S260 通电，阀 6025 至阀 6046b 之间的软管有强烈的振动，说明压力油此时已通过了换向阀，假设不成立。

（2）假设液控单向阀 6046b 故障，不能正常开启，引起症状。

验证：根据单向阀的工作原理及现场经验可确定，液控单向阀不会出现正向不开启的故障。对于阀 6045b 的单向阀不会出现正向不开启的故障，对于阀 6045b 的单向阀也可作同样的判断。

（3）液压缸由于拆缸困难留最后评判。

（4）假设阀 6045a 节流阀关死，使回油不能顺利通过，引起症状。

验证：检查节流阀的调节状况，阀处于开启状态，假设不成立。

（5）假设阀 6046a 卡死，不能正常开启，让回油通过引起症状。

验证：将液控单向阀 6046a 的主阀芯从阀中取出，故障症状消失，吊架回收自如，假设成立。

经对单向阀 6046a 作进一步检查，发现用于开主阀芯的控制阀芯磨损发毛卡死，使控制油压无法顶开液控单向阀的主阀芯，引起回油路阻塞，换上新液控单向阀后，回路工作正常。

4. 化整为零，层层深入

化整为零，层层深入的基本做法是，在考察问题时，将考察对象划分为低层次的若干子系统，每个子系统又作进一步的划分，直至分出系统构成的最基本的构成单元，在此基础上分别考察系统的各个子系统，找出问题所在的子系统。然后，对存在问题的子系统作深一层次的考察，求出问题所在的次级子系统，就这样不断深入，直至求出问题所在的基本单元。这种策略的特点在于通过划分层次与子系统，缩小考察范围，使本来难以直接观测的考察对象变得更加易于观测了，使本来复杂的问题简单化了。这是现场最常用的故障分析方法。

5. 聚零为整，综合评判

液压系统发生故障以后，其故障信息是多方面的，它们通过不同的途径向外传播，故障信息可能经历多个环节，在远离故障点的某处反映出来，由于液压故障因果关系的重叠与交错，光从某一方面判断系统的问题可能无法得出结论。通过对系统多方面的信息的综合考察，可大大缩小问题的不确定性，得出更加具体的结论。随机性因果引起故障特征参量的漂移，综合评判则可以降低随机性因素对诊断结论的影响，因为随机性因素不太可能对故障的所有方面。多参量及多种方式的分析评判并加以综合是现场液压故障分析的一项重要原则，它是系统理论在液压故障诊断技术领域的演绎与具体应用，故障分析人员必须牢牢把握。

6. 抓住关键，顺藤摸瓜

现代液压设备日趋复杂，往往是机、电、液、气系统并存，相互交织。那些采用逻辑阀的液压回路更是元件众多，回路复杂，往往是一个动作从最初发现到最终完成要经历十多个环节协同工作。现有的设备技术资料包括各类电气图、液压原理图、气动系统图以及电磁铁动作表等多是零散的。当现场出了故障，必须通过图纸来清理故障线索，但图纸数量多，又充满与故障无关的其他内容，查阅起来十分不方便。在这里，有必要采取抓住关键，不顾其余，顺藤摸瓜的策略。逻辑链分析法正是这种策略的具体应用。逻辑链分析法不是将主要注意力放在系统的物理关系之上，而是在确定系统正常状态下的物理关系的基础之上，着重考察系统中一个动作的最终完成必须具备哪些条件，现场问题中是所有的条件都已具备，还是缺少点什么，依此来判断故障是否存在。逻辑链包括液压设备的某一功能的实现过程中从最初发出动作信号到最后执行机构动作完成所涉及的每一环节，各环节在工作过程中的状态，环节能产生的输出量，以及所需的信息与能量输入条件。一般情况下，对一个环节而言，只有所有的输入量都具备才有输出量（即各输入量与输出量之间是“与”门关系）。若不是这样，如输出量与输入量是“或”门关系，或一个环节在同时刻有几个输出量，则要另加说明，或者用逻辑门来表示。逻辑链图既是从原设备图中抽出来的，又对原来图纸中与功能链有关的部分作了细化。不同的功能可用不同逻辑链图来表示。逻辑链图的具体做法是将与某一功能相关的各元件或器件从有关图纸中找出来，按能量流与信息流的前后传递关系以逻辑方框图的方式重新组合起来，注明各环节在工作过程中的输入输出与输入量之间的逻辑关系，其状况如图 7－4 所示。

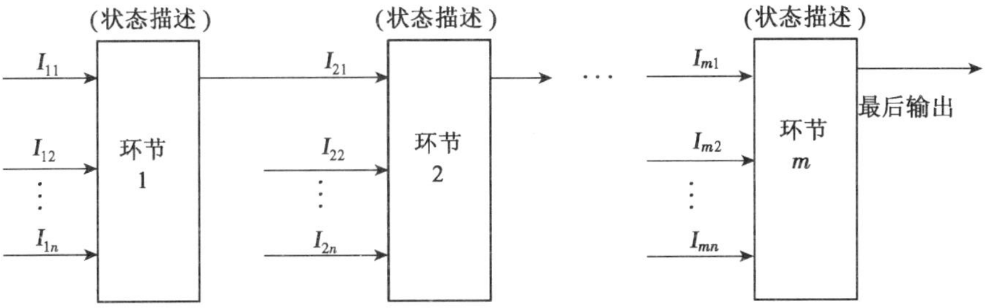

图 7－4 逻辑链分析图

7. 相似类比，触类旁通

现代控制系统，均由动力、输入、控制、检测、反馈与执行等环节构成。两种功能不同的元件，可能有极为相似的结构，从而有相似的加工工艺。一种新元件，可能在工作原理、结构特点、加工过程及性能参数等方面与旧元件相仿。液压系统相似的环境意味着类似的故障机理。认识相似现象与相似规律，创造性地运用相似原理与方法，对液压故障诊断有重要意义。

第二节 压力失控问题的诊断

液压设备的压力失控，是最常见的故障，主要表现在：系统无压力，压力不可调，压力波动与不稳，以及卸荷失控等。

一、系统无压力

设备在运行过程中，突然系统压力下跌至零并无法调节，多数情况下是调压系统自身的问题。应从下列方面去找原因：溢流阀阻尼孔被堵住；溢流阀的密封维面上有异物；溢流阀主阀芯在开启位置上卡死；卸荷换向阀的电磁铁烧坏，电线断或电位号未发出；对于比例溢流阀还有可能是电控制信号中断。

设备在停开一段时间后，重新启动，压力为零，可能原因有：溢流阀在开启位置锈结；液压泵电机反转；液压泵因过滤器阻塞或吸油管漏气未吸上油。

设备在检修，元件装拆更换后出现压力为零现象，可能原因如下：液压泵未装紧，不能形成工作容积；液压泵内未装油，不能形成密封油膜；换向阀芯装反；换向阀装反，如果系统中有U形中位机能的换向阀，一旦装反，便使系统泄压（如图7－5所示）。

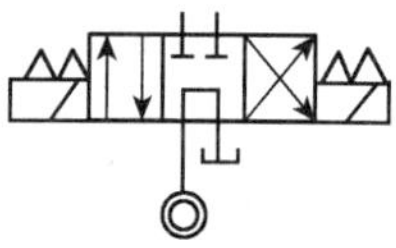

图7－5 U形换向阀装反导致系统无压力

二、系统压力不高

这类问题一般由内泄漏引起，主要原因有：

液压泵磨损，形成间隙，调不起压力，同时也使输出流量下降。

溢流阀主阀芯与配合面磨损，使溢流阀的控制压力（二级压力）下降，引起系统压力下降。

执行件（液压缸或液压马达）磨损或密封损坏，使系统压力下降或保持不住原来的压力，如果系统中存在多个执行件，某一执行动作压力不正常，其他执行件压力正常，则表明此执行件有问题。

系统内有关的阀，阀板存在缝隙，形成泄漏，使压力下降。

三、系统压力居高不下且调节无效

这类问题的原因一般都在溢流阀上，即溢流阀失灵。

当主阀芯在关闭位置上被卡死，锈结住，必然会出现系统压力上升且无法调节的症状。

当溢流阀的先导控制油路被堵死时，控制压力剧增，使系统压力也突然升高。

例，某液压设备的YF－10型溢流阀，因不慎将先导阀座前端螺塞拧得过紧，将先导油路切断（如图7－6所示），结果使系统压力升至9MPa，超出正常调整压力4MPa。

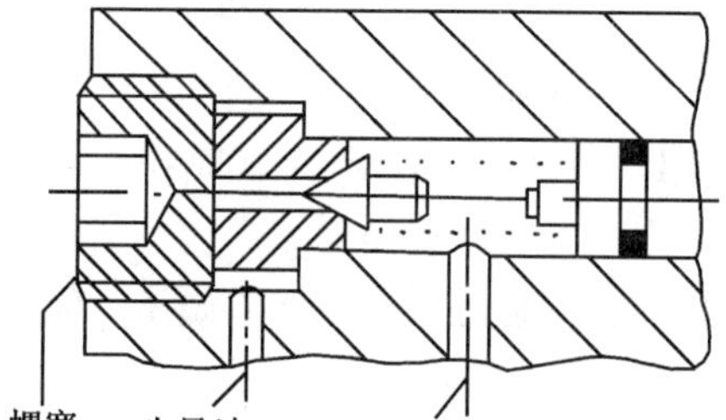

图7－6 YF－10型溢流阀先导阀油路被堵死的情形

四、系统压力漂移与波动

压力漂移上指系统压力不能在调定值上稳定，随运行时间发生变化。压力波动是指系统的压力出现明显的振动。

引起系统压力漂移的主要原因是油温的变化，使油粘度下降，引起系统压力变化。

系统设计不合理，如液压泵过大，而实际负载流量较小，大部分油经溢流阀溢流，引起系统节流发热，油粘度下降，导致压力下降。

系统中存在泄漏口，也会因节流发热而使系统压力漂移。

系统冷却能力不足或是失效也会引起这一问题。

此外，溢流阀的调节螺栓，没有用螺母固定，也会使其调节状态变化，引起系统压力下降。

比例压力阀因控制电路的参数漂移，引起信号的漂移，最终引起控制压力的漂移。

系统压力波动的原因比较复杂，主要是：

溢流磨损，内泄漏严重，使调节压力不稳定。

溢流阀内混入异物，其内部状态不确定，引起压力不稳定。

油内混入空气，系统压力较高时气泡破裂，引起振动。

导轨安装及润滑不良，引起负载不均，进而引起系统工作压力的波动。

液压泵磨损，如叶片泵定子内曲线磨损，泵轴承磨损等均会引起明显的压力波动与噪声，且症状随着工作压力的升高而增大。

柱塞式液压马达因结构原因，会产生脱落与撞击现象，引起压力波动。

五、卸荷失控

液压系统中的卸荷控制方式一般通过换向阀控制溢流阀或采用 M 型中位机能的换向阀来实现，其液压回路分别如图 7-7 和图 7-8 所示。对于通过溢流阀卸荷的液压系统，主要症状是卸荷压力不为零，引起此类问题的原因是：

溢流阀主阀芯不能完全打开。当溢流阀主弹簧预压缩量太大，弹簧过长或主阀芯卡滞等都会造成卸荷不彻底。

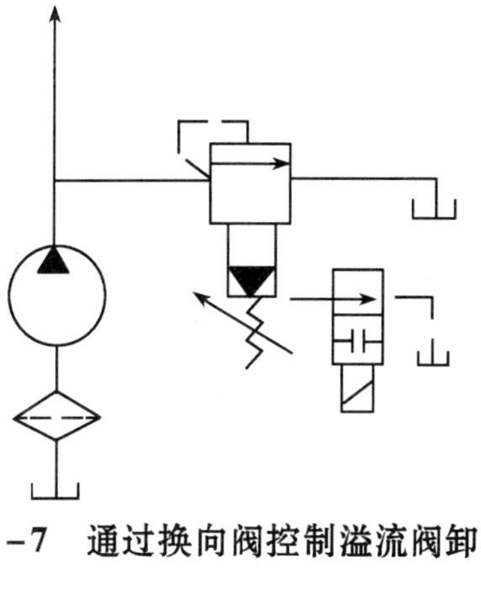

图 7-7　通过换向阀控制溢流阀卸荷

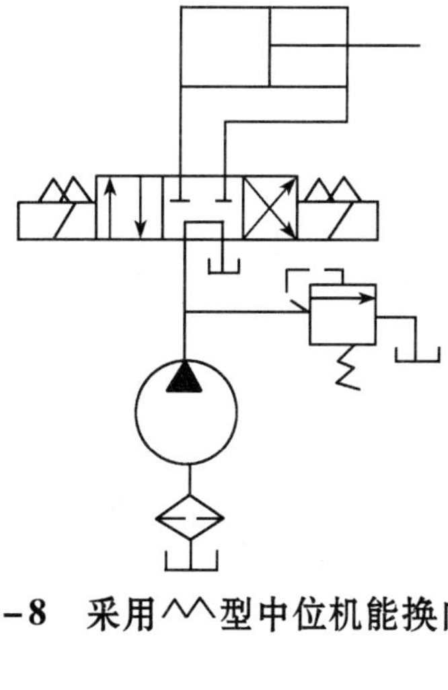

图 7-8　采用 M 型中位机能换向阀卸荷

溢流阀在卸荷状态时，因外部原因，主阀芯压力平衡状态失控。

当换向阀卡死，不能充分打开时，也会使系统压力不能正常卸荷。

采用 M 型中位机能换向阀的液压系统，卸荷失控问题可能有下列情形：

换向阀装反，引起不卸荷；

换向阀装反（M 型换向阀主阀芯不对称），引起不卸荷；

换向阀复位弹簧折断，阀芯不回中位，影响卸荷；

比例压力阀在未得到控制信号时自动卸荷，如果比例电磁铁得到意外的电信号，系统压力自然不卸荷。此外，比例阀的主阀弹簧可调，如果调得过紧，也不能充分卸荷。

第三节　速度失控问题的诊断

液压系统的速度（转速）失控，主要表现在爬行、速度慢、速度不可调、速度不稳等。

一、爬行

所谓液压爬行就是液压缸在低速下运动时产生时断时续的运动现象。爬行现象的实质是当一物体在滑动面上做低速相对运动时，在一定条件下产生的停止与滑动相交替的现象，是一种不连续的振动。爬行现象容易产生在滑动面润滑不良、传动系统刚性低的低速运动系统中。

随着比例控制技术和伺服控制技术在液压传动和控制系统中的应用愈来愈广，随动运动和微量运动以及高精度位置控制等运动越来越多地由液压缸来完成。当液压缸在低速运动或微量运动时，常会产生爬行影响了控制结果的准确性。

1. 爬行机理分析

当物体在滑动面上移动时，摩擦力 F 取决于正压力 P 和摩擦系数 i，即：$F=iP$。

摩擦系数的数值决定于摩擦面表面粗糙度、摩擦面材料性质、摩擦面间的润滑条件、相对运动速度及摩擦面运动前的停止时间 t 等。

图 7－9 表示当两相对滑动面为金属并有液体润滑时，摩擦系数 i 随着速度（$\mathrm{d}x/\mathrm{d}t$）的变化规律。图上从 1 到 2，对应从 i_1 到 i_2 的情况。从 2 后随速度增加摩擦系数下降，下降至最低点 3 为止，这就是所谓摩擦力降落特征，也就是运动物体产生振动的主要原因。i 随速度增加而下降的原因，主要是由于润滑条件的变化。物体静止时，两润滑面间的润滑油被挤出，呈干摩擦或近于干摩擦，当运动后润滑剂不断增加，两润滑面间由干摩擦转化为半干摩擦，直至速度增加到点 3，完全转化为湿摩擦，这时两金属面间建立了一层油膜，被油分子隔开。当速度继续增大，自 3 到 4 摩擦系数 i 随速度增加而加大，这时摩擦力有正阻尼性质，能阻止物体产生高速振动。

油液刚度不稳定，特别是液压系统中混入一定的空气，空气的可压缩性使油液也具有一定的可压缩性，从而导致油液刚度减小。油液刚度愈大，产生爬行的可能性就愈小，在其他条件不变的情况下，一切使油液刚度变小的因素，都会产生爬行。

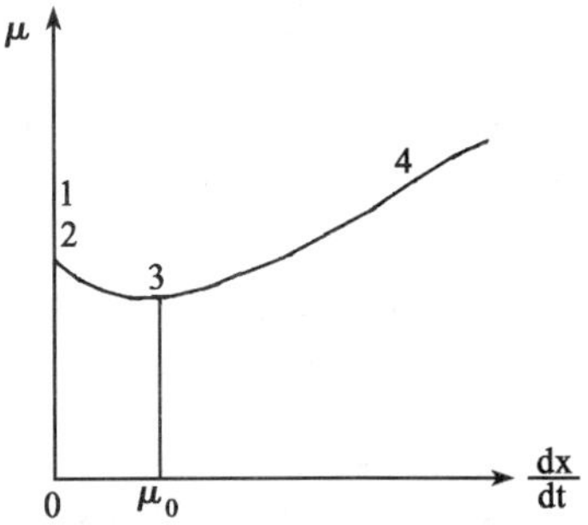

图 7－9　i—$\mathrm{d}x/\mathrm{d}t$ 特征

液压缸制造和使用不当也造成爬行。

2. 爬行的原因

爬行是液压系统常见的问题。引起爬行的直接原因有：

（1）油内混入空气，引起执行件动作迟慢，反应滞后。

（2）压力调得过低，或调不高，或漂移下降。当负载加上各种阻力的总和与液压力大致相当时，执行元件表现为似动非动。

（3）系统内压力与流量过大的波动引起执行元件运动不均。

（4）液压系统磨损严重，工作压力增高则引起内泄漏显著增大。执行件在未带负载时运动速度正常，一旦带上负载，速度立即下降。例如，平面磨床的主工作台在工件未碰到磨头时运动速度正常，一旦碰到磨头，速度变得非常慢就属于这类问题。

（5）导轨与液压缸运动方向不平行，或导轨拉毛，润滑条件差，阻力大，使液压缸运动困难且不稳定。

（6）电路失常也会引执行元件运动状态不良。例如，当行程开关接触不良时，供给电磁铁的电信号也可能是断断续续的，由此引起换向阀不能可靠地开启，并使执行元件的运动不稳定。

三、速度失控其他问题

1. 速度慢

液压系统运动速度慢，有多方面的原因，主要是：

（1）液压泵磨损，容积效率下降；

（2）换向阀磨损，产生内泄漏；

（3）溢流阀调节压力过低，使大量的油经溢流阀回油箱；

（4）执行元件磨损，产生内泄漏；

（5）系统中存在未被发现的泄漏口；

（6）串联在回路中的节流阀或调速阀未充分打开，或其他原因使油路不通畅；

（7）系统的负载过大，难以推动。

2. 速度不可调

速度不可调一般是由于流量控制阀卡死，锈死等原因引起的。调速阀本身损坏自然无法调速。电液比例调速阀如果电气信号不能调节也无法调整系统的速度。

3. 速度不稳定

引起这类问题的主要原因是：

（1）温度的变化，引起泄漏量的变化，致使可供给负载的流量变化，这与温度变化引起系统压力变化的情形相似。

（2）节流阀的节流口有一个低速稳定性问题，这与节流口结构形式、液压油污染等因素相关。

（3）液压系统混入空气后，在高压下气体受到压缩，当负载解除之后系统压力下降，压缩气体急速膨胀，使液压执行元件速度剧增。

第四节　动作失控问题的诊断

液压系统执行件动作失控是常见的症状。主要表现在不能按设定的秩序起始动作与结束动作，出现意外的动作及动作不平稳等。

一、动作不能按设定的秩序起始

引起这类问题的直接原因主要是换向阀没有正常开启，可能的影响因素有：

（1）换向阀阀芯卡死。

（2）换向阀顶杆弯曲。

（3）换向阀电磁铁烧坏。

（4）电线松脱。

（5）控制继电器失灵，使电信号不能正常传递，以及电路方面的其他原因使电信号中断。

（6）操作不当。有的开关与按钮没有处在正确的位置便会切断控制信号。例如，注塑机的安全门打开以后，不能实现闭模运动，因为这时安全门将闭模运动的控制电路与控制油路切断了。有的注塑机在调模开关接通以后，其他动作的电路便切断了，此时不能进行别的动作。

（7）串联在回路中的节流阀，调速阀卡死，无法实现正常动作，油液通道中任何一处出现意外堵塞（执行件），便不能正常启动。

（8）由于各种原因，液压动力源不能由泄卸状态转入工作状态，也不能正常地推动执行元件运动。

（9）负载部分出现故障，无法将它推动的情况也偶有出现。

二、动作不能按设定的程序结束

这类问题一般是由于换向阀不能及时关闭所引起，可能原因有：

（1）换向阀卡死，阀芯不能复位。

（2）换向阀弹簧折断，阀芯不能复位。

（3）换向阀的电信号未能及时消失（如执行开关故障、时间继电器故障、中间继电器故障等）。

三、出现意外动作

这类问题主要有换向阀故障与电信号故障引起：

（1）换向阀的阀芯装反。如两位的换向阀开闭位置颠倒了，便会出现未通电便有动作的现象。

（2）由于电路的故障，电磁铁得到了错误的电信号，引起误动作。

（3）换向阀内部磨损严重，压力油可以从其缝隙中通过，进入液压缸的两腔，如果液压缸是单活塞杆的，则活塞两边的受力面积 A_1 与 A_2 不等（$A_1 > A_2$），但两腔的油压力是相等的（$P_1 = P_2$），故液压缸的活塞受到了一个朝有杆腔的作用力，并朝这一方向缓慢移动，其情形如图 7－10 所示。

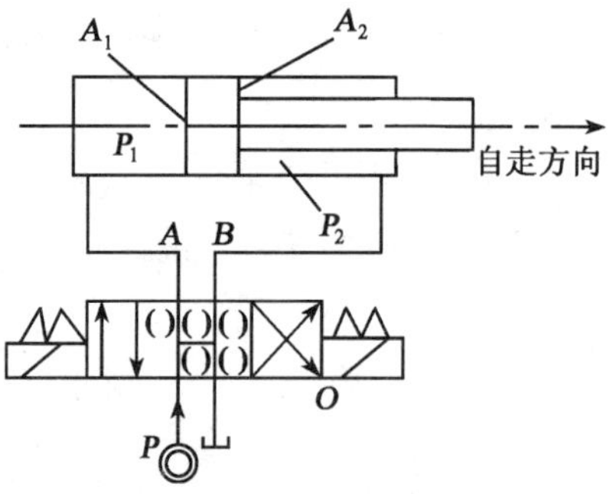

图 7－10　液压缸自走的情形

第五节　温度升高异常问题的诊断

一、系统的发热量和散热量分析

在液压系统中，由于系统内部泄漏及运动部件的相互摩擦力的存在，会导致部分系统功率损失，这部分损失的功率会转化成热量被系统的油液及元器件所吸收，使系统温度升高。根据能量守恒定律，系统损失的能量将会全部转化为热量，即系统损失功率等于系统发热功率。

在液压系统散热时，根据各串联分热阻所起的作用不同，大热阻起的作用大，小热阻起的作用小，计算时可以忽略小热阻，在增强传热时必须先设法减小最大的热阻。

在系统的散热计算中，由于物体与周围大气环境的对流传热是一种自然对流传热，传热热阻很大。因此，辐射传热就成为影响传热的重要因素，忽略辐射传热将造成不能允许的偏差。

二、液压油温升高的主要原因

液压系统油温及元件表面温度升高是一个比较普遍的问题，温升过高的主要原因如下：

（1）设计不当引起温升过高。油箱容量太小，散热面积不够；系统中没有卸荷回路，在停止工作时液压泵仍在高压溢流；油管太细太长，弯曲过多；或者液压元件选择不当，使压力损失太大等。有些是属于制造上的问题，例如元件加工装配精度不高，相对运动件间摩擦发热过多；或者泄漏严重，容积损失太大等。

（2）使用不良引起温升过高。环境温度高，冷却条件差，油的粘度太高或太低，调节的功率太高，液压系统混入异物引起堵塞等，也会引起油温升高。液压泵内因油污染等原因吸不上油引起平摩擦，会使泵内产生高温，并传递到液压泵的表面。电磁阀没有吸到位，使电流增大，引起电磁铁发热严重并烧坏电磁铁。

（3）液压元件磨损或系统存在泄漏口引起温升过高。当液压泵损，有大量的泄漏油从排油腔流回吸油腔，引起节流发热，其他元件的情形与此相似。如果液压系统中存在意外泄漏口，由于节流发热会使油温急剧升高。

第六节　液压系统异常振动与噪声的诊断

液压系统的振动和噪声分为机械振动噪声和流体振动噪声。

一、机械振动与噪声

机械振动噪声是由于零件之间发生接触、冲击和振动引起的。例如，液压系统中的电动机、液压泵和液压马达这些高速回转体，如果转动部分不平衡会产生周期性的不平衡离心力，引起转轴的弯曲振动，因而产生噪声。

电动机噪声除机械噪声外，还有通风噪声（如冷却风扇声和风声）和电磁噪声（电动机通电后的电磁噪声和蝉鸣声）。当电动机和液压泵不同轴以致联轴器偏斜也会引起振动和噪声。

齿轮泵工作时，齿轮啮合的频率、齿轮啮合受到圆周方向的强制力引起圆周方向的振动，而齿轮啮合产生圆周方向的振动使齿面受到动载荷而引起轴向振动（产生径向方向的振动的同时产生轴向振动）。

滚动轴承中滚动体在滚道中滚动时产生交变力而引起轴承环固有振动形成噪声；滚动体移动引起噪声；滚动体和滚道之间的弹性接触引起噪声；滚道中的加工波纹使轴承处于偏心转动引起噪声；滚动体中进入灰尘或有伤痕或锈蚀时发出噪声。

液压零件频繁接触而引起噪声，电磁铁的吸合产生蜂鸣声、换向阀阀芯移动时发出冲击声、溢流阀在泄压时阀芯产生高频振动声。

油箱噪声。油箱本身并不发出噪声，但如果液压泵和电动机直接装在油箱上，它们的振动引起油箱产生共振，会使噪声进一步扩大。液压油在油箱中的涡流也产生噪声。

二、流体振动与噪声

流体噪声由油液的流速、压力的突然变化及气穴爆炸等引起。在液压系统中，液压泵是主要噪声源，其噪声量约占整个系统噪声的75%左右，主要由泵的压力和流量的周期性变化以及气穴现象引起。在液压泵吸油和压油循环中，产生周期性的压力和流量变化形成压力脉动，引起液压振动，并经出口向整个液压系统传播，液压回路的管道和阀类将液压泵的脉动液压油压力反射，在回路中产生波动而使液压泵共振，以致重新使回路受到激振，发出噪声。

从阀里喷出的高压流体，在喷流和周围流体之间产生剪切流、紊流或涡流，由此产生高频噪声（涡流一般从阀开始，一直遍布到最下边的液流）。

在流动的液体中，由于流速变化引起压力降而产生气泡（即气穴现象）。这是因为在油液中，一般都混入少量的空气，其中一部分溶解在油中，也有一部分在油中成为微小的气泡；当油液流经管路或元件特别狭窄地方时，速度急剧上升，压力迅速下降，当压力低于工作温度下油液的气体分离压力时，溶解于油中的气体迅速地大量分离出来，油液中出现大量气泡；当气泡随液流到达压力较高部分时，气泡被压缩而导致体积较小，此时在气泡内蓄存了一定的能量，当压力增大到某一数值时，气泡溃灭，产生局部的液压冲击（局部压力可达几百个大气压），同时产生爆炸性噪声。

在管路内流动的液体常因突然关闭阀门而在管内形成一个很高的压力峰值。液压冲击不仅引起巨大的振动和噪声，压力峰值有时还大到足以使液压系统损坏的程度。

三、液压泵和液压马达的振动与噪声

液压泵有多种振动与噪声，其原因与机理差异很大。

液压泵的运动件磨损，轴向、径向间隙过大，引起压力与流量的脉动，同时使噪声增大。液压泵的压力波动使阀件产生共振，因而增大噪声。控制阀节流开口小，流速高，易产生涡流，有时阀芯迫击阀座，振动很大。产生这种现象时，可用小规格的控制阀来替换，或将节流口开大。

油的粘度太高，吸油过滤器阻塞或油面过低，引起泵吸油困难，产生气穴，引起严重的噪声。

电网电压发生变化、负载发生变化、本身的压力波动和流量脉动等均能引发液压泵的噪声和振动。电网电压波动将引起液压泵的流量脉动，致使泵的出口及管路压力波动，这是外因引起的流量与压力波动所产生的流体噪声。要使液压泵的噪声最低，电网容量要足够大；

在选择液压泵时，在保证所需的功率和流量的前提下，尽量选转速低的液压泵；也可选用复合泵，提高溢流阀的灵敏度，增设卸荷回路等来降低噪声。

因油区的压力冲击，液压泵也可产生流体噪声。如斜盘式轴向柱塞泵，其缸体在旋转过程中位于上死点时，柱塞腔内的液体压力在与排油腔接通的瞬间，吸油压力突然上升到排油压力，产生较大的压力冲击。同理，在位于下死点时，也产生压力冲击，它们是液压泵的另一个主要噪声源。电机与泵轴的连接不同轴或松动，引起机械噪声。

轴向柱塞泵由于油污染，吸油不畅，引起滑靴与斜盘干摩擦，发出尖厉的声响。柱塞泵的柱塞卡死或移动不灵活也会引起振动。

叶片泵转子断裂，叶片卡死，引起压力波动及噪声。

当油泵中有因油现象，齿轮油泵齿形的误差较大导致振动。

一般情况下，齿轮泵与轴向柱塞泵的噪声比叶片泵大得多。

液压马达的振动与噪声主要有下列几种情形：轴承及零件部件磨损；液压马达传动轴与负载传动轴连接不同心；轴向柱塞式液压马达因结构原因产生脱缸与撞击。

四、溢流阀的振动与噪声

在各类阀中，溢流阀的噪声最为突出。在大型溢流阀上，症状比较明显，主要的振动与噪声原因是阀座损坏，阀芯与阀孔配合间隙过大，阀芯因内部磨损、卡滞等引起动作不灵活。溢流阀调压手轮松动也导致振动，压力由调压手轮调定后，如松动则压力产生变化，引起噪声，所以压力调定后手轮要用锁紧螺母锁牢。调压弹簧弯曲变形引起噪声。由于弹簧刚性不够，当其振动频率与系统频率接近或相同时，产生共振，解决办法是更换弹簧。

阀的不稳定振动现象会引起压力脉动而造成噪声。如先导式溢流阀在工作中导阀处于不稳定高频振动状态时产生的噪声。溢流阀也可能由于谐振而产生严重的噪声及压力波动。以下是溢流阀引起振动与噪声的实例。

液压系统如图 7－11 所示。

故障症状为：当电液比例阀未通电，H02 与 H03 电磁铁同时得电，系统出现严重的噪

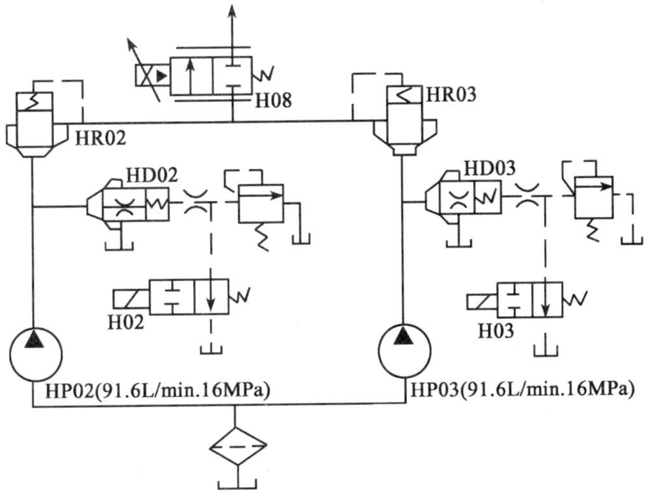

图 7－11　产生谐振的液压系统

声及压力波动，但 H02 或 H03 一个电磁铁通电时没有这种现象。

振动与噪声来自溢流阀。溢流阀是在液压力和弹簧力的相互作用下进行的，极易激起振动而产生噪声。对于这个系统，双泵输出的压力油经单向阀合流，发生流体冲击与波动，引起流体振荡，从而导致液压泵出压力不稳定，又由于泵输出的压力油本身就是脉动的，因此，泵输出的压力油波动加剧，便激起溢流阀振动。两个溢流阀结构相同，固有频率也相同，便引起溢流阀共振，发出异常噪声。

后来将溢流阀 HD03 调低至 15MPa，症状消失。此时，两溢流阀调出的压力不等，比例阀 H08 未打开，HR03 不会打开，两泵供出的压力油分别经各自的溢流阀回油箱，不至因合流而发生共振。

五、其他原因造成的振动与噪声及预防

1. 阀类元件引起的振动与噪声

油中杂质把阀阻尼孔堵塞，阀中弹簧疲劳或损坏，杂质过多使阀芯移动不灵活等会引起振动与噪声。

阀芯与阀体配合不好或表面拉毛。配合间隙过松，内泄漏严重，产生振动噪声；过紧阀芯移动困难，产生振动噪声。因此，装配时要掌握合适的间隙，以阀芯在阀孔内可以自由移动但不松、不涩为度。

换向阀换向时产生噪声。①快速换向，引起压力冲击，产生波及到管道的机械振动；②换向阀铁芯与衔铁杆吸合端面有污物，吸合不良；③换向阀铁芯与衔铁杆吸合端面凸凹不平，吸合不良；④衔铁杆过长或过短。解决方法：避免或减少快速换向，清洁换向阀铁芯与衔铁杆吸合端面，改善端面平整度，校正衔铁杆长度。

电磁铁的振动与噪声，电磁铁因阀芯卡滞，电信号断续，电磁阀两对电磁铁同时得电而产生明显的振动与噪声。

控制阀的气穴作用产生流体噪声。这是由于油流通过阀体时产生节流作用，在节流口处产生很高的流速。流速变化，压力也变化，当压力低于大气压时，溶解于油中的空气便分离出来产生大量的气泡，此时的噪音频率将是很高的。另外，在射流状态下因油流速度不均匀而发生涡流，或由于油流被切断，也会产生噪声。解决这类噪声的办法，是提高节流口下游侧的背压，使其高于空气分离压力的界值。可用多节减压的办法防止气穴现象的发生。

控制元件之间连接松动，也能引起噪声和振动。

2. 管道的振动与噪声

各类刚性管道，因安装不牢靠，或过长的管道没有合适的支承座，会产生明显的振动与噪声，且系统压力越高，问题越严重。由于谐振，管网有时会产生严重振动。

液压泵产生的流量脉动经过管路的作用，形成压力脉动，流体的振动通过管路传至系统。

随着流体动力技术向着高压、大流量和大功率方向发展，由动力源产生的流量压力脉动和由此诱发的管道振动和噪声问题也就越来越突出。近年来由于管道振动造成的泄漏和爆炸事件时有发生。生产中遇到的液压系统振动多数是压力脉动引起的，破坏性的剧烈振动则是压力脉动激发管网而产生的谐振。

3. 液压系统中混入空气而产生振动与噪声

大气压下液压油中一般溶解了体积为5% ~6%的空气，而且气体在油液中的溶解度与压力成正比。当油箱中油位过低、吸油管浸入油中太短，在吸油口附近形成漩涡使空气吸入油泵；吸油管和回油管在油箱中没有用隔板隔开或相距太近，回油飞溅、搅成泡沫使空气吸入油泵；回油管没有浸入最低油面以下，回油冲击在油面与箱壁上，在油面上产生大量气泡，使空气与油一起吸入系统；由于密封不严、配管接头不严，在系统中低于大气压的部位吸入系统，如油泵的吸油腔、吸油管、压油管中流速高（压力低）的局部区域，停车以后回油腔的油经回油管返回油箱时形成局部真空的地方。

4. 装配、操作与维修不当产生振动与噪声

油泵内零件损坏严重，装配松动或零件装错，引起油泵噪声过大。解决方法：立即停车，解体检查校正或更换有关零件。

零件的光滑程度，零件外部的几何形状不规则或有毛刺或接合面平整度不合要求等原因造成元件间的密封不良，混入空气，产生空气噪声，如有此种情况只能更换零配件。

长时间不开机，在突然开机时也容易产生噪声和振动，如按要求操作则能避免。操作要求：长时间不开机，在开机时应对液压泵注满清洁的液压油（从回油孔注入），平时最好每周开机一次。

第七节　液压系统泄漏的诊断

一、液压系统的内泄与外泄

液压系统的泄漏可分为两种类型，一种是外部泄漏，一种是内部泄漏。

1. 外部泄漏

压力管道的泄漏可被很容易地发现，因为可以看到泄漏出的液压油。维护人员和操作者应当经常检查整个液压系统的每个元件，及时发现泄漏点并立即着手解决泄漏问题。但外部泄漏发生在泵的吸油口时则很难检测到，如果出现以下五种的现象之一，可以怀疑发生了系统吸油管泄漏：

（1）液压油中有空气气泡；

（2）液压系统动作不稳定，有爬行现象；

（3）液压系统过热；

（4）油箱压力增高；

（5）泵噪声增大。

假如有以上任一现象存在，就应当首先检查所有的吸油管接头和连接处以寻找泄漏点。对于软管接头不要过度地旋紧，因为过度的旋紧会使管接头变形，反而会增加泄漏，应当使用设备制造商推荐的旋紧转矩值，这将保证可靠的密封并且不会使管接头和密封圈产生扭曲变形造成密封圈表面的损坏。

2. 内部泄漏

由于液压系统中元件的磨损，随着时间的推移，在元件内部产生的泄漏会越来越明显，轻微的内部泄漏可能察觉不到，但是，随着内漏的增加，系统过热将成为问题。当这种情况

发生时，系统的其他元件将开始失效。鉴别内部泄漏的简单办法是测试系统满载和空载时的工作周期，假如花了比空载时长很多的时间才完成有载时的动作，那么可以怀疑泵可能失效了。

液压系统中的液压元件一旦发生泄漏，不仅会造成介质的浪费和环境的污染，而更严重的会使整个液压系统发生故障，中止工作，以致发生安全、质量事故。为了减少液压系统的故障，提高液压系统的效率，防止环境污染和减少液压介质的损耗，必须注意泄漏问题，并分析造成泄漏的原因，采取相应的措施，达到减少泄漏以至避免泄漏的目的。

二、造成泄漏的相关因素分析

（1）工作压力。在相同的条件下，液压系统的压力越高，发生泄漏的可能性就越大，因此应该使系统压力的大小符合液压系统所需要的最佳值，这样既能满足工作要求，又能避免不必要的过高的系统压力。

（2）工作温度。液压系统所损失的能量大部分转变为热能，这些热能一部分通过液压元件本身、管道和油箱等的表面散发到大气中，其余部分就贮存在液压油中，使油温升高。油温升高不仅会使油液的粘度减少，使油液泄漏量增加，还会造成密封元件加快老化、提前失效，引起严重泄漏。

（3）油液的清洁程序。液压系统的液压油常常会含有各种杂质，例如液压元件安装时没有清洗干净，附在上面的铁屑和涂料等杂质进入液压油中；侵入液压设备内的灰尘和脏物污染液压油；液压油氧化变质所产生的胶质、沥青质和碳渣等。液压油中的杂质能使液压元件滑动表面的磨损加剧，液压阀的阀芯卡阻、小孔堵塞，密封件损坏等，从而造成液压阀损坏，引起液压油泄漏。

（4）密封装置的选择。正确地选择密封装置，对防治液压系统的泄漏非常重要。密封装置选择的合理，能提高设备的性能和效率，延长密封装置的使用寿命，从而有效地防止泄漏。否则，密封装置不适应工作条件，造成密封元件的过早磨损或老化，就会引起介质泄漏。此外，液压元件的加工精度、液压系统管道连接的牢固程度及其抗振能力、设备维护的状况等，也都会影响液压设备的泄漏。

参考文献

［1］黄志坚，袁周．液压设备故障诊断与监测实用技术［M］．北京：机械工业出版社，2005.

［2］程友胜．液压系统液压冲击的危害、原因及预防措施［J］．煤矿机械，2002（3）．

［3］周小明，张红卫，徐德忠．轧钢生产线液压系统泄漏分析与控制［J］．润滑与密封，2005（2）．

第八章 电气设备的故障诊断技术

第一节 概 述

现代设备大多为机械部分、动力部分和控制部分完整的结合。据统计，企业设备故障中电器故障约占1/2。

电气故障具有隐蔽性（在故障潜伏期不易察觉）和突发性，一旦发生事故，所需修复的时间长，影响严重。

电气设备种类繁多，本章仅讨论强电部分，如变压器、电动机等。这些设备的故障不完全一样，但是由于绝缘破坏和温度上升引起的故障，在电气设备中占很大的比例。

绝缘材料在电场作用下会漏电，有能量损失，在强电场作用下还会击穿，丧失绝缘性能。绝缘是电器设备中的薄弱环节，电器设备的事故大多是因绝缘损坏造成的。为了提高电气设备运行可靠性，需要定期对其绝缘性能进行预防性测试，检测其各种物理、化学性能，特别是电气性能的变化，防患于未然。

电气设备只要有电流通过就会产生热量，在温升范围内，设备能安全运行，一旦温升超过极限，就会产生故障，及时检测设备，特别是电器联结点的温度十分重要。

针对电气设备的主要问题，人们发展了许多故障诊断的手段，如表8－1所示。

表8－1 针对各种诊断参数的电气设备诊断技术

诊断参数	诊断原理	诊断技术	诊断对象
直流电压、电流	直流成分叠加	在线测试装置	电力电缆
	直流矢量叠加	直流高压法绝缘诊断	直流电机、电力电缆
交流电压、电流	交流矢量叠加	绝缘诊断： （1）漏电流法 （2）局部放电法 （3）tgδ法	高压电机 电力电缆 电力变压器
tgδ	主回路电流	电流波形识别法	感应电机
	接地电流	中性点接地电流识别法	直流电动机
高频（冲击）电压、电流	高频电流	绝缘局部放电检出	高压电机、电力电缆
	冲击电压叠加	回路异常检出（短路、断路、接触不良）	交、直流电机
射频电磁波 10K—10MHz	射频电磁场	局部放电检出 接触不良检出	发电机 高压变压器

续表 8-1

诊断参数	诊断原理	诊断技术	诊断对象
磁道	绕组磁场 外部漏磁	磁通波形识别	直流电机转子
		电机转子异常检出、变压器回路诊断	感应电机转子变压器
振动	轴振动位移	旋转振动识别	汽轮、燃气轮机、发电机
	振动加速度	机械故障检出	轴承、齿轮装置
	频带振动	碰摩检出、裂纹检出	密封件类、旋转机械主轴
声音	声响波形	电磁振动诊断 碰摩诊断	感应电机 直流电机
	超声波	绕组放电检出	高压绝缘子 高压变压器
		被动接收法	汽轮机、变压器
光、热	红外线	红外热像	变电设备、印刷电路板
	温度	绝缘油温检测 绕组温度检测	高压变压器 电机绕组
化学成分	绝缘油化验	可燃气体分体	浸油式变压器、OF 电缆
	绝缘气体化验	气体分析	GIS、GCM
	润滑油化验	磨屑光谱分析	轴承、齿轮、气缸等

第二节　电气设备绝缘性能测试及故障诊断

一、电气设备绝缘性能测试

电气设备绝缘性能测试一般采用绝缘电阻的测定，方法是在通电后一定时间测量绝缘电阻的变化和介质损失，进行局部放电、交流工频耐压测试，以及直流耐压和泄漏电流的测量等。

1. 绝缘电阻和吸收比测定

电气设备绝缘电阻 R 的测定是判定其绝缘状况的初步方法。同时可测得通电后一定时间（如 15min 和 60min）绝缘电阻的比值，称为吸收比，它反映电气的绝缘是否有缺陷，绝缘材料是否受潮。

测量方法可采用摇表法，在测 R_X 值时，为了消除吸收现象对 R_X 值的影响，要先通电 1min 后测量。

通电 15min 和 60min 绝缘电阻的比值 $K = R_{60}/R_{15}$称为吸收比，正常情况下，$K \geq 1.3$。

2. 介质损失的测量

电气设备通电时，在电场作用下，绝缘材料（电介质）有一部分电能转化为热能，称为介质损失，可以用功率因数角 φ 表示，工程上常用 δ 的正切值（$\delta=90°-\varphi$）来反映电介质的品质，δ 称为介质损失角，$\mathrm{tg}\delta$ 称为介质损耗因数。跟踪测量电气设备的介质损耗因数可以判断其绝缘材料的变化。如果绝缘体绝缘劣化，绝缘电阻值 R_X 值会降低，介质损耗也会加大。

介质损耗因数可用 635 阻抗电桥、QS_1 型交流电桥以及 M 型介质损失角测试仪测定。

3. 局部放电的测量

测量工频电压下局部放电可以诊断电气设备绝缘劣化的情况。可以用放电量、放电重复率、平均放电功率等量来反映局部放电的强弱。常用的测量方法为脉冲电流法。监测股线断裂或端部电晕引起的电弧，称为 RF 监测；监测绝缘内部放电、槽放电、端部电晕，称为 PD 监测。这两种方法都是监测放电所引起的脉冲电流。RF 监测事先预设放电水平阈值，当实际放电超此阈值时，认为已经临近故障状态，发出报警。PD 监测则是根据分析放电发展的趋势，估计绝缘可能发生的故障的概率。

4. 交流工频耐压测试

对待测电气设备施加高于其额定工作电压的工频测试电压，持续 1min，检测该设备承受过压冲击的能力，以检验它的绝缘水平。

5. 直流耐压和泄漏电流的测量

该方法是为电气设备加上高压直流电压 1min，读取泄漏电流值的测试，泄漏电流会随绝缘的劣化而增加。测试操作如下：①测试前先用摇表测试待测电气设备的绝缘电阻情况；②根据表 8－2 预测泄漏电流的 μA 值；（测试装置如图 8－1 所示）；③从最低电压逐步升压，按下 TA 按钮，观看 μA 表的指示；④与表 8－2 所提供的数值相比较，若泄漏电流高于表中所列值，说明电气设备的绝缘已开始老（劣）化。

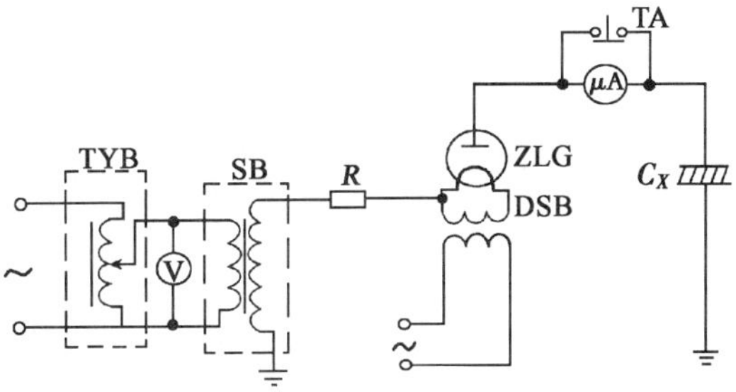

图 8－1　直流耐压和泄漏电流测试装置

C_X—被试物体；μA—微安表；TA—停止按钮；ZLG—整流管；DSB—灯丝变压器；SB—试验变压器；TYB—调压变压器；R—保护电阻

表 8－2　各种测试电压时温度对泄漏电流的影响

额定电压（kV）	测试电压等级（kV）	不同温度下泄漏电流值（μA）					
		10℃	20℃	30℃	40℃	50℃	60℃
1.2～3	5	28	46	65	100	160	260
6～15	10	45	72	114	180	300	468
20～35	20	72	108	180	290	432	700
>35	40	80	120	200	300	500	800

二、电气设备绝缘诊断

1. 绝缘故障的原因

电气设备绝缘性能发生不可逆的劣化和绝缘结构逐渐损坏的过程称为绝缘老化，绝缘老化是引起绝缘故障的主要原因。绝缘老化的原因大致可以归结为以下三类：

（1）电气设备在通电过程和通断电过程中温度剧变和高温使绝缘材料品质劣化，造成的绝缘性能劣化。

（2）电气设备通电或安装过程中对绝缘材料的外力伤害造成的绝缘结构损坏引起的性能劣化。

（3）在潮气和有害气体的长期作用下，因化学变化造成的绝缘材料的劣化。

2. 电气设备绝缘故障诊断的任务

运行中电气设备的绝缘老化会影响设备的正常运行；当绝缘中的缺陷部位发展较严重时，在过电压的作用下（如操作不当或偶遇雷电），绝缘会被彻底破坏，发生击穿或闪络，使电气设备被严重损坏，或发生更严重的影响电路网络的停电事故。

对电气设备的绝缘状况进行诊断，可以掌握设备绝缘的情况，及时发现缺陷，判断、估计绝缘中缺陷的发展程度。通过绝缘诊断，可以对设备采取必要的措施，阻断事故的继续发展，对设备进行检修，更换零件，恢复电气设备原有的性能。

3. 电气设备绝缘故障预防性测试方法

对电气设备的绝缘故障进行直接的破坏性测试，可使设备彻底破坏，不应成为推荐的方法，间接的非破坏性测试才是实用的方法。测试的内容就是本节前面部分所介绍的各种电气设备绝缘性能测试方法。

电气设备种类繁多，绝缘故障预防性测试的项目和测试间隔时间，可按《电气设备预防性试验规程》进行。

第三节　电气设备温度诊断

在电气设备检测中，温度测试约占测试量的一半，这是因为电气的绝缘故障或其他故障都伴随温度的变化。目前虽然有多种常规测温仪器，但大都难以实现处于高压、强电磁干扰等恶劣环境中电力设备内部温度的测试。红外测温技术是这方面仪器的首选。本书在第五章中对红外光谱的诊断技术进行了详细的介绍，这里不再重复。

第四节　变压器故障诊断

电力变压器是供电的重要设备，一旦发生故障，后果十分严重。由于该设备结构复杂，元部件繁多（包括绝缘结构、磁路结构、冷却循环系统等），使其平均事故率高达 2 次/百台·年。在这些事故中，绝缘故障占 50% 以上，加强对电力变压器状态监测和故障诊断，对保证其可靠性和安全生产是不可缺少的。

一、常用变压器的状态监测和诊断技术

表 8－3 给出了变压器常用的监测和诊断技术。

表 8－3　变压器的实用监测技术、诊断技术

诊断技术名称	检测参变量	诊断原理
油中气体分析法	绝缘油中溶存的气体成分	根据气体成分参变量进行故障分析
局部放电法	接地线电流中的高频成分	根据高频波 CT 用数 100kHz—数 MHz 的高频波脉冲的大小和数量检定
超声波（AE）法	在槽的侧壁测定超声波 AE 信号	根据数 10kHz 的局部放电产生的超声波振动诊断
空气中超声波法	根据局部放电产生的空气中超声波用超声波麦克风测定	不仅能检测油中的局部放电而且能检测绝缘套管等沿面放电
射频电场法	由接地线测定射频高频波电场强度	能检测出局部放电、电弧、接触不良等
过热检测法	绕线内部高电压充电部分的温度	检测过载、局部放电、接触不良等的局部过热

图 8－2 给出了这些技术中的传感器在电力变压器中放置的位置。

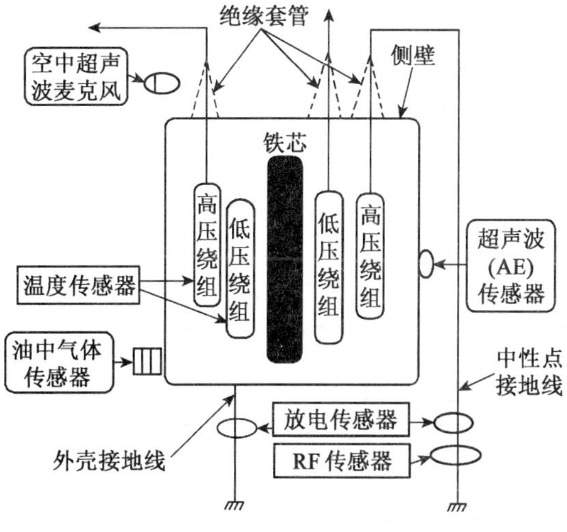

图 8－2　电力变压器状态监视测点

二、变压器气体分析

变压器内部接触不良，绕线间绝缘破坏、局部过热等都会使油和固体绝缘材料分解产生各种气体，这些气体溶解于变压器的绝缘油中，所以从变压器的绝缘油中检测出所含气体的成分，就能对变压器内部的异常进行诊断。油中气体分析法又称 DGA 法。

DGA 定量测定变压器故障的主要气体是：氢（H_2）、乙炔（C_2H_2）、乙烯（C_2H_4）、乙烷（C_2H_6）、一氧化碳（CO）等。从分析这些气体入手，找出产生这些气体的故障原因、异常现象的程度及部位。

典型的分析法包括：成分分析法和三比值法等。

1. 成分分析法

这种方法是根据各种故障所产生的特征气体对变压故障的性质作出判断的一般方法，如表 8－4 所示。

表8-4 判断故障性质的特征气体法

序号	故障性质	特征气体的特点
1	一般过热性故障	总烃较高，$C_2H_2<5\mu L/L$
2	严重过热故障	总烃高，$C_2H_2>5\mu L/L$，但C_2H_2未构成总烃的主要成分，H_2含量较高
3	电弧放电	总烃高，C_2H_2高并构成总烃中的主要成分，H_2含量高
4	火花放电	总烃不高，$C_2H_2>10\mu L/L$，H_2较高
5	局部放电	总烃不高，$H_2>100\mu L/L$，CH_4占总烃中的主要成分

2. 三比值法

DGA结果的解释是建立在著名的IEC方法的基础上，国家标准GB/T 7252-2001《变压器油中溶解气体分析和判断导则》推荐了这个方法（也称三比值法），它是目前国内外最广泛使用的工具。

三比值法是用五种特征气体（H_2、CH_4、C_2H_6、C_2H_4和C_2H_2）组成三对比值来判断变压器故障性质，它列出对于不同的比值范围，三对比值以不同的编码表示，并将这些编码组合分析，即可对故障情况按程度进行分类，做出判断，见表8-5、表8-6。

表8-5 三比值法的编码规则

特征气体的比值	比值范围编码			说　明
	$\frac{C_2H_2}{C_2H_4}$	$\frac{CH_4}{H_2}$	$\frac{C_2H_4}{C_2H_6}$	
<0.1	0	1	0	例如：$\frac{C_2H_2}{C_2H_4}=1\sim3$，编码为1； $\frac{CH_4}{H_2}=1\sim3$，编码为2； $\frac{C_2H_4}{C_2H_6}=1\sim3$，编码为1
0.1~1	1	0	0	
1~3	1	2	1	
>3	2	2	2	

表8-6 判断故障性质的三比值法

序号	故障性质	比值范围编码			典型例子
		$\frac{C_2H_2}{C_2H_4}$	$\frac{CH_4}{H_2}$	$\frac{C_2H_4}{C_2H_6}$	
1	无故障	0	0	0	正常老化
2	低能量密度的局部放电	0⑤	1	0	含气空腔中的放电，是由于不完全浸渍、气体过饱和、空吸作用或高湿度等原因造成的

续表 8-6

序号	故障性质	比值范围编码			典型例子
		$\frac{C_2H_2}{C_2H_4}$	$\frac{CH_4}{H_2}$	$\frac{C_2H_4}{C_2H_6}$	
3	高能量密度的局部放电	1	1	0	已导致固体绝缘的放电痕迹或穿孔
4	低能量的放电①	1-2	0	1-2	不同电位的不良连接点间或者悬浮电位体的连续火花放电，固体材料之间油的击穿
5	高能量放电	1	0	2	有工频续流的放电，绕组、线饼、线匝之间或绕组对地之间油的电弧击穿，有载分接开关的选择开关切断电流
6	低于150℃的热故障②	0	0	1	通常是包有绝缘层的导线过热
7	150~300℃低温范围的过热故障③	0	2	0	磁通集中引起的铁心局部过热，热点温度依下述情况为序而增加：铁心中的小热点、铁心短路、由于涡流引起的铜过热，接头或接触不良（形成焦炭）、铁心和外壳的环流
8	300~700℃中等温度范围的热故障	0	2	1	
9	高于700℃高温范围的热故障④	0	2	2	

注：①随着火花放电强度的增长，特征气体的经值有如下趋势：乙炔/乙烯比值从0.1~3增加到3以上，乙烯/乙烷比值从0.1~3增加到3以上；

②气体主要来自固体绝缘的分解，这说明了乙烯/乙烷比值的变化；

③通常由气体浓度的不断增加来反映，甲烷/氢的值通常为1，实际值大于或小于1与很多因素有关，如油保护系统的方式，实际的湿度水平和油的质量等；

④乙炔含量的增加表明热点温度可能高于1000℃；

⑤乙炔和乙烯的含量均未达到应引起注意的数值。

由于变压器的测试受检测条件和人员水平的限制，测试结果中存在一些错误、虚假数据，所以单纯应用传统的刚性推理技术会得出一些不正确的结论。近年来，人们针对不完全信息的电力变压器故障诊断提出了粗糙集理论；针对DGA方法不但制定了国家标准GB/T 7Q52—2001，还推出了专家系统（TFDES）及变压器故障诊断的人工神经网络（TFDANN）和智能型系统法（TFDAI）。目前用经典特征气体法、三比值法和专家系统、人工神经网络、智能型系统对变压器故障诊断，得到了一致的结论。

第五节 电机的状态监测与故障诊断

电机的状态监测与故障诊断技术研究，对提高电机的维护管理水平，保障其运行可靠性有重要意义。经过多年的研究与努力，人们已开发出一些比较成熟的状态监测技术和方法，可对多种电机故障状态进行监测、识别和诊断。

电机是指旋转电机，主要包括交流电动机、直流电动和大型发电机，是电能与机械性相互转换的主要设备。电机的故障一般分为机械和电气故障两大类。其中，机械方面的故障大多发生在转子和轴承方面，电气故障主要发生在绕组方面，电机的动态性能是其电磁、振动和声学过程的总体反映，在电机的各个主要功能部件（包括定子、转子、铁心、气隙、轴承组件）之间存在着紧密的电磁和机械联系，它们的状态互相影响。某部件的损坏（直接故障）在其他诊断相关部件（如果第一个部件的故障引起第二个部件确定的故障，这两个部件就是与诊断相关的）中会引起条件故障。条件故障包括气隙中电磁场均匀性被破坏，定子绕组电流中出现高次谐波，气隙磁势不均匀等。所有故障都将引起相应参数的变化，而参数的变化可以通过测试监测。

一、电机的常见故障及产生原因

（一）大型电机绝缘故障的原因及监测

大型电机绝缘故障的最终表现为绝缘击穿。电机绝缘发生电击穿时，有的绕组已全部老化，在其薄弱点首先发生了电击穿；有时绕组绝缘整体尚属正常，但局部缺陷的位置发生了电击穿。造成电击穿的原因有以下几种：

1. 制造缺陷

（1）浸渍不充分。现代高压电机一般采用云母带包绕绝缘，经真空浸渍和模压成形处理。如果浸渍时工艺控制不严格，绝缘中存有微小气泡，运行中在气泡部位会发生局部放电，逐渐烧损周围绝缘，使气泡逐渐扩大，最后贯穿整个绝缘，造成击穿。

（2）非整浸绕组线棒与槽壁或槽底接触不良。这是空冷电机中导致“电腐蚀”的直接原因。

（3）端部固定不牢。

（4）端部焊接缺陷。

（5）端部手包缘缺陷。

2. 绕组端部振动

在运行中，定子绕组端部因受电磁力的作用，会产生周期性的振动。如果制造时端部固定不牢，振动更易加剧。这种振动对绝缘的主要影响是导致槽楔松动和出槽口处线棒的绝缘漆层损伤，催化和加速电晕而烧损绝缘。

3. 冷却系统故障造成的绝缘局部过热

现代大容量机组的定子绕组中通过很大的电流，导体将产生大量的热量，铁芯也产生不少热量，必须通过定子冷却系统把这些热量带走。运行中如果由于某种原因（如端部引水管接头处焊接缺陷）造成冷却系统工作异常（如某一线棒或某股线中液体断流或流量减少），可能导致线棒的局部温度过高，造成附近绝缘受热裂解、性能劣化，严重时甚至造成股线烧熔，绝缘爆裂，形成较严重的放电（电弧），最后击穿短路。这种事故的发展比较迅速，难以预测。

4. 机内漏水漏油

漏水是指定子冷却系统局部缺陷（端部股线焊接缺陷，进出水管接头处密封不良等）造成的水渗漏；漏油是指由于转子油封处由于油压氢压不平衡造成的油渗漏。目前一般认为端部手包绝缘缺陷在油水的混合作用下形成端部绝缘薄弱区（所谓的“电位外移”现象），导致放电和绝缘烧损。

（二）各类电机的常见故障

直流电机的常见故障包括：发电机电压不能建立、点压过低；点刷下火花太大、电枢冒烟、磁场线圈过热；电机不能启动、转速不正常、电机振动等等。

三相异步电动机的常见故障包括：电动机不能启动、电动机接入电源后保险丝熔断或自动开关跳闸、电动机通电后不启动且嗡嗡叫；电动机外壳带电，电动机空载或负载时电流不稳、电动机振动，电动机启动困难、集电环过热，出现大火花、电机运行噪声大、轴承发热冒烟等等故障。

同步电动机的故障包括：轴承发热、定子绕组冒烟、电动机不能启动、运动中振动、噪声过大、绝缘击穿和转子断条引起电流的波动和谐波成分的波动加大、以及由于转子轴偏心引起的定子绕组电压和并联支路电流的不平衡等等。

同步发电机、单相异步电动机故障等等在潘成林主编的《电机检修实用手册》（第二版）中均有详细论述，并分析了故障原因和处理方法，本书限于篇幅，就不一一详述了。

二、电机常规监测方法

（一）电机绝缘状态监测

电机绝缘诊断的实质是考核绝缘材料应具有的性能，其中包括各种电性能，如：各种电阻率、介质常数、介质损耗角和绝缘强度；还包括机械性能，如：机械强度、耐热性、吸湿性；化学稳定性和工艺特性等。

1. 绝缘电阻及吸收比测量

绝缘电阻值的测量包括各个绕组与外壳（对地）的绝缘电阻，各个绕组之间的绝缘电阻。测量电动机的绝缘电阻值时，应分别在实际冷态下和热态下进行，但在进行绝缘电阻值的比较时，必须将其换算至相同温度下的数值进行比较。

2. 介质损失角正切值 $tg\delta$ 测定

$tg\delta$ 的大小受绝缘材料的结构、介质极化、温度、湿度等的影响，当绝缘材料长期老化后其 $tg\delta$ 值上升，当绝缘材料受潮时，由于水分对极化效果影响明显，$tg\delta$ 值更有较大变化。

3. 交流电流实验

对绕阻施加交流电流时，可以根据它的电流－电压特性来获得绝缘层空隙方面的信息，当绕阻没有空隙和吸湿时，电流随电压增加的趋势是恒定的。若存在空隙，则在空隙中会发生局部放电，使电流产生了急增现象，出现第一个急增点。接着会在电压增加到击穿电压时，出现第二个急增点。在交流电流实验中，是不允许出现第二个急增点的。

掌握上述两个电流急增点，就可间接监视绝缘破坏电压下降情况。如图 8－3 所示，a 为绝缘良好的绕组的电流－电压特性曲线，b 为绝缘老化了的曲线，c 为绝缘受潮了的曲线，

d 为绝缘已经老化又受潮了的曲线。从上述四条特性曲线可见，绝缘良好时，电流急增点电压高，电流增加率也小。绝缘老化时，一提高测试电压，发生局部放电的电流就急剧上升。

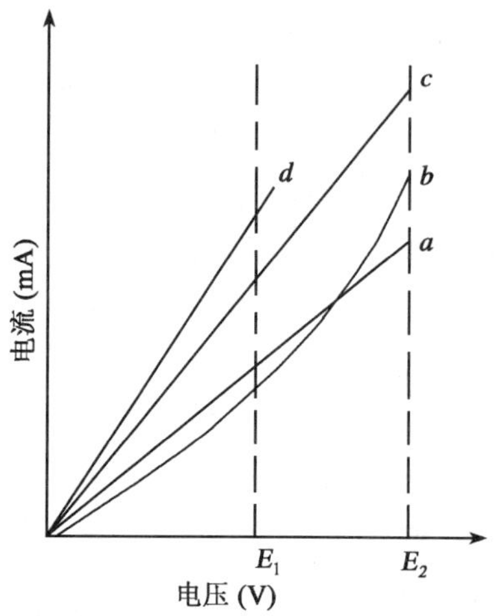

图 8－3 由绝缘电性能决定的电流－电压特性曲线

（二）监测温度

一般采用预埋铜电阻或铂电阻、热电偶等测温元件，对每一线棒的槽内部分（槽内部分较长时，每槽装设多个测温元件），进水口和出水口的温度进行巡测。

由于槽内测温元件的数量有限，监测结果反映的也仅是某线棒的总体温度，为了更有效地反映故障原因，温度监测最好配合局部过热监测使用。

（三）监测局部过热

可以用 GCM 方法监测绝缘受热裂解气体引起的离子室电离电流变化，也可以用 GC/MS 方法进行绝缘受热裂解气体的气相色谱分析。

GCM 方法的检测灵敏度高，结果易受油气和潮气的影响，测量结果反映的也仅是一个总体量，只能按照预先设定的阈值进行故障报警，而不能进行故障定位。GC/MS 方法虽然有助于定位过热点，但由于机内多种绝缘漆、绝缘材料、增强剂的热裂解产物十分类似，区分起来也十分困难。文献中提出用预涂示踪化合物的方法实现故障点定位，但也存在选用示踪化合物的实际困难。

如果将 GCM、GC/MS、示踪化合物法配合温度监测使用，或许能得出可信的结果，但是目前还没有这方面的实践经验。

（四）监测绕组端部振动

目前，一般采用光纤振动传感器，并且预设阈值，当振动幅过大时进行报警，但还不能根据振动的强度来推测绝缘破坏的程度。如果结合振动监测和下面将要介绍的放电监测，则有可能建立振动强度和绝缘破坏速度之间的关系。

（五）监测漏水

通过监测机内氢气浓度进行，要求采用适合机内工作的高可靠性、高灵敏度、长寿命、适用温度范围大的传感器。目前湿度监测的主要目的是保证氢气浓度低于某一阈值，以改善绝缘的运行环境。但是由于氢冷循环的流动性和机内各部位浓度的差异，湿度传感器的测量结果并不能反映各部分绝缘所处的真实湿度环境，而只能反映大量漏水时的严重情况。

（六）监测放电

放电监测是最直接探测绝缘故障的方法，主要有两大类：①监测股线断裂或端部电晕发展引起的电弧，称为 RF 监测；②监测绝缘内部放电、槽放电、端部电晕，称为 PD 监测。

三、电机故障的逻辑诊断与模式识别

常见的电机监测和故障诊断，仅从经验出发，而没有更进一步确定表征故障电机在电磁学方面、振动和声学性能的诊断参数。为此从 20 世纪末开始，人们已开发出除常规状态监测技术和方法外的一些新的尝试，如利用人工神经网络对电机故障进行诊断和模式识别，将信息处理上的“集合论”应用于电机的故障诊断等等。

（一）逻辑诊断法

1. 基本概念

电机在运行时表现出来的动态性能是其电磁（通过电流、电压体现）、振动和声学过程（通过振动监测和声发射法）的总体反映。而电机各主要功能部件（如定子、转子、气隙、轴承组件）之间存在着相互的紧密联系，它们的运行状态也存在着相互的影响，某一部件发生故障，势必引起其他相关部件运行条件的改变，而引起条件故障，如转子不正故障会造成转子和定子间的气隙变化，进而会破坏磁场的均匀性，这将反映到定子绕组中电流出现高次谐波。换句话说所有故障都将引起相应参数的变化，这些变化可以通过本书前几章介绍的监测方法监测出来。逻辑诊断就是在对故障分析的基础上，确定对该故障可能造成的参数变化进行测试，最后做出电机状态的判断。

在集合中可用向量 X（x_1，x_2，K，x_n）表示外部激励输入，向量 Y（y_1，y_2，K，y_m）表示电机的动力学指标，Z（z_1，z_2，K，z_k）表示参数或特征向量，而参数测试结果用 $R=f$（X_g，Y_g，Z_g，t）表示，且建立一定的模型以表征诊断测试结果与激励、动力学指标及状态参数之间的关系。

一般说来，在故障初期，电机的主要性能指标仍保持原值，只有明显损坏时才发生显著变化。当出现第 i 类故障时，故障模型设为

$$R_{s(i)}=f(X_g,Y_g,Z_{s(i)},Z_{s(j/i)},t)$$

$Z_{s(i)}$ 表征第 i 类故障下损坏部件的状态变化；$Z_{s(j/i)}$ 表征 i 类故障导致的第 j 类条件故障引起的其他部件的参数或特征向量的变化。所以，当第 i 类故障出现时电机中的故障集为

$$S=\{S(i),S(j/i)\}$$

故障集及条件故障集可以用相应的诊断参数或特征的集合来描述

$$Z=f(Z_g,Z_{s(i)},Z_{s(j/i)})$$

根据故障的诊断参数，可以确定必需的监测测试，假设诊断参数和试验结果都只有“0”和“1”两种取值，则可以建立电机状态的逻辑性质的数学模型——布尔矩阵。表8－7为由各种故障下不同诊断试验的结果组成的布尔矩阵。

表8－7　电机故障诊断的布尔矩阵

7 电机故障集{S}	监测试验集{π}					
	π_1	π_2	…	π_1	…	π_n
$S(1)$	$R_{1(1)}$	$R_{2(1)}$	…	$R_{i(1)}$	…	$R_{n(1)}$
$S(2)$	$R_{1(2)}$	$R_{2(2)}$	…	$R_{i(2)}$	…	$R_{n(2)}$
M	M	M	…	M	…	M
$S(j)$	$R_{1(j)}$	$R_{2(j)}$	…	$R_{i(j)}$	…	$R_{n(j)}$
M	M	M	…	M	…	M
$S(n)$	$R_{1(n)}$	$R_{2(n)}$	…	$R_{i(n)}$	…	$R_{n(n)}$

用布尔矩阵建立最小的诊断测试集就是找到最小的列集合，使得在每一行中至少有一列为“1”。例如，对于故障 $S(i)$ 最小测试集记为

$$T_i=\{\pi_i,\pi_j,\Lambda\}$$

完成这些诊断测试可以确定相应的故障，并可以依据测试结果做出推论

$$\exists\,\pi_i\in\Pi(R\neq0)_\vee Z_i=1\rightarrow S(i)$$

即某测试（π_i）结果不为 0 或某诊断参数 $Z_i=1$，则发生了故障 $S(i)$。

2. 逻辑诊断方法在电机典型故障分析中的应用实例

哈工大王立欣用该法诊断出定子绕组匝间或相间短路，转子断条故障和转子轴偏心等故障。

（1）定子绕组匝间或相间短路故障。图 8－4 给出了交流电机在发生定子绕组的匝间或相间短路故障时的诊断模型，故障部件对其他部件的作用用箭头表示，而短路环流的作用用虚线表示。定子绕组的匝间或相间短路将引起下列参数的变化：

1）三次谐波电流的不对称。正常情况下，由于三相绕组是对称的，三次谐波的电流产生的总磁势为 0。当出现匝间或相间短路时，三相中谐波产生的磁势不对称，在气隙中出现了频率为基波 3 倍（$3f_1$）的磁势，它沿基波的方向旋转，并在绕组中产生频率为 $3f_1$ 的电动势

$$E_{v=3}=4.44w_1K_{v=3}3f_1\phi_{v=3}$$

致使故障绕组中三次谐波减小。随着故障的发展，三相电流的不对称程度加剧，气隙中三次谐波的合成磁通量增加，导致非故障绕组中三次谐波电流增加。

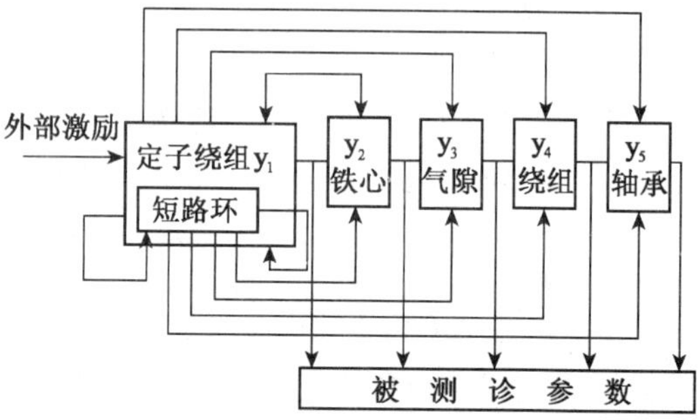

图 8－4　定子绕组匝间或相间短路故障的诊断模型

2）故障相参数的基波减小。短路情况下，短路环流具有电感特性，它引起的电枢感应磁通过激磁磁通产生纵向去磁作用。因此，在给定的激励下绕组中的感应电动势将减小。同步电机中在给定的短路环流下，基波将比正常绕组中的数值减少 15%，同时相电压减少 3%。

3）振动和噪声参数的变化。表 8－8 中列出了某 18.5kW 电动机部分测试数据，表 8－9 中给出的是振动加速度波形的处理结果。

表 8－8　定子绕组匝间和相间短路时振动和声学参数的变化

振动和声学参数	空载条件						负载条件				
	正常	C 相匝间短路，短路环流（A）			A、B 相相间短路，短路环流（A）		正常情况	C 相匝间短路，短路环流（A）		A、B 相相间短路，短路环流（A）	
		15	30	45	15	30		15	30	15	30
振动幅度 A（mm）	45	55	60	65	55	60	100	120	130	120	150
振动速度 v（mm/s）	2	3	3.7	4.8	3.5	4.6	3	3.5	4.5	4	5.3

续表 8－8

振动和声学参数	空载条件						负载条件				
	正常	C 相匝间短路，短路环流（A）			A、B 相相间短路，短路环流（A）		正常情况	C 相匝间短路，短路环流（A）		A、B 相间短路，短路环流（A）	
		15	30	45	15	30		15	30	15	30
加速度 a（mm/s^2）	4	5.5	7.5	9	6	9	5	6.5	8	6.5	9.2
噪声水平 L（dB）	58	69	72	76	69	72	57	60	68	60	64

表 8－9　振动加速度傅立叶级数各系数的绝对值之和

傅立叶级数各系数的绝对值之和	定子绕组状态				
	正常	匝间短路时的短路环流（A）		相间短路时的短路环流（A）	
		15	40	15	40
$\sum a_k$	26	56	104	53	140
$\sum b_k$	24	52	119	60	165

（2）转子断条故障。同步电机因转子断条引起的故障使其基波相电流比三次谐波的波动幅度要大 2.5 倍，这是对鼠笼式同步电动机进行故障监测的最有效的特征。

（3）转子轴偏心故障。轴偏心会破坏相电流的对称性，影响定子绕组电压和并联支路电流分配的均匀性，并导致附加谐波的出现，谐波幅度相对于基波不均匀地增加，同时差动杂散感抗和输入阻抗 Z_k 增加。当偏心率 $\varepsilon = 75\%$ 时，三次谐波将由正常时的 0.47% 增长到 5%（A）、0.42%（B）增长到 4.1%（B）和 0.47%（C）增加到 8.1%（C）。

（二）电机故障模式识别与诊断

模式识别系统主要由 4 部分组成，包括待识别对象的数据获取、预处理、特征提取和选择及分类决策，如图 8－5 所示。

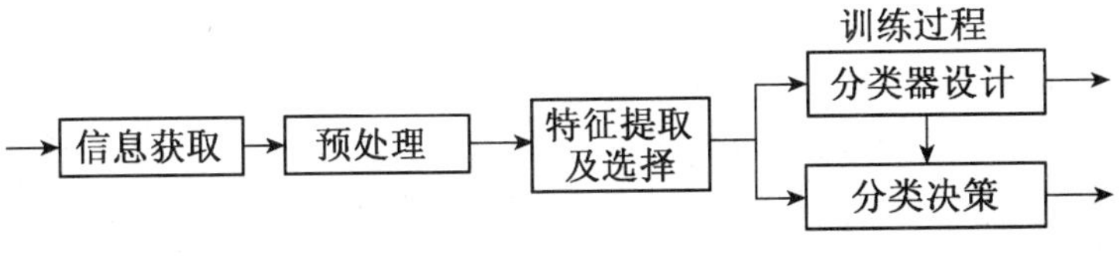

图 8－5　模式识别系统构成

从电机运行时采集到的信号，在传输中或由于其他因素的影响，必然有很强的噪声伴随其中。"预处理"的目的就是去除噪声，加强有用信息。这种信号多是时域信号，其特征往往难以识别，利用快速傅立叶变换可以将时域的数字信号变换为它所对应的频域信号，利用电机发生故障时的频域数字信号特征谱与正常谱加以比较和识别，就是故障模式识别。特征的提取和选择还包括测量数据的压缩。

为对模式进行分类，模式识别系统往往需要学习，学习过程就是使识别系统的某个性能指标达到最优。

分类决策就是在特征空间中把被识别对象归为某一类别。学习与分类决策的功能可用人工神经网络来实现。

此外，MCV 电机电流诊断法亦是新的诊断方法之一。

第六节　电力网谐波的危害及监测

一、电力网的谐波危害

电力网的谐波是指对电网周期性交流量进行傅立叶级数分解后，谐波频率为大于基波频率整数倍的分量。工业电力网的交流电压或电流的波型大多对称于原点或每半周对称。交流发电机所产生的电势为半周期的对称波。

在电力网的常规变配电设备中，谐波的产生多来源于旋转电机（一类是由于电机磁极的磁通密度在空间成非正弦分布引起的；另一类是由于电枢有槽、齿而产生的齿谐波）、变压器（变压器的磁化电流不为正弦形，必然产生谐波；因铁心磁饱和产生的平顶波形磁通也可产谐波，甚至绕阻接线方式也能产生谐波）等。电气化铁路的电力机车是重要的谐波源，比如大同矿务局九矿曾与大秦线铁路共用一个电网，当对该矿 35kV 总进线测量时发现，电压畸变率达 7.94%，造成连续烧毁电机 200 台的事故。电力网中的谐波电压及谐波电流造成的危害主要体现在以下几个方面：

（1）引起电力电容器过载；

（2）使变压器、电力电缆、回转电机增加谐波损耗，从而降低设备的标准容量且增加热损耗；

（3）引起荧光灯电容及镇流器过热烧损；

（4）对电子元件引起如晶闸管换流失败等的影响；

（5）引起保护继电器的误动作；

（6）引起电气仪表类的读数误差；

（7）引起纹波控制系统的误动作。

近几年来，新型用电设备不断投入，使大量谐波源接入电网，导致电能质量下降，对全网安全经济运行构成很大威胁，甚至造成发电机跳闸、保护和自动装置误动、电网解列、补偿用电容器损坏等事故。如 500kV 直流系统操作时产生的谐波，使 500kV 双线的行波保护误动；因西陇海电铁谐波影响，曾使三门峡地区网与大网解列；1994 年初因郑武电铁谐波、负序的共同作用，使 220kV 计山至驻马店的一回线路（另一回在检修）相差高频保护误动，造成豫南电网解列，列车停运，后果严重。

二、电网谐波的监测及防治

1. 测试方法

主要在变电所进行，利用谐波分析仪（如德国 NOWA－1 型电网谐波分析仪、日本产 TEAC－M30 型谐波分析仪、中国矿大研制的 DXF－1 型数字谐波分析仪等）检查总线和各分线供电线路，分别测试电压和电流中的各次谐波含量及总畸变率，以检查谐波对电网的透入情况并确定谐波源。

2. 谐波干扰的防治

消除谐波干扰的措施可从两个方面考虑：一是采取措施，使电网中不产生或少产生谐波；另一方面是对电网产生的谐波采取吸收、滤除的措施以减少对电器的干扰，或者通过改变网络阻抗以分离的方法使电网内的电器避开谐波的干扰。

参考文献

[1] 李纪. 矿山设备性能测定与状态诊断技术 [M]. 北京：煤炭工业出版社，1996.

[2] 杨启平，蓝之达，等. 变压器故障诊断技术的研究 [J]. 变压器. 2002，39 (10)：38－42.

[3] 朱永利，李雪玉，等. 贝叶斯分类器与粗糙集相结合的变压器综合故障诊断 [J]. 中国电机工程学报，2005，25 (10)：159－165.

[4] 潘成林. 电机检修实用手册 2 版 [M]. 北京：机械工业出版社，2002.

[5] 王立欣，齐明，等. 电机故障的逻辑诊断方法 [J]. 中国电机工程学报，2003，23 (3)：113－115.

[6] 邱阿瑞，孙健. 电机故障模式识别与诊断 [J]. 北京：清华大学学报：自然科学版，1999，39 (3)：72－74.

第九章　电子电路故障诊断技术

第一节　概　　述

电子电路是由具有特定功能的电子元件组成的，其中每个元件都有自己特定的作用。如果某个元件损坏，电路的功能必将发生变化。我们将电路系统丧失规定功能的现象称为电路故障。

电路功能的变化必然伴随电路参数的变化，根据电路参数变化来辨别电路故障的过程，称为电子线路故障诊断。

电子电路故障诊断技术，就是根据对电子电路的可及节点或端口直接测量的信息，推断该系统所处的状态，确定故障元件的部位和预测故障的发生，判别电子产品的质量以便给出维修提示的方法。

电子电路分为模拟电路和数字电路两种。因此，电子电路的故障诊断技术也应从模拟电路故障诊断和数字电路故障诊断两方面进行。

故障诊断学科由故障诊断理论和故障诊断技术两部分组成。在本书第一章简要介绍了故障诊断理论，如统计诊断理论的贝叶斯法、最大似然法、时间序列法、灰色系统法；模拟诊断法，智能诊断理论的专家系统故障诊断、神经网络故障诊断理论、信息融合故障诊断、基于 Agent 故障诊断以及故障树诊断理论，本章主要讨论故障诊断技术方面的问题。

一、电子电路通用故障诊断方法

故障诊断过程，实际上就是从故障现象出发，通过反复测试，作出分析判断，逐步找出故障的过程，电子电路的故障包括：①故障检测；②故障定位；③故障识别；④状态监测等几个方面。

1. 故障症状分析

（1）确定故障症状。首先必须知道设备在正常情况下是如何工作的，应如何正确操作和控制设备，从而确定故障的特征。

（2）故障症状的识别。故障症状的识别是分析电子设备工作正常与否的一种技术。故障症状是设备特性的改变或偏离，由于与所期望的特性不一致，则可确认这是一种故障症状。

（3）设备故障与性能下降。设备故障表示整个设备或设备中某些功能块不能工作。设备能工作但达不到正常性能，这称为设备性能下降。

（4）故障症状的评价。故障症状评价是对故障准确描述的过程。

2. 确定故障范围

大多数电子设备都可以分为若干单元，每一单元都有确定的功能。确定故障范围就意味着确定故障实际上出现在哪个功能块。确定故障范围时，可以按以下步骤进行：

（1）外观检查；

（2）电源状态和静止状态；

（3）故障电路分割；

（4）部件交换。

3. 查找故障电路

通过逻辑判断和合理测试，不断缩小故障范围。一般应追寻三个主要信息：信号路径、信号特征和沿信号路径各电路的调节和控制装置。电路的合理测试方法可选择从后向前法（直到发现正确的信号，后一级就是故障电路），信号的注入法、断开环路法、比较法等等。

在电子设备中，集成电路被广泛使用，电路故障只能确定到组件和模块，没必要进一步检测，只需整片、整块电路一起更换。

4. 确定故障位置

这是电子电路故障诊断的最后一步。其方法是借助测试仪器对已确定的故障电路进一步检查，识别和确定有故障的元器件。

二、展望

故障诊断理论的研究虽已有长足的进展，但对复杂的大规模非线性系统的多故障诊断方法的研究尚不充分，已经提出的某些诊断理论还仅限于理论上的探讨，实现起来在技术上会遇到很多困难。对电子电路和电子设备的测试性缺乏统一的衡量标准和计算方法。由于被测对象的多样性，电子电路和电子设备的故障诊断理论尚未形成完整的体系，因此，在故障诊断理论方面，还正在大力研究之中。

在诊断技术方面，也还存在故障分辨率不高、虚警比例大、信息来源不充分、研究成本高、提高慢等问题，需要付出更大的努力。

第二节　模拟电路故障诊断技术

工作信号是模拟信号的电子电路称为模拟电路。模拟信号是指其大小随时间连续变化的，并可以在一定范围内任意取值的物理量。电路中的模拟信号主要指连续变化的电压和电流。模拟电路就是用来产生、变换和处理这种模拟信号的电路。

模拟电路故障诊断的主要内容包括检测点的选择、测试信号的确定和产生、被诊断对象输出响应信号的测试、处理和诊断算法的实现，诊断结果的显示和记录等。

一、模拟电路故障特点

由于模拟信号的大小是随时间连续变化的信号，由此其故障具有下述特点：

（1）模拟电路的输入激励和输出响应都是连续量，模拟电路中的故障模型比较复杂，难以进行简单的量化。

（2）模拟电路中的元器件参数具有容差。“容差”事实上就是轻微的“故障”，只是尚在允许的范围内而已，它们的普遍存在，导致实际故障的模糊性，而无法决定实际故障的物理位置。

（3）模拟电路中存在广泛的非线性问题。随着电路规模的线性增大，计算量以指数形式增加；另外模拟电路还存在大量的反馈回路，也增加了计算和测试的复杂性。

(4) 频率范围宽。模拟电路的频率低端除直流外最低需测至 $10^{-5} \sim 10^{-4}$Hz，高端要测至 10^{3}GHz（如卫星电视的高频头信号就高达 10^{3}GHz 以上）。在这样宽的频率范围内，即使测量同一电信号，在不同频段所依据的原理、采用的方法和使用的设备都可能相差很大。

(5) 量程范围宽。模拟电路的电压和电流的量程范围可达十几个数量级。如：电压的测试要从几微伏（生物信号等）到几千伏的高压信号。和数字信号的电压范围相比，模拟电路信号的测试要困难得多。

二、模拟电路故障诊断的常用方法

电路故障诊断主要包含三个方面的内容：电路故障检测、电路故障隔离、电路故障辨识。所谓电路故障检测是判断电路中是否存在故障；电路故障隔离或定位就是在检测出故障后确定故障的位置和类型；电路故障辨识是指在分离出故障后确定故障的大小和时变特性。在模拟电路故障诊断中，诊断的中心问题是电路故障检测和故障隔离。

具体来说，模拟电路故障诊断就是利用在模拟电路可及节点上测得的信息来判断电路产品的好坏，确定故障元器件的位置及其参数值。

到目前为止，国际上较流行的模拟电路故障诊断方法的分类就是按模拟在测试过程的阶段把模拟电路故障诊断方法为测前模拟法（SBT）和测后模拟法（SAT）两大类。

测前模拟诊断的典型方法是故障字典法。故障字典法涉及到产生元器件故障与电压、电流等标志相对应的表格，以便在对故障电路进行测试后，按所测激励和响应从上述表格中查寻出相应的故障元器件。为了产生故障字典，这种方法要求对待测电路预先进行大量的故障模拟，因此被划归为测前模拟法。

测后模拟法又分为参数识别技术（或任意故障诊断）和故障证实技术（或多故障诊断）。参数识别技术通过电路的方程组把激励、响应与电路元器件参数联系起来，以便计算出元器件参数值，如果元器件参数值的偏移超出允许的容差范围，则判为该元器件发生故障。这种方法要求在对故障电路测试之后进行大量的求解计算工作，因此被划归为测后模拟法。其典型方法有：转移导纳参数法、参数估计法和多频测量法；故障证实技术是预先猜测电路中故障所在，然后根据所测数据去验证这种猜测是否正确，如果二者吻合，则认为猜测正确，故障定位工作结束。它根据猜测故障的范围，分为 K 故障诊断法、故障定界诊断和网络撕裂法等。更细致的分类如图 9－1 所示。

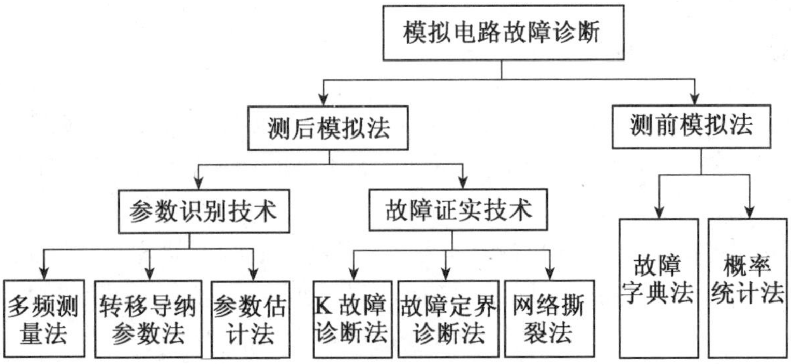

图 9－1　模拟电路的故障诊断方法

三、模拟电路印刷电路板的故障检测

印制电路板通常简称为印制板，它可作为电路中各元器件的支撑体，提供电路元器件之间的电气连接。为便于装配、检验和维修，设计时通常将元器件的编号、型号、名称等标注在印制板上。

常见的印制板依其结构特点可分为下列几类：

（1）单面印制板。单面印制板是绝缘基板上只有一面导电图形的印制板。这种印制板的导电图形较简单，在复杂电子装备中很少采用。

（2）双面印制板。双面印制板是绝缘基板两面都具有导电图形的印制板。由于其双面都具有导电图形，所以常采用金属化孔（即孔壁上镀上金属层的导电孔）使两面的导电图形连接起来，应用广泛。

（3）多层印制板。在绝缘基板上具有多层导电图形的印制板。多层印制板的内层导电图形与绝缘粘结片相间叠置，外层为敷箔层，经压制成一整体。多层印制板相互绝缘的各层导电图形按设计要求通过金属化孔实现层间的电气连接。目前这种印制板已广泛应用于电子装备中。

（4）软性印制板。软性印制板又称为挠性印制板，它是以软质绝缘材料为基材制作的印制电路板，分为单面、双面和多层三大类。

印制板的可靠性较高，不易出现故障，一旦出现故障，分析判断也比较困难，尤其是多层印制板更难。印制板故障的主要原因：

1）印制板的敷铜线相互之间由于潮湿或者留有助焊剂等污物，导致印制板受到不同程度的损伤和腐蚀，形成无形杂散电阻，造成电路故障。

2）印制板敷铜线细（窄）、弯部位及焊接有易热元器件的部位，因其机械性能差和长期受热老化、断裂，造成接触不良。

3）焊接时操作不当，对印制板的敷铜线造成损害。

在查找印制板故障时，应根据印制板组件（装有电气元器件、完成焊接及安装等工艺过程的印制电路板称为印制板组件）的故障现象判断大体位置，首先用目视方法对印制板进行检查，然后用万用表检测电路电阻及各点电压，查找故障点，根据故障点情况采取措施恢复其正常工作。

第三节　数字电路故障诊断技术

工作信号为数字的电子电路称为数字电路，数字信号是指在时间上和数值上都是离散的信号。数字电路就是用来变换和处理这种数字信号的电路。数字系统除能进行算术运算之外，还可以进行逻辑运算，所以数字电路也可以称为数字逻辑电路。数字电路是采用具有两个状态的元件来表示信息的，它的基本单元电路很简单。只要能区分开两种截然不同的状态即可。

一、数字电路故障特点及诊断

1. 数字电路故障诊断的内容和主要任务

数字电路按逻辑功能的不同可分为组合逻辑电路和时序逻辑电路两大类。组合逻辑电路

由各种门电路组成，输入和输出之间没有反馈连线。在任何时刻组合逻辑电路的输出，只取决于该时刻各个输入端的状态，与电路原来的输出状态无关，也即电路无记忆功能；时序逻辑电路的状态是靠有存储功能的触发器所组成的电路来记忆和表达的。存储电路的输出状态必须反馈到输入端，与输入端一起共同决定时序电路的输出。

数字电路故障诊断的主要内容包括待诊断电路的描述，确定待检测的故障和电路的初始信息；产生电路的定位测试集（测试码或测试序列），进行故障模拟，判定定位测试集是否达到预定的故障诊断要求；建立故障测试程序。在这些步骤中，又以定位测试集的产生最为重要。在故障诊断时，只要按顺序地向电路施加测试序列，并逐次测量电路的响应，检索故障字典，就可达到故障检测和定位的目的。

数字电路极大多数是以集成 IC 芯片的形式出现，只有少数情况下才有分立的数字电路，数字电路故障诊断的主要任务是诊断集成数字电路的故障，搜寻故障芯片，并进行更换。

2. 数字电路故障的主要类型

（1）逻辑故障和非逻辑故障。如果电路中某引线的逻辑值因发生故障而变得与规定的逻辑值相反，则称该故障为逻辑故障。除逻辑故障以外的故障均称为非逻辑故障。

（2）局部故障与分布故障。根据故障对电路影响范围的大小可分为局部故障和分布故障。仅影响一个变量或多根引线的逻辑电平的故障称为局部故障；影响多个变量或多根引线的逻辑电平的故障称为分布故障。

（3）永久故障和暂时故障。按故障存在的持续时间可以把故障分为永久故障和暂时故障。一旦故障发生，除非人工修复，故障的影响将永久保持不会消失，这类故障称为永久故障。与此相反的另一类故障称为暂时故障。

（4）固定电平故障。若故障使电路中的一根引线的逻辑电平保持为固定的值，该故障为固定电平故障。如果固定的电平值为 0（或 1）则称固定为 0（或 1）故障。

（5）桥接故障。桥接故障是由电路中二根或多根信号线无意中连接在一起造成的。裸线过长或松动、接插件内部短路以及集成电路工艺不完善造成的绝缘不良等都会引起桥接故障。

二、组合逻辑电路故障诊断

组合逻辑电路由各种门电路组成，输入和输出之间没有反馈连线。在任何时刻组合逻辑电路的输出，只取决于该时刻各个输入端的状态，与电路原来的输出状态无关。无论是集成 IC 芯片还是分立的数字电路，只要有完整的故障定位测试集（测试码的集合），就可准确判断出电路故障。因此，组合逻辑电路诊断的关键是找到故障定位测试集。

这里重点介绍组合逻辑电路故障诊断的测试码生成法。

1. 敏化通路

特定测试码生成的基本思想是敏化通路，所谓“敏化通路”是选择一条能使电路故障的错误信号传播到该电路的可观测输出端的通路。为此，要适当地选择原始输入矢量测试码 X 的值，使得故障位置端正常信号值与故障信号值相反，并且这个信号值的改变应当引起线路的原始输出端逻辑值的改变，从而使故障点的信号差异经过敏化通路传播到输出端而被检测。

2. 测试码生成——布尔差分法

布尔差分法的具体做法是用函数表示电路的逻辑功能，用对函数的处理决定被测电路的原始输入，从而求出测试码。

3. 测试码生成——D 算法

D 算法是一种在电路上逐次驱赶传送信号，使故障的影响在输出端表现出来，以确定被测电路的初始输入，从而求出测试码。其具体思路是，对于给定的电路设定某一故障，并在故障位置上加上错误信号 D；求出错误信号 D 驱动的敏化通路，从设定的故障位置出发，利用按位求交操作，求出错误信号 D 向电路某一可检测的输出端的通路；然后再进行一致性操作，求出满足错误信号 D 驱动的各端点的条件，以求出测试码。

三、时序逻辑电路故障诊断

时序逻辑电路的基本部件主要包括：数据锁存器、移位寄存器、计数器等。它的输出不仅取决于电路当前的输入信号，而且还依赖于其内部元器件的状态。因此，对其进行故障诊断比组合电路要困难得多。但是，人们针对测试时序电路所遇到的困难，直接从电路上加以改进，即研究时序电路的可测性设计却有相当的进展。如计算机的内部电路绝大多数为时序逻辑电路，而计算机的自检测功能是非常好的。本节着重介绍时序逻辑电路故障检测试验法。这种方法的实质是把时序电路看成是一个黑箱，经过多次故障试验导出一个测试序列，宏观地检测它的逻辑功能，以确定它是否实现了预定的状态表。将导出的测试序列加于被测时序电路，如果该时序电路输出序列与预定状态一致，则电路无故障；反之，则电路有故障。

第四节　数字 IC 芯片的检测与故障诊断方法

一、数字 IC 芯片的故障原因分析

1. IC 芯片的内部电路故障

（1）芯片击穿：指芯片的某一对或某一组输入/输出引脚之间短路，也指个别引脚或多个引脚与电源引脚或地线引脚短路。

（2）芯片热稳定性不好：指机器在开始时运行完全正常，工作一段时间后，随着内部温度升高或者环境温度的升高，芯片出现故障。

（3）抗干扰能力差：指设备在接近干扰源时，会出现意外故障。这大多是在设计系统时，板体的布线和芯片的安排不合理造成的。

（4）芯片引线开路：指数字 IC 封装内连接线开路。

2. IC 芯片的外部电路故障

IC 芯片的外部电路故障主要表现形式有：

（1）节点对 V_{cc} 或对地短路；

（2）两个节点间短路；

（3）信号线开路；

（4）外部元器件故障影响 IC 芯片功能。

二、数字 IC 芯片检测的基本知识

IC 芯片也称集成电路，是继电子管、晶体管之后发展起来的电子器件。按照制作工艺可分为薄膜集成电路、厚膜集成电路、半导体集成电路和混合集成电路；按照功能性质可分为数字集成电路、模拟集成电路等；按照集成规模大小可分为小规模、中规模、大规模和超大规模集成电路。

集成电路以其独特的优点，广泛应用于各电子装备中，使电子装备的体积、重量、耗电以及可靠性等各项指标有了很大改进，但在诊断修理工作中准确地判断集成电路比较困难。检测集成电路时应掌握以下基本知识：

（1）了解集成电路及相关电路的基本工作原理；

（2）测试仪表的内阻要足够大；

（3）测试时不要造成引脚短路；

（4）不要轻易判定集成电路损坏；

（5）不应带电插拔集成电路；

（6）要注意功率集成电路的散热；

（7）要注意供电电源的稳定性；

（8）分析供电引脚的电压；

（9）注意集成电路的运用状态。

三、集成电路常规诊断方法

准确判断集成电路的好坏，是电子设备故障诊断中的一个难点。判断不准，往往花了大力气换上新集成电路后故障仍然存在。要对集成电路作出正确判断，需掌握该集成电路的用途、内部结构原理、主要特性等，必要时还要分析内部原理图。此外，还应备有各引脚对地的直流电压、波形、正反向直流电阻值等资料，有时需要用多种检测方法去判断该器件是否确属损坏。

对集成电路的检测判断方法一般有两种：一是离线检测，二是在线检测。

离线检测，就是集成电路未焊入印刷电路板时，对其进行的检测。这种检测最好用集成电路测试仪进行，这样可对其主要参数进行定量检查。

在线检测，是集成电路已连接在印制板上的检测方法。由于集成电路的拆卸比较麻烦，而且离线测试也很困难，所以在修理中，对集成电路的检测大多采用在线检测。

在线检测时，应当注意的是，电子设备中电路板上的元器件管脚上往往涂上一层绝缘材料，检测前需要对其进行处理，否则会造成检测错误，下面介绍几种最基本的检测方法。

1. 电压测量法

电压测量法是测量集成电路各引脚对地的直流工作电压值，然后与标称值相比较，依次来判断集成电路的好坏。

2. 在线直流电阻检测法

在线直流电阻检测是在发现集成电路引脚电压异常后，通过测试集成电路及其外围元器件的阻值来判定集成电路是否损坏。由于这种方法是在断电情况下测定阻值，所以比较安全。它可以在没有集成电路有关数据而且不必了解其工作原理（只要有电路图）的情况下，

对集成电路的外围电路进行在线检查，以快速地对外围元器件进行测量，确定是否存在较明显的故障。

3. 电流流向跟踪电压测量法

此方法是根据集成电路内部和外围元器件所构成的电路，并参考供电电压（或主要测试点的已知电压）进行各点电位的计算或估算，然后对照所测得电压是否符合正常值来判断集成电路的好坏。采用这种方法时必须具备完整的集成电路内部电路图和外围电路原理图。

4. 直流电阻测量对比法

此方法是利用万用表测量被检测集成电路各引脚对地的正反向电阻值并与正常数据进行对照来判断其好坏。这种方法需要积累相同装备同型号集成电路的正常可靠数据，或者对相同的完好装备进行测试，以便和被测集成电路的测试数据对比。

5. 非在线数据与在线数据对比法

这里所说的非在线数据是指集成电路未与外围电路连接时所测得的各引脚对应于接地脚的正反向电阻值。非在线数据通用性强，可以作为对在线数据进行对比、分析的参考。

6. 替换法

在检测集成电路时常用替换法判断其好坏，可以减少许多检查、分析的麻烦。但这种方法不可在初步怀疑集成电路故障时采用，而应在检测的最后阶段，较有把握认为集成电路故障时采用，因为集成电路的拆卸和装配很不方便，在拆、装过程中，容易损坏集成电路和电路板，况且在未判明是否是外围电路故障引起集成电路损坏时，可能会导致新换上的集成电路再次损坏。采用替换法时应注意以下几点：

（1）尽量选用同型号的集成电路或可以直接替换的其他型号，这样可以不改变原电路，简便易行。

（2）拆焊原机上的集成电路时，应选择适当的方法，不能乱拨、乱撬引脚。

（3）进行试探性替换时，最好先装一专用集成电路插座，或用细导线临时连接，以使拆卸方便。另外，通电前最好在集成电路的电源回路里串联一直流电流表和降压电阻，观察降压电阻由大到小时，集成电路总电流的变化是否正常。

（4）保证替换上的集成电路是好的，否则会更费周折。

7. 逻辑探针测试法

在对数字集成电路进行检测时，可以使用一般的测试设备（如万用表、示波器等），但是在很多情况下，仅此是不够的，必须使用数字检测设备。逻辑探针是一种常用的数字检测设备。

逻辑探针是用来在线检测脉冲电路或逻辑电路的，它借助简单的灯泡指示检测数字信号的逻辑状态，并能检测很短暂的脉冲。当逻辑探针触到某个节点时，指示灯立即显示出该点的静态或动态逻辑状态。逻辑探针可以检测并显示高电平或低电平（逻辑 1 或 0），还可以检测并显示出数字电路中某点的中间（或“坏的”）逻辑电平。

参考文献

［1］高泽涵．电子电路故障诊断技术［M］．西安：西安电子科技大学出版社．2001.

第十章 行（企）业设备状态监测与故障诊断经验介绍

第一节 煤矿设备故障诊断及神东公司先进经验

一、概述

煤炭企业作为资产密集型企业的典型代表，其生产的保证和利润的提高，很大程度上取决于生产设备的完好运转和维修费用的降低，随着工业化的结果及其生产的发展，现代化煤矿机械化设备数量迅速增长，且继续朝着大型化、连续化、自动化和机组（群）化的方向发展。它一方面带来了生产率的大幅提高，另一方面也给设备管理带来了巨大的挑战，尤其是那些渐入故障期的设备，严重地威胁着采煤生产的正常运行和煤炭产量的稳定提高。同时也造成了巨大的停机损失、带来巨额的设备维修费用、惊人的备品备件费和可观的材料消耗费用，以及不必要的人身安全事故。

机械设备状态将直接关系到生产质量、生产效益和生产安全。为此，一是要采用先进的设备维护与维护管理方式，对采煤设备实行“健康”状况连续监测，二是要针对采煤设备转速低、负载重、冲击大、移动频繁，工作环境恶劣的特点，开发具有针对性的监测监控技术，三是要建立起新的设备维修与维护管理体系，实行状态监测、点检维护、故障诊断、预测维修等系列内容，从根本上解决现有设备管理中存在的问题，延长设备的使用寿命，做到科学管理、合理使用、预知检修和安全运转。

二、煤矿设备及其故障类型

1. 煤矿设备简介

煤矿机械设备是煤矿生产的基础条件和必备手段，对于现代化矿井而言，高度机械化是采煤生产的最大优势。在我国高产高效综采设备已发展日益成熟的阶段，各大矿区均已广泛使用综采设备，基本实现了采煤工作半自动化，并正在向全自动化方向发展。

综采设备包括采煤机、三机（刮板输送机、转载机、破碎机）、液压支架、泵站（乳化液泵和喷雾泵）以及3.3kV供电及控制设备。双滚筒电牵引采煤机由左右摇臂截割装置、左右牵引装置和中间控制箱五大部分组成，而左右摇臂和牵引均由电动机和传动齿轮、轴承及其他零部件组成，零件密度大；重型可弯曲刮板输送机分为机头机尾传动部（电机、限矩耦合器、减速器、链轮组件）、溜槽和刮板链条及机架；桥式转载机是一种特殊结构的短的刮板输送机，其动力传动系统及驱动装置与刮板输送机相似，它可以随工作面推进而向前推移；冲击式破碎机与桥式转载机联为一体，配套使用，其中轮锤式破碎机主要由底座、框架、传动装置（电机、液力耦合器、减速器）、主轴——轮锤组件及喷雾降尘装置组成；电液控制掩护式液压支架一般是以高压液体（乳化液）作为动力，由若干液压件（缸、阀）

与金属构件（顶梁、掩护梁、底座、四连杆机构等）组成的一种支撑和管理顶板的支护设备，它用由先进的电子计算机技术与液压阀等相结合组成的电液控制系统来控制支架的升架、降架、拉架和推溜等动作；乳化液泵是泵组的主要设备，电动机、减速器经曲柄连杆机构带动柱塞在缸孔中作往复运动实现排液。

连续采煤机主要用于高产高效长壁工作面巷掘进和边角煤回采，它是由左右截割机构（电机、减速器、截割滚筒、截割链及截割臂）、左右行走机构（电机、减速器、链轮、履带装置等）、液压系统（电机、齿轮泵、液压马达及阀组）、电气系统和辅助装置组成；连续采煤机的后配套设备有锚杆机、运煤车、铲车、给料破碎机、梭车及连续运煤系统等。

主运系统的顺槽可伸缩带式输送机、主井胶带机由驱动装置（电机、机械减速与液压控制相结合的软特性可控传输系统 CST、滚筒）、胶带、托辊、机架等组成，其中可伸缩带式输送机还有储带装置、输送带维修站等。

无轨辅助运输车辆有支架搬运车、客货两用车、多功能车、人车等。

洗选系统有跳汰机、鼓风机、压风机、加压过滤机、分级筛、破碎机、胶带机等。

快速装车系统即配煤称重装车系统（液压系统、除尘系统、称重及排料系统）和胶带机等。

大型固定设备主要为主通风机和主排水泵等。

此外，还有自动控制与通信及供电实施装置等。

2. 监测设备的关键性

神东公司 8 个矿井、3 个生产辅助单位（准备、洗选、运销），年产煤量 1 亿吨，2004 年各系统故障影响时间及万吨煤故障停机时间对比分别如图 10－1 和图 10－2。

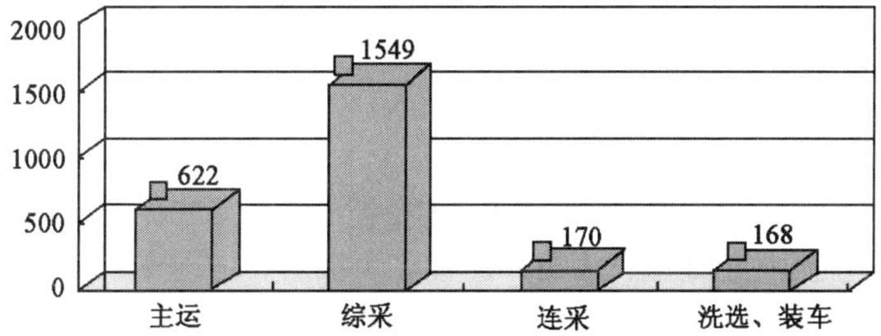

图 10－1　2004 年各系统故障影响时间对比

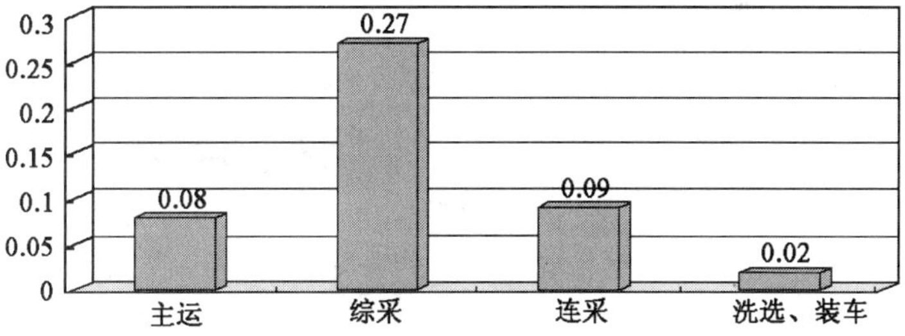

图 10－2　2004 年各系统万吨煤故障停机时间对比

图 10－1 和图 10－2 中的数据虽然没有列出各类设备的拥有量，但至少说明了全年设备

故障集中在综采、主运系统，约占全公司总故障影响时间的86%，而且这两个系统是制约生产的重要环节。由于煤矿设备运行是大流程作业，一处故障，一个系统联保，一处停机，全线停产停运，万吨煤故障停机损失显而易见。

为了减少和降低设备事故的发生，扭转事后抢修的被动局面，神东公司把设备预防性检修列为今后设备运行管理的重点，通过设备点检、故障诊断和预防维修等科学有效的手段，提高设备管理水平。

3. 煤炭设备易发生故障的部位

神东公司2004年共发生机电故障288次，其中一般机电事故88起，重大机电事故8起，设备具体部位发生故障240次，累计影响生产1903.3h，占总故障时间的76%，按故障部位划分，统计见表10－1。

表10－1　2004年设备具体部位故障统计表

序号	故障部位	次数	时间（h）	万吨煤故障停机时间（h/万吨）	所占百分比（%）
1	胶带机（撕带、断带）	19	386.1	0.05	15
2	刮板机（断链、断刮板）	36	258	0.03	10
3	综采煤机牵引块故障	33	256.2	0.03	10
4	减速器	31	248	0.03	10
5	电机	38	211	0.03	9
6	综采煤机摇臂	25	180	0.02	7
7	变频器	17	157	0.02	6
8	CST、变压器	41	207	0.03	9
9	其他故障	48	605.7	0.08	24

表中数字说明，影响全局的设备和部件，如各类电机及与这些电机相连的耦合器、减速器及主要部件，如：轴承、齿轮、滚筒、皮带、变压器、电缆等，是易发生故障的常见部位。

4. 主要故障类型

神东公司2004年8月份共发生机电故障23次，累计影响生产201.4h，万吨原煤故障停机时间为0.35h，按各类故障发生的原因划分，分布如图10－3：

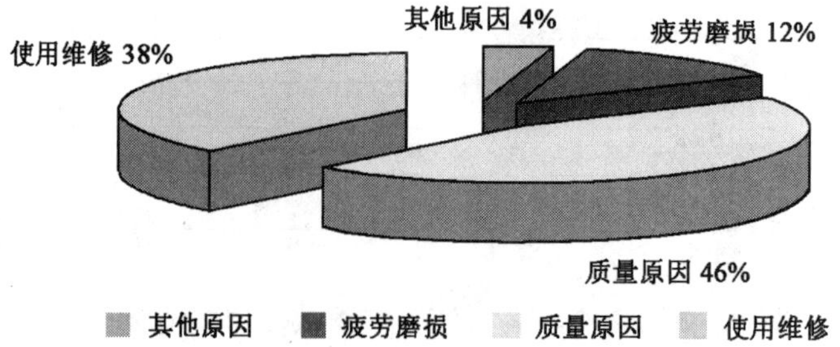

图10－3　2004年8月份各类故障分布

饼分图大体可对应机器故障的来源，即设计制造、安装维修、运行操作、机器劣化等。表 10－2 是2004 年 8 月份神东公司设备故障类型的统计。

表 10－2　2004 年 8 月故障类型统计表

<table>
<tr><th>序号</th><th>故障描述</th><th>故障类型</th><th>影响时间（h）</th></tr>
<tr><td>1</td><td>701 胶带机张紧滚筒轴承损坏</td><td>滚动轴承</td><td>3.8</td></tr>
<tr><td>2</td><td>301 面采煤机左升降油缸断</td><td>裂纹</td><td rowspan="2">10.2</td></tr>
<tr><td>3</td><td>三盘区集运 2#CST 对轮裂</td><td>不对中</td></tr>
<tr><td>4</td><td>202 面采煤机右摇臂升降油泵故障</td><td>磨损</td><td rowspan="2">9.3</td></tr>
<tr><td>5</td><td>4－2 煤采煤机右行走链轮损坏</td><td>轮齿故障</td></tr>
<tr><td>6</td><td>洗煤厂 226 胶带机减速器一轴键槽</td><td>磨损</td><td rowspan="3">26</td></tr>
<tr><td>7</td><td>洗煤厂 201 皮带机减速器一轴断</td><td>轴裂纹</td></tr>
<tr><td>8</td><td>307 矸石脱介筛激振梁断裂</td><td>弯曲变形</td></tr>
<tr><td>9</td><td>303 煤机电缆损坏</td><td>电气故障</td><td rowspan="2">22.7</td></tr>
<tr><td>10</td><td>三盘区集中皮带 2#驱动滚筒轴承坏</td><td>滚动轴承</td></tr>
<tr><td>11</td><td>转载机刮板断</td><td>冲击过载</td><td rowspan="2">6.4</td></tr>
<tr><td>12</td><td>运输上链立环断</td><td></td></tr>
<tr><td>13</td><td>连运系统 4#跨骑接触器烧</td><td>电器故障</td><td>9</td></tr>
<tr><td>14</td><td>303 面煤机左摇臂故障</td><td>齿轮故障</td><td>28.5</td></tr>
<tr><td>15</td><td>浓缩池 6006 循环泵电机烧</td><td>电器故障</td><td>2.7</td></tr>
<tr><td>16</td><td>303 面采煤机左右两个行走链轮坏</td><td>轮齿故障</td><td>9.3</td></tr>
<tr><td>17</td><td>顺槽皮带接头开</td><td>松脱</td><td rowspan="2">28</td></tr>
<tr><td>18</td><td>采煤机电缆漏电</td><td>电气故障</td></tr>
<tr><td>19</td><td>集中巷主驱动 630 电机风扇叶故障</td><td>不平衡</td><td>22</td></tr>
<tr><td>20</td><td>刮板运输双链断</td><td>冲击过载</td><td rowspan="3">4.5</td></tr>
<tr><td>21</td><td>顺槽皮带张紧绞车钢丝绳断</td><td>磨损</td></tr>
<tr><td>22</td><td>顺槽皮带机尾滚筒轴承</td><td>滚动轴承</td></tr>
</table>

从表 10－2 看出，煤矿设备故障类型有着大型回转机械、往复机械及某些运动的结构组件的显著特征，即轴系故障，包括不平衡、密封、轴承、轴、齿轮的各类故障；输送胶带机机组轴不对中、磨碰、基础整体刚性差、电机及电气故障；液压系统故障；结构件变形损伤；受冲击过载断链、撕带或意外损伤等。

三、煤矿机械设备的综合诊断分析

煤矿机械是多科机械联合工作的系统，如胶带机基本都是三驱动或四驱动的设备（电机—液力耦合器—减速器或 CST＋风机＋冷却循环泵—逆止器—主驱动滚筒＋副驱动滚筒＋

导向滚筒+张紧滚筒+卸载滚筒—皮带—托辊），承受着机械、电气、流体动力、热力等多种变化作用，且现场特殊、长时间重载、连续运行、移动中工作、工艺随着生产需要经常变化。每个构成部件的故障都会使整机运转失常，直到被迫停机，使用单一的监测分析方法，很难判断出异常所在。这时，应采用多种诊断手段获取完整的状态信息，应用多种分析方法充分提取故障特征，包括振动诊断、油液分析、温度监测、无损检验、性能参数测定等。

1. 振动诊断分析案例

例1：2005年4月8日，哈拉沟选煤厂606配仓刮板机（电机+液力耦合器+减速器+链轮），用点检测振表在电机输出端和减速器输入端测得径向振动有增大趋势（图10-4），最大时达16mm/s，故对驱动部所有连接螺栓进行了紧固，振动值有一定程度的降低，但仍超过报警值11.2mm/s。由于液力耦合器本身是一个随机旋转体，后经专业人员分析，认为振动可能是由耦合器引起。在矿井停产期间，对耦合器进行解体检查，发现内部有窜轴现象，更换耦合器后，设备恢复正常运行。

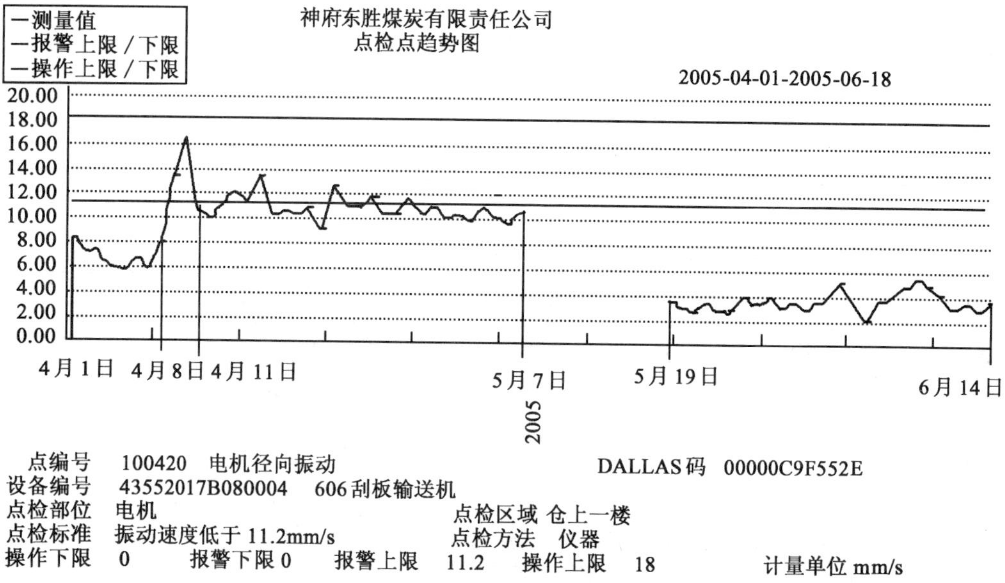

图10-4 点检趋势图

例2：补连塔矿2号主井胶带机的3#驱动从2005年4月以来，CST装置的功率一直不稳定，到6月底，功率差值达400kW左右，采用ENTEKdataPAC1500数采器进行振动诊断，测点布置示意如图10-5。

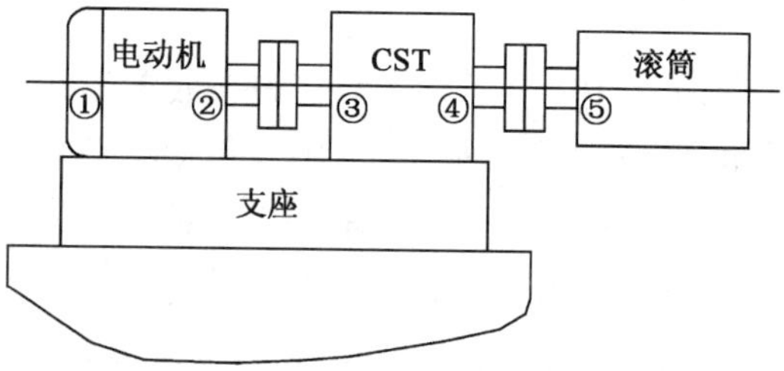

图10-5 2号主井胶带机3#驱动测点

其中，在低速端④测点处测得的径向垂直频谱图如图10-6，但振值不大（5.0mm/s），而同图类的2#，4#驱动部振值只有1.8mm/s，遂又查看其波形（③测点水平方向波形如图

10－7），径向和轴向振动似有非周期信号，成轻度“削波”状，随即停机进行检查发现高速端和低速端严重不对中（超差0.25mm），且低速端两轮有磨碰的现象，经调整后CST功率差稳定在30kW的范围内。

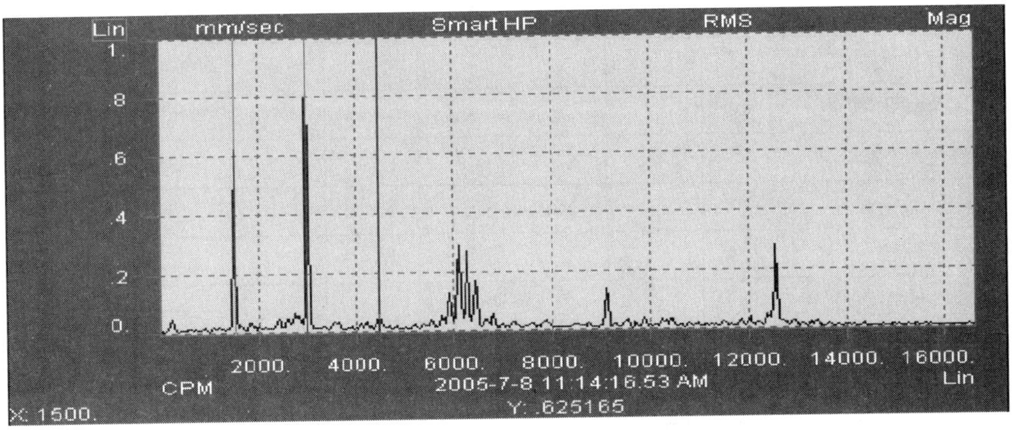

图 10－6　3#CST 低速端垂直振动频谱

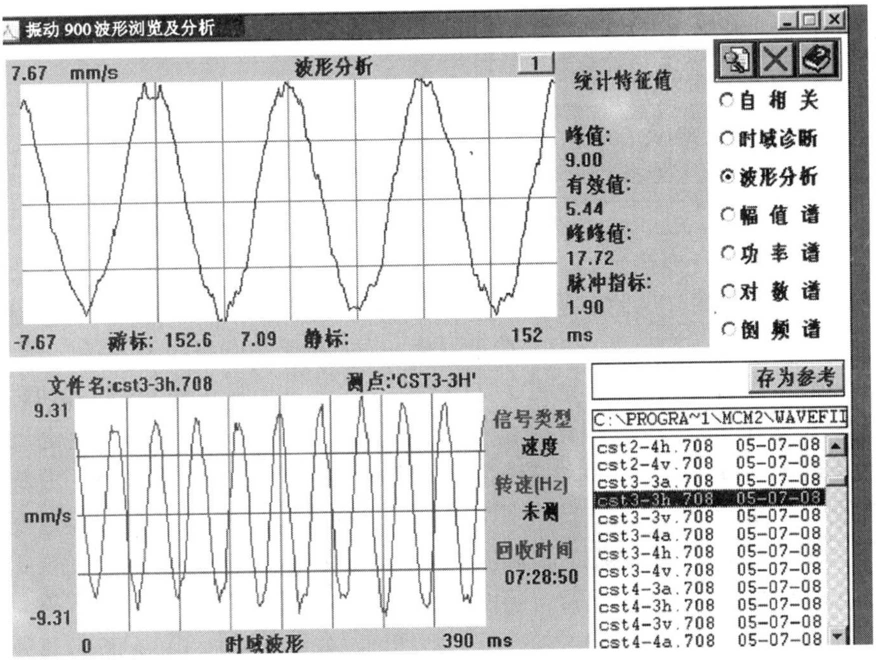

图 10－7　3#CST③测点水平方向波形

2. 油液分析法

在影响开机率的诸多因素中，采煤机的事故率总是占重要的地位，尤其是摇臂齿轮箱，很难用其他方法进行监测，铁谱分析不失为首选方法。

典型案例1：2003年6月大柳塔综采队LWS 457采煤机摇臂齿轮箱遇半月期取样，并在

KTP 型旋转式铁谱仪上制谱分析，报告结果见表 10 – 3。

表 10 – 3 铁谱分析结果

	项　目	无	极少	少量	偏少	中量	大量	特　征
磨屑分析	正常磨损颗粒				√			
	非氧化大颗粒		√					
	深色氧化物			√				
	红色氧化物	√						
	切削磨损颗粒			√				
	球形颗粒				√			10 ~ 20μm
	腐蚀磨损颗粒	√						
	摩擦聚合物			√				
	有色金属颗粒	√						
	杂质	√						
	疲劳剥块					√		30 ~ 120μm
	层状磨粒			√				25μm
	滑动磨损颗粒		√					
	滚 – 滑复合磨损颗粒					√		50μm
结论：根据油液中疲劳剥块的数量、尺寸判断该减速箱中齿轮有疲劳磨损、齿轮表面材质有剥落现象、轴承略带轻微磨损、建议立即换油，两日后复查								

换油二日后，又进行取样分析，仍发现有明显的异常磨损颗粒，随即停机对磁塞进行检查，果然有大量磨屑吸附。以此专题报告，申请更换摇臂，经对原摇臂进行解体检查，是 H 齿轮（一端内花键，另一端外齿）齿面严重剥落，而且轴承内圈磨损超差。

典型案例 2：2004 年 7 月，几台 40T 支架搬运车接连发生驱动液压马达和油泵故障，经对在用液压油（埃索 68#）进行理化分析和污染度检测，均有不同程度的乳化。建议换油后，仍有乳化迹象。后又制定了启动冲洗换油的措施，即运行 4h 后再放掉，重新加注，这样连续四次更换，油质乳化有所好转。但问题的真正原因在哪呢？将油样空运至澳大利亚进行全面分析，证明油质不存在问题，但确实乳化很容易发生。经全面检查论证，此期正值闷热潮湿天气，设备井上井下连续运行，可能与油温高、呼吸空气及冷凝作用有很大关系。经和外方工程师分析后，决定对回油增加冷却，即把回油先引到增加了的风扇散热处进行充分冷却后再返回到油箱。做了这番改进后，大面积乳化现象基本排除。

3. 温度监测法

举一个很简单的例子，2005 年 6 月 20 日哈拉沟矿综采队点检员在点检中发现采煤机左截割电机盲端温度为 107℃（见图 10 – 8）。一般正常值在 60 ~ 70℃之间，遂立即进行停机处理。经排查发现冷却水压力不够，随即调高了冷却水压力，并对盲端轴承补充了润滑脂。重新开机后，经过一小时的跟踪测量，温度降至 70℃，运行正常。此例在于监测温度变化的趋势，以此告诫人们去寻找可潜在的故障原因。

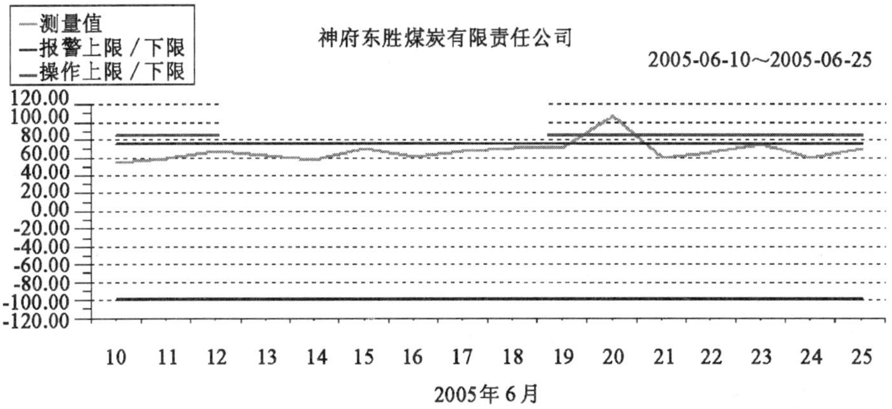

图 10－8 采煤机左截割电机盲端温度趋势图

4. 无损检验法

无损检验的方法很多，如超声、红外、X 射线、磁粉、涡流、声发射、渗透等，在机械故障诊断中不仅要对构件材料本身缺陷进行诊断，而且应在机器运行中对材料的微观形变、开裂及裂纹的发生和发展的状态进行监测。

在煤矿设备维修中，有大量的零构组件要进行无损检测和检验，如轴、齿轮、支座、支腿、活塞杆、滑块、阀体、箱体及大量的焊接、铸锻件等。在设备大修理中，上述零部件的更换，在其他各项技术要求都符合要求的情况下，一般都要再经过无损检验，防止这些零部件再次复用时，可能留下潜在的微观缺陷隐患。运行中的刮板链组件经常发生断链和断刮板引发的设备故障，利用检修时间，可对链环和刮板进行超声、涡流、渗透等探伤检测，对于有裂伤缺陷的链环和刮板进行提前更换，以防造成更大的设备故障，可达到事半功倍的效果。

5. 机器性能参数测定法

机器性能参数，如泵的流量、压力、功率、采煤机的行走速度及滚筒转速，链的张力和伸长量，胶带的带速和磨损量，以及一些重要的几何参数等，这些数据有的可以在机器的仪表上读出，有的需要适时地进行测量，看是否有变化，作为状态监测和故障诊断的辅助手段，由此可以断定机器的运行状态是否离开正常范围，寻找可能的诱因。

例如，采煤机摇臂载割电机、行走电机、破碎机电机、泵电机及星行齿轮箱，在检修过程中（或运行中）经常需检查冷却水道的结垢状况，即事先用流量计和压力表检查压力和流量是否符合要求，若不符合，则需要对水道进行除垢处理，它的除垢效果也是要用流量和压力数是否达到要求来检验的。

刮板链在运行中也要经常用测链器检查双链的张力是否一致，用伸长量尺检查伸长量是否接近，以便及时进行调整，否则可能导致断链，殃及链轮机构等。

6. 综合监测分析方法

如前所述，煤炭机械设备千差万别，外部运行条件各不相同，故障类型和原因是多种多样的，往往有多种不同的信号反应，相反有些信号往往介于两种或多种可能的故障之间，不是一一对应关系，再加之单一监测手段和方法本身的局限性，任何想凭借一种分析手段和方法对机械故障进行准确诊断，特别是要找到故障的激发因素的设想都是不现实的。在现场诊断过程中，往往需要同时测取几种类型的状态信号进行综合分析，以增加诊断信息量，提高诊断准确率。

在此举一个系统分析的例证，补连塔矿 1 号主井上仓驱动部（在 47m 高的煤仓上面安装）CST 有不是很明显的无周期规律的异常响声。接到报告后对其进行了测试，测点布置类似图 10－5。各测点值均有 9375Hz＋边带及其倍频，接近星行齿轮的齿圈齿数（108 个）的啮合频率（频谱图分辨率 75r/min）为 87×108＝9396Hz，而疑有齿轮故障的特征（见图 10－9）。但 CST 无法在现场打开检查确认。于是，针对可能产生故障的多种诱因部位，陆续进行了测试和处理。

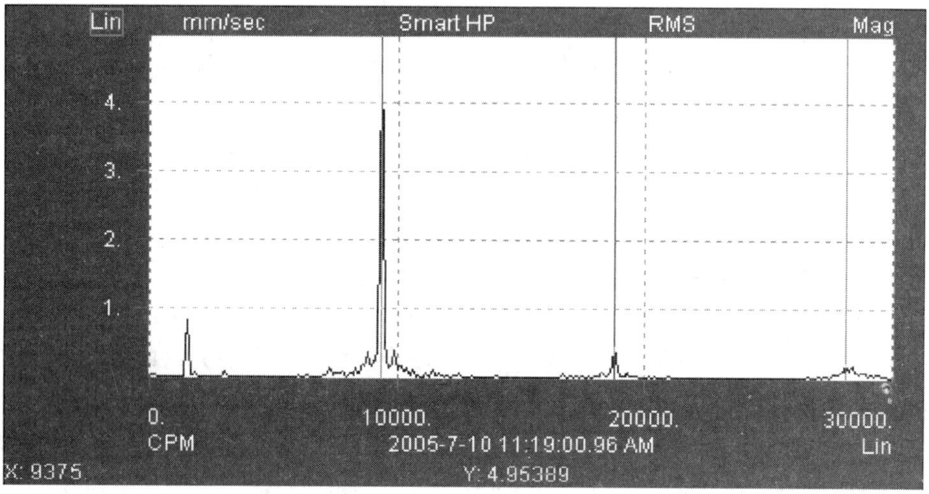

图 10－9　CST 箱体末端感觉振动最大的位置处振动频谱图

（1）对 CST 功率、系统压力及轴承温度和油温监控曲线进行了分析和复查，未发现异常存在。

（2）对 CST 在用的美孚 424 液力传动油进行了化验分析，未发现异常磨粒和严重的污染，但还是做了换油处理。

（3）对电机与 CST、CST 与滚筒的对轮进行了检查和调整（对中值超差 0.1～0.2mm）。

（4）电机上部风道壳体处，振值 10.1mm/s，振值量大些，但这只是上下风道气流挠动薄壳体的振动，不可能波及到 CST，但也对其进行了检查和补焊处理（风流叶片）。

（5）对皮带滚筒架子中上部进行了测试，振动位移量 134μm，值较大，而且架子沿滚筒轴向确实有摆动，对此进行了加固。

（6）对电机和 CST 支座进行了测试，也有 9375Hz 频带及倍频，但无大的振动量，还是对支座框架内部做了灌浆填充。

（7）对皮带跑偏及其保护进行了检查和校正。

（8）对同类机组进行了对比测试和分析，频谱存在着不同的差异。

经过上述不同方法的测试及调整处理，确认是当皮带带货（煤）时，CST 内并无异常声响，而当空载时还疑有不正常的声音，至今还在监护运行。这个例证，不在于结果的确认和故障的迅速排出，而恰恰揭示了综合诊断技术手段的应用。如简易测振与精密诊断，油液分析，齿轮和轴承诊断，功率、压力、温度检查，激光对中、跑偏、打滑目测、保护监控以及结构测量，还有速度和位移的振动参量及绝对与相对标准的应用等。

四、煤矿设备监测诊断的实施

鉴于神东公司主要以引进设备为主，种类多、数量多、产量大、信息化程度高、预防性检修条件成熟，以下将以神东公司为例，说明监测诊断的管理方法、制度、周期、标准及数据。

1. 管理方法

由于煤矿设备在矿井分散分布，设备布置战线长，场地和设施有限，多数设备不具备条件在现场解体检查或维修，所以对设备的状态监测尤为重要。目前，较适用的主要方法有：

（1）设备原始状态检测（三必测）：

1）新到货设备验收检测，按照设备技术条件和参数要求，包括结构尺寸、精度和各项性能参数。

2）地面组装试运转测试，按试验大纲的要求，对主要功能参数及配套参数进行检查。

3）带负载测试，主要是在实际额定载荷工况下，各项功能及综合生产性能参数的达标情况。

这些初始状态的原始数据，都由设备检测诊断人员现场记录，作为设备档案记录，必然是设备在役时进行监测的第一手参考依据。

（2）磨损监测与油液污染分析（一样三做）：根据设备液压和润滑要求，定设备、定点位、定周期、定时、定取样（员）、定化验、定报告，实行对在用油的监测分析。每个油样首先要进行铁谱分析，即利用铁谱分析仪、显微镜、自动数码相机等颗粒形貌观察与分析设备，识别设备的磨损部位与磨损程度，对设备故障进行预测。同时针对煤炭设备润滑油从地面到井下，再到工作面加注及设备工作时的污染环境，还要进行污染度检测，即利用颗粒计数器、污染度比测仪、快速油质水分检测仪等仪器判断油液的污染水平是否在规定的目标值之内，对主要根源参数做出定量确诊。如果是经过磨粒监测或污染度分析认为当前设备润滑存在问题，则还要进一步进行理化指标的常规分析，以此进一步确认在用油品与磨损状态的主次根源。对于分析结果当日必须发布在局域网上，供矿井设备操作维护人员查看处理。

（3）实施设备点检。点检系统的构成为数据库－局域网状态数据库和点检管理系统软件－工作站硬件、软件及设备点检机－现场设备日常专业点检。点检管理系统以 EAM 资产管理系统为平台，抱括 1 个表单和 7 个报表，具体内容为设备点检管理，点检结果列表，点检考核表、点检点漏检表、点检任务查询表、点检点趋势图、点检值越限预测表、点检值越限表（警告）、点检值越限表（操作）。

点检分为日常点检——由岗位工每班进行，专业点检——由点检员按点检周期进行，精密点检——出现可疑点或越限无法确认的点检点时，由设备诊断人员进行。岗位点检作业流程见图 10－10。

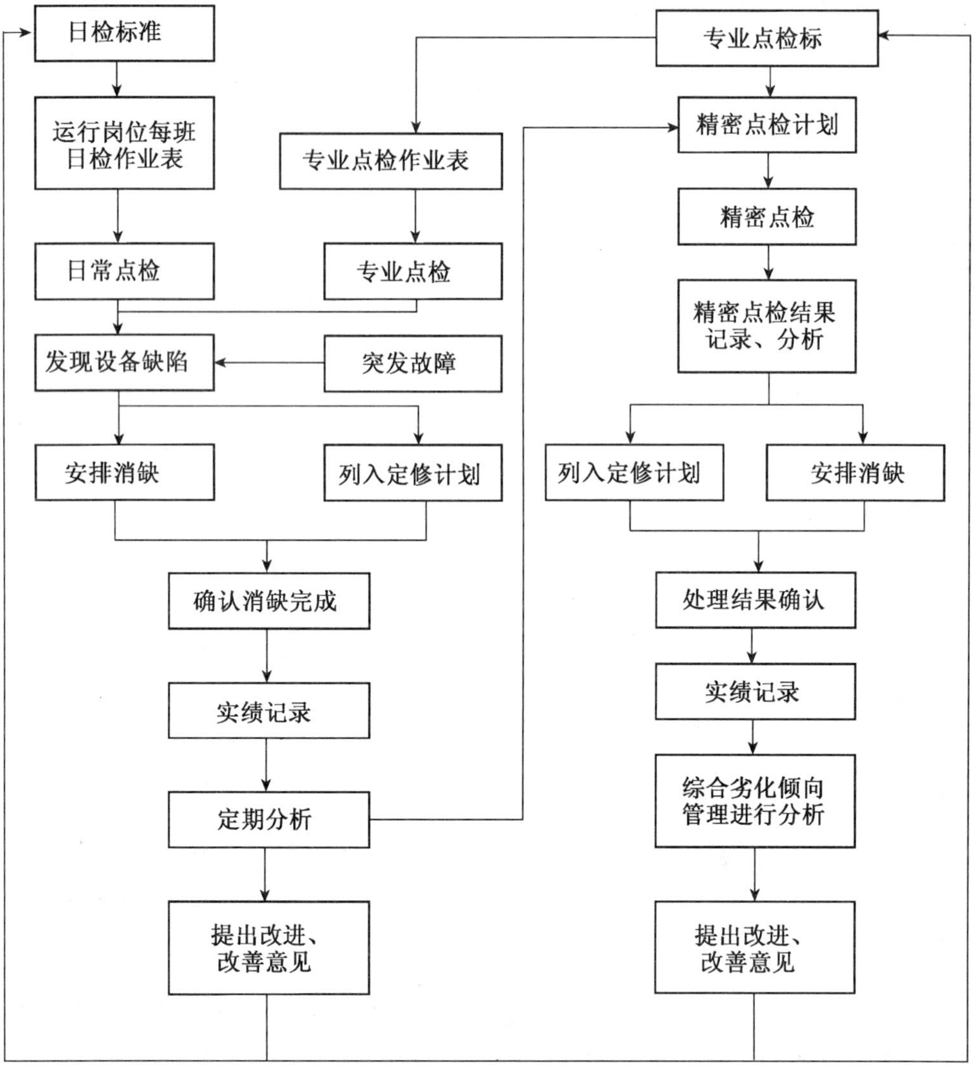

图 10－10　岗位点检作业流程

点检人员按照点检任务、区域、路线、设备和业务流程实施点检作业，对设备进行振动、油液、温度、裂伤、变形、电流、电阻等的检查、测定，了解和掌握设备劣化的程度和发展趋势，提出防范措施并加以处理。

对越限自动触发的工单，专职点检员负责进行本单位维修责任中心任务分配，各维修责任中心根据点检结果安排检查检修。

（4）设备全寿命检测管理及其综合手段的应用。按照检测诊断年度工作计划，设备中心检测诊断部依据设备运行故障管理体系数据和设备引进、调剂、大修、改造、国产化的工作安排，以及系统自动产生检测的要求和生产现场需求，采用适用有效的监测方法，借助现代化仪器技术，诸如测振仪、数采器、油液污染比测仪、乳化液浓度计、激光对中仪、工业内窥镜、超声、射线、磁粉、渗透探伤仪、流量计、硬度计、测厚仪、声级计、高斯计、转速表、焊缝裂纹探伤仪、轴承故障检测仪、电机故障检测仪等，对现场设备进行针对性的检测诊断或跟踪监测，结果除及时反馈到维护检修区队外，并按设备归类储存记录。对于上传到设备管理系统的数据，将进入故障管理子系统，使设备生产维护不断走向信息化、规范化。随着设备技术的不断提升和诊断技术进步，其检测方法和手断的应用和开发也在不断地完善和发展，一方面这些仪器和方法各自有着不可替代的作用，另一方面往往是相互补充、互相映证的有效手段，绝不可等闲视之。

（5）企业资产管理（EAM）系统。

1）利用设备故障代码及其关联性质，把发生的故障信息和处理故障的信息通过计算机记录，即通过系统自动产生检测要求，统计检测结果，分析统计指标，向设备管理部门提供标准、精确的设备全寿命维护检修保养数据和成本核算结果。一是永久记录，二是信息共享，为以后的故障处理和维修项目提供科学依据。

2）将点检管理系统纳入 EAM 系统的整体流程，使数据库平台统一，借助于 EAM 内部数据，通过整合、利用和共享信息资源，使点检数据的有效性、真实性得到保证。EAM 可以很好地执行点检计划，在设备出现故障时，计算机会自动及时报警，提醒及时进行维修，并在 EAM 系统中生成工单进行维修，防止缺陷沉淀。

3）油脂取样、铁谱分析和化验报告，通过 EAM 系统制成周期性预防检修 PPM 工单，按工单卡执行，完成后自动生成下一周期的取样工单，并将分析报告结果导入点检管理系统，一起进入 EAM 系统，与其他监测参数一起形成故障管理数据。

2. 管理制度

设备状态检修是一个覆盖面广、综合性强的领域，它是建立在生产效能、费用及设备可靠性维修工程基础上的综合应用。

实行设备预防性检修的制度，保证高产高效矿井设备始终处于良好运行状态，势在必行，同时渐向预知性设备状态检修体制转变。其配套措施是按定点、定标、定期、定人、定法的“五定”原则的点检定修制（现有 20000 个点检点），以取样化验分析为监控手段的润滑管理办法（现每月分析油样 1000 个），以及以工单为核心的 EAM 系统管理办法（现每月形成 4000 个维修工单）。

各矿井依据点检趋势结果及监测诊断分析报告，安排次日检修项目，提交旬和月预防性检修计划。经批准的预防性检修计划，必须在 EAM 系统中体现维修工单，完成任务，工单关闭，完成一个 PDCA 循环。

随着煤炭企业产量的变化、设备劣化的发展，诊断技术的进步，及周围各种各样的变化，其监测管理制度也应作适应性的调整和变化。

3. 监测周期

（1）油液状态监测周期设定了设备润滑部位，取油点位、时间、方法、分工和油脂品种、规格、加注量及化验的方法、制备、分析、报告、发布等，分别列在表 10－4 和表 10－5中。

表 10 – 4　矿井设备润滑油牌号与取样化验周期

设　备		润滑部位	油液牌号	油液容量	润滑周期	取样周期	备注
采煤机	6LS、7LS	左、右摇臂齿轮箱	埃索 220#	55L	250 小时换油	半个月	润滑周期为设备生产厂家提供的参考换油周期，实际换油时间依据油液分析报告为主
		左、右牵引齿轮箱	埃索 220#	69L	500 小时换油	半个月	
		液压油箱	埃索 68#液压油	455L	按化验报告换油	1 个月	
		破碎机	埃索 220#	14L	250 小时换油	半个月	
	SL – 500	左、右摇臂齿轮箱	埃索 320#	75L(齿轮腔) 50L(行星腔)	第一次换油一个月，以后每半年换油	半个月	
		左、右牵引齿轮箱	埃索 320#	34L		半个月	
		破碎机	埃索 320#	6L		半个月	
		液压油箱	埃索 100#液压油	105L	3 个月换油	1 个月	
刮板机		机头减速箱	埃索 320#	91L	每六个月换油	1 个月	
		机尾减速箱	埃索 320#	135L		1 个月	
		机头链轮	埃索 320#	13L		3 个月	
		机尾链轮	埃索 320#	13L		3 个月	
转载机		转载机减速箱	埃索 680#	100L	每六个月换油	1 个月	
		转载机机头链轮	埃索 460#	11L		3 个月	
		转载机机尾链轮	埃索 460#	7L		3 个月	
		破碎机减速箱	埃索 460#	50L		1 个月	
泵站		乳化泵站	埃索 220#	50L	2 个月换油	2 个月	
		喷雾泵站	埃索 220#	50L	2 个月换油	2 个月	
连续采煤机		左、右滚筒齿轮箱	埃索 460#	11.35L	每日补加	半个月	
		左、右截割齿轮箱	埃索 460#	41.67L	每日补加	半个月	
		左、右行走齿轮箱(上)	埃索 460#	2.83L	每日补加	半个月	
		左、右行走齿轮箱(下)	埃索 460#	4.73L	每日补加	半个月	
		铲板电机左、右齿轮箱(上)	埃索 460#	9.46L	每日补加	半个月	
		铲板电机左、右齿轮箱(下)	埃索 460#	11.35L	每日补加	半个月	
		液压油箱	埃索 68#液压油	520L	1 个月换油	3 个月	
锚杆机		行走减速箱	埃索 460#			3 个月	
		液压油箱	埃索 68#液压油			3 个月	
铲车、运煤车		前、后桥差速器	埃索 460#	20L	每日补加	3 个月	
		左、右减速箱	埃索 15W – 40#机油		每日补加	3 个月	
		液压油箱	埃索 68#液压油		1 个月换油	3 个月	
顺槽、主运输胶带		胶带机齿轮箱	埃索 320#		半年换油	3 个月	
		CST	美孚 424#		半年换油	3 个月	
装车系统		胶带机减速箱	220#、320#		一年换油	3 个月	
洗选设备		胶带机、破碎机齿轮箱	220#、320#		一年换油	3 个月	
汽轮机		齿轮油	汽轮机油 46#	5.73L		3 个月	
电铲		提升减速箱	双曲线 26#(夏季) 双曲线 26#(冬季)	50kg	3 个月换油	3 个月	
特种车辆		液压油箱	68#抗磨液压油			3 个月	
		传动箱；前、后桥	85W – 90 齿轮油			3 个月	
		发动机	15W – 40(夏季) 15W – 40(冬季)			3 个月	
		传动箱	8#液力传动油			3 个月	

表 10－5　2003 年取样安排表

时间 每日	1 16	2 17	3 18	4 19	5 20	6 21	7 22	8 23	9 24	10 25	11、12、13、14、15、26、27、28、29、30
地点路线	大柳塔井综采一队 连采一队 连采二队 连采三队 机运队 环线装车站	活鸡兔井综采二队 连采四队 连采五队 机运队 洗煤厂	上湾矿 综采队 连采一队 连采二队 连运系统 机运队 洗煤厂 装车站	补连塔矿 综采队 连采一队 连采二队 机运队 洗煤厂 装车站	乌兰木伦矿 综采队 连采队 机运队 洗煤厂 装车站	哈拉沟矿 综采队 连采一队 连采二队 连运系统 集控中心 洗煤厂 装车站	生产准备处 连采一队 连采二队 连采三队 连采四队 连采五队	榆家梁矿 综采队 连采一队 连采二队 连采三队 机运队 洗煤厂 装车站	康家滩矿 综采队 连采一队 连采二队 机运队 洗煤厂 装车站	马家塔矿 采剥段 洗煤厂 热电厂	签报告及因延误了的补期取样、新油取样、机动点取样、轮休等
检修班时间	16:00～18:00	16:00～18:00 不定时	当日联系 不定时	16:00～18:00 不定时	00:00～02:00 14:00～16:00 不定时	当日联系 不定时	16:00～18:00	08:00～10:00 不定时	16:00～18:00 08:00～09:00 不定时	11:00～12:00 14:00～16:00	
通知时间	大柳塔站，洗煤厂站，热电厂站，维修中心站，上湾站，马家塔站，补连塔站，乌兰木伦站，哈拉沟站，榆家梁站，康家滩站，物供中心 1、2 号库										
取样员	A B C D E D	B C D E A	A B C A	B C D C	A B C B	B C D E D	A B C D E	A B C D E C	A B C D E E	C D B	

（2）点检周期。对故障点的部位、项目和内容均有预先设定的周期，并且根据点检员素质的提高和经验积累进行修改和完善，点检周期从表 10－6“点检技术标准”中可以看出。

4. 监测标准的选取、建立和应用

煤矿设备监测标准必须从本企业的在用设备的状态出发，在参考绝对标准的基础上，选取和建立企业的设备监测诊断的相对标准，包括类比标准。同时不应只限于单一参数标准，而应是什么方法有效，就建立什么标准。

一是凭经验或统计测试确定参考“基线”。

二是单台机器统计，以一段等间隔时间变化为基础，进行至少5次以上测量，单次测量20次以上。

三是同类多台机器统计，规定在同一测点、同一方向测取，将这些数据按等间隔分布作为横坐标，从而确定良好、正常和注意的区间分布。

四是用三类标准综合判断，以不同参数协调判断并不断进行调整和优化。例如，把煤炭设备过煤量作为横坐标进行参数趋势分析，就是一个十分有用的方法。

再如：铁谱分析判论规范：

预报信号：正常→注意→警告→危急→（警报）

对应结论标准术语：

正常→注意观察×（部位）→××（部位）严重磨损，监视××（温度、噪声、油位、水分等）→××（部位或部件）破坏性磨损，停机拆检。

在用油换油标准：

（1）齿轮油粘度±15%，水分大于0.6%，杂质大于0.5%，闪点-15%，摩擦聚合物达中量且大于75~120μm或达少量且大于200μm，金属异常磨粒达中量且大于25μm。

（2）液压油粘度±10%，水分大于0.5%，杂质大于0.3%，闪点-15%，摩擦聚合物达中量且大于50~75μm或达少量且大于150μm，金属异常磨粒达中量且大于15μm。

点检标准规定了设备的点检部位、项目、内容、周期、方法和管理者，是点检员对设备进行预防性管理的依据，其应用可见表10-6内容。

5. 监测数据

信息技术及计算机技术的迅猛发展，推动着数字化、智能化设备及监测诊断手段和方法的进一步完善。监测数据的统计分析和整合，与企业EAM系统进行连接，建立信息共享，降低了设备管理工作的强度，提高了人力资源效率。EAM系统帮助监测工作实现了事前有计划，事中有控制，事后有分析。目前可实现如下连接：

（1）基础数据的一致性：设备名称及代码、岗位人员。

（2）监测结果（缺陷）数据与企业EAM工单管理流程的连接。

1）基础数据的连接：岗位与人员与EAM系统的基本系统一致；设备、部件与EAM系统的设备数据中设备名称和代码保持一致。

2）工作记录的连接：监测系统是EAM的设备状态的数据源，监测发现的缺陷填写到EAM的工单管理表。

3）工作记录的连接中重复数据的处理：

由于监测频率高，一条缺陷在未消缺之前将按日期记录，处理方法：

①按企业规定的危急缺陷、严重缺陷、一般缺陷刷新频率进行设置。

②获得EAM的缺陷表的缺陷注销标志进行判断和与工单的编号判断。

表 10－6 大柳塔矿活鸡兔井设备点检技术标准

点检内容	设备描述	点检部位	点检区域	点检标准	点检方法	点检周期	计量单位	警告下限	警告上限	操作下限	操作上限
环境温度	顺槽胶带输送机	环境温度	顺槽胶带机机头	测环境温度	仪器	1 天	℃	－100	100	－100	100
轴承温度	顺槽胶带输送机	一号驱动滚筒右侧轴承座	顺槽胶带机机头	$T \leqslant 50$℃	仪器	1 天	℃	－100	50	－100	60
电机听诊	顺槽胶带输送机	一号 CST 循环泵电机表面	顺槽胶带机机头	0 完好/1 轻微/2 严重	耳听	1 天		0	0	0	0
径向⊥振动	顺槽胶带输送机	一号 CST 循环泵电机驱动端	顺槽胶带机机头	$V \leqslant 11.2$mm/s	仪器	1 天	mm/s	0	11.2	0	18
径向一振动	顺槽胶带输送机	一号 CST 循环泵电机驱动端	顺槽胶带机机头	$V \leqslant 11.2$mm/s	仪器	1 天	mm/s	0	11.2	0	18
电机听诊	顺槽胶带输送机	一号 CST 风扇电机表面	顺槽胶带机机头	0 完好/1 轻微/2 严重	耳听	1 天		0	0	0	0
径向⊥振动	顺槽胶带输送机	一号 CST 风扇电机驱动端	顺槽胶带机机头	$V \leqslant 11.2$mm/s	耳听	1 天	mm/s	0	11.2	0	18
径向一振动	顺槽胶带输送机	一号 CST 风扇电机驱动端	顺槽胶带机机头	$V \leqslant 11.2$mm/s	耳听	1 天	mm/s	0	11.2	0	18
电机听诊	顺槽胶带输送机	一号电机表面	顺槽胶带机机头	0 完好/1 轻微/2 严重	耳听	1 天		0	0	0	0
轴承温度	顺槽胶带输送机	一号电机输出轴端	顺槽胶带机机头	$T \leqslant 60$℃	仪器	1 天	℃	－100	60	－100	70
径向⊥振动	顺槽胶带输送机	一号电机驱动端	顺槽胶带机机头	$V \leqslant 11.2$mm/s	仪器	1 天	mm/s	0	11.2	0	18
径向一振动	顺槽胶带输送机	一号电机驱动端	顺槽胶带机机头	$V \leqslant 11.2$mm/s	仪器	1 天	mm/s	0	11.2	0	18
⊥振动	顺槽胶带输送机	一号 CST 靠近高速轴端	顺槽胶带机机头	$V \leqslant 11.2$mm/s	仪器	1 天	mm/s	0	11.2	0	18
一振动	顺槽胶带输送机	一号 CST 靠近高速轴端	顺槽胶带机机头	$V \leqslant 11.2$mm/s	仪器	1 天	mm/s	0	11.2	0	18
油质	顺槽胶带输送机	一号 CST 齿轮箱	顺槽胶带机机头	0 完好/1 轻微/2 严重	目测	7 天		0	0	0	0
轴承温度	顺槽胶带输送机	一号驱动滚筒右侧轴承座	顺槽胶带机机头	$T \leqslant 50$℃	仪器	1 天	℃	－100	50	－100	60
轴承温度	顺槽胶带输送机	二号驱动滚筒右侧轴承座	顺槽胶带机机头	$T \leqslant 50$℃	仪器	1 天	℃	－100	50	－100	60
电机听诊	顺槽胶带输送机	三号 CST 循环泵电机表面	顺槽胶带机机头	0 完好/1 轻微/2 严重	耳听	1 天		0	0	0	0
径向⊥振动	顺槽胶带输送机	三号 CST 循环泵电机驱动端	顺槽胶带机机头	$V \leqslant 11.2$mm/s							
径向一振动	顺槽胶带输送机	三号 CST 循环泵电机驱动端	顺槽胶带机机头	$V \leqslant 11.2$mm/s							

续表 10－6

点检内容	设备描述	点检部位	点检区域	点检标准	点检方法	点检周期	计量单位	警告下限	警告上限	操作下限	操作上限
径向⊥振动	顺槽胶带输送机	三号 CST 风扇电机驱动端	顺槽胶带机机头	$V \leq 11.2$mm/s							
径向—振动	顺槽胶带输送机	三号 CST 风扇电机驱动端	顺槽胶带机机头	$V \leq 11.2$mm/s							
电机听诊	顺槽胶带输送机	三号 CST 风扇电机表面	顺槽胶带机机头	0 完好/1 轻微/2 严重	耳听	1 天		0	0	0	0
电机听诊	顺槽胶带输送机	三号电机表面	顺槽胶带机机头	0 完好/1 轻微/2 严重	耳听	1 天		0	0	0	0
轴承温度	顺槽胶带输送机	三号电机驱动端	顺槽胶带机机头	$T \leq 60$℃	仪器	1 天	℃	－100	60	－100	70
径向⊥振动	顺槽胶带输送机	三号电机驱动端	顺槽胶带机机头	$V \leq 11.2$mm/s	仪器	1 天	mm/s	0	11.2	0	18
径向—振动	顺槽胶带输送机	三号电机驱动端	顺槽胶带机机头	$V \leq 11.2$mm/s							
⊥振动	顺槽胶带输送机	三号 CST 靠近高速轴	顺槽胶带机机头	$V \leq 11.2$mm/s							
—振动	顺槽胶带输送机	三号 CST 靠近高速轴	顺槽胶带机机头	$V \leq 11.2$mm/s							
油质	顺槽胶带输送机	三号 CST 齿轮箱	顺槽胶带机机头	0 完好/1 轻微/2 严重	目测	7 天		0	0	0	0
轴承温度	顺槽胶带输送机	托带滚筒右轴承座	顺槽胶带机机头	$T \leq 50$℃	仪器	1 天	℃	－100	50	－100	60
轴承温度	顺槽胶带输送机	托带滚筒左轴承座	顺槽胶带机机头	$T \leq 50$℃	仪器	1 天	℃	－100	50	－100	60
轴承温度	顺槽胶带输送机	卸载滚筒左侧轴承座	顺槽胶带机机头	$T \leq 50$℃	仪器	1 天	℃	－100	50	－100	60
轴承温度	顺槽胶带输送机	卸载滚筒右侧轴承座	顺槽胶带机机头	$T \leq 50$℃	仪器	1 天	℃	－100	50	－100	60
轴承温度	顺槽胶带输送机	二号驱动滚筒左侧轴承座	顺槽胶带机机头	$T \leq 50$℃	仪器	1 天	℃	－100	50	－100	60
电机听诊	顺槽胶带输送机	二号电机表面	顺槽胶带机机头	0 完好/1 轻微/2 严重	耳听	1 天		0	0	0	0
轴承温度	顺槽胶带输送机	二号电机驱动端	顺槽胶带机机头	$T \leq 60$℃	仪器	1 天	℃	－100	60	－100	70
径向⊥振动	顺槽胶带输送机	二号电机驱动端	顺槽胶带机机头	$V \leq 11.2$mm/s	仪器	1 天	mm/s	0	11.2	0	18
径向—振动	顺槽胶带输送机	二号电机驱动端	顺槽胶带机机头	$V \leq 11.2$mm/s	仪器	1 天	mm/s	0	11.2	0	18
⊥振动	顺槽胶带输送机	二号 CST 靠近高速轴端	顺槽胶带机机头	$V \leq 11.2$mm/s	仪器	1 天	mm/s	0	11.2	0	18
—振动	顺槽胶带输送机	二号 CST 靠近高速轴端	顺槽胶带机机头	$V \leq 11.2$mm/s	仪器	1 天	mm/s	0	11.2	0	18

续表 10－6

点检内容	设备描述	点检部位	点检区域	点检标准	点检方法	点检周期	计量单位	警告下限	警告上限	操作下限	操作上限
电机听诊	顺槽胶带输送机	二号 CST 循环泵电机表面	顺槽胶带机机头	0 完好/1 轻微/2 严重	耳听	1 天		0	0	0	0
径向⊥振动	顺槽胶带输送机	二号 CST 循环泵电机驱动端	顺槽胶带机机头	$V \leq 11.2$mm/s	仪器	1 天	mm/s	0	11.2	0	18
径向—振动	顺槽胶带输送机	二号 CST 循环泵电机驱动端	顺槽胶带机机头	$V \leq 11.2$mm/s	仪器	1 天	mm/s	0	11.2	0	18
电机听诊	顺槽胶带输送机	二号 CST 风扇电机表面	顺槽胶带机机头	0 完好/1 轻微/2 严重	耳听	1 天		0	0	0	0
径向⊥振动	顺槽胶带输送机	二号 CST 风扇电机驱动端	顺槽胶带机机头	$V \leq 11.2$mm/s	仪器	1 天	mm/s	0	11.2	0	18
径向—振动	顺槽胶带输送机	二号 CST 风扇电机驱动端	顺槽胶带机机头	$V \leq 11.2$mm/s	仪器	1 天	mm/s	0	11.2	0	18
油质	顺槽胶带输送机	二号 CST 齿轮箱	顺槽胶带机机头	0 完好/1 轻微/2 严重	目测	7 天		0	0	0	0
固定小车轴承温度	顺槽胶带输送机	一号导向滚筒右轴承座	顺槽胶带机机头	$T \leq 50$℃	仪器	1 天	℃	－100	50	－100	60
轴承温度	主井胶带机	二号驱动滚筒右侧轴承座	主井胶带机机头	测环境温度	仪器	1 天	DIT℃	－100	35	－100	45
轴承温度	主井胶带机	二号导向滚筒右侧轴承座	主井胶带机机头	0 完好/1 轻微/2 严重	耳听	1 天	DIT℃	－100	35	－100	45
⊥振动	主井胶带机	3 号 CST 靠近高速轴	主井胶带机机头	$V \leq 11.2$mm/s	仪器	1 天	mm/s	0	11.2	0	18
—振动	主井胶带机	3 号 CST 靠近高速轴	主井胶带机机头	$V \leq 11.2$mm/s	仪器	1 天	mm/s	0	11.2	0	18
径向⊥振动	主井胶带机	三号电机驱动端	主井胶带机机头	0 完好/1 轻微/2 严重	耳听	1 天	mm/s	0	11.2	0	18
径向—振动	主井胶带机	三号电机驱动端	主井胶带机机头	$V \leq 11.2$mm/s	仪器	1 天	mm/s	0	11.2	0	18
轴承温度	主井胶带机	三号电机驱动端	主井胶带机机头	$V \leq 11.2$mm/s	仪器	1 天	DIT℃	－100	45	－100	55
轴承温度	主井胶带机	三号电机风叶侧	主井胶带机机头	DIT℃ ≤45℃	仪器	1 天	DIT℃	－100	45	－100	55
电机听诊	主井胶带机	三号电机表面	主井胶带机机头	0 完好/1 轻微/2 严重	耳听	1 天		0	0	0	0
轴承温度	主井胶带机	一号导向滚筒右侧轴承座	主井胶带机机头	DIT℃ ≤45℃	仪器	1 天	DIT℃	－100	35	－100	45
轴承温度	主井胶带机	一号驱动滚筒右侧轴承座	主井胶带机机头	$V \leq 11.2$mm/s	仪器	1 天	DIT℃	－100	35	－100	45

③关联字段，触发器或条件生成。

6. 监测诊断效果

神东公司以设备状态监测为基础的预防性维修计划的执行，使设备性能维护不断走向科学化和规范化。在工作面增加、设备总量增加、原煤产量每年递增千万吨、设备逐步老化的情况下，设备运行状态不断改善，故障停机时间逐年降低，拆件次数呈现逐年减少的趋势，其统计结果如图 10 – 11。

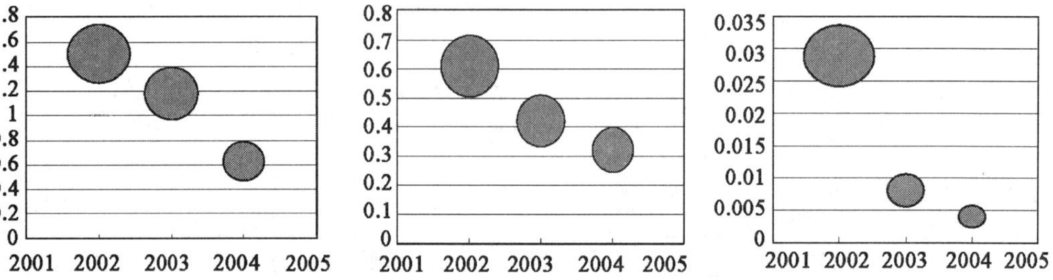

万吨原煤预防性检修用时　　万吨原煤故障停机小时　　万吨原煤拆件次数

图 10 – 11　逐年效果对比表

2004 年比 2003 年非计划故障停机时间减少了 116h，全矿区平均每小时生产原煤 0. 55 万吨（一天以 40h 计算），即相当于增产了 63 万吨。每吨煤利润 5 元，则全年增加了利润 315 万元；2004 年配件出库量为 8000 万元，据统计，另有 10% 是已经确认的因检测诊断到位而未进行提前更换的，减少了配件损失费 800 万元，合计为 1115 万元，当年监测诊断实际投入了 200 万元，投入产出比是 1 : 5. 57。此外这里边还有深刻的事故教训事例。康家矿 88103 面开始使用的 $\phi 48 \times 152$mm 刮板链是上个工作面调剂过来的，过煤量达 500 万吨，当时在地面维护检修时，由于种种原因事先未做详细的检测，微观的损伤缺陷未能彻底排除，使用三天后，接连发生一天好几次的断链事故，致使该工作面全线不能正常生产。累计影响生产 10 天，最后只好更换了新的刮板链组件，直接利润损失十几万元，间接损失，主要是井下井上的解体及安装、来回起吊运输等又是十几万元。

维修工人都知道，如 CST 换两桶 424 液力传动油是 8000 元，而因未及时换油导致减速器故障，解体检修一次必须更换密封、轴承、过滤器及摩擦片等共需 20 万元。若再有一个齿轮损坏更换，还得增加少则 10 几万元，多则 30 万元以上。

以上只是保守的折合算法，如果只按本年度的非计划故障停机时间和异常配件消耗计算，则投入产出比将大于：10 ~ 15。

随着设备预防性检修制度和状态监测措施的有效落实，矿区设备管理效率不断提高，设备现场环境持续改进，均衡生产也有了健康的发展，实现了年零死亡的安全生产目标，保证了煤炭产量的持续增长。特别是借助信息化工程的不断拓展，设备网络监测系统和远程监测监控的开发和应用项目也已准备推进试验，其计划正在逐步制定之中。

第二节　电力行业设备监测与诊断技术

长期以来，我国电力设备监测与诊断大多直接采用国外先进技术，应用的主动性并不高。这一方面与对技术的认识有关，更重要的是与当时的管理体制有关。然而，自1990年代末开始，随着电力行业改革的深入、状态检修概念的引入，发生了明显变化，国内的相关技术需求迅速扩展。随着我国发电、输变电设备质量、运行维护水平的逐渐提高，采用一系列设备维护与管理新技术的愿望更加迫切，状态检修和寿命管理成为必然趋势。

一、发电设备

（一）设备故障监测与诊断技术现状

设备诊断技术是1970年代兴起的一门综合新技术，包括在线及离线监测与诊断两大部分，目的是期望在设备运行或停机过程中，掌握设备状态，判定故障部位，诊断老化和损伤程度，判断原因和严重程度，在此基础上，预测设备状态（可靠性、运行风险）和寿命。

进入1980年代以来，随着设备监测与诊断技术的逐渐完善和应用，进一步提出技术手段与管理手段相结合的思路和做法，以便将监测诊断与维修对策更紧密结合起来，形成新的设备管理模式，出现了状态检修和寿命管理等新的长期管理策略，大大丰富和扩展了设备监测与诊断技术的内涵和应用范围。

美国、日本等发达国家逐步在火力发电厂推行一系列现代维修优化和管理技术，采用先进的设备分析评估技术和状态监测手段，及时掌握设备的真实状态和寿命，合理地安排检修项目与检修周期，从而有效地降低了检修成本，提高了设备可用性。其中，以点检定修为基础的维修（TPM－total productive maintenance），以风险为基础的维修（RBM－risk based maintenance），以可靠性为中心的维修（RCM－reliability centered maintenance），高温关键部件的寿命管理（LM－life management），预知性维修（PdM－predictive maintenance）等新的维修方式和技术相继出现，并得到较快发展，已形成较成熟的成套维修优化和管理技术。

国内的状态检修工作自1998年起逐渐开展，通过几年时间的努力，在电力行业得到普遍重视和关注，特别是在北仑港、外高桥、邹县、淮阴、太仓等电厂的试点工作进展顺利，有力地推动了相关技术的研究与应用。1999年开始正式由国家电力公司立项开展相关技术攻关研究，也对状态检修技术的进展起到了关键作用。

目前国内大多数电厂涉及的诊断项目包括离线（静态）诊断和在线（动态）诊断两部分，主要项目均包含在技术监督管理范围内（如图10－12所示）。

（二）国内状态检修与寿命管理技术的发展

通过近几年的连续攻关，状态检修课题组致力于综合研究和开发适合中国电厂特点的先进的设备评估技术、设备管理技术、设备监测技术。通过在华能太仓电厂、嵩屿电厂、华能淮阴电厂的具体实践，已初步形成具有我国自己特点的完全自主知识产权的维修优化的新模式和系列技术。

1. 设备评估技术的研究与应用

（1）以可靠性为中心的维修（RCM）理论和方法研究。与传统的预防性检修相比，RCM在维修的思想方法上具有如下特点：

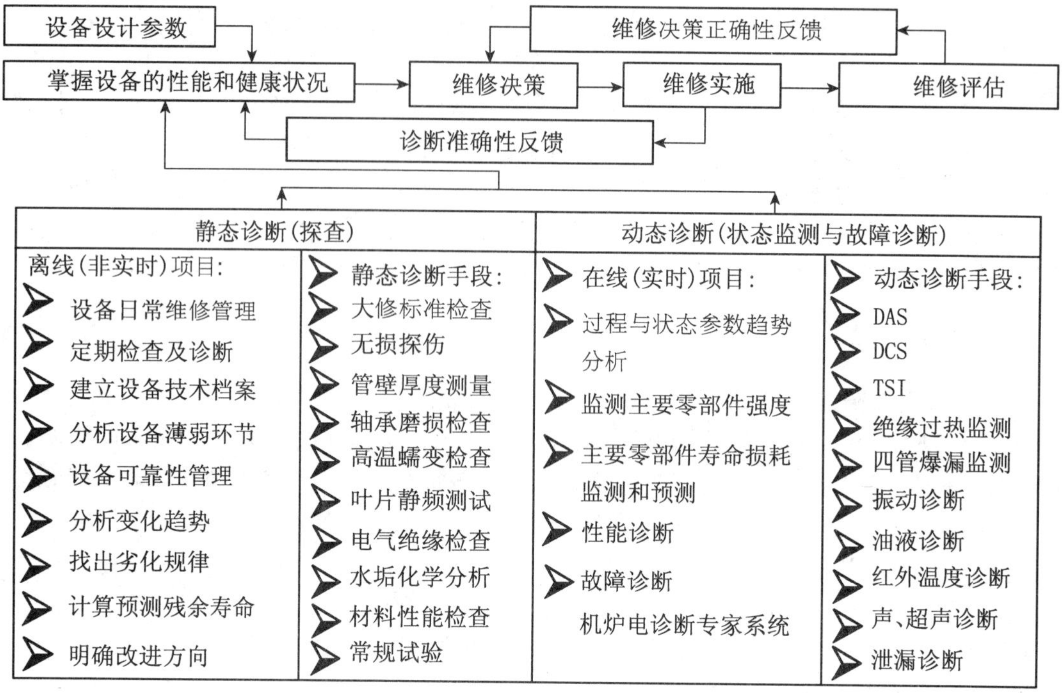

图 10－12　离线与在线诊断举例

1）维修决策建立在设备对系统可靠运行影响的重要程度之上；

2）维修决策建立在设备丧失功能的故障模式识别基础之上；

3）维修决策同时考虑了维修效果与维修经济效益的关系。

以可靠性为中心的维修理论更新了传统维修的观念，按照新理论指导的维修实践，与传统维修的做法有较大的差别。主要包括八项基本原理，需要回答七个关键问题。

以可靠性为中心的维修分析基本步骤包括：

1）确定重要功能部件；

2）进行故障模式及影响分析；

3）应用逻辑决策图确定预防性维修工作的类型；

4）确定预防性维修工作的周期及维修级别。

（2）以风险分析为基础的维修（RBM）理论和方法研究。在防止电站设备和结构失效方面，预防性维修和检查一直发挥着重要的作用，然而对于高温关键部件，以往的在役检查和维修常常是根据积累的经验和工程需要提出的，在制定在役检查要求和维修措施时，并没有充分考虑部件材料失效的几率、运行及负荷状态变化以及零件失效产生的后果等因素。

在分析设备危险和风险程度时，可以采用定性的、半定量和定量等多种手段。在这些风险分析方法中，风险的定义是对潜在的伤害可能性和损失程度的度量：

$$损伤概率(无量纲) \times 损失的大小(金额) = 风险(金额)$$

以风险分析为基础确定维修任务的基本过程包括：

1）对于待检查的系统进行结构化分界和定义；

2）资料收集与处理；

3）定性风险分析；

4）定量风险评估方法；

5）风险分析决策。

（3）RCM 分析软件开发。为了提高分析的效率，开发了 RCM 分析辅助软件。该软件同样可用于 RBM 分析，软件主要功能模块包括：

1）项目信息模块；

2）设备管理模块；

3）RCM 评估模块；

4）系统管理模块；

5）综合分析模块；

6）维修决策模块。

（4）电厂水冷壁系统风险分析应用。根据水冷壁测量结果，采用壁厚分级方法可直接进行定性的风险评估。同时，考虑到高温腐蚀分布的随机性和实际情况，抽查测量的数据有限，不可能将最危险的壁厚、最小的部位检测到，采用极值统计分析方法可进行定量的风险评估。

采用定性风险分析的方法对壁厚测量结果进行了分析，结果如图 10－13。

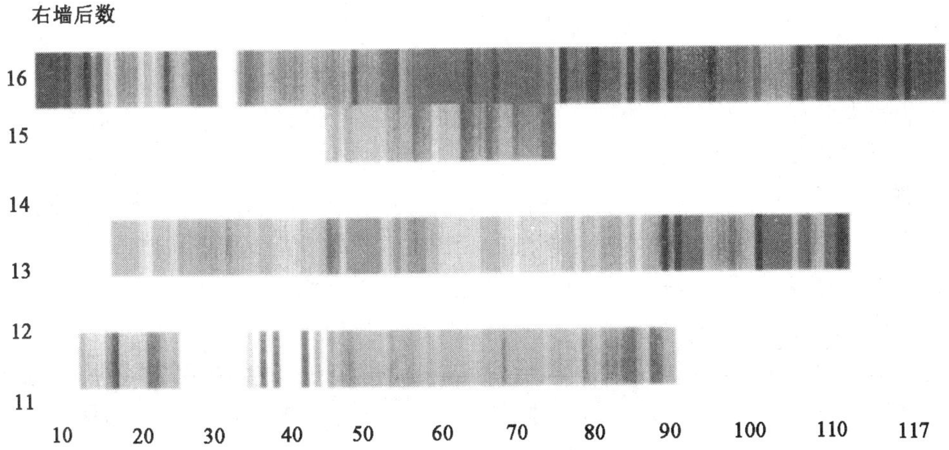

图 10－13 右墙水冷壁风险图

定量风险分析采用的是 PRA 极值分析原理。高温腐蚀分布状况一般很难直接准确测量，腐蚀最严重的部位很难直接测量到，只能根据统计分析的方法预测到。一般的，在全部检验点中总存在一个壁厚最小的单元（部位），且这一单元被检验到的几率相当于检验的抽查比率，而发生失效的部位最可能是在这一管壁金属厚度最小的部位。这一单元在抽查中被检测到的可能性很小。测点数量与最小壁厚之间存在如下对应关系：

$$d_{\min} = d_0 + b\log A$$

式中 d_{min}——最小壁厚尺寸；

d_0、b——系数；

A——测点数量。

将实测数据依次排列，并分别进行极值计算。可分别求出预测的最小壁厚值，见表10－7。

表10－7 各墙水冷壁预测最小壁厚

单位：mm

项 目	左墙	右墙	前墙	后墙	水冷壁总体
测点数据平均值	5.066957	5.161189	5.247872	5.135683	5.156934
预测平均壁厚值	4.819749	4.904957	4.955712	4.842173	4.980364
预测最小壁厚值	3.020328	3.20352	3.343691	3.065502	3.03473

由分析结果可知，目前各墙水冷壁的预测最小壁厚值，均低于3.5mm，其中左墙、后墙的预测最小值接近3.0mm，总体水冷壁的预测值也非常低。这意味着，左墙和后墙目前已存在接近3mm的个别管段，其失效风险已相当大，为控制和减少水冷壁失效的风险，必须进行局部更换处理。

（5）设备评估技术标准的制订。根据理论、方法研究及实际部件分析结果，综合考虑国内电厂设备特点和管理模式，正在制订以可靠性为中心的维修（RCM）分析技术导则和以风险分析为基础的维修（RBM）分析技术导则两项电力标准。

2. 电站设备合理检修周期和安全保障措施

（1）汽轮机设备的合理检修周期分析。火力发电厂三大主机中，决定计划检修大修周期的关键因素是汽轮机的揭缸检查与否，汽轮机内部几何参数的变化不揭缸是无法得知的，仅从汽轮机性能参数的变化虽然可以定性地分析它的运行状态和故障趋势，但是由于汽轮机结构的复杂性和故障的随机性，要明确汽轮机具体故障位置和原因以及定量给出汽轮机的未来无故障运行时间，则是当前技术难以实现的。因此，汽轮机合理检修周期的确定采用定性分析为主、定量计算为辅的思路和策略，力求全面系统的掌握设备状况，发现故障隐患，综合分析评价后提出建议。

研究提出的汽轮机合理检修周期和安全保证措施的基础是设备的RCM分析、RBM分析和经济性分析理论。在对汽轮机组进行风险性、可靠性和经济性分析后，可根据机组状态数据确定发电机组合理的检修周期。

汽轮机本体合理检修周期的分析流程见图10－14。

机组最佳检修周期的计算模型如下：

1）依据机组寿命的结果确定检修周期。每台机组中各个部件的寿命是随机量，引用数理统计的概率方法来处理这些数据，以确定一定的规律。寿命的分布函数 F（f）决定于工作时间，数量上等于寿命对于时间 t 的概率。

$$F(t)=\frac{m(t)}{m(t)+k(t)}$$

式中 m（t）——至瞬时 t 停运的设备数；

$k(t)$ ——工作到瞬时 t 不停运的设备数。

根据寿命的分布函数决定可靠度函数 $P(t)$

$$P(t)=1-F(t)$$

有了每个独立部件的寿命数据，便可按下式的概率法定量决定整个机组的可靠度函数 $Pu(t)$。

$$P_u(t)=P_1(t)\times P_2(t)\times\cdots\times P_i(t)$$

式中　$P_i(t)$——第 i 个部件的可靠度函数。

根据可靠度函数 $P_u(t)$，再用经检修前机组的实际运行可靠性指标进行修正后，便可得到该机组用于确定最佳检修周期的可靠度函数 $P(t)$。

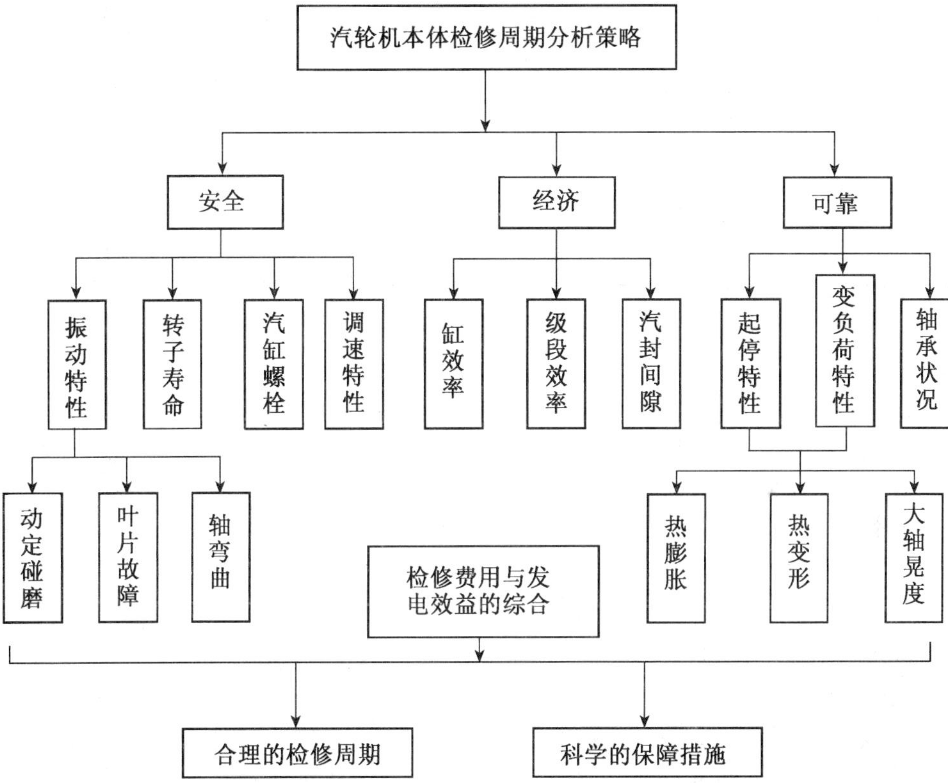

图 10-14　汽轮机本体合理检修周期分析流程

2）依据风险控制理论确定检修周期。按照风险控制和寿命管理的逐渐逼近理论，须安排若干次（一般不少于三次）检查，才能保证一定的准确性要求，确认设备的真实寿命（失效时间）。因此，安排检验与检修周期时，必须考虑检验的合理性和可靠性，并兼顾其经济性。

检验的合理性（风险）可以采用：检出几率（POD）和误识别数量（NFI）指标表示。

检出几率（POD）＝检出的缺陷数量/缺陷总数量

误识别数量（NFI）＝识别几率×检验点数量

它们的关系如下图10－15所示。

如汽轮机转子，目前的技术可通过三次检验而确认其真实寿命（失效时间），则第一次检验应安排在预期寿命40%后，第二次检验应安排在寿命评估结果的50%消耗后，第三次检查应安排在第二次寿命评估结果的60%消耗左右。特别注意的是，每一次的检查范围、计算精度要求是递增的。

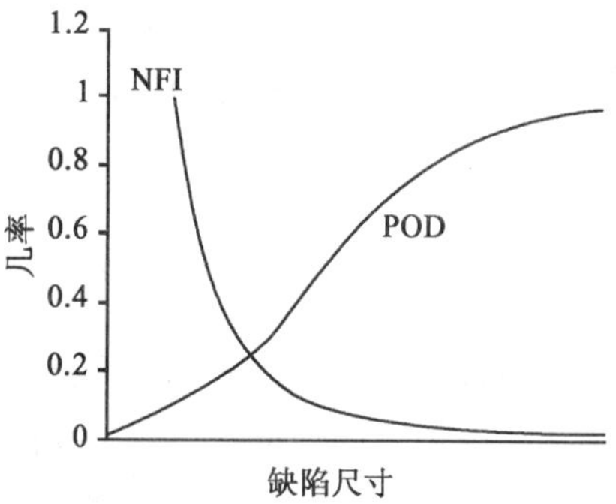

图10－15　检验风险图

3）按等效运行小时确定检修周期。按等效运行小时数计算计划检修周期的关键技术是通过寿命评定确定不同型号汽轮机的加权系数 T_c、T、T_h 和 T_u。国产引进型300MW机组等效运行小时推荐计算公式为：

$$T_{eq}=T_{act}+\sum_{1}^{m}\varphi_i\times n_i$$

机组检修周期内等效运行小时数按照制造厂的有关规定执行，进口机组、太仓电厂引进型300MW机组可以参照10万等效运行小时的规定。

（2）锅炉设备的合理检修周期分析模型。锅炉的主要失效机理是高温蠕变。其次是疲劳、高温腐蚀、氧化等，要保证锅炉的安全运行，首先应确保锅炉管具有高可靠性。因此，在锅炉中，锅炉管管系的预防检修周期是确定锅炉检修周期的主要因素。任何一根锅炉管发生失效事故，都将引起整个锅炉的停炉，直至整个机组的停机。它的失效属于最弱环模型。

对锅炉系统而言，按最弱环模型，锅炉管系的可靠度函数 R_s（t）可表示为：

$$R_s(t)=R_1(t)\cdot R_2(t)\Lambda R_N(t)$$

式中　R_N（t）——为第N根锅炉管的可靠度函数。

锅炉预防性维修方式的中心问题是如何确定最优检修周期。可采用以下两个原则来确定：

1）维修费用最小原则；

2）系统可用性最大原则。

3. 状态监测技术和诊断系统的研究

（1）基于统计的趋势评价技术。在主机设备运行中，机组参数总处于不断的变化过程中，与运行优化相关的状态监测技术主要关注运行参数是否处于最佳位置或合理的范围之内，国内目前开发的状态监测系统基本上都属于这一类。

而从维修优化的角度出发，仅监测机组的实时数据还无法对维修与否给予评价，需要从较长时间的运行数据中提取趋势分析结果，即需要得到设备老化的趋势判断状况，为此，开发了基于统计的趋势评价诊断技术。

（2）基于风险的分级报警技术。从维修优化的角度出发，根据机组运行的安全性和经济性影响，可实时计算设备的风险程度，开发的基于风险的分级报警技术模型为：

$$风险=f（V、\Delta P、t）$$

式中 V——故障频率；

ΔP——超限幅度；

t——累计时间。

同时，根据设备寿命消耗的结果也可实现风险的分级报警。

（3）机组状态监测系统。为了开发机组维修信息的集成平台，主要的设备监测内容包括：设备实际运行的安全状态变化；关键设备的寿命消耗变化；设备运行中的经济性指标变化。开发的机组状态监测系统主要模块和功能包括：

1）汽轮机状态（安全性、经济性）监测；

2）汽轮机转子寿命消耗监测；

3）锅炉状态（安全性、经济性）监测；

4）高温锅炉管寿命消耗监测；

5）高温联箱、蒸汽管道寿命消耗监测；

6）烟风系统状态（安全性、经济性）监测；

7）泵组系统状态（安全性、经济性）监测。

（三）状态检修技术的电厂实施探索（太仓电厂状态检修技术应用与实施）

1. 实施模式

以主机状态检修技术开发为主要目的，国电热工研究院与华能集团公司、华能太仓电厂合作，在太仓电厂实施的状态检修模式为全面实施模式。

2. 初步效果

逐步加深了对状态检修概念的认识，提高实施的自觉性，已初步建立状态检修管理模式；建立设备信息平台，为优化维修和提高效率提供了技术基础。

（四）小结

应当说，状态检修技术无论是监测与诊断技术本身，还是其应用范围和应用效果均得到极大扩展与提高。因此，发展和推广应用状态检修、寿命管理、风险管理、标杆管理等新技术，可以将监测诊断技术与先进的管理理念结合起来，使之得到更大的发展。这是发电设备监测与诊断技术主要的发展方向。实际效果也证明了这一点。归纳起来，国内近年来状态检修技术主要的研究发展体现在以下几方面：

1. 形成了新的部件状态评估新技术

研究了国外近几年发展的设备评估技术（RCM、RBM）的基础理论和中国电厂设备应用方式，在具体设备实践基础上总结了适合中国电厂设备特点的 RCM、RBM 设备评估方法，首次提出电力行业实施技术标准。

2. 首次较系统地开展了机组合理检修周期模型研究

采用可靠性（RCM）、安全性（RBM）、经济性分析相结合的综合评判方式，首次提出了主要影响机组检修周期的汽轮机、锅炉本体设备合理检修周期及安全措施的研究结果，创立多种汽轮机、锅炉设备合理检修周期计算模型，并初步在太仓电厂 2 号机组上应用，其推荐大修间隔延长为六年。

3. 首次完成了与维修相关的机组状态监测系统的开发和电厂实施

首创在线设备状态统计分析技术和风险在线评估报警技术；

采用离线和在线评估相结合、安全性（状态监测 + 寿命监测）与经济性监测相结合的方式，开发完成具有完整自主知识产权的电站主机（汽轮机、锅炉）状态监测系统，为预防事故发生和制定维修决策提供了较完整的信息集成和管理平台；

实现了系统级安全性与经济性、设备级安全性指标同时监测的方式，国内首次研究开发完成电站辅机（烟风系统、泵组）状态监测系统。

二、电网高压电气设备部分

（一）设备故障监测与诊断的意义

随着电力需求快速增长，对供电可靠性的要求也越来越高。保障供电可靠是一项复杂的系统工程，其中作为电网的细胞——电气设备，其安全运行对供电可靠性有着重要的影响，国际上发生的一些大停电事故的起因都源自设备。

随着设计、工艺、材料、制造等方面的科技进步，高压电气设备的可靠性显著提高，有力地提升了电力系统的安全运行水平。虽然如此，由于庞大的电网装备着成千上万的高压电气设备，个别设备在运行中出现缺陷仍然是不可避免的，有的缺陷若不能及时发现和处理，就可能发展为事故，导致局部供电中断。因此，通过各种举措，对设备状态进行监测与诊断，对供电可靠性乃至电网安全运行，都有着重要的意义。

（二）设备故障的监测

1. 设备故障的监测流程简介

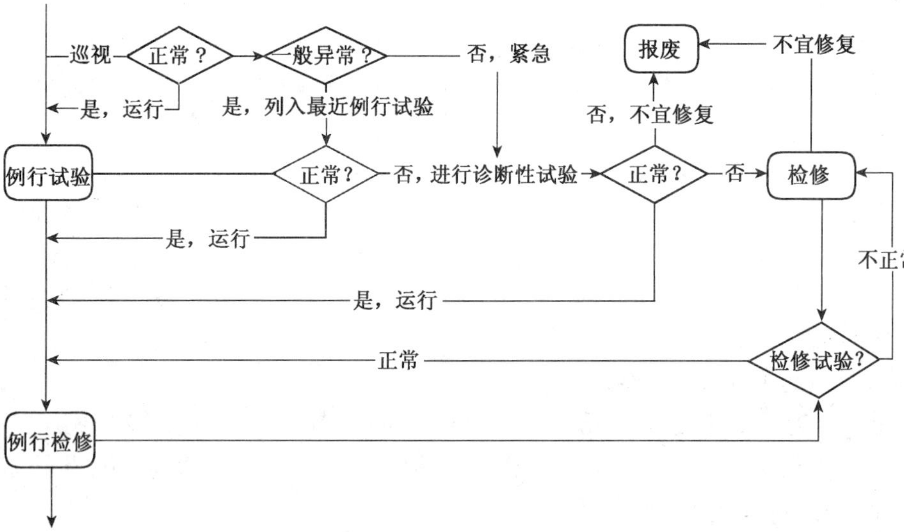

图 10－16　设备故障的监测流程

图 10－16 大致反映了设备故障的监测流程。主要包括巡视、例行性试验、诊断性试验、检修和报废等。在图 10－16 中，设备故障监测的第一关是巡视，巡视发现异常的设备，按异常是否紧急分别处理。一般异常，跟踪监测，尽可能安排到最近一次例行性试验中处置；紧急异常需要尽快进行临检或临修。设备故障监测的第二关是例行性试验，若发现异常，需进一步进行诊断性试验，诊断性试验不能排除存在缺陷时，需进行检修。设备故障监测的第

三关是检修，包括计划性的和临时性的，无法检修或检修成本过高者，选择报废。

2. 巡视

巡视是指在设备运行中，通过耳闻、目测等方式，定期对设备状态进行的监测。巡视主要适宜于发现具有表象性特征的缺陷，如充油设备的油位指示（如果有的话）、充气设备的压力（密度）指示、充油（液体介质）设备的渗漏现象、设备自备监测仪表的读数、异常放电声响或放电痕迹、影响设备安全运行的附着物或障碍物、支撑绝缘件的裂纹或破损等等。巡视的频度取决于设备的类别、电压等级、负荷大小、天气情况等。

随着红外热成像技术的进步，红外测温已成为巡视的重要手段，因为许多常见的设备缺陷都会导致异常温升现象，如导线接头、开关设备触头接触不良；套管缺油等等。近年来，紫外光监测仪也开始在巡视中应用，特别适宜于确定异常放电及其具体位置，如导线断股、均压环（罩）错位、强电场区异物介入、电位梯度较高区域绝缘不良等。

巡视具有不影响设备运行的优点，且随着巡视新装备的引入，巡视对于设备安全运行的重要性将日渐凸现。但是，设备的许多缺陷属于潜伏和隐匿性的，仅仅靠巡视不能及时发现，而例行性维修试验可以更全面的监测设备的状态。

3. 例行性维修试验

目前，例行性维修试验仍然是发现缺陷设备、预防设备运行事故的主要技术手段。除绝缘油（气）可带电取样之外，其他例行性维修试验都要求设备临时退出运行。例行性维修试验包含两个部分，即例行性维修和例行性试验。所谓例行性维修就是定期利用设备暂时退出运行的机会，全面检查那些在巡视时无法看到和触及的部位，确认处于正常状态，同时进行必要的保养，譬如螺丝紧固、污秽清扫、加润滑油、清洗滤网、更换干燥剂以及一些涉及机械操作的状态测试等等。

例行性试验则是定期使设备临时退出运行，应用专门仪器设备对反映设备状态的关键参量进行测试，以检验其是否存在潜伏性缺陷。例行性试验项目很多，不同类别的设备亦有较大差异，典型的例行性试验项目包括测量绝缘电阻、测量绝缘介质损耗、进行油中溶解气体分析、测量绝缘油或气含水量、绕组或开关触头直流电阻等等。

4. 在线状态监测

例行性试验可以发现隐匿性缺陷，但需要设备退出运行。对于骨干线路和设备，常因电力输送之需求，不易停下来，或者停下来的时间很有限，不足以完成例行试验，这一情况促进了在线监测技术的发展。所谓在线监测就是基于电子和传感器技术，对处于正常运行状态的设备，连续（随时）监测其关键参量的专门装置。与例行性试验相比，在线监测的优势还在于，可以及时发现两次例行性试验之间新滋生的缺陷，避免未到下次例行性试验之前就酿成事故，而这种情形在实际中有一定的普遍性。

由于上述优点，在线监测已经成为电力科研、电力设备制造商等重点研发的技术之一，也受到电力生产行业的青睐。已经开发并得到应用的在线监测系统包括电容型设备（CT、CVT、套管等）电容量和介质损耗、MOA 阻性电流、变压器油温和铁心电流、变压器局部放电、变压器绝缘油中溶解气体、断路器机械特性及分合闸线圈电流波形、变压器振动波谱、GIS 局部放电等等。

尽管在线监测优点显著，但是，除电容型设备等相对成熟的在线监测系统有少量应用外，绝大多数仍仅有个别应用。其原因大致包括：

（1）监测数据的精确性、系统连续工作的可靠性等尚待进一步提高；

（2）一些在线监测项目的数据与例行性试验缺少可比性，基于在线监测数据的分析标准尚未建立起来，如变压器局部放电等。

（3）一些在线监测项目是以设备处于运行状态的某些表象特征开发的，如变压器振动波谱、绝缘表面泄漏电流等，由于没有对应的例行试验项目相比照，尚需进行大量的基础研究，确认设备状态与监测数据之间是否存在、存在何种关联关系。

（4）在线监测系统缺乏可互换、可扩展性。

近年来，国内外对在线监测的研发力度明显加大，对设备故障监测与诊断将带来深远的影响。

5. 优化设备的故障监测

降低运行设备的故障风险、提升设备的可用率、节约维修试验成本，是故障监测的优化目标。由于巡视不需要设备退出运行，且成本低廉，加强巡视特别是配备红外热像仪的巡视，对骨干线路、重要设备是十分必要的。

基于设备状态的整体评估结果，制定合理的例行试验周期。这里周期应该是适宜于绝大多数设备（85%），但不能顾及少部分状态欠佳设备，否则会使大部分设备进行不必要的陪试，不仅降低了可用率，增加了维修成本，而且常常带来一些负面效果。另一方面，也不能忽视状态欠佳设备，不难想象，若将这些设备的维修试验周期等同一般设备处理，势必增加运行风险。化解这一矛盾的方法是，不要“一刀切”地要求所有同类设备服从一个周期，而是依据设备状态，做到既有按周期试验的计划性（一般设备），又有按状态调整的灵活性（欠佳设备）。

若例行试验周期 N 在两年及以上（$N \geqslant 2$），且同类设备数量及电力调度等情况许可，尽可能采用轮式，即每年度大约试验 $1/N$，N 年所有设备至少维修试验一次。其优点在于 $1/N$ 具有抽样监督的作用，一旦发现家族缺陷，即可打破周期限制，全面普查同类设备，消除可能存在的缺陷。

在线监测也是优化设备故障监测的重要措施。若在线监测的是反映设备状态的核心参量，在线监测系统工作可靠、数据真实且在正常范围，被监测设备可以不进行例行试验。

（三）设备故障的诊断

1. 一般诊断原则

设备故障的诊断技术是在长期的生产实际中特别是反故障的实践经验中积累起来的。巡视以及各试验项目的正常值范围，就是这种经验的反映。所谓正常值范围通常就是一个阈值，作为区分正常与缺陷或疑似缺陷的分水岭。

事实上，阈值有两种，一种是警示值，超过这一数值意味着设备处于危机状态，须尽快处置，如电容型设备电容量、绝缘油或气中水分含量、耐压值等等；另一种是注意值，即使设备超过这一数值，也不宜明确是否存在缺陷，对于运行设备，通常不会立即采取立即退出运行的措施，而是加强对设备的监测。

显然，上述诊断是非常粗放的，其作用只是快速将可能存在缺陷的设备从电网中隔离开来，使正常设备尽快投入运行。至于超阈值设备的缺陷性质、危机程度甚至是否存在缺陷，均有待作进一步的诊断和分析，这类设备包括：

（1）巡视或例行试验数据超过阈值；

（2）经历了严重不良工况，如变压器出口或近区短路、过负荷、断路器开断大电流等；

（3）有设计、制造、工艺或材质等家族缺陷，隐患尚未消除的。

诊断性试验比例行性试验项目更全面、更复杂，也更具针对性。例如变压器绕组频响试验，就是专门分析绕组是否发生变形的诊断性试验。通常，通过诊断性试验可以确认设备是否正常，诊断为正常时即可投入运行，若诊断性试验显示异常或者难以确认设备正常时，需要进行解体性维修或选择报废处理。

2. “横比”和“纵比”原则

由于制造工艺、材质及设计的不同，用一个阈值区分状态参量的正常或异常，有很大局限性。在设备故障诊断的实践中，“横比”和“纵比”原则具有极有益的指导作用。所谓“横比”就是将某台设备的状态参量放在一个家族范围内观察，因为在理论上，同一家族设备，其各状态参量等效于源自同一母体，彼此不应有显著性差异，若某台设备的某个状态参量偏离了母体的分布特征，且偏向劣化方向，应视为存在或可能存在异常，不论其是否超过阈值。至于何谓显著性差异，可凭经验，必要时可以应用数理统计的假设检验进行辅助分析。所谓“纵比”是指不仅要看状态参量在数值上接近阈值的程度，也要看接近的速度，速度快意味着存在超常劣化现象，通常是缺陷的征兆，即使其没有超过阈值，其道理是不言而喻的。但“纵比”分析一般不适宜状态参量很小（接近于零）的情形，此时许多因素（如仪器、天气等）的干扰会使“纵比”得出不真实的结论。

3. 家族缺陷原则

所谓家族缺陷是指，若两台或两台以上同厂同型同批次设备出现相同或类似缺陷，则这种缺陷称为家族缺陷。与发生家族缺陷设备属于同厂同型同批次的所有其他设备，不论当前是否存在缺陷，都称为有家族缺陷设备。家族缺陷的概念可以扩展到采用相同设计（缺陷原因属设计）、相同材质（缺陷原因属材质）和相同工艺（缺陷原因属工艺）的所有设备。

家族缺陷原则是设备故障诊断的重要原则，一旦确认家族缺陷，同一家族的设备，不论其当前是否存在缺陷征兆，均应视为有缺陷设备，必须进行消缺处理或重新进行状态确认。家族缺陷对非同一家族的其他设备也有警示作用，但不必进行消缺处理。

4. 不良工况原则

不良工况是指设备在运行中经历的、可能对设备状态造成不良影响的各种非期望工况，如近区短路、过负荷、雷击，开断短路电流等。原则上，所有设备在设计时，已经考虑了抵御不良工况的能力，但实践证明，各种不良工况依然是导致设备缺陷的重要原因，一旦设备经历了某种不良工况，对于暂不便退出运行的设备，在确认所经历的不良工况没有超越设备的设计能力，可以继续运行，但须加强巡视和跟踪，直至确认无事故风险。对于可退出运行、或者超越设备的设计能力的情形，应尽快退出运行，通过一系列诊断性试验，来确认设备的状态，必要时进行解体性维修。

5. 应用新技术

提升设备可用率、降低运行事故风险、缩减维修成本和负面影响，是设备故障诊断的目标，不断采用新技术，是提高设备故障诊断准确性的重要举措。近年来，红外热成像、紫外光观测仪、变压器绕组变形频响分析诊断技术、变压器振动波谱分析技术以及在线监测技术等新技术的应用，增加了运行设备故障诊断的及时性和准确性，避免了不必要的设备解体性维修。

基于状态信息的专家系统也得到了重视和发展，如基于油中溶解气体分析的变压器缺陷分析专家系统等。专家系统的应用对于技术和经验相对缺乏的用户有重要的指导意义。

（四）设备状态的量化分析

如何快速地将缺陷（包括疑似缺陷）设备从大量运行设备隔离在一个相对小的范围，是缺陷分析的第一步，但却是极为重要一步，它直接关系到设备维修成本、效率和可用率。实践中，设备缺陷分析者面对的是大量的运行设备，而这些设备至少在上次停电例行试验时被证明是合格设备。而每台设备从出厂、交接、历年例行试验、家族缺陷、运行工况等积累了大量反映设备状态的数据，面对如此海量的信息，完全人工应用文中提及的分析方法，是无法胜任的。所谓量化分析，就是把文中提及的分析方法，抽象为可量化的算法，并据此给设备状态的量化评价。量化分析不同于专家系统，所依据的是在文中提及的、得到公认的原则，量化结果是一个反映设备状态优劣的数值，因此，量化分析的依据充分、结果可信。量化分析的最大优点还在于适宜计算机自动分析，这使得海量信息的处理问题迎刃而解。虽然量化分析只是一个粗略地反映设备状态的数值，但量化分析结果对于设备缺陷或故障的监测有重要的指示性作用，有着极大的应用价值。

（五）小结

新型电力设备的应用、新的试验技术、在线监测技术、设备状态综合分析技术等等，特别是现代社会对供电可靠性近乎严酷的要求，都将有力推动电力行业设备故障监测与诊断的不断发展和进步。几十年来，我国建立起了以“预防性试验”为基础的设备故障监测与诊断体系，这一体系为我国电网的健康发展起到了极为重要的作用。随着电力工业的快速发展，作为电网细胞的电力设备，其运行可靠性变得原来越重要，这就对设备故障监测与诊断提出了新的挑战。相信，基于状态分析思想，我们将会逐步建立更加高效、可靠的设备故障监测与诊断新体系，以适应加强电网运行安全性、可靠性的需要。

第三节　石油行业设备故障诊断

一、设备综合管理

大庆石油管理局由 12 个集团、9 个专业公司组成，涉及钻井、物探、电力、化工、建筑安装、机械加工、物业等各行业。大庆石油管理局作为油田工程技术服务的主体，为石油开发、外拓市场提供服务。大庆石油管理局目前主要专业设备 8 万多台套，原值 110 多亿元，设备类型几乎涵盖国民经济的各个领域，在这里我们主要介绍钻井物探专业的设备管理，涉及石油行业内容有钻井、勘探、固井技术等。全局拥有 1000 ~ 7000m 钻深能力的各型钻机 107 台，主要行业作业场所均在野外，要求设备使用中克服野外不利条件，满足钻井勘探生产要求。

大庆石油管理局设备管理系统实行局设备管理中心、钻探集团、钻井公司或物探公司、分公司和小队五级管理。

设备管理机构的设置和职责有：

1. 设备管理中心是全局设备管理、资产管理工作的主管职能部门，主要针对局属各集团企业、专业公司设备管理工作进行监督、检查、指导、协调和服务。负责全局新增资产验收、完资工作；主要专业设备日常使用、维护保养、修理的规程、技术标准的制定和监督检查；重大设备技术改造项目的管理；固定资产的调剂利用、报废审批与处置工作；资产、设备信息化管理；设备安全管理，设备经济技术指标考核工作。

2. 钻探集团负责全集团设备管理工作，指导钻井一公司、钻井二公司、钻井技术服务公司、物探公司开展设备管理工作。

3. 钻井等公司设立装备资产管理部，主要职责是负责公司现场设备使用管理和设备用油、水管理；设备信息与技术资料收集、存储；设备事故的预防、调查、分析、处理及上报；设备新技术推广应用、技术改造、技术鉴定；设备管理制度、规程及标准的起草制定工作；设备调拨，协调局内调剂业务；资产库房及实物管理；设备维修，设备修理结算审核、监督；协同有关部门做好装备资产购置计划上报和组织实施，资产账务处理和报废工作；固定资产的价值、产权管理及清产核资、评估、租赁。

4. 分公司设立设备管理组，主要职责是负责分公司设备的档案管理；设备的运行记录的收集和分析工作；设备修理计划上报、设备修理组织和修理费结算；各基层小队的设备保障组织和现场修理组织；设备现场检查和技术鉴定；资产报废实物上交工作；设备的油水管理等。

5. 基层队设立设备管理小组，在分公司和基层队主管设备副队长的领导下，管好、用好、维护好设备。主要职责是负责按照设备“十字作业法”进行设备的日常使用、维护保养等现场管理；监测设备的运转并填写设备运转记录；设备用消耗材料的制定和上报；排除设备现场使用中出现的故障等。

经过多年的生产实践，大庆石油管理局根据自身的特点，在设备维护保养方面注重设备的周期维护、强制保养、状态监测故障诊断等方面的工作，在设备管理和维护保养方面形成了一套切实可行的模式，根据现场实际情况进行故障诊断，用以检查和排除设备在运转中可能出现的问题，发现事故隐患，掌握设备的劣化趋势，保证了设备正常运行。

二、主要设备简介

（一）钻井设备基本情况

钻井设备的核心部分是钻机。钻机主要以电动钻机为主，包括机械传动和变频电传动钻机。钻机主机的绞车、转盘采用电机联合驱动或独立驱动方式，钻井泵采用异步电机驱动、变频电机驱动或柴油机驱动方式，转盘和绞车采用高台或高低台两种结构形式，钻机可完成额定井深为1000～7000m的油气钻井。钻机是一套由多系统组成的大功率联合工作机组，根据钻井工艺中的钻进、起下钻具等各工序的要求，一套钻机必须具备以下系统和设备：

（1）起升系统：为了起下钻具、下套管以及控制钻头送进等，钻机配备一套起升系统，它主要由绞车、辅助绞车（捞砂滚筒或猫头）、辅助刹车、游动系统（包括钢丝绳、天车、游车、大钩）组成。另外，还有起下钻操作使用的工具和设备（吊环、吊卡、卡瓦、液压大钳、气动绞车、套管扶正台等）。

（2）旋转系统：为了转动钻具不断破碎岩石，钻机还配备有转盘和水龙头，在部分深井钻机还配备了顶部驱动装置。

（3）循环系统：为了随时用钻井液清除井底已破碎的岩石、冷却钻头以保证连续的钻进，控制钻井液的密度和含砂量，钻机配备了循环系统。它包括钻井泥浆泵、地面管汇、泥浆循环罐、振动筛、除气器、除砂器、除泥器、离心机、配浆设备等。在喷射钻井和涡轮钻井中，循环系统还担负着传递动力的任务。

（4）动力设备：驱动绞车、转盘、泥浆泵等工作机的动力设备，主要有柴油机、交流电机、交流变频电机和直流电机等几种。

（5）传动系统：传动系统的主要任务是把发动机的能量传递和分配给各工作机。由于发动机的特性与工作机要求的特性有差别，要求传动系统必须包括减速、并车、倒转、变速等特性或机构。传动的形式多样，有时在同一钻机中就存在多种传动形式，主要有机械传动、液力传动、电传动等。

（6）控制系统：为了指挥各系统协调地进行工作，在整套钻机中还装有各控制设备，如机械、液动、气动、电控制装置，以及集中控制台和仪表等。

（7）底座：包括钻台底座、机房底座和泥浆泵底座等。形式主要有箱式底座、悬升式底座、双升式底座等。

（8）辅助设备：一般有空气压缩设备、井口防喷装置、辅助发电设备、辅助起重设备、HSE 专用设备、供油供水设施、生活设施和库房等。

（二）固井技术主要设备的基本情况

固井技术设备主要的工作任务是为油田提供固井服务，主要的生产设备为固井水泥车。主要的固井水泥车为美国产 CPT－Y4、BJ 水泥车、国产 100－30、40－17、35－16 水泥车。固井水泥车主要是由二类底盘车和上装部分的车台发动机、柱塞泵及混浆系统、机械传动系统、电路系统、液压系统和气压系统等组成。在进行固井作业时，施工人员布设水、灰管线后，通过控制台进行固井操作，由车台发动机及汽车底盘发动机通过取力器为整个设备提供动力，通过机械传动系统、电路系统、液压系统和气压系统联合协调工作，实现水泥浆混配，注水泥作业。

主要固井水泥车的参数及性能如下：

（1）美国哈里伯顿公司生产的 CPT－Y4 型自动控制双机双泵水泥车，该车底盘为：坎沃斯 C500B；单泵最大排量为：1600L/min；最大泵压为：77.2MPa；该车配备二次混配高能混灰（RCMП 系统，RCMП 的混浆密度范围为：1.0～2.64g/cm^3，单泵排量为 0～1.59m^3/min）。装有自动控制混合速度和混合密度的 ADC 系统，可实现水泥浆混配自动化，水泥浆密度控制精度为 ±0.012g/cm^3。该车的 Unipro Ⅱ 系统可实时监测工作压力、排量、密度等参数，并对固井施工进行评价。

（2）美国 BJ 公司生产的 PSM138－C520 型双机双泵水泥车，该车底盘为：坎沃斯 C－520；最大排量为：1590L/min；最大泵压为：51.9MPa；水泥浆密度为：1～2.64g/cm^3。该车配备精密混配系统（PSM），该系统是一种高性能再混配系统，能将水泥自动吸入该系统并进行充分混配，水泥浆密度控制精度为 ±0.024g/cm^3。

（3）江汉第四石油机械厂生产的 GJC100－30 型双机双泵水泥车，该固井水泥车是在卡车上装有两台卧式三缸单作用柱塞泵的注水泥浆设备，柱塞泵由车上两台 CAT3406C 柴油机驱动。该设备配有自动水泥浆混配系统，具有自动混浆及二次混浆功能。该车底盘为：奔驰 MB ACTROS 4143 8X6 载重越野底盘车；最大清水排量为：3000L/min；最大泵压为：99.7MPa；水泥浆密度为：0.9～2.7±0.0024g/cm^3。整车设备操作由电路系统、液压系统、气压系统及机械传动系统来实现，均集中在控制台上，由一人完成，操作方便可靠。自动化程度高，该车设有低压密度计，固井时能够准确测量水泥浆的瞬时密度值，以确保固井质量。

（4）江汉第四石油机械厂生产的 GJC40－17 型密闭式国产大功率水泥车，该车是在卡车上装有一台卧式三缸柱塞泵的注水泥浆设备，柱塞泵由车上一台 DDC6064－TK33 柴油机驱动，该设备具有自动混浆及二次混浆功能，该车底盘为：奔驰 2629A/6×6；最大排量为：1699L/min；最大泵压为：40MPa；水泥浆密度为：1～2.1g/cm^3。整车电路系统、液压系统、气压系统及机械传动系统，均集中在控制台上，自动化程度高，该车设有低压非放射性密度计，固井时能准确地测出水泥浆的瞬时密度值，以保证固井质量。

（三）勘探设备的主要设备基本情况

1. 地震钻机 WTZ－50J 型地震钻机

WTZ－50J 型地震钻机是根据我国东北平原石油地震勘探特点设计生产的新型钻机。钻机安装在东风 EQ1093FJ 型高通过性汽车底盘上，使其具有良好的机动性，可以充分满足野外施工中经常性搬迁的特殊要求。该钻机主要采用机械和液压相结合的传动系统，以液压驱动控制钻具的旋转、钻进、提升及井架的起落，以机械（皮带）传动方式驱动泥浆泵工作。操作简单方便，安全可靠。

钻机的主要技术参数有:钻井深度 50m;钻头直径 114mm;动力头最大输出扭矩 1000N·m;转速范围 0～220r/min;加压系统:加压提升力 10kN,最大提升速度 1.14m/s,循环系统:泥浆泵型号 WT300/25，系统公称流量 300L/min，系统压力 2.0MPa；液压系统：钻具旋转系统压力 12.5MPa，加压系统压力 8MPa，流量 160.80L/MIN，钻机底盘最大功率 99kW/3000r/min，钻机重量 7160kg，外形尺寸（长×宽×高）7710/2380/3300mm。

2. 地震勘探主要采集设备

公司野外采集设备主要有数字地震仪主机、地面采集站、地震检波器（地震传感器）和测量仪四部分。

（1）数字地震仪主机的工作原理是控制采集并记录数字地震信号。仪器控制野外排列处理，当排列处理好以后，由仪器发出指令，震源（震源包括炸药震源和可控震源）激发，地面检波器同时接收地震波信号，经过采集站的放大、滤波、模数转换等一系列处理后，由电缆传送到仪器主机，仪器主机将这些地震信号进行格式编排后记录到存储介质上，同时绘出监视记录。数字地震仪主机由中央控制单元和辅助设备组成。中央控制单元是主机的核心部件，辅助设备是由磁带机、绘图仪、监视器、编码器组成。其主要发生设备修理的部位是中央控制单元。为了采集施工顺利进行，提高生产效率，我们采取了相应的维护措施：①防震；②防尘；③防静电；④工作温度。数字地震仪主机的测试，就是要求设备联机自检正常。

（2）地面采集站是在主机控制下采集野外地震波电信号，并把地震波信号进行滤波、放大、模数转换，然后通过电缆传送到仪器主机。采集站是高精密电子设备，它是由各种芯片和集成电路板组成，主要发生设备修理的部位是电源板、模拟板、模数转换板，其某一部件发生故障，也影响野外生产。为此要求工作人员轻拿轻放、电瓶电源连接要正确。

（3）地震检波器是将振动信号转变为电信号的一种传感器，是数字地震仪进行资料采集的主要外设之一。地震检波器都是由机械部分和其相连的具有电负载的机电转换器组成。

要求检波器的振幅－频率响应在有意义的频率内是线性的，相位响应是线性的。

检波器主要包括磁钢、线圈、弹簧片、外壳等部件。除外壳外，其前三项组成一个一次性封闭的芯体。芯体和外壳都是易损部件，为此要求施工人员轻拿轻放，不得重力敲打。

（4）测量仪器主要是GPS全球卫星定位系统测量设备，其主要工作原理是通过接收在太空运行的24颗定位导航卫星的信号来确定仪器所在位置的坐标和高程。GPS测量仪器属于精密电子仪器设备，内部结构为集成电路，主要用于石油物探测量工作，可以在高温沙漠及寒冷北方工作。为了保证仪器的精度，除施工期间定期进行检查以外，以一年为检定周期，在黑龙江省测绘局测量仪器检定站进行仪器性能检定。GPS测量仪器的易损部位主要包括电缆、电源板、导航板及控制板等，主要的故障包括电缆短路、传感器失灵，控制器死机等现象，根据公司目前的条件，只能对测量仪器的表面损伤、简单的外设等进行维护，处理内部集成电路的故障需要送到设在武汉和北京的厂家维修中心进行维修。

3. 地震资料处理解释设备

物探公司研究所现有大型处理设备三台套，主要包括IBM SP2并行计算机，SGI Origin2000并行计算机，IBM PC－Cluster集群计算机。

（1）IBM SP2并行计算机系统包括：21个节点（42个CPU），POWER3处理器，节点主频为200MHz，24GB分布式内存。该计算机配置了高稳定性的IBM SSA磁盘存储系统，容量为2.5TB；还配备了IBM3494自动带库系统（存储容量为40TB）、磁带机、热敏绘图仪等外部输入输出设备，通过SWITCH高速开关实现网络互联。该并行计算机的双精度浮点运算速度为336亿次/秒。使用的处理软件是美国WesternGeco地球物理公司的OMEGA应用软件。该计算机系统的主要用途是野外地震资料的处理工作。由于其速度慢，磁盘容量小，目前只适用于进行小规模的常规地震资料处理工作，不能用于大规模的叠前时间偏移和叠前深度偏移的处理任务。

（2）SGI Origin2000并行计算机系统包括：16个节点（32个CPU），R10000型处理器，节点主频为250MHz，32GB共享式内存，5TB的MetaStor磁盘阵列，浮点运算速度达到208亿次/秒，也连接了IBM3494自动带库系统（容量为10TB）和磁带机、绘图仪等外设，所配备的应用软件是法国CGG公司的GeovecteurPlus软件。该计算机系统主要用于野外地震资料处理。

（3）IBM PC－Cluster集群计算机系统包括：128个节点（256个CPU），其中有5个X345型节点，用于系统管理和I/O服务，每个节点的主频是2.8GHz，内存4GB；123个HS20型刀片式服务器作为计算节点，每个计算节点的主频也是2.8GHz，内存2GB，双精度浮点运算峰值速度达到14300亿次/秒。该系统的管理节点、I/O节点、计算节点之间采用CISCO4506千兆网络交换机实现高速互联，这也是实现高性能集群网络系统的关键。主机配备了IBM FAStT700光纤磁盘阵列存储系统，容量为12TB。存储系统与集群计算机的互联采用了全光纤通道的2GB存储区域网SAN（Storage Area Networks）存储结构，将每个I/O节点通过光纤与存储系统的光纤交换机进行连接，磁盘阵列的4个主机通道也直接与光纤交换机端口连接，构成一个高性能、高扩展性的存储系统。使用的处理软件是美国WesternGeco地球物理公司的OMEGA应用软件。该计算机系统的主要用途也是野外地震资料的处理工作。由于节点数量较少，存储容量也略显不足，做400km^2左右的叠前时间偏移地震资料处理，整个处理周期需要5个月左右。

对于这三套计算机处理系统，经常出现故障的部位主要包括：节点、磁盘、磁带机、绘图仪等设备。由于目前计算机设备本身的集成度非常高，所以在出现故障后，主要依靠更换部件来解决，如节点内存、CPU，磁盘、绘图仪的写头等。对于磁带机的加载部件或者绘图仪的传感部件等，可以通过维修解决。

4. 非地震设备

（1）电法仪器。公司现有 V5－2000 型多功能电法仪器 28 台套。电法仪器是用接收器通过 GPS 卫星时钟同步来接收天然的电磁信号，经过转换处理，形成视电阻率曲线；后经处理、解释，探测地球内部不同深度岩石电性信息。利用该仪器可以普查勘探沉积盆地和含油气构造，寻找和勘探地热田，进行地震预报和寻找金属矿产、地下水源等。

V5－2000 型仪器共分四部分：①接收器：包括电极、磁探头、磁线框；②主机；③电源；④电极线及附属设备。此型仪器可以进行 MT、EMAP 等多种电法勘探，特别适用于复杂地表和干扰严重地区的资料采集工作。V5－2000 型仪器的检测采用仪器标定。相邻两次标定结果同一频点的误差不得超过 2%。如全部合格，则打印其结果，否则，再次测试，直至符合指标要求方能投入生产。仪器标定频次为一个工区开始正式施工前和施工结束后两次。根据电法仪器野外使用情况和近几年仪器维修情况，V5－2000 型电法仪器设备的维修消耗主要为以下几项：电极是野外常用的设备，使用量大，使用寿命短，且易损耗；电极线和电极配套使用。由于磨损和老化严重，需要经常更新；野外生产环境复杂，仪器虽采取了严格的防护措施，但仍难以避免一些部件损坏。仪器主机中易损件是电源板、通道板和晶振模块。

（2）VSP 野外采集设备。现有野外仪器设备两套：即由北京中科院电工研究所生产的 40 万焦耳高能电火花震源一套和法国 Sercel 公司生产的 WR－MSR VSP 采集系统一套。电火花震源主要作为 VSP 野外采集的激发震源；WR－MSR VSP 采集系统主要用于 VSP 野外资料的采集。

（3）WR－MSR VSP 采集系统。系统组成有：①WR－MSR VSP 采集系统，主要由地面记录系统，地面井下控制系统，井下接收系统，电缆及电缆液压传动系统四部分组成。a. 地面记录系统，主要用于记录来自于井下检波器的地震信号。b. 地面井下控制系统，主要由地面控制箱（scp）和电源箱（scpp）两部分组成，主要用于对井下接收系统的控制，包括地面控制信号下传和井下地震信号上传。c. 井下接收系统，主要由一级遥测单元（MTU），四级检波器单元（MAU），和重量单元（MWU）三部分组成，主要用于野外地震信号的接收，信号数字化后上传到地面记录系统，以此完成 VSP 野外资料的采集。d. 电缆及电缆液压系统，电 MAN 底盘、7500m 电缆、液压传动系统，深度计数单元四部分组成，主要用于电缆的下放和提升，以此完成井下接收系统在井中上提和下放到准确深度。②电火花震源。震源组成主要由电容器组、控制平台、放电电缆及电极头三部分组成。主要工作原理为对电容器充电，然后通过放电电缆及电极头瞬间放电产生振动，激发产生地震波，是 VSP 资料采集较为理想的震源。具有生产效率高、一致性好等优点。

三、综合诊断

（一）钻机主要发生故障的情况和监测方法

石油钻机根据各型号的不同及内部配置设备的不同，故障发生的部位也有所不同。根据公司现有钻机的现状和配置情况，主要发生修理的部位如表10－8。

表10－8　石油钻机主要发生修理部位

设备名称	序号	故　　障	监测方法
绞车	1	轴出现裂痕	探伤
	2	刹车毂磨损严重或出现裂痕	测量、目测
	3	齿轮或牙嵌离合器磨损严重	测量
	4	轴承磨损严重	测量游隙
天车	1	滑轮磨损严重	测量
	2	轴承磨损	测量游隙
	3	轴出现裂痕	探伤
游车	1	滑轮磨损严重	测量
	2	轴承磨损	测量游隙
	3	轴出现裂痕	探伤
大钩	1	钩杆出现裂痕	探伤
	2	轴承损坏	测量游隙
	3	钩口损坏	目测
水龙头	1	漏油	目测
	2	轴承损坏	测量游隙或目测
	3	中心管损坏	目测
转盘	1	漏油	目测
	2	轴承损坏	测量游隙或目测
	3	传动齿轮损坏	测量或目测
井架和底座	1	承载能力下降	专业监测
	2	杆件变形	目测
	3	连接部位变形	测量或目测
柴油机	1	动力不足、高温等	
	2	打机体、拉缸、烧瓦等事故	
泥浆泵	1	液力端刺坏	测量或目测

续表 10－8

设备名称	序号	故　障	监测方法
	2	齿轮磨损	测量
	3	轴承磨损严重	测量
	4	上下导板磨损	测量
电控系统	1	变频器故障	可根据 PLC 故障号分析
	2	电器元件老化	

由于钻机组成部件很多，以上是钻机主要设备经常出现的故障，有很多故障还无法一一列举。

钻井设备具有搬迁频次高，拆安次数多，部件易损坏和更换率大等特点。钻井设备一旦进入施工状态，就需要连续不间断的运转来保证钻井施工的顺利进行，要想保证这一点，就需要备足钻机的周转总称部件。因此，钻井公司有部分易损坏部件的储备，来保证钻机的连续运转。

对于钻机的井架和底座，钻井公司采用定期承载检测试验，由石油专业的部门承担，对于新钻机投产后 5 年进行第一次井架检测，然后根据时间情况每 2～3 年进行一次检测。对深井钻机，钻井公司按照设备的运转时间，按期对超大修周期的钻机易发生故障的部件和部位进行回厂检测。

目前，因为每台钻机打一口井的周期在 7～15 天左右，扣除井架安装拆卸时间外，实际钻机设备运转还要短些，虽然配备一些故障诊断仪，有时也不能有效地开展设备状态检测及故障诊断工作。现在主要通过设备的定期检查、计划检修、油水管理、监督检查来保障设备的有效运行。

1. 定期分级检查

（1）操作者每天操作设备前、停机后都要对所操作设备的“操纵机构、油液及各连接、紧固部位”进行检查，对设备控制、转向、刹车等系统进行试运行检查，并按设备的“十字”作业法对设备进行维护保养。

（2）各检查站要对设备进行回厂检查，每台正常运行的设备每月检查不得少于三次，发现问题及时整改，消除设备事故隐患。

（3）固井各中队每月对本单位设备进行一次全面检查，对设备技术状况进行确认，粘贴状态标识，并填写好记录。各大队每月对本单位的关键设备和重点设备进行全面检查，其他设备按不低于 5% 的比例进行抽查，并按检查结果予以考核。

（4）设备管理部每季度对公司关键设备进行全面检查，其他设备按单位设备总数的 3%～5% 的比例进行抽查，对检查情况进行考核。

2. 钻机及钻井技术设备用油、水使用情况

生产现场重点抓了油、水工作的管理。油、水的好坏，将直接影响设备的使用寿命。从

以下几方面进行管理：

（1）首先把住油品品质关。对于重要设备的发动机油、变速箱油、液压油等都确定品牌和规格型号，没有设备管理委员会的批准，任何人都无权变更。

（2）把好油品加注关。由润滑油品加注站统一加注或采用小包装加注各种润滑油品，以避免油品加注过程中的污染。此外，每年9月26日强制更换冬季润滑油，每年4月26日强制更换夏季润滑油；设备大修时，强制更换润滑油；设备定项检查时，化验润滑油，不合格予以更换。将设备用油情况作为监督检查内容之一，对不按规定进行换油的，设备管理部进行考核。所有水冷发动机全部加注防冻液，其中进口发动机加注进口防冻液。新防冻液加注前先取样化验，合格后加注，不同型号的防冻液不混加，进入冬季前每台发动机都要抽样化验一次防冻液，不合格的放掉，加注新防冻液。

（3）在日常检查中，不定期抽查油品使用情况，尤其柴油机或发电机的用油情况。

（4）在回厂维修的设备方面，对凡属因油水问题而导致损坏的设备，都要进行分析，分清责任，查清原因。

（二）固井技术设备发生故障的情况和监测方法

固井水泥车和气动下灰车检修周期为400～450h，固井水泥车座机检修周期为250～300h。基层队级单位负责检修任务的实施。固井特车定项检修的主要内容为对设备的发动机、转向系、传动系、制动系、车身及悬挂、电路系统、水泥浆混注系统、固井水泥车座机按照规定的项目进行逐一检查，对不符合要求的项目进行维修。固井设备的检修工作由固井设备修保厂组织实施，其他单位的设备由基层自行组织实施。固井水泥车主要发生修理的部位为主车的发动机、变速箱、底盘，设备上装部分的发动机、变速箱、液力系统、混浆系统、注灰系统。设备操作人员按设备相关制度要求，通过在施工前及施工后对设备进行检查，以及平时进行设备保养，保证设备出车时状态良好，实现固井施工作业，以及施工后及时发现设备需要检修部位，使设备得到适时的修理维护。

（三）勘探设备发生故障的情况和监测方法

（1）WTZ－50J型地震钻机主要修理部位：循环系统和液压系统。由于物探生产集中在野外作业，施工环境恶劣，设备损耗严重，因此，没有办法对钻机等活动设备进行有规律的定期监测。为了保证设备的完好率和利用率，一直采用设备的日常维护、检修和定期强制保养相结合的方式，以确保生产过程中的设备需求。

（2）采集站的检测主要是运用地震仪主机的固化检测程序对其进行检测。数字地震仪采集站每年进行一次年检。施工期间每月进行一次月检，每天进行一日检。检测指标按中华人民共和国石油天然气行业标准SY/T 6590—2004《IMAGE地震数据采集系统项目及技术指标》执行。检测项目及指标：

1）日检：

①采集站脉冲响应：各道一致，振幅相位无视差。

②检波器脉冲响应：同类型检波器波型一致，相位无明显视差。

③震源相关子波测试：采用可控震源生产时，进行该项测试。

2）月检。在野外施工过程中，按当月的生产因素录取以下测试项目：

①系统噪声测试（Instrument Noise Test）如表10－9。

表 10－9 系统噪声测试

采样率（ms）	前放增益（dB）	等效输入噪声（μV）
0.5	12	≤4.941
1.0	12	≤3.598
2.0	12	≤2.512
0.5	24	≤1.342
1.0	24	≤0.973
2.0	24	≤0.681
0.5	36	≤0.554
1.0	36	≤0.401
2.0	36	≤0.281
0.5	48	≤0.484
1.0	48	≤0.350
2.0	48	≤0.245

②总谐波畸变测试（Total Harmonic Test）：总谐波畸变测试指标小于0.0005%。

③道间串音测试（Crossfeed Even/Odd Channels Test）：要求有信号道与无信号道输出之比大于100dB。

④共模抑制比测试（Common Mode Rejection Test）：适用于所有采样率（表10－10）。

表 10－10 共模抑制比测试

前放增益（dB）	共模抑制比容限值（dB）
12	≥84
25	≥96
36	≥100
48	≥100

⑤脉冲响应测试（Pulse Amplifier Test）：适用于所有采样率（表10－11）。

表 10－11 脉冲响应测试

频率范围	脉冲矢量值
Bin1	7.500%
Bin2	5.000%
Bin3	5.000%
Bin4	5.000%
Bin5	7.500%

注：Bin1，Bin2，Bin3，Bin4，Bin5为仪器界面给出的频率段。

⑥增益精度测试（Amplitude Accuracy Test）：测试指标：±1.0%

3）年检：

①中央记录系统的自检测。对中央记录系统进行自检验，主机与各种外设连机测试和诊断。要求工作正常，自检测试合格，填写中央记录系统的自检结果。

②采集站测试。对所有采集站，按全部前放增益和0.5ms、1.0ms、2.0ms采样率的组合进行测试。测试项目及技术指标按月检执行。要求日检绘图。要求月检和年检测试项目合格，每道记录样点不得少于1024个，测试结果存盘并绘制图形或打印数字结果。

（3）地震检波器利用检波器测试仪对检波器进行系统测试，主要测试检波器的直流电阻、阻尼、自然频率、灵敏度、失真度是否在指标范围之内。对检波器每年要进行一次出厂测试，施工期间每月进行一次月测试。检波器测试仪每年要外送检测中心检测一次。

（4）对出现故障的地震资料处理解释设备，通过多种手段进行监测，主要包括系统启动自检监测，系统错误记账信息监测等。此外，计算机维护人员严格按照《地震资料处理计算机系统操作规程》的有关规定，对大型计算机设备进行周检、月中检、月检、年检等维护工作，防患于未然，减少故障的发生。设备出现故障后，计算机维护人员通过查看系统报警信息，查看系统错误记账信息，对故障进行定位，并采取相应的解决措施，及时更换或者维修故障部件，杜绝故障的蔓延，最大程度地降低损失，保证处理工作的顺利进行。每年大约可以因此节约20万元以上的费用。

（5）WR－MSR VSP采集系统设备故障诊断和主要发生修理项目：

1）地面记录系统（GSP）。每月定期录取月检，月检指标合格方可投入使用。主要的修理项目为电子元器件的损坏。

2）地面井下控制系统和井下接收系统。在检波器下井前，将地面井下控制系统与井下接收系统连接，开机测试。系统初始化正常后，检查支收臂状态，进行井下检波器的脉冲和正弦波测试，检查系统数据传输是否正常。所有指标合格后方可投入使用。主要的修理项目为，井下接收系统元器件的高温损坏，地面控制系统的元器件损坏。

3）电缆及深度计数系统

连接仪器前，用万用表测量每对电缆阻值，它们应具有相同的电阻值，在地面用兆欧表检查电缆，每根缆芯的绝缘电阻应不小于200MΩ。严格执行检波器下井前的深度对零，对零相对误差小于1/1000。

（6）电火花震源主要故障诊断和主要发生的修理项目。

1）主要故障诊断：正式施工前，将电缆及电极头与电火花震源连接后，开机测试。首先为电容器充电，初次充电电压不超过7000V，检查充电电路是否正常，充电完成后进行放电测试，保证两个电极同时放电，且两个回路均无残压，放电充分。在以上充放电过程中均无自激和无法放电为仪器工作正常。

2）主要的修理项目：电容器的正常维护保养和测试，电缆及电极头的损坏以及控制电路电子元器件的损坏。

（7）其他方面。在各级设备管理单位每年组织设备大检查、每季度开展优秀车组和红旗设备评选活动，从经济上予以奖励，推广先进经验，提高操作手保养设备的积极性、主动性和创造性。根据设备管理奖金考核细则和公司的奖金考罚机制，通过经济手段的运用和传统的红旗设备评比活动，做到了设备管理工作的持续改进，充分发挥设备效能，实现设备安全高效运行。

第四节　石化行业设备故障诊断

在石化行业的各类工厂中，各种各样用来输送不同工作介质的旋转机械被大量使用着，这些旋转机械如压缩机、汽轮机、风机、各种水泵、工艺物料泵、电机、齿轮箱等，特别是那些高转速、大容量而且是单系列配置的旋转机械的长周期安全稳定运行，在大型石油化工企业的生产中是至关重要的，对大型单系列流程化生产的工厂来说，则更是性命攸关的。在这样的工厂中，处于生产关键部位的旋转设备很多，只要其中任何一台机组出现故障，都将会立即影响全厂的正常生产。这不仅会给机器本身直接带来损伤，而且因检修设备造成的停产以及开停车时的放空等等，其经济损失是巨大的。因此，石化行业各个炼油厂及其他相关厂家自20世纪80年代以来，积极开展了形式多样的旋转机械状态监测与故障工作。石化行业主要是从以下几个方面开展工作的：加强对旋转机械的振动监测，重点解决设备故障原因；使用轻便高效的探伤仪、测厚仪、内窥镜等技术加强对压力容器的检验；开展热监测技术，利用红外热像仪监控厂内重点发热部位；开展油液分析技术，研究机器的磨损程度等等，在此不一一赘述。目前，石化行业在状态监测与故障诊断中技术最成熟、应用最广泛就是振动监测。现对胜利油田石油化工总厂设备综合管理及振动监测工作做一简要介绍。

一、石化总厂设备管理工作基本情况

经过十几年的建设发展，胜利石化总厂目前已达到150万吨/年配套加工能力，有150万吨/年常减压、60万吨/年重油催化、50万吨/年柴油加氢、9200标方/时制氢、0.5万吨/年硫磺回收、15万吨/年催化重整、40万吨/年延迟焦化和8万吨/年气体分离等8套炼油生产装置。主要产品有汽油、柴油、液化气、丙烯、石脑油、硫磺、石油焦等。

截至2005年上半年，石化总厂炼油主业已形成设备固定资产原值8.38亿元，净值3.75亿元，设备新度系数0.45。全厂共拥有各类设备15744台（套），其中主要设备592台（套）。共有工业锅炉4座，加热炉12座，塔、反应器类设备82台，容器储罐621台，换热设备414台，机组17台，机泵类通用设备812台，机车2辆，铁路罐车409辆，仪器仪表11996台（套），动力电气设备1067台。全厂共有GC1、GC2、GC3类工业管道104725m，有静密封点356536个。2005年以来，全厂开工装置设备完好率始终保持在96%以上，全厂平均综合泄漏率在0.5‰以下，仪表完好率99%、使用率97%、自控率达到92%以上，多年来无重大以上设备责任事故的发生。

二、石化总厂状态监测基本情况

近年来，胜利石化总厂设备管理工作以确保装置“安稳长”运行为目标，依靠科技进步，加强基础建设，在“规范”、“落实”制度上狠下工夫，保证了安全生产。建立健全了设备管理网络，形成了较完善的设备管、用、修体系。建立了由主管副厂长和设备副总工程师—机动科—车间设备主任和设备技术员组成的三级设备管理网络。拥有工种较齐全的设备检维修队伍，其中机、电、仪“三修”车间属主体，保运公司参与厂装置保运及检维修。2004年，石化总厂把开展预知维修作为加强维修管理的一项重点工作内容，组织修订了

“三修”车间工作标准和管理考核办法，制定了《石化总厂设备预知维修、检查维护管理规定》。加强了对重点设备和关键部位的状态监测，随时掌握设备运行特性和规律，减少了故障和事后维修成本。严格进行考核。每月底由生产车间、机动科根据检查考核标准共同对“三修”车间的预防维修和检查维护工作情况进行考核，并根据考核结果进行奖罚。

目前我厂共有压缩机组 21 台，其中关键机组 5 台。总厂制定了《大型机组特级维护管理制度》、《设备状态监测管理规定》、《预知维修、检查维护管理规定》等管理规章制度，并组织开展了以下工作：

（1）成立了由管理、使用单位和机、电、仪“三修”车间组成的五位一体特护小组。每周由机动科牵头组织对全厂关键机组进行一次定期检查、维护，每月小组集体讨论分析运行参数，优化运行状态。

（2）关键机组每两周对润滑油主要技术指标化验一次，每月进行一次全面光谱分析，随时掌握油质变化情况并做好记录，保证油质合格，发现问题及时处理。

（3）加强对大机组状态监测。除了保证在线监测仪表完好还配备了先进的数据采集及故障分析仪器，每两周对大机组进行一次巡回状态监测，通过分析及时总结机组运行趋势。2004 年新上了一套远程在线故障监测分析系统，对重油催化车间 3 台关键机组运行情况进行实时监测，相关人员可以在网络上随时查看被监测机组的运行状态。

（4）重视机组配件和备机管理。专人负责配件管理，易损配件及重催烟机转子、气压机转子等主要部件都有备件，重视备用机组管理。

（5）严把关键机组检修质量。每次停工检修都要针对每台大机组成立由精兵强将组成的专门检修小组，每道程序责任落实到人，保证了多年来关键机组检修质量比较稳定，从未发生因检修质量造成停机等问题。保证每台机组主要检修人员的相对稳定，使钳工的检修熟练程度和技术水平不断提高。

（6）对机泵按 A、B、C 分类管理。机动科状态监测人员每月对 A 类机泵巡检一次，填写监测档案，发现问题分析原因，并及时通知维修车间，在日常生产中确保 A、B 类机泵故障抢修不过夜。

通过上述措施，保证了关键机组“安稳长”运行，2004 年全厂关键机组故障停机率为 0.8%，重催烟机同期运行率达到 97.7%，未发生因关键机组故障问题造成的非计划停工事故。

三、石化总厂状态监测具体工作情况

石化总厂状态监测工作基本可分为两种类型：离线监测和在线监测。大型机组基本实现在线监测，其他的机泵、风机日常监测基本是通过离线完成的。按照总厂《预知维修、检查维护管理规定》要求，基层监测人员定期对 A、B 类设备进行以便携式测振仪为主要测试手段的简易诊断，对全厂主要旋转设备的测点分别进行加速度、速度、位移测量。通过多年实施积累了大量实测数据，并绘制振动趋势图，遇到超标振动，则向机动科发出报警信息，再进行精密诊断。

1. 监测设备选择及测点布置

被监测设备是石化行业中在生产流程中至关重要的牵一发而动全身的精大稀关设备，一般为关键机组特护设备。泵、风机可选 A 类设备。

在线监测机组的测点已用互为90°角的电涡流位移传感器将信号采集至机房，在机房连接上数采器即可分析数据。石化行业大部分企业的关键机组基本上投用了深圳创为实公司旋转机械远程监测诊断系统，这套系统可在任何地方通过网络看到机组的运行状态。

离线监测的设备测点一般选择在刚度大的位置，如轴承座，测点位置的油漆最好除掉，这样加速度传感器与机器接合较好，传感线最好也要固定，这样采集到的信号受到的噪声干扰小，数据较为真实。

2. 转动设备振动判定标准

如何确定振动超标至关重要，因为，该报的未报，则可能放过故障，使设备带病运行，严重的造成设备事故；不该报的报了，虚惊一场，久而久之，失去了对监测工作的信任。几年来，我们试图寻找一个适用振动的通用标准，如ISO 2372标准，但是它是按照机器的不同功率分别给出A、B、C、D四级的评价范围，以整体振动烈度来评判机器运行状况，而实际上由于机器故障的自身因素和行业、监测对象的特殊性，使这个标准应用于设备状况评价时具有相当的局限性。因此，我们结合ISO 2372标准根据监测设备的特点，逐渐有的放矢建立每台设备、每个测点的参考门限值，以大量的实测数据为基础，进行统计平均计算，以各点运行趋势图为依据，调整每一台设备的门限值，以期正确判断设备运行状态。

目前在中石化各企业，大型机组振动值标准：一般参考美国石油学会APIC17规范：

老标准
$$A \leqslant 25.4 \times \sqrt{\frac{12000}{n}}$$

式中 A——机组出厂允许振值（μm）；

n——连续运转工作转速（rpm）。

新标准
$$A \leqslant 25.4 \times \sqrt{\frac{12000}{n}} \times 1.25$$

新标准允许振值乘以了一个系数1.25，表明了一个范围，因为机组轴颈加工中不可避免或多或少存在一些缺陷，乘以系数是为了把缺陷排除掉。

四、状态监测分析到决策的具体步骤

1. 现场得到的监测结果是否真实

（1）振动的变化是否与生产工艺系统波动变化有关。例如：2000年1月金陵石化烟机振动忽大忽小，查看烟机温度、压力、轮盘冷却温度变化情况，发现烟机振动趋势与烟机轮盘冷却温度有关联，轮盘冷却温度上升，烟机振动下降；轮盘冷却温度下降，烟机振动上升；振动曲线与温度曲线存在相反波峰波谷现象，实践中通过调整工艺解决了振动难题。

（2）传感器是否坏了。对于轴位移传感器，如果电压值大于1V，则表明位移传感器损坏；对于振动传感器，如果电压值大于2V，则表明振动传感器损坏；转子轴上有杂质，延伸电缆生锈、通信电缆有问题，传感器都有可能受到干扰，因此判断时，要考虑传感器问题。

（3）判断相关运行参数。同一轴系同一方向，同一轴承两个方向，振动趋势应一致。两个相邻转子通过联轴器相联，另一个转子受影响会衰减。

（4）现场查看振动是否真实。通过眼看、耳听、手摸判断。眼看：看机组管线、压力表抖动变化大不大；耳听：听气流变化情况，同一声源听异常；手摸：摸机器刚度弱的位置，摸轴承座要用手指甲带肉地方摸，位置地点不要变。

2. 振动是什么类型，什么原因

（1）首先找出振动的分量是什么。找出频谱图中哪一个分量占主导，特征频率是什么，占的比例大不大。

（2）其次找出哪一个分量发生了变化。频谱图中哪一个分量大，与历史数据比较，这一分量变化了没有？变大了？变小了？振动能否回到原值？例如：轴承引起的一倍频大，振动有可能回到原值；不平衡引起的一倍频大，振动值就不可能回到原值。

3. 分析故障的程度

通过频谱图判断故障程度，决定机组是否停机非常重要。有的时候机组发生故障，振动值上升，这时候是否停机，或者运行到停工大检修，需要我们捕捉机组的各种状态信息，分析故障程度，做出正确决策。

（1）不平衡引起的振动。看当前值：看故障发生时振动通频值及一倍频、二倍频等分频分量，在实际现场诊断中，还要注意机组是否发生二次扩大事故。

看历史值：通过比较振动趋势图，查看一段历史时期振动变化情况。

看比较值：不平衡引起的振动，要看振动能否稳定到一个固定值，工频值是否还有变化。

中石化资深诊断专家经验数据：

当振动超过1倍时，需注意；

当振动超过2倍时，严密注意；

当振动超过2.5倍时，必须停机。

（2）轴承引起的振动。轴承引起的振动一般具有波动性、间歇性、突发性。此振动振幅不稳定，在时间上还具有间歇性，振动常不带征兆突发产生，这种振动如果波动越来越大，间歇时间越来越短，振幅回不到正常值时，机组就要考虑停机。

4. 要对机组内部构造有了解

要做出正确判断，分析人员要对所监测机组的内部构造有认识，这样判断能做到有的放矢，诊断决策与修理也能互相印证。例如：凝气式汽轮机末级叶片容易断裂；背压式则不一定；有些汽轮机次级、次次级叶片容易断裂，这是因为汽轮机蒸汽在末级容易凝结成水滴，叶片容易腐蚀成针孔，形成疲劳断裂；还有些机组叶片上有铆钉、围带，这样的叶片也容易断裂。我们在诊断时一定要对内部构造做到心中有数，这样决策才不容易失误。

五、石化行业常见故障诊断方法及治理措施

1. 转子不平衡故障的诊断

转子不平衡的振动特征：

（1）振动的时域波形为正弦波；

（2）频谱图中，谐波能量集中于工频，工频具有突出峰值；

（3）当工作转速一定时相位稳定；

（4）轴心轨迹为椭圆，为同步正进动；

（5）振动随工作转速变化敏感；

（6）振动对负荷、油温、流量、压力变化不敏感。

转子不平衡的治理措施：

（1）转子除垢、修复；

（2）转子动平衡。

2. 轴系不对中故障的诊断

轴系不对中的振动特征：

（1）振动的原始时域波形为畸变的正弦波；

（2）联轴器两侧相邻两轴承的油膜压力反方向变化，一个油膜压力变大，另一个则变小；

（3）径向振动的频谱图中，以一倍频和二倍频分量为主，轴系不对中越严重，其二倍频分量所占比例越大，多数情况超过一倍频分量；

（4）轴向振动的频谱图中，以一倍频幅值较大，且振动幅值和相位稳定；

（5）联轴器两侧的轴向振动基本上是180°反相的；

（6）轴心轨迹为香蕉形或8字形，同步正进动；

（7）振动对负荷变化比较敏感，一般振动幅值随负荷的增加而升高。

轴系不对中的治理措施：

（1）转子冷态对中时，应考虑到热态对中变化量。

（2）按技术要求重新对中。

3. 油膜涡动故障诊断

油膜涡动的振动特征：

（1）频谱图中，低频振动占主导，能量集中于0.43～0.48倍频之间；

（2）轴心轨迹为双环椭圆，正进动；

（3）振动随油温变化明显；

（4）振动不随流量变化而变化。

油膜涡动的治理措施：

（1）按技术要求安装轴承；

（2）增加轴承比压；

（3）调整润滑油温；

（4）控制轴瓦预负荷。

4. 旋转脱离故障诊断

旋转脱离的故障特征：

（1）振动频谱图中，低频振动占主导；

（2）轴心轨迹较杂乱；

（3）振动随转速变化明显；

（4）振动随流量变化而变化。

旋转脱离的治理措施：

（1）开大机器回流阀，增加压缩机入口流量；

（2）检查各段进口分离器液位是否正常；

（3）检查冷却器出口气体温度是否过低；

(4) 调整机器转速;

(5) 对无害安全介质，可采取放空的办法，增加压缩机入口流量。

六、状态监测对石化行业的重要意义

状态监测在预防维修中重要作用是众所周知的，它是装置长周期运行的一个重要保障，具有重大的社会效益，能产生巨大的经济效益。简单举例如下：

胜利油田石化总厂重催车间投入烟机正常运行，要比不投用烟机运行每小时节电3100度，按工业用电0.52元/度计算，每小时可节电1612元，每月节电116万元，这样计算下来，每年节电数高达1392万元，产生的经济效益巨大。中石化各企业把提高烟机同期率作为一项重要工作来抓，因此搞好状态监测与故障诊断工作，提高关键机组运行周期意义重大。

第五节　中石化胜利发电厂设备故障诊断经验

胜利发电厂故障诊断室隶属于胜利发电厂技术检测中心，现有4人，其中高级工程师1人，中级工程师1人，助理工程师2人，主要负责全厂4台机组大型辅助设备的状态监测与故障诊断工作。

故障诊断室现有仪器主要有多功能数据采集器及其配套软件、红外线热像仪及其配套软件、真空测漏仪和轴承听诊器，各运行、检修班组均配置了测振仪、点温仪、转速表等先进监测设备。对2#机组的大型关键辅助设备安装了实时在线监测系统，实现设备状况跟踪和分析。

根据设备点检分工原则，对设备的检测点制定了检测周期，点检标准和点检路线；对检测回来的数据图像进行分析，并出具监测报告；对有问题的设备除了及时通知有关专业外，同时在标准格式的异常报告上，加以详细的文字说明；对应当引起注意的设备缩短监测周期，进行连续的跟踪监测，以便早发现、早处理，防止事故扩大。另外，在机组大、小修前一般都要求全面检查一次，为设备的检修提供参考依据，检修后再全面检查一次，以利对检修质量进行全面的评价。在机组启动过程中如有问题，也要对其跟踪监测，确保机组安全。

为方便生产部门及相关科室技术人员查阅设备运行状态，故障诊断室制作了状态监测与故障诊断网页，网页内容丰富，在登出设备监测报告、设备异常信息、设备异常分析、风机平衡报告等内容的同时，还介绍机、电、炉等发电设备监测与诊断的基础知识，刊登探讨相关技术问题及关于状态监测与故障诊断的优秀论文。该网页的开通运行，不但能及时、准确地提供设备状态信息，而且对设备故障做到早发现、早诊断、早预防、早处理，有效地将事故消除在萌芽状态，促进了机组长周期、安全、稳定运行。

一、振动监测

振动监测包括4台机组的各类风机、泵、磨煤机及其电机，共计56台套旋转设备的状态监测与故障诊断。这些旋转设备运行状态直接关系到电厂的安全生产，关系到电厂是否能够稳发满发。旋转设备容易发生的故障一般为不平衡、不对中、机械松动、轴承零部件损坏等，现分别举例说明。

（一）不平衡故障

2#机组甲排粉机，最大振动高达 153μm，振动速度的各种谱图如图 10－17 所示，左上角为振动时域波形、右上角为振动趋势图、左下角为频谱图、右下角为振动的三维谱图。频谱图中存在 1 倍频分量，高频部分不存在分量，波形图呈现标准的正弦波，现场检测轴承动刚度没有问题，因此可断定风机振动为叶轮磨损不均造成的不平衡振动。10 月 19 日，对该风机进行了现场动平衡，在叶轮 14°处加平衡块 190g 平衡后，最大振动降为 33μm。

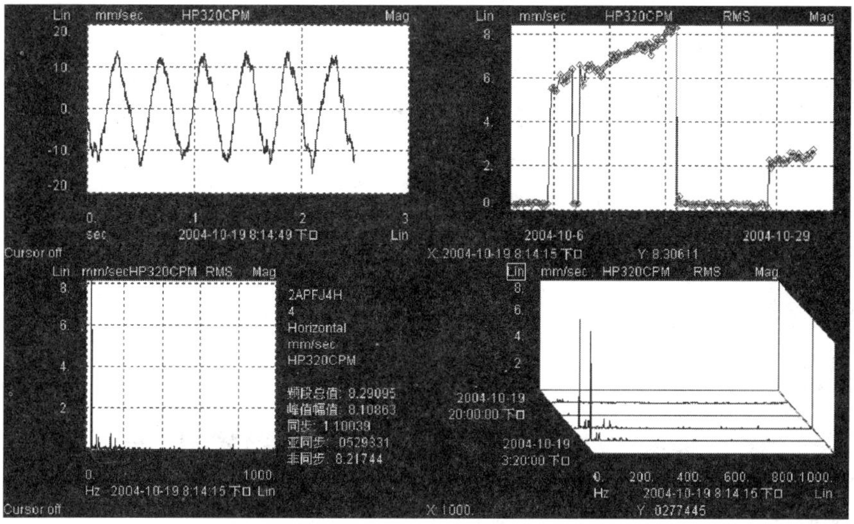

图 10－17 2#机组甲排粉机的振动分析

（二）基础刚度不足

胜利发电厂为适应二期工程需要，于 2002 年对原输煤系统进行了改造，其中 6#皮带新装一台电机，试运时振动高达 230μm。对此，施工单位和电机购置单位各执一词。通过测试，谐波能量集中于基频，这是转子不平衡的典型特征。但诊断人员并没有过早下结论，而是按照诊断的思路与方法，首先检查了电机基础的动刚度，发现电机与基础之间的垫铁不平整、放置的位置不对，导致连接刚度不足；电机基础为钢架焊接结构，其支承刚度严重不足，为了证明这一点，将电机置于地面上试运，测得振动仅为 12μm。因此，确诊为新购电机本身没有问题，而电机基础的动刚度严重不足，应采取措施加固基础。施工单位对电机基础灌浆后，电机振动降至 20μm 以下。

2003 年 8 月份，管理局在海洋设备年审时，检测到船舶公司 151 船 2#柴油机发电机振动高达 287μm，尽管谐波能量集中于基频，但诊断人员利用正向推理方法迅速而准确地将主导故障锁定为基础动刚度不足，为船舶公司解决了生产实际问题。

（三）机械松动

2004 年 12 月 15 日 1#机组乙排粉机电机驱动端轴承振动偏大，其他轴承振动均在 70μm 以下，如表 10－12 所示，振动频谱如图 10－18 所示。据频谱显示，谐波能量集中于基频，检测电机地脚螺栓，发现差别振动较大，因此可判定电机地脚螺栓松动，检修人员紧固后，各轴承的最大振动不足 60μm。

表 10－12　1#机组乙排粉机各测点振动值　　单位：μm

测点位置＼振动方向	水平	轴向
电机自由端 1	66	40
电机驱动端 2	143	34
风机驱动端 3	61	15
风机自由端 4	38	

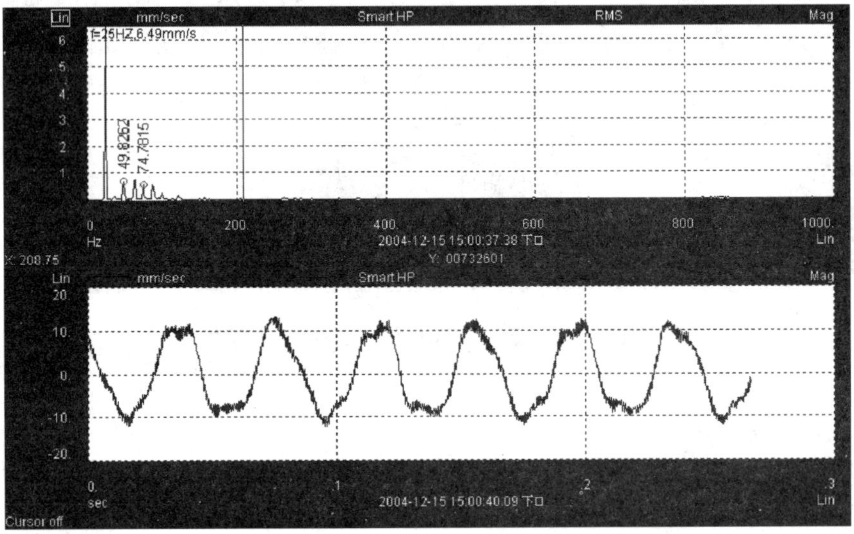

图 10－18　1#机组乙排粉机电机驱动端轴承水平方向振动谱图

（四）轴承故障

1. 轴流风机电机轴承故障

3A 轴流送风机转速为 1500r/min，电机前端支撑由滚柱轴承 NU230ECJ/c3 承受径向力、球轴承 6230/C3 承受轴向力，在 2004 年 9 月 15 日至 2005 年 1 月 5 日期间，振动逐渐增大，振动速度的各种图形如图 10－19 所示，尖峰能量的趋势图如图 10－20 所示。

由图 10－19 可知，振动速度值忽大忽小，频谱图最大幅值仅为 0.62mm/sec，难以判断轴承有无故障。但据图 10－20 可以明显看出，振动尖峰能量在逐渐增大，12 月 28 日尖峰能量为 2.58g′s，12 月 31 日达 3.68g′s，因此，可以确定轴承存在故障。

2005 年 1 月 5 日，检修人员将电机解体，对换下来的轴承清洗后发现，NU230ECJ/c3 轴承内圈滚道有两个大而深的凹坑，如图 10－21 所示。两凹坑的位置相差 180°，图 10－21 所示为同一内圈两个不同角度的两张照片。

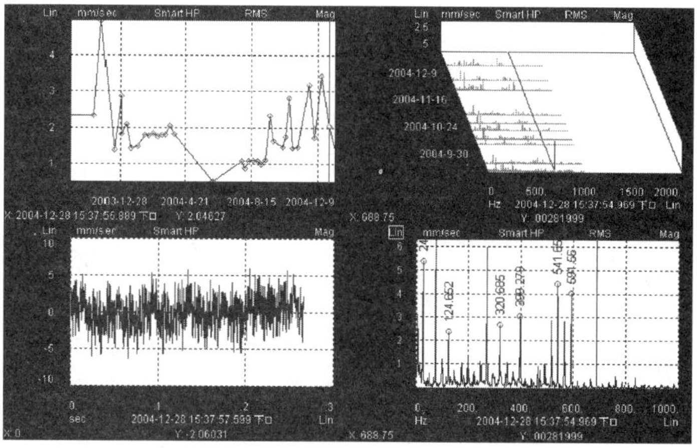

图 10-19　3A 轴流风机电机前端轴承振动速度谱图

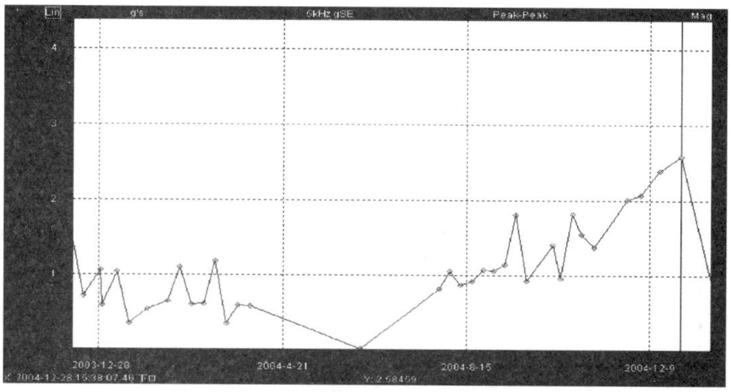

图 10-20　3A 轴流风机电机前端轴承振动尖峰能量趋势图

图 10-21　3A 轴流风机电机前端轴承缺陷

2. 4B 凝结泵立式电机轴承故障

2005 年 1 月 16 日，运行人员发现 4B 凝结泵电机上轴承振动偏大，电机上、下轴承各参数数据如表 10－13 所示，振动谱图如图 10－22 所示。

表 10－13　4B 凝结泵立式电机轴承振动值

轴承位置	测试方向	振动位移（μm）	振动速度（mm/sec）	尖峰能量（g′s）	轴承温度（℃）
电机上轴承	南北	102	4.62	0.318	74
	东西	49	3.94	0.366	
电机下轴承	南北	50	35.17	3.222	50
	东西	26	18.36	1.495	

由表 10－13 可以看出，电机上轴承振动达 102μm，轴承温度高达 74℃，由于人们习惯于用振动位移作为标准，因此某些检修人员认为电机上轴承存在故障。但电机下轴承振动速度高达 35.17mm/sec，图10－22频谱图上出现明显的高频，尤其是下轴承的振动尖峰能量高达 3.22g′s，而上轴承的尖峰能量很小，尽管下轴承的温度没有上轴承的温度高，振动位移也没有上轴承大，但诊断人员坚信下轴承存在故障，上轴承未必有故障。

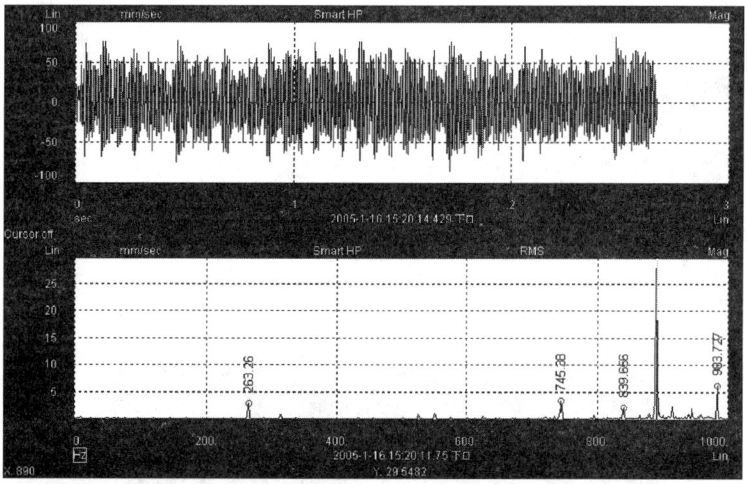

图 10－22　4B 凝结泵立式电机下轴承振动速度谱

检修人员在随后的两天时间内，将电机解体，诊断人员对轴承润滑脂清洗后，发现电机上轴承没有故障，而电机下轴承内圈滚道有 100mm×10mm 的沟痕、两滚珠有剥落坑，如图 10－23所示，与诊断人员的判断完全吻合。在诊断分析过程中，振动尖峰能量超标起到关键作用。

二、电气设备的监测

电气设备的监测主要是监测设备的温度，包括 60 台高压电机的电缆接头、10 台 6kV 以上的变压器、220kV 的断路器、电压互感器和电流互感器等设备。这些设备如果发生故障，将使机组被迫停机，给油田生产造成严重损失。

图 10－23　4B 凝结泵立式电机下轴承故障缺陷

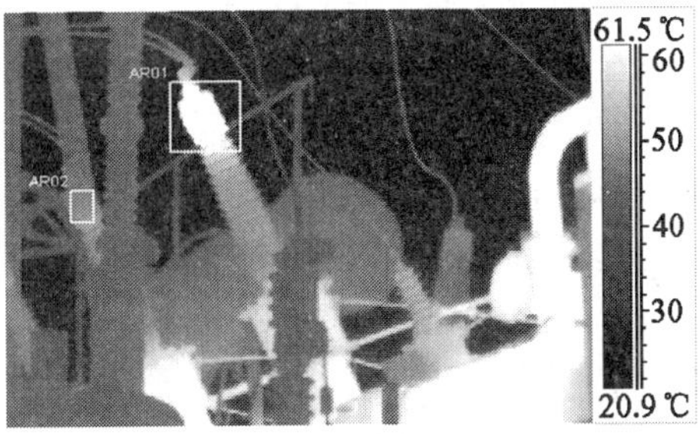

图 10－24　1#主变压器热像图

故障诊断人员在进行设备日常监测时，运用红外线热成像仪发现 1#主变压器 110kV 侧 A 相套管将军帽处最高温度 62.1℃，当时负荷电流 500A，而 B 相仅为 35.7℃，与 B 相相同处温差 26.4℃，如图 10－24 所示。厂领导以此为依据，决定紧急停电进行抢修，解体检查发现 A 相穿缆软线断线 30 余根，故障处因严重过热，穿缆软线已严重变黑，油质碳化严重，避免了一场重大事故。

三、泄漏监测

主要是 4 台汽轮机真空系统的检测，每季度监测一次。

四、油液监测

旋转设备所用润滑油的监测，根据油液中磨粒的形状、颜色、大小来判断轴承有无故障或是故障的严重程度。

五、应用状态监测及故障诊断技术所取得的效果

根据工作记录进行的不完全统计，1998 年至 2004 年期间，状态监测与故障诊断办公室共发现现场设备故障隐患 219 起，其中，现场动平衡达 144 次，汽轮机真空系统查漏 28 次，发现漏点多处，检修人员根据泄漏程度，借停机、大小修之际，进行了处理。这不仅延长了设备的使用寿命，而且彻底改变了过去请人来做动平衡和查漏的做法，因此节约资金 170.4 万元，发现轴承故障 32 次，通过跟踪监测、对症下药，都极大限度地延长了轴承寿命。电气方面的故障隐患发现 43 次，为领导决策提供了依据。

这些隐患的发现与排除，为安全生产、避免直接或间接经济损失发挥了重要作用，在创建达标电厂和一流电厂的进程中起到了积极促进的作用，为油田生产做出了重大贡献。

第六节　船舶行业设备状态监测与故障诊断

一、概述

随着造船技术的进步和远洋运输事业的飞速发展，为满足航运企业低成本、高效率的要

求，现代船舶机械日趋高性能化和结构复杂化，人员配备趋于减少，加之世界范围的能源紧张，出于安全保障和经济效益的考虑，船舶机械的监视和维护便成为营运船舶技术管理的重要内容，及时、准确和动态地掌握船舶机械的运行状态和预测潜在故障，已成为船舶技术管理追求的目标，这促使了现代船舶机械的故障诊断技术的不断更新和发展。目前，现代船舶机械的故障诊断技术正朝着由简易监测到精密诊断，由单一手段（或仪器）到综合方法（或系统）、由离线监测到在线监测、由定性分析到定量分析，由监测到诊断进而到维修管理的方向发展。

水路运输是我国交通运输的重要组成部分，船舶是实现和保障水路运输的重要设施与工具。据有关资料统计，世界上60%的船舶营运故障源于机舱。为了保障船舶机械的安全运行，世界各国积极开展了船舶机械设备的状态监测和故障诊断技术的研究，动态地获取船舶机械设备的各种信息，分析其运行状态，诊断潜在故障并预测发展趋势。我国自20世纪80年代初开始这方面的研究，收到了较好的效果。船舶机械设备的状态监测和故障诊断技术是一门涉及到振动、力学、摩擦学、设备管理、信息论、系统论、计算机技术、非线性科学、模糊数学和人工智能等多学科并在其交叉点上生长的新兴研究领域，是与当代前沿科学密切相关的高新技术。

二、船舶设备及其故障类型

（一）船舶设备简介

船舶机舱内部是一个极其复杂的人－机－环境的系统，其主要的机械设备如下：

1. 船用主/副柴油机

包括一台作为船舶动力装置的船舶主柴油机，2～3台发电用的副柴油机。由于柴油机热效率高、功率范围广、具有启动迅速、维修方便、运行安全、使用寿命长的特点，因此在船舶上得到广泛应用，3000t以下船舶绝大多数使用柴油机作为主/副机。船舶柴油机一般具有以下特点：装有调速器和超速限制装置、在倒车工况下能稳定运转、在纵倾和横倾15°的条件下正常工作、要求振动小、噪声低。

2. 船舶辅助机械

（1）船用泵。主要有活塞泵（常用作手摇泵，如舱底泵）、回转泵（如燃油和滑油输送泵）、离心泵（如冷却水泵、消防泵、压载泵、生活水泵等）、喷射泵（常用作舱底水泵）。

（2）船用气体压送机械，主要有空压机、通风机。空压机所产生的压缩空气用于启动柴油机、操纵大型柴油机的换向机构及离合器、鸣笛等。通风机用于客货舱、记录、机炉舱等的强制通风。

（3）船舶制冷装置，用于调节舱室温度、保存食物。船舶上普遍采用压缩式制冷装置。

（4）船舶辅助锅炉，为船舶提供生活热水、取暖及燃油滑油的加温。

3. 船舶推进器及甲板机械

（1）船舶推进器，由若干桨叶组成，置于船舶尾部。一般而言，桨的直径越大，转速越低，则效率越高，螺旋桨与船舶尾部线型的配合对推进效率和振动有很大的影响。

（2）液压甲板机械，包括液压舵机、锚泊和系缆设备、起货设备等。

4. 船舶电气系统

包括船舶电站、船舶电网和电气负载。

（二）船舶设备状态监测与故障诊断的重要意义

船舶在海上航行，既受到天气、海况等外部环境的影响，也受到机舱内部空气闭塞，振动大，噪声高，温度、湿度大、环境封闭的影响。虽然目前船舶动力装置的可靠度大有提高，出现了无人机舱现代化船舶，但船机故障仍不可避免，每年因机损事故造成的损失是巨大的。根据日本海难厅对600例机损事故的分析表明，在船机损伤中，船舶主、辅机都可能发生故障，其中以柴油机的故障为主，约占全部机损事故的85%，其次是轴系占9.3%。在船机故障中，零部件的损伤大多是机械应力及热应力引起的，而热应力引起的故障多半属于烧损现象。当船舶设备发生故障时，如何快速而准确地进行故障诊断定位，使之迅速挥发动力，是船舶在海上安全航行的必备条件。由此可见，船舶设备状态监测和故障诊断技术是现代自动化船舶不可缺少的重要组成部分。通常，船舶设备状态监测与故障诊断系统具有以下优点：

（1）为实现无人机舱提供可靠保证。监测系统对设备各参数进行自动巡回检测、处理、打印和报警。

（2）保证设备始终在最佳状态下运行。利用诊断技术可对设备运转状态进行判断。

（3）实现趋势预测，防止发生故障。实现趋势预报，查找原因，排除主观估计，减少查找故障原因的时间，提高设备的可靠性和使用效率，增大修理间隔时间，提高易损件利用率，延长寿命，降低使用费用。

（4）减少备件费用，降低维修费用。

电子技术、检测技术、信号处理技术和计算机等技术的发展，为船舶设备的状态监测和故障诊断技术提供了必要的技术手段，使之不断发展和完善。采用状态监测和故障诊断技术可以及早发现故障征兆，进行视情维修，不仅可以防止突发事故，保障船舶安全，而且可以减少维修费用，提高设备利用率，并带来巨大的经济效益和社会效益。

（三）船舶设备故障类型及部位

近年来，我们收集了国内主要航运公司发生的重大机损案例近400例，并进行了故障部件、故障类型的统计，如图10－25所示。

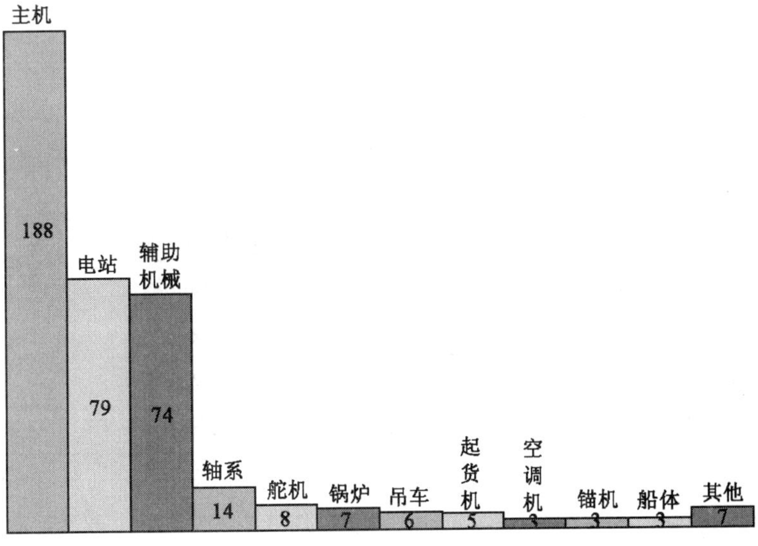

图10－25　船舶机损部件的案例数

1. 故障部件

从统计数据来看，主机事故 188 例，占 47.4%；电站事故 79 例，占 19.9%；辅助机械事故 74 例，占 18.6%。另外，轴系 14 例，舵机 8 例，锅炉 7 例，吊车 6 例，起货机 5 例，空调机 3 例，锚机 3 例，船体 3 例，其他 7 例，占 14.1%。在主机事故中，活塞、缸套、曲轴、气阀故障 86 例，占主机事故的 45.7%，燃油喷射系统故障 36 例，占 19.1%，增压器故障 28 例，启动和换向系统故障 28 例，调速器故障 10 例。在电站事故中，发电柴油机故障 51 例，占电站事故的 64.6%，电机故障 23 例，配电板故障 3 例。在辅助机械事故中，润滑系统故障 29 例，冷却系统故障 28 例，燃油系统故障 9 例，压缩空气和进化系统故障 4 例。

可见，在船舶机舱设备中主机系统是事故发生率最高的部位，特别是活塞、缸套、气阀、喷油器这些燃烧室周围的部件，应该引起足够的重视。根据其他资料统计，在二冲程柴油机中，活塞的损伤占全部损伤的 30% 左右，在四冲程柴油机中，曲柄销轴承以及主轴承的轴瓦磨损机擦伤报告，大多是润滑油管理不当造成的。近几年，因锅炉、发电机等造成船舶不能自航或减速航行的比例在降低，而主机造成的事故比例却在上升。与过去相比，燃烧室周围部件（气缸组合件）的损伤比例有减少的倾向，曲柄或凸轮轴等的损伤几乎是稳定的，而增压器造成的事故则有所增加。另外，船舶电站的事故率也较高，特别是发电柴油机，而电机的故障大多是因短路引起的。

总而言之，船舶柴油机由于其复杂的结构和恶劣的工作条件，是机舱设备中影响船舶安全航行的最大因素，做好柴油机的备件管理十分重要，而加强船舶柴油机故障诊断技术的研究具有很大的实用价值。

2. 故障类型

在所有故障类型中，磨损故障 41 例，加上疲劳老化、变形、剥落、破损、断裂共 106 例，占 26.7%。可见，设备金属疲劳引起的故障仍较高，这主要是由于船舶设备一直处于高温、高压、高腐蚀、强振动和应力集中的工况中，工作环境十分恶劣，以致出现频繁的断裂、磨损、烧损和碎裂等故障。另外，漏气、漏水、漏油等漏泄故障 33 例，脏污、脏堵故障 37 例，这说明了日常检修工作的重要性。其他故障类型详见表 10－14。

表 10－14 其他故障类型

故障类型	案例数	故障类型	案例数	故障类型	案例数
磨损	41	锈蚀或咬着	11	转子失衡	4
疲劳	8	松动	31	漏油、漏水、漏气和漏泄	6＋10＋4＋13＝33
老化	8	卡死	9	堵塞和脏堵	6＋31＝37
破裂或破损	19	松脱或剥落	28	关小或关闭	8＋8＝16
断裂	23	缺水或缺油	4	劣质燃油	8
变形和错位	5＋4＝9	烧损和短路	5＋3＝8	触电和爆	1＋1＝2

三、船舶设备的监测诊断方法

船舶设备监测与诊断的方法是多种多样的，目前主要有振动法、热力参数分析法、油液分析法、压力波分析法、瞬时转速法、温度分布法及红外测温法等，但最常用的是热力参数分析法、油液分析法和振动分析法。

（一）船舶设备的振动诊断

利用船舶柴油机在工作时产生的振动信号，经测试、数据分析及处理对内部零部件的状态进行诊断。其方法具有诊断速度快、准确率高和能够实现在线诊断的特点。它包括三个基本环节：①信息的采集：关键是正确选用和安装传感器和与之相匹配的放大器等二次仪表，传感器与二次仪表的性能和质量，以及测量方法的正确与否决定了信息是否会失真和遗漏；②信息分析处理：应用信号分析与数据处理技术和有关的柴油机原理、结构、运动学和动力学知识把原始的、杂乱的信息加以处理，以获取最敏感、最直接的特征参数；③状态判断与预报：根据柴油机零部件故障或失效机理的振动特征，运用柴油机的制造、运转和维修等方面的知识和经验，从获取的特征参数中，根据所建立的判据，对其状态进行诊断，并预报其发展趋势。

1. 活塞－缸套磨损的振动诊断

图 10－26 是某型号柴油机活塞－缸套在不同的磨损状态下，机身表面振动信号的时域波形图，由图可见，对应于柴油机一个工作循环，有明显的 8 次瞬态响应信号，这是因为柴油机的一个循环中各缸发火时活塞对机身撞击引起的，邻缸对本缸的振动响应有贡献，但量值及时间不同，随着磨损增加，活塞撞击引起机身表面振动瞬态响应的幅值显著增大，响应持续时间延长。

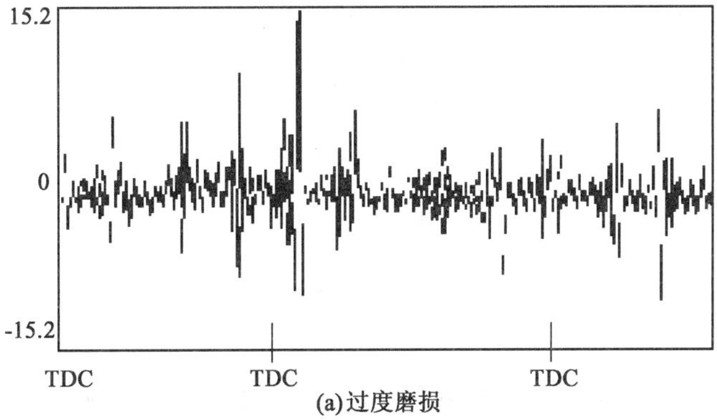

(a)过度磨损

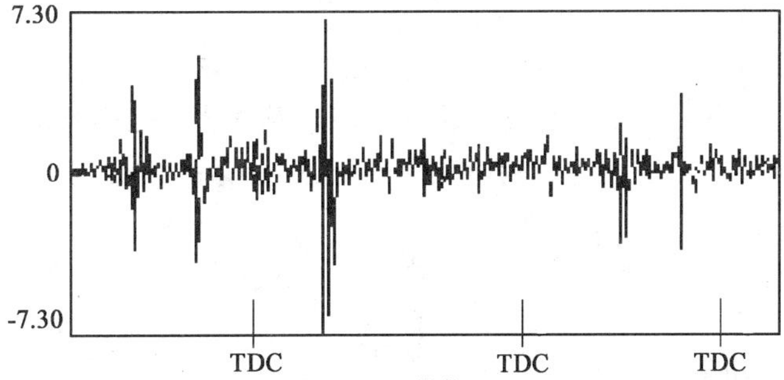

(b)正常状况

图 10－26　活塞－缸套不同磨损状态下机身振动时域信号（TDC 为在上止点位置时）

图10－27是活塞－缸套在不同磨损状态下机身振动响应的PSD图，在低频处功率谱最大峰值较为接近，这主要是气体压力引起的。随着磨损状态的增加，功率谱最大峰值明显增加，振动响应的总能量在严重磨损时明显上升，高频带的能量显著增加。可见，可以用功率谱峰值和总能量作为判别活塞－缸套磨损状态的特征参数。

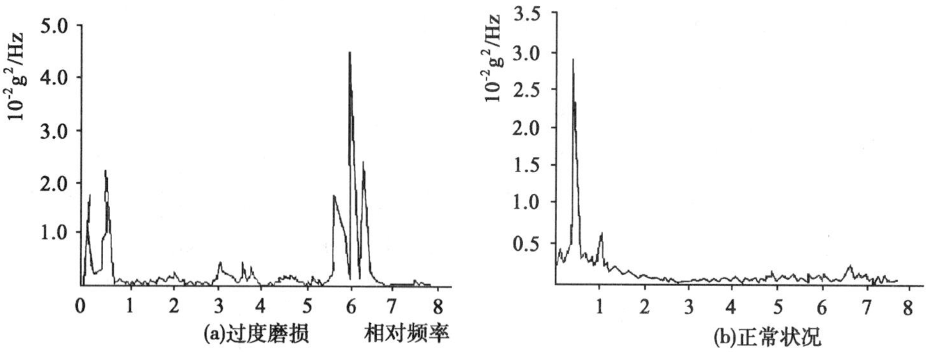

图10－27 活塞－缸套不同磨损状态下机身振动响应时域信号的PSD图

2. 气阀漏气故障的振动诊断

图10－28是某型号柴油机气缸盖振动响应的时域波形图。根据气阀定时规律和上止点信号，可以从气缸盖表面的振动响应中，识别主要激励源的振动响应：①气体燃烧产生的冲击；②排气阀开启时气体节流产生的冲击；③排气阀落座冲击；④进气阀落座冲击。

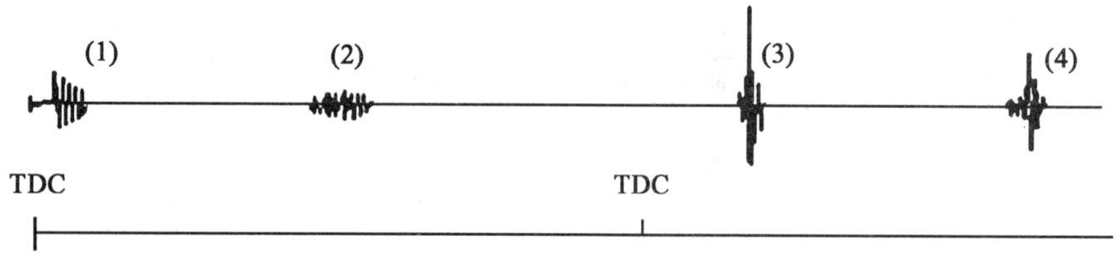

图10－28 气缸盖表面振动响应的时域波形

图10－29是气阀处于不同技术状况下，气缸盖表面振动响应的功率谱，在漏气状态下，振动的能量向高频方向移动，这部分能量是由于高温燃气从漏气狭缝以音速流出时对缸盖产生的脉冲激励力具有高频特征引起的响应，漏气量越大，高频内的振动能量越大。

3. 柴油机主轴承磨损故障的振动诊断

对振动信号经过功率谱分析后再进行倒频谱分析，图10－30是某柴油机机座横向振动信号的倒频谱图，在倒频谱图上 $q_1 = 333.0\text{ms}$ 处的分量最大，这正好对应于柴油机的一个工作周期，在频域上：$f_1 = 1/q_1 \approx 3\text{Hz}$，$f_1$ 正好是该发动机轴频的1/2，这说明主轴承振动的主要激励源是气体压力和往复惯性力。另外，柴油机的工况、机油温度和主轴承间隙对轴承油膜中主轴径的垂向运动有很大影响，是机座表面冲击振动的主要影响因素。

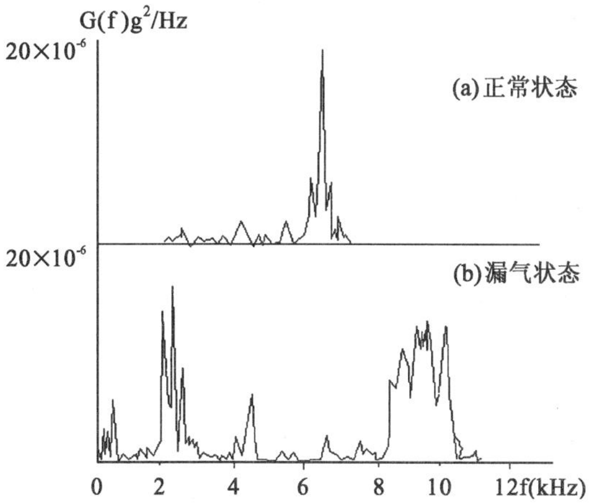

图 10－29　气缸盖表面振动响应的功率谱

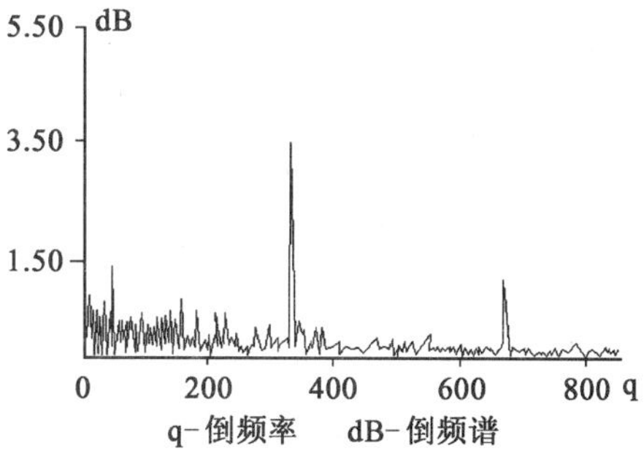

图 10－30　机座横向振动信号的倒频谱图

（二）船舶设备诊断热力参数分析法

利用船舶柴油机工作时热力参数的变化来判断其工作状态，这些参数包括气缸压力示功图、排气温度、转速、滑油温度、冷却水进出口温度及排放等。热力参数分析法着重对柴油机性能好坏作出判断，在这些参数中，示功图包含的信息量最多，根据示功图可以计算指示功、压力升高率和压缩压力，可以判断燃烧质量的好坏及各缸是否功率平衡。方法是用压力传感器测得柴油机气缸压力示功图，结合其他必要参数的测量，再通过计算，提出调整方案，以使柴油机在接近最好状态下工作，图 10－31 为其示意框图。

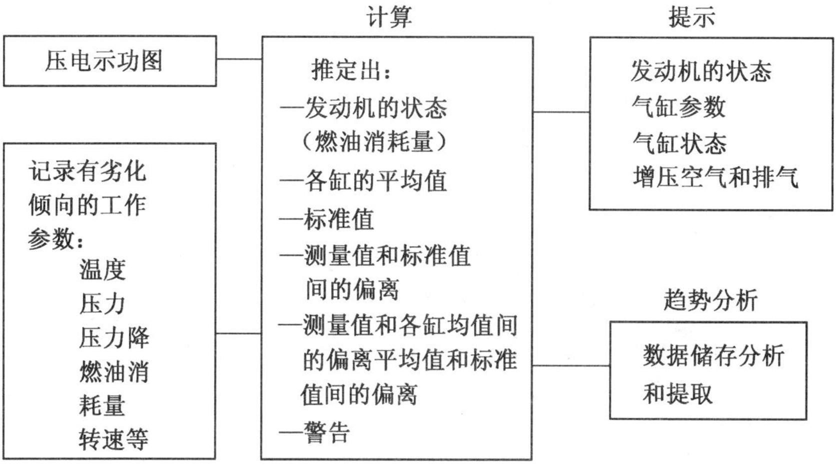

图 10－31　柴油机的性能监测

当柴油机出现各种故障时，其示功图会受到不同程度的影响，图 10－32 为燃油品质变化时其示功图的影响（R 表示的是用标准燃油，C1、C2 为劣质燃油），图 10－33 为涡轮喷嘴堵塞时对示功图的影响（R 为正常状态时，TFL 为减少流通量 10%）。

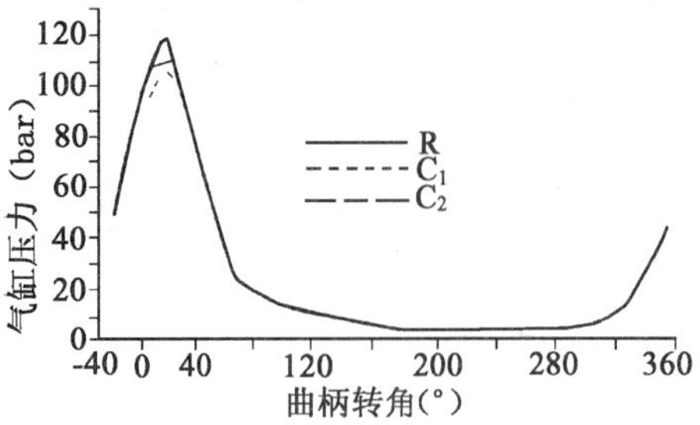

图 10－32 柴油品质对示功图的影响

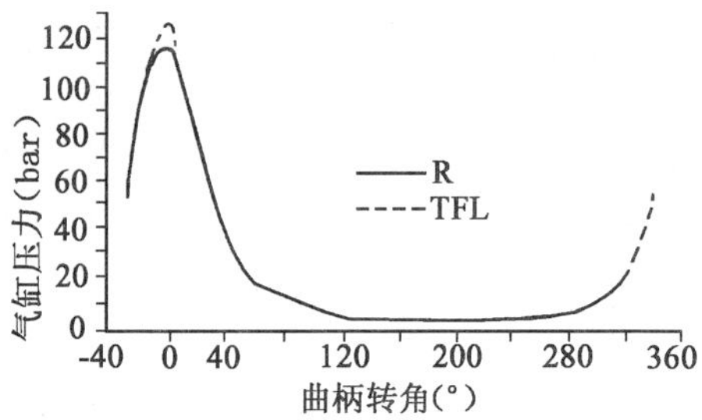

图 10－33 涡轮喷嘴堵塞时对示功图的影响

图 10－34 为不同故障对柴油机主要性能参数的影响（C_1、C_2、TFL 表示同前，TEF 表示涡轮效率下降 10%，Cool 表示中冷器失效，热交换能力减少 30%，VL 表示排气阀泄漏面积相当于气阀最大开启面积的 1%，BB 表示活塞环或缸套损伤，漏出的高温燃气进入增压空气总管并与空气混合）。从图 10－34 可以看出，当涡轮喷嘴堵塞或中冷器失效，此二者对平均有效压力、燃油消耗率均不敏感，对涡轮转速、进气总管压力、排气总管压力的影响基本相同；当中冷器失效时，进气总管内空气的温度明显升高，而涡轮喷嘴堵塞时则变动甚微；排气总管温度在喷嘴堵塞时明显升高，而当中冷器失效时变化很小，涡轮后温度则一升一降，差别显著，据此，可以很方便地推论出此二零部件中哪一个存在故障或二者都有故障。

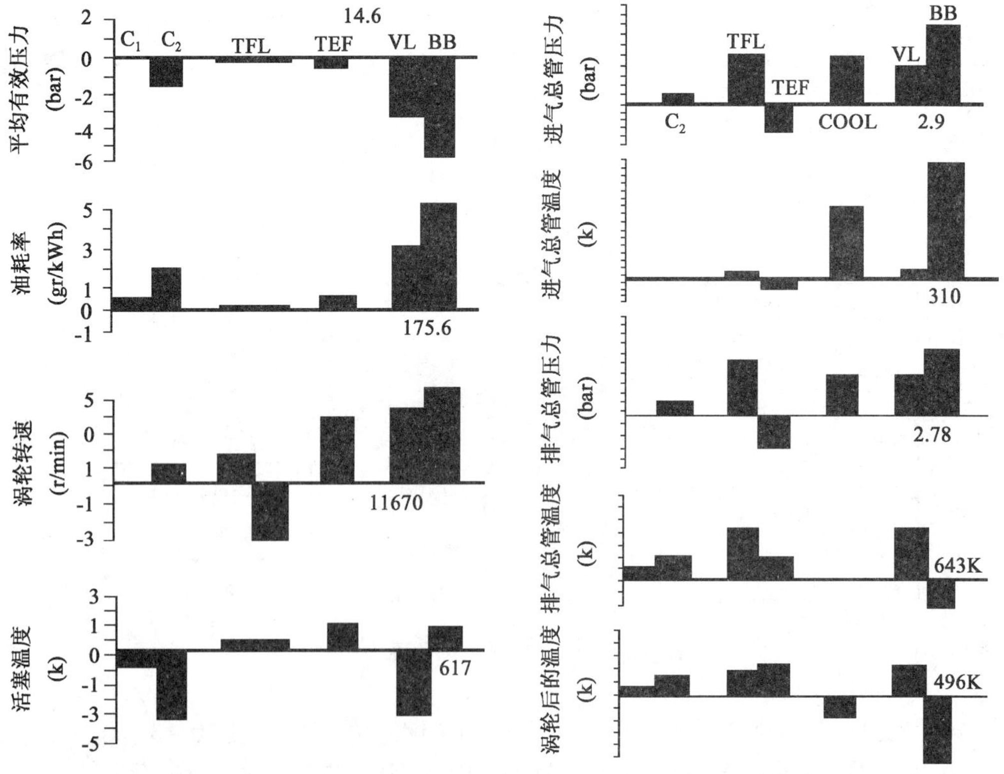

图 10－34 柴油机不同故障对柴油机性能的影响

柴油机气缸压力示功图提供了大量的信息，将所测录的示功图进一步进行频谱分析，可获得新的信息。如互相关分析可用于多缸柴油机工作过程均衡性的检测，也可用于诊断各缸之间调整得是否均匀一致，发火间隔是否准确。互相关分析还可用来检测同一气缸在运行期间工作过程是否有异常变化。图 10－35 是某 6 缸机各缸均衡时 3－6、1－3、1－6 缸之间气缸压力的互相关图，三个互相关的峰值均达到 1，峰值对应的时延与理论发火间隔角甚为接近。当各缸工作过程不均衡时，互相关图将出现异常，峰值达不到 1，峰值对应的时延与理论发火间隔角之间的差值亦增大，图 10－36 是 1 缸不均衡时气缸压力的互相关图。

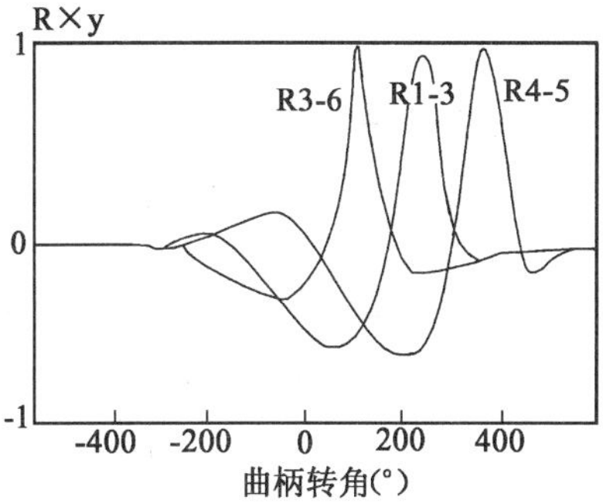

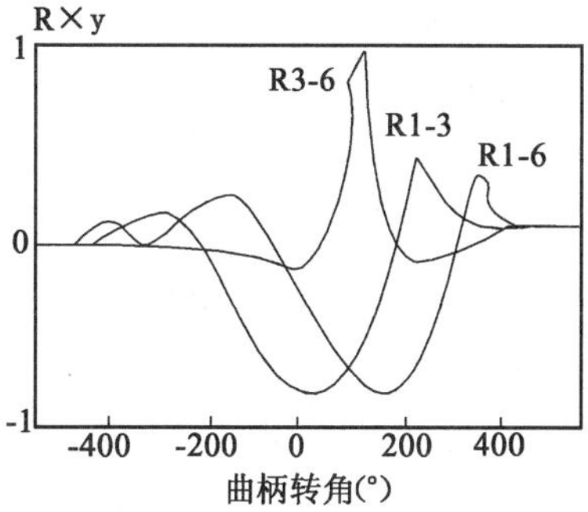

图 10－35 各缸均衡时气缸压力的互相关图 **图 10－36 1 缸不均衡时气缸压力的互相关图**

（三）油液分析法

综合利用铁谱分析、光谱分析、理化试验、污染度分析，通过对润滑油中磨粒浓度、磨粒形状及大小的变化、油质的变化、含铁量的变化，进行整体磨损状态分析，来判断设备的磨损状态及故障状态。油液分析主要分为两大类：一类是油液本身物理化学性能的分析；另一类是油液中不洁物质的分析技术，包括铁谱分析、光谱分析和颗粒计数法等。

1. 船舶螺旋桨轴油液状态监测研究

为了保证船舶机械的安全使用，各国船级社长期沿用传统的预防性维修制度，在相应的规范中规定船舶机械应进行定期拆检，螺旋桨轴就是这样一个零件。譬如，对轴与螺旋桨采用无键连接的螺旋桨轴，规定抽轴检验间隔期为 5 年（检验间隔期最长的一种）。实践表明定期检验和维修会导致过剩维修、耗费修理费用，增加滑油消耗等问题。为此，各国船级社都在努力寻求新技术、新方法，从检验制度上解决这些问题。近年来，油液监测技术的迅速发展为船舶机械检验制度的改革提供了有利条件。为了推动油液监测技术在船舶机械中的应用，中国船级社先后编写了《螺旋桨轴状态监控系统指南》等指导性文件。根据这些文件的规定，采用状态监控系统的螺旋桨轴，如果监控记录参数都在正常范围之内，则螺旋桨轴抽出检验的间隔期可为 10 年。对于无键安装的螺旋桨轴，螺旋桨轴抽出检验的间隔期还可以视情延长，但一般不超过 15 年。可以看出，通过在船舶螺旋桨轴润滑系统中应用油液监测技术，螺旋桨轴的抽轴检验间隔期有可能大幅度地提高，由此带来的效益将是巨大的。

这里选取两条已经临近下次检验时间的船舶的螺旋桨轴作为研究对象，其中，一条船是国内较先进的滚装船（简称 A 船），另一条船为大型拖轮（简称 B 船）。取样方法是：在工作状态下从螺旋桨轴润滑油系统的取样阀取样，然后用光谱仪和铁谱仪进行分析测试。

将取得的螺旋桨轴润滑油油样进行振荡处理，然后在发射光谱仪上进行测试分析，测试结果见表 10－15。表 10－15 还给出了中国船级社目前推荐的常见磨损元素的监控标准值。

从表10－15中的数据可以看出，磨损微粒的组成元素主要为污染物元素（Si），而且临近检修期的螺旋桨轴和轴承的磨损元素浓度值远低于中国船级社颁布的标准中规定的临界值（仅对本文涉及的船舶而言），如果此时抽轴进行检修，无疑存在着较大的过剩维修。同时也说明螺旋桨轴的展期修理有很大的空间。

表10－15　测试结果和监控标准

元素		Fe	Cu	Pb	Sn	Sb	Cr	Ni	Si	Na
极限值（$\times10^{-6}$）		30	50	40	10	10	10	10	40	50
A船（$\times10^{-6}$）左桨轴		4.9	0.4	1.7	—	—	—	—	8.4	7.0
B船（$\times10^{-6}$）	右桨轴	2.3	0.6	1.8	—	—	—	—	9.9	2.2
	右桨轴	2.2	0.4	2.1	—	—	—	—	11.4	2.7

A船左桨轴油样中的磨粒经过铁谱分析后的磨粒特征主要为球形磨粒。B船左右桨轴油样中的磨粒特征为大量的球形磨粒和少量的切削磨粒。从磨粒特征看，油样中除含有少量切屑状磨粒外，均含有较多的球状磨粒。推断这种磨粒在尾轴尾管中的形成机理大致是：磨粒（来自外界污染物或从摩擦副上脱落）形成后，由于不能顺利地排出，因此磨粒在螺旋桨轴和轴承间反复受滚压作用，结果被滚压成球形。这种磨粒形式一般多出现在滚动轴承中，在滑动轴承中极少出现，船舶螺旋桨轴及轴承装置（滑动轴承）中存在大量球形磨粒的原因还需要进一步研究。

经过以上分析研究，可得以下结论：①采用油液监测技术对船舶螺旋桨轴进行监控是可行的，也是非常必要的。采用油液监测技术后有可能大幅度地延长螺旋桨轴的维修间隔期，节约维修费用，缩短维修时间等。②螺旋桨轴油样中的磨损微粒以球形磨粒为主，同时含有少量的切屑磨粒。③临近检修期的螺旋桨轴及轴承的磨损程度一般都低于标准中规定的要求，螺旋桨轴及轴承还有很多的剩余寿命，此时需要更换的一般仅仅是其密封装置。

2. 舰用主柴油机油液状态监测应用案例

2002年5月至9月，由海军"青岛"号导弹驱逐舰和"太仓"号综合补给舰组成的舰艇编队完成了中国海军史上首次环球航行访问，先后跨越印度洋、大西洋和太平洋，总航程3万多海里。在出访准备和实施全过程的装备工作中，创造性地将主动维修理论应用于远航装备工作，保证了全过程保持装备良好技术状态这一总目标的实现，创写了全程装备大故障为零、装备管理差错率为零的记录。实现运用润滑油监测技术对主柴油机进行全程跟踪监测，及时准确地掌握设备技术状态，科学指导使用管理和维护，在国内舰船动力装置管理中尚属首次。通过润滑油监测，可以达到以下几个目的：①掌握柴油机主要摩擦副的磨损状态。②掌握柴油机主要摩擦副的磨损趋势，预测和诊断主机因磨损引发的故障。③掌握柴油机润滑油品质衰败状况，确定合理的换油周期。④结合其他监测数据结果，综合掌握主柴油机技术状态，指导使用管理和阶段集中检修。⑤为确定该型机的润滑油监测标准积累数据资料。

由于舰艇在航行中要受到大风浪等恶劣气象和海况影响，舰艇会产生大幅度的横倾和纵倾，导致剧烈摇晃。舰艇工作环境具有高温、高盐、高湿的特点，限制了许多实验室使用的类似铁谱分析、红外分析等精密测试分析仪器设备的实践使用。经过反复论证，确定采用润滑油发射光谱分析（采用美国超谱M型油料光谱分析仪）、油质简易测试（采用NI－2C快速油质分析仪）、理化指标测试和大磨粒形貌分析与振动测试、热工参数测试相结合的方案，在舰上设立了临时监测试验室。

在出访前检修时更换了两台主柴油机的润滑油，以保证主机处于良好的润滑状态，同时也便于掌握磨损元素的初始值及变化规律。在航行中严格按照取样间隔、取样规程取样，共取得润滑油样近百个。对这些油样进行光谱分析和简易测试处理后得到了数千组数据，磨损趋势图见图 10－37、图 10－38。

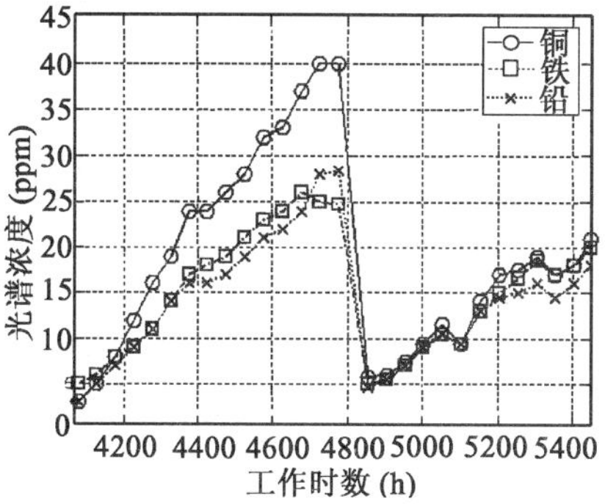

图 10－37　左主机磨损趋势图

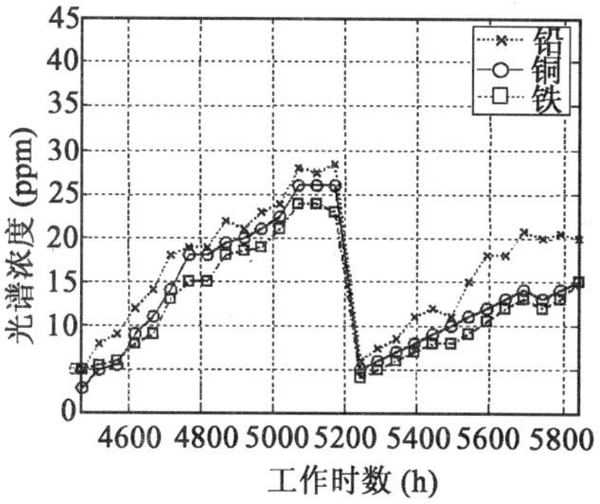

图 10－38　右主机磨损趋势图

从图 10－37 可以看出，左机工作时数从 4076h 到 4854h 期间，润滑油中铜元素含量由 3ppm 上升到 40ppm，平均每百小时增高 4. 7ppm，铜含量的绝对值明显地高于铁元素含量（28. 4ppm）和铅元素含量（24. 8ppm），达到了历史最高值，且其增长速率也高于铁、铅两种元素。通常铜元素的含量及其增长率都远远低于铁、铅元素，因为在柴油机的摩擦副材质中大部分为铁和钢的成分，而主轴瓦及连杆轴瓦等含有较高的铅成分，铜质部件相对较少。经过分析认为有可能存在故障隐患，于是更换了主机润滑油，清洗并检查滤器，以改善润滑状态；有针对性地进行了阶段性集中检修；同时加大了燃气轮机的使用强度。换油后，从监测结果看，各主要磨损元素的含量的绝对值都有很明显的回落。到 5446h，换油后运行了 591h。润滑油中铜元素含量由 5. 8ppm 上升到 20. 9ppm，这一段铜元素浓度增长速率略变缓，平均每百小时增高 2. 5ppm，浓度值仍然略高于铁、铅元素。

从图 10－70 可以看出，右机累计工作时数从 4470h 运行至 5243h，第一阶段共运行了 773h，润滑油中铜、铁、铅元素的增长趋势比较相近，浓度增长相对平稳。铜元素含量从 2. 8ppm 增长到 26ppm，平均每百小时增高 3. 0ppm。铅元素含量高于铁、铜元素含量，最高值为 28. 4ppm。在工作到 5243h 时，更换了滑油，铁、铅、铜元素浓度都下降。工作时数为 5844h 时，换油后工作 601h，铁、铜元素增长的趋势比较接近，且铜的浓度绝对值比铁、铅低，铜元素含量平均每百小时增高 1. 9ppm，最大值 12. 8ppm。但是铅元素的含量（20. 8ppm），超过了铁、铜元素的含量，并且增长的速率也超过铁、铜元素。

两台柴油机比较可以明显地看出，在出访前换油后到航行中第一次换滑油之间，左机的铜元素的增长速率和含量的绝对值都较右机为高，左机的铁元素的增长程度和含量的绝对值较右机略高，而右机的铅元素的增长程度和含量的绝对值较左机高。第一次换油后，左机铜、铅、铁元素的增长速率和含量绝对值仍然比右机高。总体来看，虽然左机累计工作时间较右机少，但是磨损状态却较右机差，具体表现在铜元素浓度的异常增长。

通过对主柴油机的润滑油液跟踪测试分析，监测到主要摩擦副的磨损趋势，左柴油机以铜质摩擦副（如连杆小端等）磨损为主，右机以轴瓦磨损为主，左机存在异常磨损的可能。

四、船舶设备的综合监测诊断方法

船舶设备的工作环境大都比较恶劣，是在强振、强噪声、高温等的因素下工作的；故障与征兆之间的关系往往不易确定，一种故障可能引起多个征兆，而一个征兆可能有多个故障引起，而且经常可能是多个故障同时发生；设备与设备之间乃至设备的部件与部件之间相互影响并与这些设备的特征信号发生重叠和混响而难以分离；柴油机结构、运动状态复杂导致无法对不同型号的柴油机采用相同的分析诊断方法。因此，有目的地拓宽监测范围，将热力参数分析法、油液分析法和振动诊断法等多种诊断方法综合应用，在大量积累诊断知识的基础上，通过计算机的系统分析，才能有效地提高诊断的准确性。

本文以长江航道局和武汉理工大学共同组织承担的“十五”国家重大技术装备项目“具有首冲功能的300m^3 自航耙吸挖泥船”机械设备远程故障诊断系统为例讨论船舶设备综合诊断的实施方法。

（一）系统功能

该项目以300m^3 挖泥船主要机电设备（柴油机、发电机等）、关键挖泥机具（泥泵、齿轮箱）及全船液压系统为监测对象，采用振动、油液和热力参数等监测方法，研究融流动船舶节点、无线数据通信网络、远程诊断中心和远程维修决策于一体的挖泥船机械设备远程监测、故障诊断与维修决策支持系统。

该故障诊断系统能及时诊断与预报挖泥船船机械状态，为疏浚作业的技术人员提供及时可靠的技术指导和处理措施，减少和预防重大事故的发生，是满足当前疏浚作业安全和环保主题的重要技术和必然发展趋势。

系统采用的监测方式分在线与离线监测两部分，前者通过在线传感器直接采集信号，并在现场直接对信号进行分析和处理。但对现场的监测信息分析发现异常情况后，需要采集油样到技术中心进行油液监测实验。据此，具有首冲功能的300m^3 自航耙吸挖泥船及配套的机械设备远程油液分析与诊断系统的总体实施流程如图10－39。

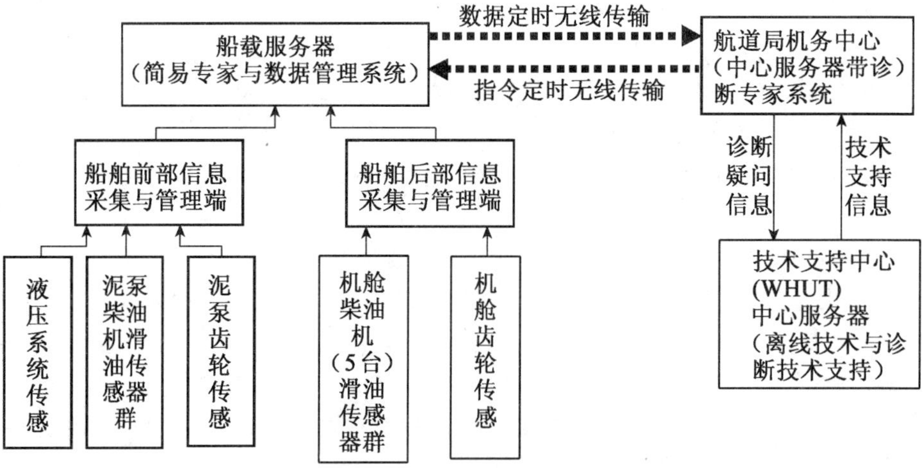

图10－39　远程诊断系统总体流程图

主要目标任务和应用范围有以下八个方面：

（1）可通过人机对话方式对原始试验数据、知识信息及监测对象信息进行输入和管理，然后采用单一分析方法及综合方法对试验数据进行基本分析和特征提取。

（2）根据基本分析和特征提取的结果，系统地对监测对象进行摩擦学故障诊断，结合振动分析，在此基础上，可以对所监测的内燃机的工况进行趋势分析，并预测其工作寿命。

（3）可以将分析结果、原因和趋势分析图传输给船上机务人员。系统还基于 Internet 提供方便的远程查询功能、咨询功能。

（4）能将油液分析诊断管理机构设置、仪器配置情况、主要监测机型、油液分析方法以文字和网络图的形式存储在系统内，需要时可以查询并能打印输出。

（5）能够对所监测的设备以设备编号和部件编号为主索引将设备性能、技术参数等重要数据进行管理；将每一设备的所有监测部件上的摩擦副从数量、类型参数、材料、表面处理情况等进行管理并能与相对应的设备情况一起关联查询。

（6）能够对铁谱分析过程中磨粒摄影照片的有关信息进行管理，包括油样来源、日期、谱片位置、光源配置、放大倍数、视场描述等。

（7）能够对每台设备中的每一监测部件的取样情况进行管理，并调用“技术支持中心分析结果库”的诊断报告为统计设备状态率、某类部件状态率，指导管理机构制定设备监测年度计划提供可靠的数据。

（8）系统中存有各种油液监测工作中所需的实用表格，用户可根据本企业的实际情况选用，也可根据本企业特点修改生成新的表格，所有表格可打印输出。

（二）系统的结构

该项目主要由三部分组成，即船载级监测子系统、分析中心级监测诊断子系统和管理级决策子系统。其主要研究内容包括：网络化船舶故障数据库、诊断网络安全性及实时监控技术的研究；基于 WEB 数据库的开放式智能船舶故障诊断专家系统的设计；远程船舶故障维修决策支持系统的研究；船舶故障多参数多方法信息融合技术的应用；远程监控中数据传输与集成技术的研究；虚拟检测仪器仪表的软件开发研究；挖泥船机械设备远程故障诊断系统的开发研究等等。图 10－40 为 300m^3 挖泥船远程诊断系统的数据流程图，图 10－41 为系统的结构图。

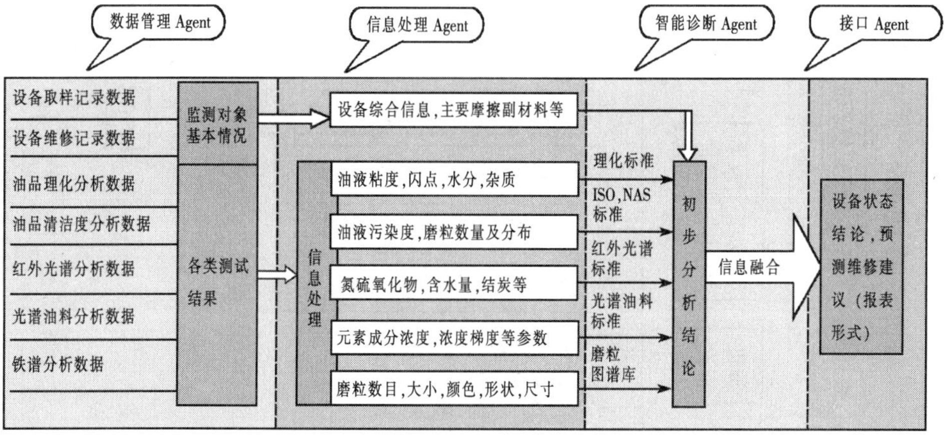

图 10－40 300m^3 挖泥船远程诊断系统技术分析中心系统数据流程图

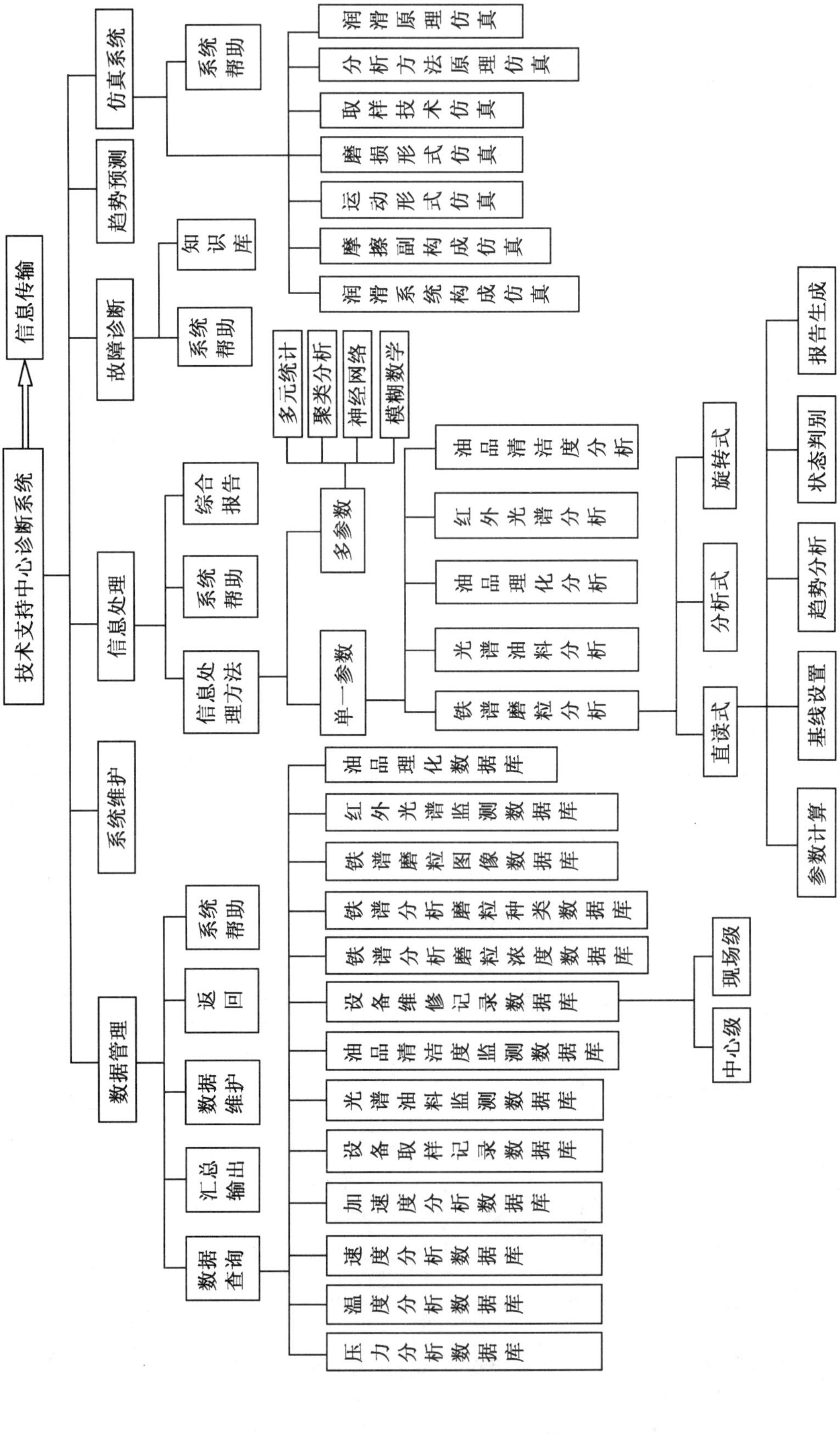

图 10–41 “$300m^3$ 挖泥船远程诊断系统技术分析中心”系统结构

（三）系统综合诊断技术的运用

从远程诊断系统总体流程图及结构图可以看出，系统综合采用了以下技术：

（1）传感器技术。主要包括传感器的选型和研制、安装与信息传输方式等。为减少信号损失以电流形式输出，电流范围为一般工业用 A/D 板标准电流；抗干扰能力要强；防污染；所有传感器供电电压（如为有源时）有一致标准。其中，柴油机润滑油性能在线监测项目主要有润滑油压力、温度、水分、粘度与颗粒。液压系统性能参数的监测项目主要有压力、温度、水分、粘度与颗粒。

（2）传感器在线布点与离线取样位置的确定。在满足监测信号采集的要求下，尽量利用船舶系统本身设置的接口；在一个监测点处，多个传感器应集成封装；尽量减小传感器与数据采集机之间的距离等。其中 5 台柴油机油液监测的布置方案见表 10－16。

表 10－16　柴油机润滑油系统取样点位置与传感器数

<table>
<tr><th>取样项目</th><th>取样对象</th><th>取样位置</th><th>取样方式</th></tr>
<tr><td rowspan="2">压力</td><td>滑油总系统</td><td>滑油输送总泵前、后各 1</td><td rowspan="10">在线</td></tr>
<tr><td>柴油机</td><td>齿轮泵前、后各 1</td></tr>
<tr><td rowspan="2">温度</td><td>滑油总系统</td><td>油箱，靠近回油管 1 个</td></tr>
<tr><td>柴油机</td><td>油底壳与柴油机自带温度测点相同，1 个</td></tr>
<tr><td rowspan="2">水分</td><td>滑油总系统</td><td>油箱，油泵进口处与箱下底部各 1</td></tr>
<tr><td>柴油机</td><td>油底壳靠近进口处与壳底部各 1</td></tr>
<tr><td rowspan="2">粘度</td><td>滑油总系统</td><td>油箱 1 个</td></tr>
<tr><td>柴油机</td><td>油底壳 1 个</td></tr>
<tr><td rowspan="2">颗粒</td><td>滑油总系统</td><td>油箱回油口处 1 个</td></tr>
<tr><td>柴油机</td><td>油底壳靠近回油口处 1 个</td></tr>
<tr><td rowspan="2">铁谱、光谱、红外、PQP 等</td><td>滑油总系统</td><td>油箱盖孔</td><td rowspan="2">离线</td></tr>
<tr><td>柴油机</td><td>油尺口处或直接于油底壳</td></tr>
</table>

3. 信号采集与传输。包括传感器信号的采集、管理、传输、专家诊断与指令传达等数据流全过程中所涉及的硬件、软件及相应平台。

硬件方面，本系统是将温度、压力、流量、水分与粘度等信号采集进来，然后进行预处理后传输到船载服务器进行简易诊断与数据整合管理，进而再上传到机务中心服务器，访问专家系统并完成诊断。本方案是从实时监测出发，来采集信号并上传信号的。硬件配置主要包括传感器放大器、集线器、采集卡、PC 工控机、传输导线、船载服务器与中心服务器（包括技术支持中心服务器）及无线传输装置等。

软件方面，机务中心主机服务器上运行故障诊断服务器软件，对从船载服务器传送来的各设备的运行状态及故障信息做出处理，并给出故障处理排除方法，然后传输到船载服务器。机务中心主机服务器还要存储监测历史数据及诊断标准数据和诊断知识库；而在船载服务器上运行相应的现场数据采集客户软件，对数据进行预处理和显示各监测部位的状态。技术支持终端主要负责知识库的更新，对一些疑难诊断问题给出专家级别的技术支持。

数据传输与通信方面，整套系统涉及到两层通信。一是机务中心主机服务器和船载服务器端的通信，二是机务中心主机服务器和技术支持端的通信。对于现场终端处的两层计算机（机控室和驾驶仓），可采用局域网连接。机务中心主机服务器和技术支持终端的通信可利用互连网进行连接和通信。而机务中心主机服务器和船载服务器端的通信采用无线上网方式、无线射频、短消息发送。

五、船舶设备监测诊断的实施

（一）船舶维修保养体系

船舶维修保养体系（以下简称 CWBT）是交通部“七五”科研的重要成果，共由以下几个标准组成：GB/T 16558.1－1996（总则）、GB/T 16558.2－1996（船舶设备分类及代码）、GB/T 16558.3－1996（船舶维修保养的分级、标准周期代码及周期允差）、GB/T 16558.4－1996（工作卡的格式及其栏目）、GB/T 16558.5－1996（工作卡的首排及其表示方法）、GB/T 16558.6－1996（船舶维修计划营运管理方法）、GB/T 16558.7－1996（表格样式）。

CWBT 是将传统的船舶设备管理和国际上插卡式船舶设备管理相结合，形成集计划、管理、指导于一体的一种新颖、科学、实用的船舶设备管理模式。

船舶维修保养体系的主要组成部分：

（1）编码册。按照国家标准 GB/T 16558.2 规定的 CWBT 船舶设备代码将船舶设备进行分类、编码。如 No.2 主空压机船舶设备代码表示为 A1212。编码册就是各设备代码的详细总清单。它由标准编码目录和单船标准编码目录两部分组成。

（2）维修手册。它包括单船设备卡和设备维修执行记录。单船设备卡的编写是 CWBT 编制工作的核心，也是最关键的一环。

（3）工作卡和工作计划板。这是采用人工管理 CWBT 系统时所需的硬件设施。

（4）信息管理系统。这是 CWBT 的一个重要组成部分。它包括一些报表和其他资料。

（5）计算机应用。计算机管理替代手工插板管理模式，并可以自动生成一些检查报告和报表，并通过电子商务的形式与公司联系、汇报。

1. CWBT 的维修保养周期

CWBT 采用的船舶设备的维修保养方针是：对主要动力设备用定时维修方式，并向视情维修方向发展（如主、辅机等）；对耐用、低值、非生产型、维修价高而安全风险小的设备用故障维修（事后维修）方式（如雷达等）；对长期处于工作状态的设备及船检项目采用定期维修方式（如：配电板、泵等）。

CWBT 将船舶设备的维修保养周期分为八级，详见表 10－17。在工作卡中采用后面五级，因为前三级属于常规工作，可由船舶自行安排。工作卡中采用的五级维修保养又设置为四年、五年、六年三种系列周期。请注意到两种制式的时间间隔是对应的。

另外在定时周期中还有两个概念需要讲一下：

（1）标准系列：在定时周期中设备航行率在 70% 的情况下，即每年运行 6000h 为标准系列的 f 级。因为设备一年的工作时间为 $24 \times 365 \times 70\% = 6132$，约等于 6000h。

（2）定时周期调节系数 K_t：

$$K_t = 标准周期/实际周期$$

显然当 $K_t = 1$ 时，实际周期即为标准周期。K_t 即可以大于 1，又可以小于 1，它主要随设备的良好程度由公司调节。如某轮辅机缸盖的 f 级检修周期 K_t 值为 1.5，则表示每运行 4000 小时就要进行一次 f 级检修。

（3）船舶设备月均运转小时率 K_{mrh}：船舶设备月均运转小时率 K_{mrh} = 船舶设备月均运转小时数/720h。

表 10－17　船舶设备的维修保养周期的分级方法

周期系列	级别代码	定期周期	定时周期
四年	a	1 天	
	b	1 周	
	c	1 月	
	d	3 月	1500 运转小时
	e	6 月	3000 运转小时
	f	12 月	6000 运转小时
	g	24 月	12000 运转小时
	h	48 月	48 月
五年	D	3.75 月	1875 运转小时
	E	7.5 月	3750 运转小时
	F	15 月	7500 运转小时
	G	30 月	15000 运转小时
	H	60 月	60 月
六年	1	4.5 月	2250 运转小时
	2	9 月	4500 运转小时
	3	18 月	9000 运转小时
	4	36 月	18000 运转小时
	5	72 月	72 月

注：h、H、5 这一最高级别的三种维修周期值，与船舶检验特检周期重叠。

每一级别的维修保养应于要求的实施日期完成，但由于因为一些原因，船员无法安排相关工作时，CWBT 系统允许维修保养工作的实施日期偏离计划日期，但偏离日期不应超过允许极限规定值（表 10－18）。

表 10 – 18　CWBT 维修保养周期允许极限

级别	定期周期允差	定时周期允差
d/D/1	±1 月	200 运转小时
e/E/2	±1 月	400 运转小时
f/F/3	±3 月	600 运转小时
g/G/4	±3 月	800 运转小时
h/H/5	+0 月 ~ –3 月	+0 月 ~ –3 月

2. 船舶维修保养体系的操作运行

船舶维修保养体系的操作运行有两种方式，即人工管理和计算机管理。

（1）人工管理 CWBT 系统的操作方法：采用人工管理 CWBT 系统时需要工作卡和工作计划板。工作卡的内容主要包括：①设备名称。②工作卡号：它是全船工作卡的唯一识别号，由一位设备主管部门编号代码加上船舶代码组成的六位数设，见表 10 – 19。③维修级别，上述 CWBT 维修保养八级周期是工作卡的主要内容之一，工作卡分为一卡一级制和一卡多级制。一卡一级制指一个工作卡上仅包含该设备的一个维修周期级别，一卡多级制指一个工作卡上可包含该设备的多个维修周期级别。④类别：维修工作卡性质以类别来表示。对于一卡一级制工作卡，类别指表 10 – 20 中的类别之一。对于一卡多级制工作卡类别指是否为安全设备，其表示方法及颜色标志见表 10 – 20。⑤工作内容：使用言简意赅的语言描述设备卡上要求检修工作。⑥工时：指完成维修工作所需的工时。表 10 – 21 和表 10 – 22 是工作卡举例。

表 10 – 19　设备主管部门代码

主管部门代码	主管部门名称
1	船体（甲板）
2	轮机
3	电气
4	船体、轮机
5	船体、电气
6	轮机、电气
7	船体、轮机、电气

表 10 – 20　类别明细

类别	维修工作卡性质	识别标志	工作卡标志	
		在设备卡上	一卡一级	一卡多级
一	含有年检或坞检工作卡	★★★	红	★★★
二	含有循检或特检的维修工作卡	★★	蓝	★★
三	重要的维修工作卡	★	黄	★
四	一般维修工作卡	无星号	白色	无星号

表 10－21　单级工作卡正面

编号	设备名称	周期
级别	类别	维修内容
设备负责人		

表 10－22　单级工作卡背面

级别	完成日期	记　事	执行者

工作计划板由 15～20 条插板并列、组合组成，用于存、取工作卡片的插板组。每条插板可存 50 余张工作卡片，各插板由左至右按时间排序，构成各月、年的维修工作计划。自左至右前 12～15 块板为年度计划区，最近一个季度当然在最左位，卡片数量也多，含有如 D、E、F 级的工作卡肯定均排列在年度计划区，并一直在其中循环。除此之外的区域为其后的 2 至 5 年的计划区，含有如 G、H 级的工作卡除少数在年度计划区外，其余肯定排列在此区循环。

对于前三级每天、周、月常规舶维修保养工作，由船方自行安排。其他维修周期，如下图：

[发卡]→[施工]→[收卡]→[记录]→[上报]→[返插]

发卡：每月月底，部门长把计划板上最左一个月，将下月出现的工作卡取下，按照卡上设备的主管人员发给各主管人员。

施工：设备的主管人员或维修人员按卡上的维修指令，自己排出本月工作安排，按期完成任务。完成后在卡背面书写简单的记录，并签名及日期。实施时应按照重要程度合理安排。

收卡：月底部门长将工作卡从各主管人员手中收回。未完成的项目，写明原因，重新计划。

记录：部门长将收回的工作卡汇总，在“维修执行记录”上做必要的记录，并进行归档。

上报：部门长将本月保养工作以“维修保养报告”形式上报公司。

返插：完成上述工作后，部门长按照卡上下次周期到期日在工作计划板上重新排列工作卡。同时完成下月的发卡工作。

（2）采用计算机管理 CWBT 系统的操作方法：采用计算机管理 CWBT 系统时，由计算机直接输出指令，确定工作内容和保养工作日期，就不需要上述计划卡和工作卡了。

3. 船舶维修保养体系的信息管理

船舶维修保养体系的信息管理是 CWBT 的一个主要组成部分，前文已述及，现再汇总一下。它一共包括了十三种共 19 张表格，见表 10－23。

表 10－23　CWBT 表格目录

表格编号	名称	使用范围
CWBT－01	船舶设备代码目录	全部
CWBT－02（A） CWBT－02（B）	船舶工作卡汇总表（单级） 船舶工作卡汇总表（多级）	选用
CWBT－03（A） CWBT－03（B）	工作卡（单级） 工作卡（多级）	选用
CWBT－04	设备卡	全部
CWBT－05	每天检查保养项目记录	全部
CWBT－06	每周检查保养项目记录	全部
CWBT－07	每月检查保养项目记录	全部
CWBT－08	维修执行记录	全部
CWBT－09	维修保养报告	全部
CWBT－10（A） CWBT－10（B） CWBT－10（C）	船舶维修保养月度工作指令与反馈表(一、船体部分) (二、轮机部分) (一、电气部分)	计算机管理
CWBT－11	CWBT 年度计划表	人工管理
CWBT－12（A） CWBT－12（B） CWBT－12（C）	船舶维修保养月度工作实绩表(一、船体部分) (二、轮机部分) (一、电气部分)	计算机管理
CWBT－13	工作卡首排表	全部

以上各表格的详细格式请见国家标准 GB/T 16558.7—1996，限于篇幅，这里不再一一详述。

（二）船舶螺旋桨轴状况监控系统的实施

根据中国船级社先后制定的《螺旋桨轴状态监控系统指南》、《实施船舶螺旋桨轴状况监控系统的要求》、《关于实施船舶螺旋桨轴状况监控系统的要求的补充规定》等文件的规定，船舶螺旋桨实施状态监控的要求如下：

1. 监测周期

新建船舶应自投入营运之日起6个月内进行第一次取样分析。营运船舶螺旋桨轴状态监控系统的初次检验应结合船舶常规尾轴检验同时进行。

具有SCM船级附加标志的船舶应定期进行螺旋桨轴润滑油分析，润滑油取样分析间隔期应不超过6个月。

入级船舶部在收到分析报告并经审核满意后，在SSMIS系统中输入船舶下次油样分析日期和螺旋桨轴抽出检验日期。如果分析报告结论认为船舶螺旋桨轴系存在隐患或缺陷时，入级部将根据分析结论确定是否应要求该轮进行进一步检验，如要求限期安排抽轴检验等，所提出的检验要求将由入级部经办人在SSMIS系统中以遗留项目的形式输入并由经办人书面通知船东。

验船师在船舶进行轮机年度检验、中间检验或特别检验时应同时进行螺旋桨轴状况监控系统的年度检验。

设有状态监控系统的螺旋桨轴，如其监控记录参数都在正常范围内，则螺旋桨轴抽出检验的间隔期可为10年。对无键安装的螺旋桨轴，抽轴检验的间隔期还可以延长。

2. 检验内容

验船师在船舶进行轮机年度检验、中间检验或特别检验时应同时进行螺旋桨轴状况监控系统的年度检验。检验内容包括：检查船上所保存的尾轴滑油消耗记录、轴承温度记录、润滑油取样记录等。检查是否按规定的要求进行了测量和记录，记录保存是否完整、有序，各数据是否正常。润滑油分析内容如下：水分含量、氯化物含量、轴承材料含量、油寿命（抗老化能力）。油样应在轴工作的情况下提取或停车后立即取样，以保证能真正代表尾管内的滑油成分。

第七节 钢铁行业设备诊断先进经验

钢铁行业一般拥有从矿山采掘、炼焦、烧结、炼铁、炼钢、轧钢等一整套工艺设备。钢铁企业生产流程长，设备众多，特点各异。冶金设备的主要特点是重载、超低速或变负荷、变速。现分别对钢铁企业中几类典型设备的故障诊断作一介绍。

一、超低速重载设备故障诊断

（一）斗轮式堆取料机

斗轮式堆取料机广泛用于冶金厂、火力发电厂、矿山以及码头等处，是完成大量散状物料堆放和取料的重要设备。其回转机构采用大型交叉滚子轴承作为支承装置，实现在不同位置的堆、取料。由于其回转速度极为缓慢，采用一般方法很难诊断出其回转支承的故障，必须针对其超低频故障特征频率这一特点，对其进行故障诊断。

1. 实验方案

检测信号为交叉圆柱滚子轴承的振动加速度信号和回转电动机的转速。加速度检测采用两个YD－1型压电加速度传感器和一个低频加速度传感器。传感器安装在固定交叉圆柱滚子轴承外圈（即大齿轮）的底板下面（图10－42）。

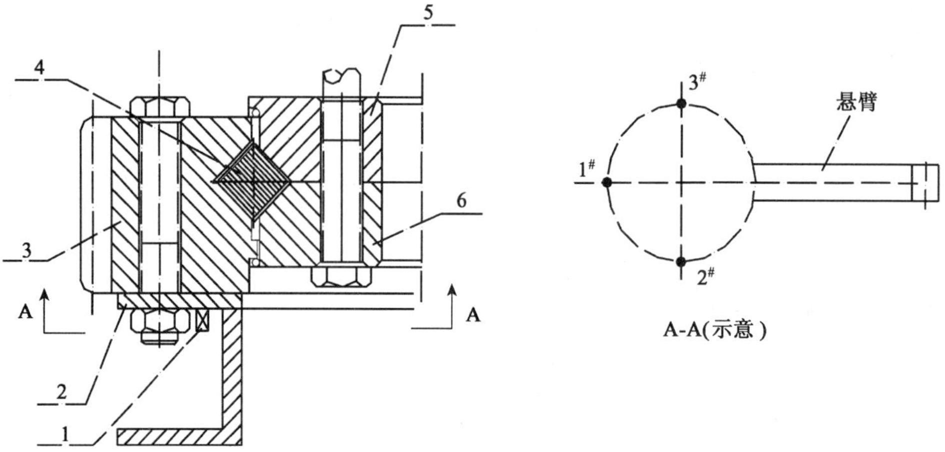

图 10-42 传感器安装位置示意图

1—传感器（1#、2#为 YD-1 型压电加速度传感器，3#为低频加速度传感器）；
2—底板；3—轴承外圈；4—滚柱；5—轴承上内圈；6—轴承下内圈

2. 试验工况及参数

实测回转电机稳态转速 n 为 445r/min，减速机速比 i 为 553.12，转盘大小齿轮齿数 z_1 为 14，z_2 为 162。交叉圆柱滚子轴承的参数为：轴承节径 3578mm，圆柱滚子直径 100mm，滚子数 112，接触角 45°。

其故障特征频率（计算轴承故障特征频率时，滚子数取其一半，即同一方向的滚子数 56）分别为：转频 0.001159Hz；内圈剥落的故障特征频率 0.0331Hz；外圈剥落的故障特征频率 0.0318Hz；滚子剥落的故障特征频率为 0.04145Hz；内滚道不圆的故障特征频率为转频的各阶倍频。由此可知，该回转支承因故障引起的振动信号是超低频信号。

3. 交叉圆柱滚子轴承故障分析

（1）振动信号的幅、时域分析。在正常情况下，由于各种不确定因素的影响，滚动轴承的振动信号幅值的分布接近正态分布。但在运行中，若出现点蚀、剥落、擦伤等局部损伤类故障时就会引起冲击。由于冲击的作用，振动信号中大幅值的概率密度增加，概率分布的幅度比原正态分布的广，且原正态分布两边尾巴翘起，使得信号的幅值偏离正态分布，如图 10-43 所示。

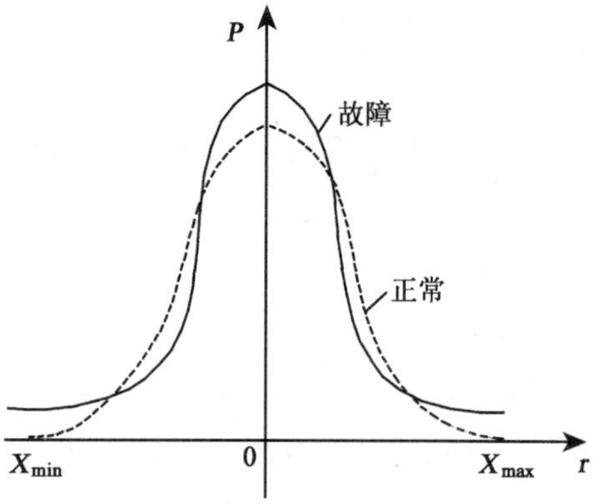

图 10-43 正常轴承和故障轴承的概率密度分布示意图

图 10-44 为工作状态下测取的 1#、2#加速度信号的概率分布图。从图中可以看出，其概率分布偏离了正态分布，表明滚动轴承存在故障。

对拾取的 1#、2#加速度信号进行处理，计算相应的时域特征值：均方根值 X_{rms}、峰值 X_{peak}、峰值因子 C 和峭度 K。

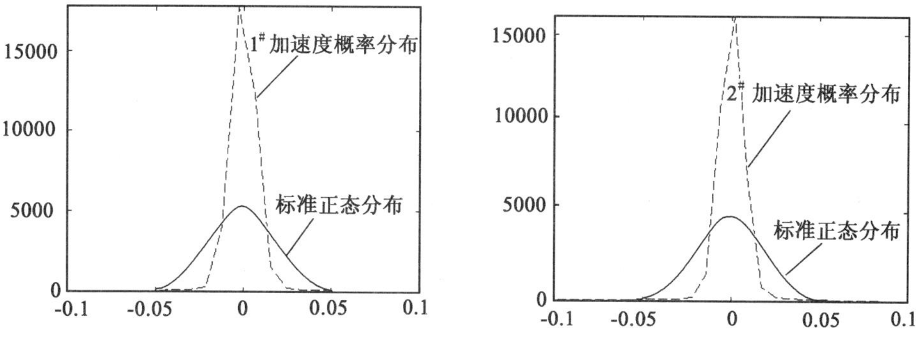

图 10－44　1#、2#加速度信号概率分布图

经计算发现，峰值因子的最小值为 1.66，最大值为 4.45。依照滚动轴承判定标准，一般峰值因子大于 1.5 时，可以判断轴承出现故障，但振动加速度的均方根值很小（最大为 0.0097g），且工作状态的峰值因子一般都小于 3，个别情况最大也只有 3.99，说明故障程度并不严重。

峭度值变化较大，最小值为 20.02，最大值为 114.99。峭度值表征着振动幅值的概率分布，当幅值接近正态分布时，峭度值约为 3 左右，当峭度值大于 3 时，表明幅值分布偏离正态分布。从计算结果看，峭度值远大于 3，可以判定轴承出现故障，这与前面用概率分布判定故障结果吻合。

（2）振动信号的频域分析。轴承的故障主要体现在轴承元件表面损伤和磨损，其表面损伤包括点蚀、剥落、裂纹、擦伤等，是滚动轴承最常见的一类故障。当轴承某一元件表面出现损伤时，在受载运行过程中损伤点将撞击其他元件表面而产生冲击脉冲力。由于冲击脉冲力的频带很宽，必然包含轴承元件、传感器甚至其他谐振器等的固有频率而激起整个测振系统的高频固有振动。根据实际情况，可选择某一高频固有振动作为研究对象，通过中心频率等于该固有频率的带通滤波器把该固有振动分离出来。然后，经过包络检波器检波，去除高频振动的频率成分，得到只包含故障特征信息的低频包络信号，对这一包络信号进行频谱分析便可诊断出轴承的故障。此即“共振解调法”。

由于回转支承转速很低，轴承故障引起的冲击时间较长，相对涵盖的频带较窄，有可能不能引起压电式传感器的共振，共振解调难以实现。而 3#低频加速度传感器固有频率较低，只有几十赫兹，轴承故障引起的冲击足以激发其共振频率。因此，采用 3#低频加速度传感器拾取的信号进行共振解调（图 10－45、图 10－46）。

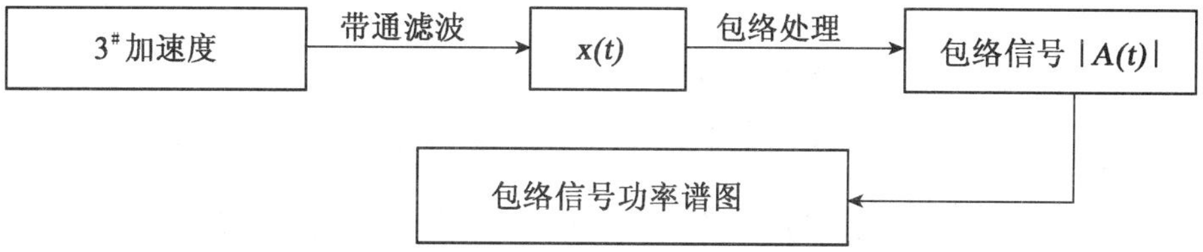

图 10－45　频域分析流程图

图 10－78 是 3[#]加速度信号的功率谱图。从图中可以看出，信号的能量主要集中在几个频率上，其中一个频率为 24.577Hz（低频传感器本身的固有频率）。利用带通频率为 24～25Hz 的带通滤波器将以上信号的其他频率成分滤掉，然后进行包络处理，对包络信号进行功率谱分析。图 10－47 为解调后的包络信号及其功率谱图。由图中可看出，包络信号的主要频率成分为 0.0133Hz，频谱细化后得到较精确的频率值为 0.0134Hz，为转频的 12 倍，表明滚道内圈圆度存在较大误差。功率谱图中没有明显的轴承故障特征频率。

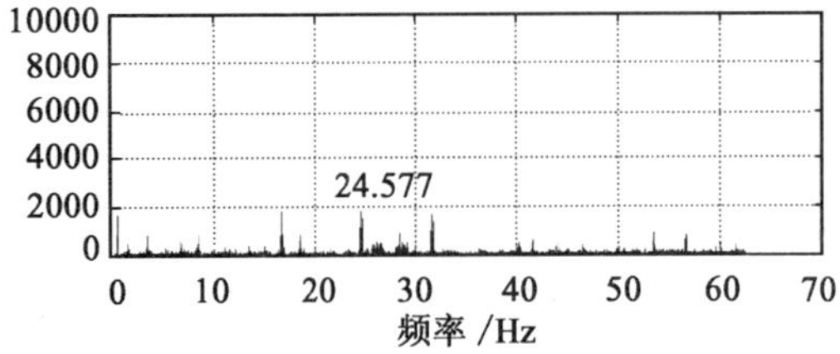

图 10－46 3[#]加速度信号功率谱图

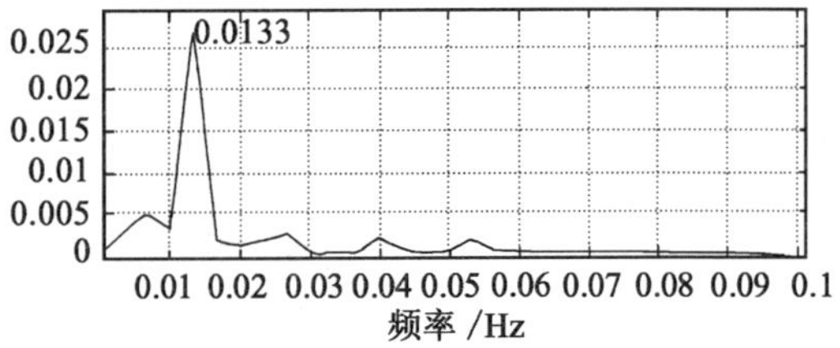

图 10－47 3[#]加速度信号的包络波形及其功率谱图

4. 诊断结论

从幅域、时域分析的概率密度分布、波峰因子、峭度可知滚动轴承存在滚动体磨损等故障，但振动加速度峰值和均方根值都较小，表明故障程度较轻，该轴承可以继续使用。从频域分析看出，轴承振动的主要频率成分为转频的各阶倍频，说明轴承各元件（内、外圈滚道、滚动体）并未产生严重的表面剥落等缺陷。内圈滚道圆度较差是产生转频各阶倍频的主要原因。在对取料机检修过程中发现，由于工作不慎，轴承润滑油中掺入了少量煤粉，造成轴承工作状况恶化。煤粉掺入润滑油的故障特征与所作结论相符，可见，诊断结果是可信的。

（二）转炉倾动机构

测试方案如图 10－48 所示。方案 1 中，测点 7、8、9 在耳轴处，测点在 1、2、3、4、5 处的加速度传感器安放在小齿轮箱 A、B 处；方案 2 中，测点 7、8、9 换位到悬挂齿轮箱内侧处。

电机转速 $n_{电}=798\text{r/min}$，耳轴轴承的转频为：

$$f_{r1}=\frac{n_{电}}{60}\times\frac{1}{i_{总}}=\frac{798}{60\times430.56}=0.031(\text{Hz})$$

悬挂齿轮箱小齿轮的转频为：

$$f_{r2}=\frac{n_{电}}{60}\times\frac{1}{i_{总}}\times\frac{z_1}{z_2}=\frac{798\times144}{60\times430.56\times24}=0.186(\text{Hz})$$

悬挂齿轮箱齿轮的啮合频率为：

$$f_c=f_{r1}\times z_1=0.031\times144=4.464(\text{Hz})$$

从图 10－49 可以看出，1[#]测点的功率谱在峰值频率 13.27Hz 周围出现了边频带 0.065Hz，近似为耳轴轴承转频 f_{r1} 的 2 倍，可初步判定此炉耳轴轴承有故障发生。

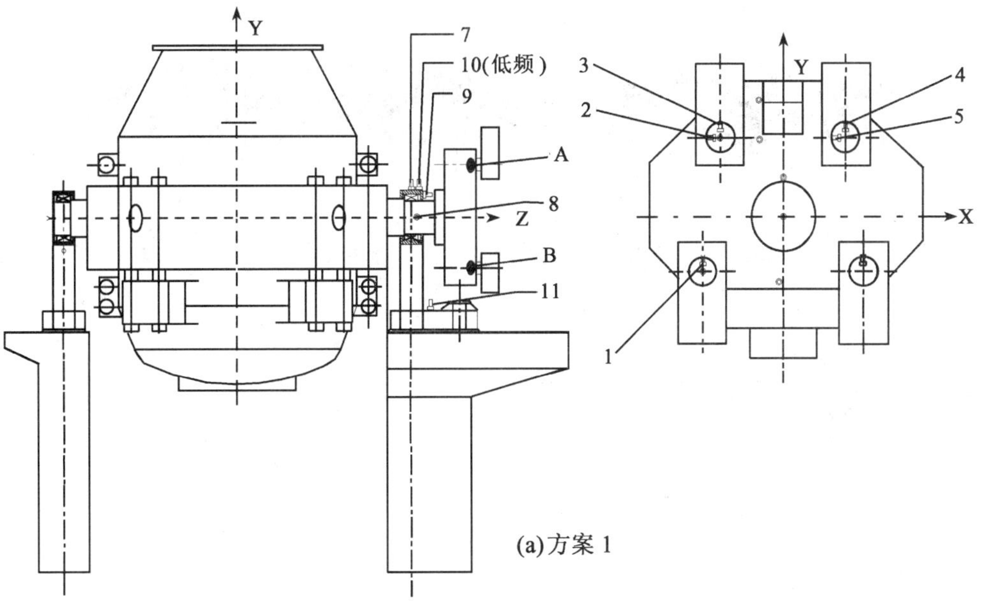

(a)方案 1

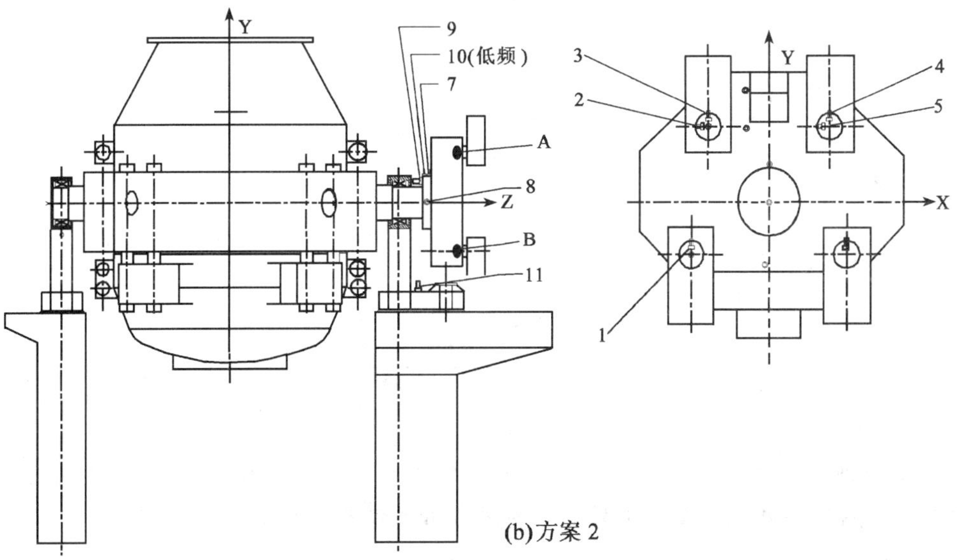

(b)方案 2

图 10－48　测试方案示意图

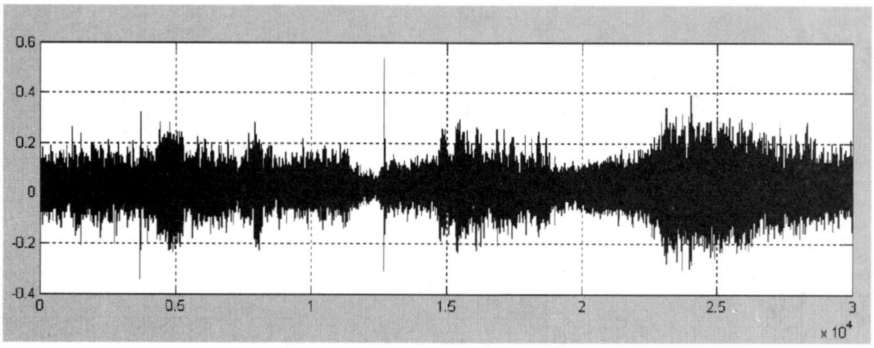

（a）振动加速度记录曲线（纵坐标：m/s^2）

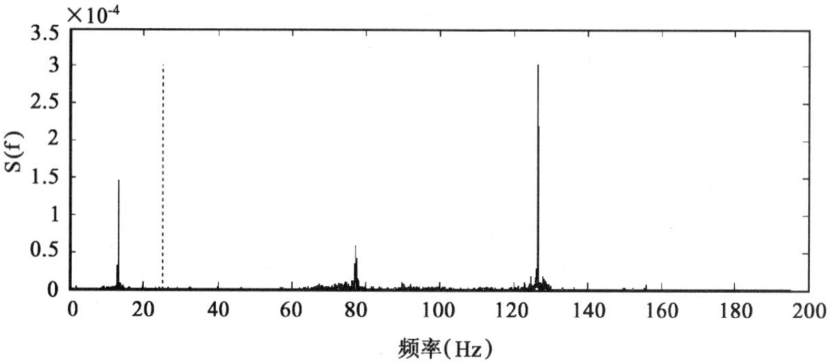

（b）功率谱图

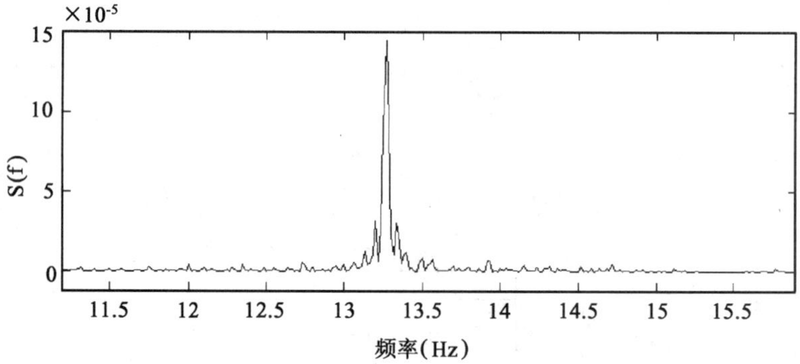

（c）细化谱（峰值频率 13.27Hz，边频带 0.065Hz，近似为耳轴轴承转频 f_{r1} 的 2 倍）

图 10－49　出渣时 1 号测点的振动加速度记录曲线及其功率谱图

二、高炉炉顶布料设备故障诊断

高炉是炼铁厂的核心设备之一，其运行可靠性不仅直接影响炼铁厂的安全生产，而且影响到公司其他生产的稳定性。高炉炉顶布料溜槽传动齿轮箱是高炉的主要设备之一，布料齿轮箱系统工作环境恶劣、粉尘多、温度高，为了保护这一大型重要设备，设计了水冷结构，箱内还采用氮气密封、冷却技术，但故障仍然有可能发生，而且极有可能带来严重的经济损失。在线监测诊断系统是提高大型设备运行可靠性的有效手段，利用这套系统对高炉布料齿轮箱运行进行在线监测，实时掌握设备运行的振动谱图和提取系统运行特征值，实践证明对故障的快速识别和及时排除是非常有效的。

（一）高炉炉顶布料齿轮箱的构成及工作原理

布料灵活是无料钟炉顶的一个显著特点，它可以根据布料溜槽的旋转和倾动的不同组合形式，实现环形布料、螺旋布料、点式布料和扇形布料。为了实现多种形式布料，采用了较复杂的驱动装置，如图 10－50 所示，主要由旋转电机，倾动电机，行星减速箱，齿轮箱组成，既可以单独运转又可以同时运转，以满足不同的布料方式的需要。

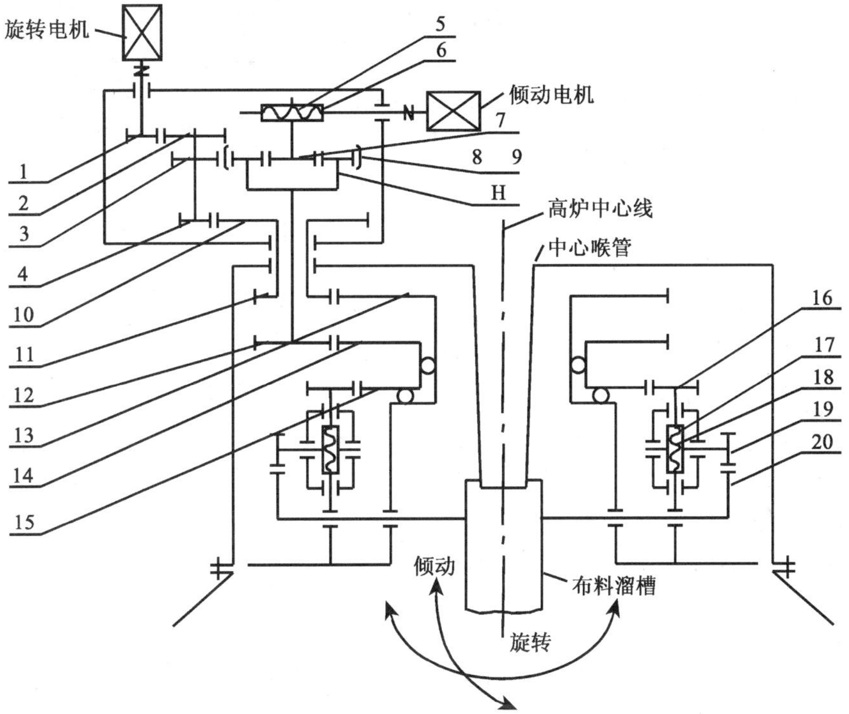

图 10－50 高炉布料溜槽驱动系统原理图

1～20 均为齿轮，其中 5，6，17，18 为涡轮涡杆，20 为扇形齿轮，H 为周转轮系系杆

当旋转电机运动，倾动电机不动时，电机带动齿轮 1、2、3、4、10、11、13 转动，与齿圈 13 固定在一起的旋转圆筒和布料溜槽等也一起转动。另一方面，旋转电机通过齿轮 1、2、3 和行星轮 8、9 及系杆 H 和齿轮 12、14、15 转动。由于同一电机带动齿圈 13 和 15，两个转动的总传动比设计的完全相同，即齿圈 13 和 15 是同步的，无相对运动，所以此时溜槽只有旋转而无倾动。

当旋转电机不工作，倾翻电机工作时，通过涡杆 6、涡轮 5、中心齿轮 7、行星齿轮 8 和 9、系杆 H、齿轮 12、双联齿轮 14 和 15、齿轮 16、涡轮涡杆 17 和 18、齿轮 19 和 20 以及耳轴，使溜槽只倾动而不旋转。

当两台电机同时工作时，由于行星轮系的差动作，就使得大齿圈 13 和 14 间产生差动，从而使传动齿轮16和传动齿轮15间产生相对运动，此时溜槽既有转动又有倾动。

该系统工作环境恶劣，粉尘多，温度高，为了保护机械设备，在传动齿轮箱的中间设置了一个水冷装置，齿轮箱间采用氮气冷却，压力高于炉内压力0.01~0.015MPa。

（二）高炉炉顶布料齿轮箱在线监测与诊断

为了实现齿轮箱振动信号、位移、温度、氮气、冷却水（P、Q、T）等参数的拾取、放大、滤波、数据采集、在线监测等功能，设计出相应的硬件和软件系统来实现监测系统，当发生运行异常及故障时及时报警。同时为了提高监测系统的开发效率和可靠性，根据现代软件技术提出了监测软件的组态化开发方式：第一是组件的开发，第二是组件的组装，实现了软件的标准化、模态化和重用性。

监测点设7个（如图10-51所示），拾取这些点的振动信号基本上可以了解到齿轮箱系统的运行情况。

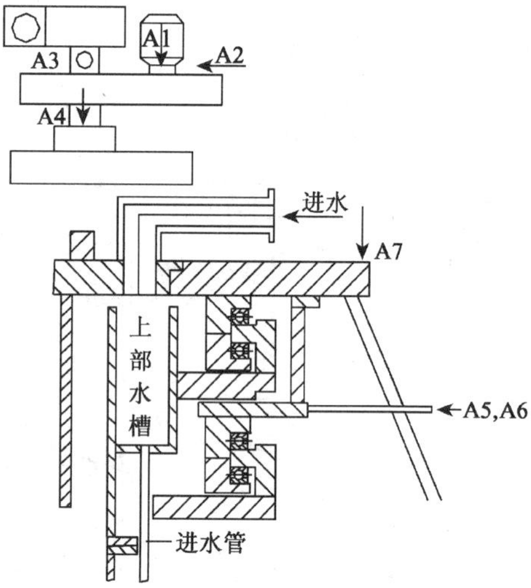

图10-51 监测传感器安装位置示意图

监测系统投运一段时间，遇上齿轮箱旋转电动机的电流异常升高，高达30A左右，而正常情况下，旋转电动机电流只有10A左右。出现这种故障后，向齿轮箱内强制打润滑油，电流逐步回落，但故障并没有消除。

运用监控系统进行在线监测和分析处理，测得齿轮箱中4#和7#测点故障特征频率。为了准确识别齿轮箱各传动构件的时域波形和频域波形，计算出齿轮箱内各齿轮的特征频率及轴承规格分别如表10-24、表10-25所示。

表10-24 布料器特征频率及典型故障特征

齿轮代号	齿数	所在轴频率（Hz）	啮合齿频率（Hz）	轴系
Z1	29	25	725	Ⅰ轴系
Z2	130	5.57	725	Ⅱ轴系
Z3	34	5.57	200.5	
Z7	24	5.57	133.7	
Z8	180	0.74	133.8	Ⅲ轴系
Z9	25	0.74	18.5	
Z10	140	0.1333	18.66	溜槽
Z5	3	25	75	倾Ⅰ轴系

续表 10－24

齿轮代号	齿数	所在轴频率（Hz）	啮合齿频率（Hz）	轴系
Z6	41	1.83	75	倾Ⅱ轴系
Za	36	1.83	65.88	
Zb	72			H 系杆轴
Zg	18			
Z11	25	1.353	33.8	
Z10	140	0.2416	33.83	大齿圈系
Z13	132	0.2416	31	
Z14	58	1.104	31	蜗杆系
Z15	2	1.104	1.104	
Z16	31	0.0356	1.105	蜗轮系
Z17	13	0.0356	0.4628	
Z18	83	0.00812	0.46322	溜槽系

表 10－25　布料器轴承型号及其规格

轴承所在位置	轴承代号	轴承规格
Z1	SKF22209cc	ϕ45M6
Za	SKF22212cc	ϕ60M6/ϕ110×28
Zg	SKF23056cc/W33	ϕ280/ϕ420×106
Z11	SKF23026cc/W33	ϕ130/ϕ200×52
上下部齿轮箱连接轴承	SKF23056cc/W33	ϕ280/ϕ420×106
空心轴与上部齿轮箱连接轴承	SKF23792cc/W33	ϕ360/ϕ480×90
空心轴轴承	SKF21320cc	ϕ100/ϕ215×41
蜗轮倾动减速机输入端轴承	SKF31317	ϕ85/ϕ180×44.5
蜗杆末端轴承	SKF22214cc	ϕ70/ϕ125×31
蜗轮轴头部轴承	SKF23032cc	ϕ160/ϕ240×60
蜗轮轴末端轴承	SKF23040cc	ϕ200/ϕ31

4#测点、7#测点测得各齿轮振动幅值分别如表10－26、表10－27；4#测点特定频率及谐波如表10－28。

表10－26 4#测点测得各齿轮振动幅值 单位 mm/s²

序号	齿轮代号	时间			趋势
		8：00	10：00	18：00	
1	Z13/Z14	0.4	0.44	4.19	增加很快
2	Z9/Z10，Z11/Z12	0.26	0.41	3.75	增加很快
3	Zg	0.59	0.49	2.71	增加很快
4	Za	1.20	1.24	1.78	增加很快
5	Z5/Z6	1.30	0.83	1.77	增加很快
6	Zb	0.73	0.61	1.44	增加很快

表10－27 7#测点测得各齿轮振动幅值 单位 mm/s²

序号	齿轮代号	时间			趋势
		8：00	10：00	18：00	
1	Z13/Z14	0.28	0.22	0.32	略有增加
2	Z9/Z10，Z11/Z12	0.23	0.40	0.23	基本不变
3	Zg	0.30	0.37	0.52	略有增加
4	Za	0.78	0.40	0.45	略有下降
5	Z5/Z6	0.82	0.82	0.38	较快下降
6	Zb	0.36	0.53	0.33	基本不变

表10－28 4#测点特定频率及谐波 单位：频率 Hz，幅值 mm/s²

频率幅值 / 时间	基频幅值	二次谐波幅值	三次谐波幅值	四次谐波幅值	五次谐波幅值	六次谐波幅值
13：00	0.49	0.98	1.46	1.95	2.44	2.93
	57.12	33.65	35.30	25.34	12.22	9.14
16：00	0.49	0.98	1.46	1.95	2.44	2.93
	115.11	72.53	14.95	27.14	40.63	27.74

从表10－26到表10－28可以看出：

（1）7#测点测得的各齿轮振幅普遍比4#测点测得的同一齿轮的振幅低。这是由于7#测点直接安装在齿轮箱的机壳上，而机壳是直接与高炉炉壳用M36螺栓紧固在一起的，因此机壳的质量和刚度均较大，对振动反应不灵敏。另一方面，可能振源发生在齿轮箱的传动部件或旋转部件上，而4#测点安装在行星齿轮箱的联结法兰处，因此对振动反应敏感。

（2）对 4#测点特定频率及谐波进行鉴别。从谐波分析表 10－28 中可以看出，0.49Hz 频率振动引起的冲击能量很大，以至齿轮箱的各阶啮合频率幅迅速上升。这种冲击对传动部件的损伤是很大的。

（3）Z13/Z14 两个齿轮的啮合频率（即倾动小齿圈与倾动减速机的啮合频率）振幅的变化为 0.4～0.44～4.19mm/s^2，在一天之内振幅上升很快。Z9/Z10（即旋转大齿圈与行星减速机的输出小齿轮啮合对）和 Z11/Z12（倾动大齿圈与行星减速机的输出小齿轮啮合对）两对齿轮的啮合频率的振幅变化为 0.26～0.41～3.75mm/s^2，振幅均有不同程度升高。经分析认为造成这种现象可能有两种原因，一是大齿圈旋转体吊挂螺栓发生拉断或松动，导致倾动减速机移位，倾动减速机的小齿轮 Z14 与小齿圈 Z13 的相对位置发生变化，导致两齿轮啮合异常；另一可能是大齿轮箱的推力轴承的个别滚珠或轴承保持架损坏，造成周期性的冲击振动。

针对造成冲击振动的原因，制定了停炉后检修处理的详细方案措施。检修时，打开齿轮箱发现：大齿圈与旋转体吊挂螺栓拉断 11 根，上下构件法兰间的间隙达 5mm，与故障分析（3）相吻合。检修中更换了 11 根螺栓，消除两法兰间的间隙，并在局部焊上定位块将两法兰固定住，注入润滑油。完成上述检修工作后，启动齿轮箱，发现旋转电机的电流恢复正常状态，4#测点测得的异常齿轮振动幅值基本达到正常水平。检修时，4#测点采集的数据表 10－29 所示。

表 10－29　4#测点测得各个齿轮振动幅值　　单位 mm/s^2

序号	齿轮代号	时间		
		8：00	10：00	18：00
1	Z13/Z14	0.25	0.15	0.22
2	Z9/Z10，Z11/Z12	0.26	0.19	0.45
3	Zg	0.13	0.11	0.35
4	Za	0.3	0.27	0.21
5	Z5/Z6	0.17	0.28	0.32
6	Zb	0.27	0.25	0.15

使用一段时间后，从跟踪数据可见，仍出现 0.49Hz 的谐波分量，并有明显的解调波冲击信号，说明该系统仍然存在故障，由于 0.49Hz 是从 4#、7#测点反映出来的，可以初步排除被测部位产生松动的可能，原因可能是由于磨损而增大间隙，造成冲击。因此，在使用过程中，一定要加强润滑，这有利于降低或消除间隙，减小振动幅值，降低冲击，延长设备使用寿命。

（三）振动频谱特征实例

对比 1 月 9 日 3#测点（图 10－52）与 2 月 24 日 3#测点（图 10－53）的频谱图，在 1 月 9 日的频谱图中 133Hz 的幅值为 0.19（10），而 2 月 24 日的频谱图中 133Hz 谱线的幅值达 0.30（9），这是旋转大齿圈传动系的啮合频率，表明旋转大齿圈及相关零件出现故障。

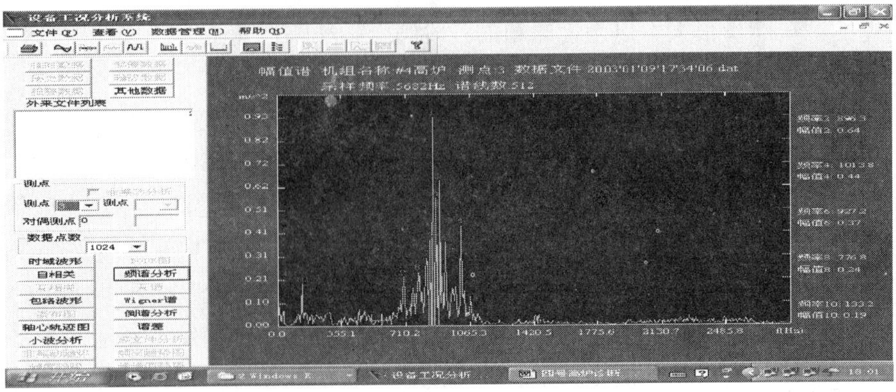

图 10－52　1 月 9 日 3[#]测点的频谱图

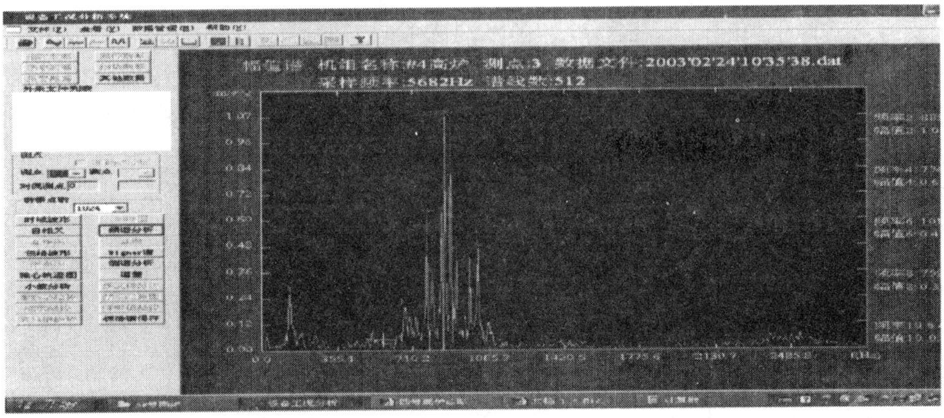

图 10－53　2 月 24 日 3[#]测点的频谱图

三、重载减速机故障诊断

轧机是冶金企业的关键设备，一旦发生故障，会造成巨大的停产损失。利用先进的信息处理技术，在不停机的条件下，对设备的运行状况进行监测，是现代设备管理与维护的重要手段，为保证连续生产和防止安全事故提供保障。

（一）R_1 轧机主传动系统减速机故障诊断

图 10－54 为武钢 1700 热连轧 R_1 轧机主传动系统传动简图。减速机为人字齿轮二级减速，在减速机轴承座的顶部安装 6 个加速度传感器，全部沿铅垂方向，测点位置如图 10－55 所示。

将所测的振动加速度信号在计算机上进行积分运算，得到振动速度信号。再对咬入、稳态轧制及抛出阶段的振动速度计算其均方根值，得到各阶段的振动速度有效值即振动烈度。

高速轴上的人字齿轮和轴承是对称布置的，两端轴承的受力和振动应相差不大。但从两次的测试结果看，工作侧轴承座（1[#]、3[#]测点）的振动烈度明显大于传动侧轴承座（2[#]、4[#]

测点）。反映出高速级齿轮副有偏载，即工作侧受力大。这是由于高速轴与中间轴轴线不平行，高速级工作侧中心距小于传动侧中心距。

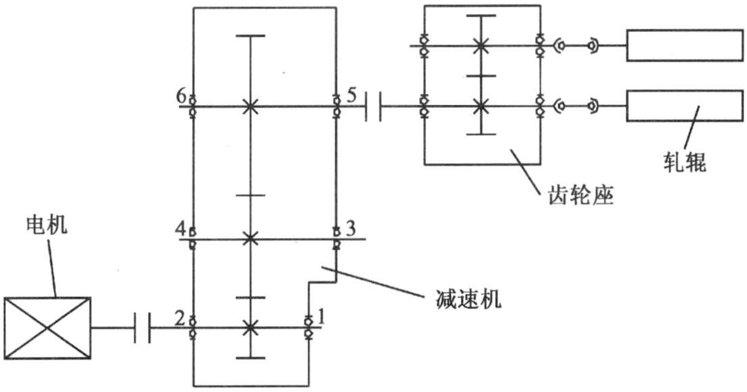

图 10－54　轧机主传动系统传动简图及测点布置图

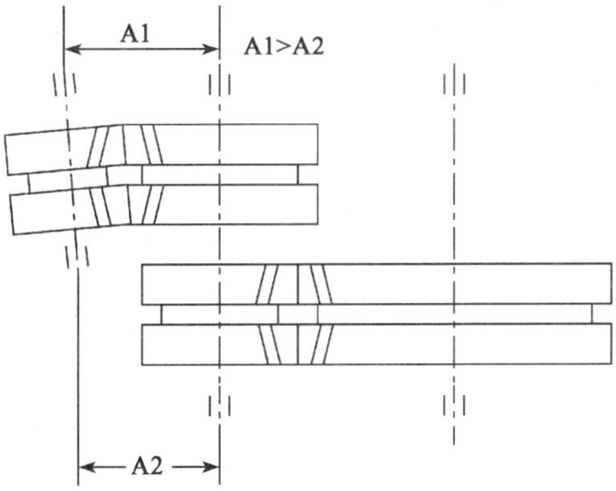

10－55　减速机高速级轴线不平行示意图

第一次所测高速轴工作侧轴承座（1[#]测点）振动烈度很大，约为第二次的 3 倍左右，中间轴工作侧轴承座（3[#]测点）的振动烈度也较大，约为第二次的 1. 8 倍左右，而其余测点的振动烈度两年测试值大致相当。造成这样现象的原因是第一次测试期间，高速轴工作侧轴承座轴承盖螺栓预紧力不足，当受到负荷时，轴承盖螺栓受到的载荷大于预紧力，使轴承盖与座之间出现间隙，从而造成冲击，使 1[#]测点振动烈度增大。这种冲击通过齿轮传递给邻近的 3[#]测点，使 3[#]测点振动烈度也有增大。

对获得的振动加速度信号进行 FFT 变化和小波分析，对照设备的故障特征频率，找出故障部位。电动机转速 $n=428\mathrm{r/min}$。减速机为二级减速，高速级齿轮副齿数为 31 齿/118 齿，低速级齿轮副齿数为 36 齿/158 齿。根据轴承的实际尺寸，利用理论公式计算出减速机高速轴两端轴承的故障频率分别为：内圈剥落故障频率为 94. 74Hz；外圈剥落故障频率为 76. 46Hz；滚动体剥落故障频率为 33. 01Hz；保持架不平衡的故障频率为 3. 19Hz。

图 10－56 是 1[#]测点空转时振动加速度功率谱图。从图上可以看出，峰值最高的频率为 222. 5Hz，经过频谱细化（200～230Hz），得到较精确的频率为 221. 7Hz，。高速级齿轮副啮

合频率为221.13Hz，两者非常接近，相差仅0.26%。低频部分峰值频率为22.5Hz，经过频谱细化（0～30Hz），得到较精确的频率为21.50Hz，与高速轴转频的3倍频3f1 =3×7.13 =21.39（Hz）接近，相差仅0.51%。啮合频率两侧边频带的间隔频率约为高速轴转频的4倍频，即啮合频率受到4倍转频的调制。

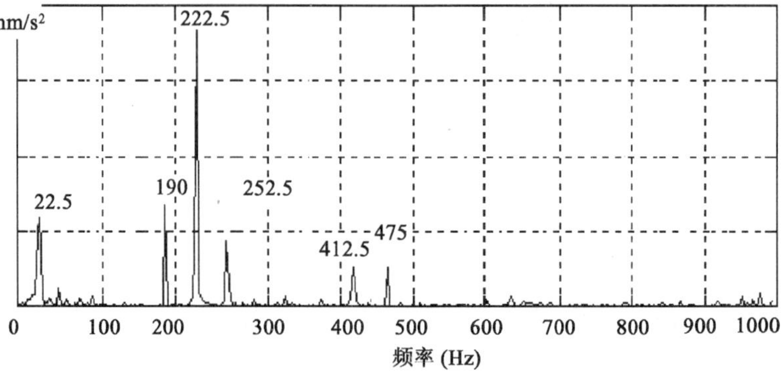

图10－56　1#测点空转振动加速度功率谱图

图10－57是1#测点稳态轧制时振动加速度功率谱图。从图上可以看出，啮合频率的二分之一倍频、两倍频、三倍频、四倍频的能量都很大，超过了啮合频率的能量。而空运转时，振动能量主要集中于高速级齿轮的啮合频率。这说明空运转时齿轮轮齿接触变形和弯曲变形都较小，系统非常接近于线性系统；轧制时由于轧制负荷过大，使轮齿弯曲变形特别是接触变形增大，接触变形是非线性的，导致系统的非线性增强，出现超谐波和次谐波，这是非线性系统的特征。

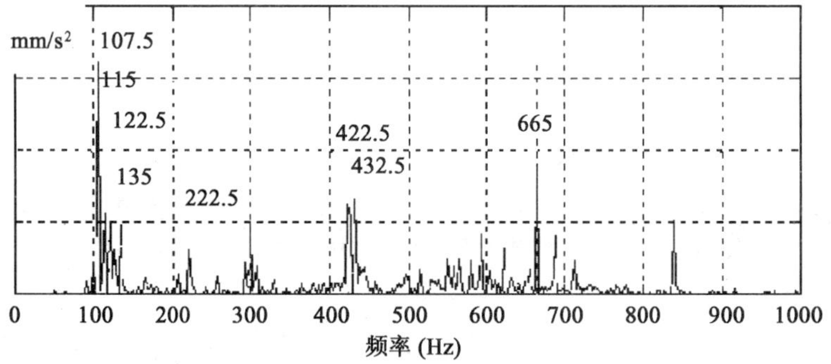

图10－57　1#测点稳态轧制时振动加速度功率谱图

稳态轧制时，2#测点功率谱图中在啮合频率（222.5Hz）及其半频、倍频、三倍频、四倍频附近都有峰值，且边频带的调制频率为高速轴转频（约7.5Hz）；3#测点功率谱图中在高速级齿轮啮合频率的半频和倍频处有很大的峰值；在低速级齿轮啮合频率67.46Hz处有一较小的峰值；5#测点功率谱图中在低速级齿轮啮合频率处有较大的峰值，但高速级齿轮啮合频率处的峰值更大。调制频率仍主要是高速级齿轮轴转频的3倍频和4倍频。

高速轴上测点（1#、2#）振动频率的主要成分是高速级齿轮啮合频率221.13Hz及其半频、倍频、三倍频、四倍频，调制频率是高速轴转频7.13Hz。中间轴上测点振动频率的主要成分仍是高速级齿轮啮合频率的半频及倍频，低速级齿轮啮合频率67.46Hz处仅有很小的峰值。调制频率主要是高速轴转频7.13Hz；中间轴转频1.87Hz也参加了调制，但影响很小。低速轴上测点振动频率的主要成分是两级齿轮的啮合频率67.46Hz及221.13Hz。与中间轴相比，低速级啮合频率的成分增大，高速级啮合频率的成分下降，但仍有很大影响。调制频率仍主要是高速级齿轮轴转频的3倍频和4倍频。

从以上分析可以看出，高速级齿轮啮合冲击很大，说明高速级齿轮的齿面状况恶化。低速级齿轮的啮合较好，说明低速级齿轮齿面状况相对好一些。由于调制频率主要是高速轴转频及其倍频，说明高速轴的安装状态不正常，结合前面振动烈度分析，可以判定高速轴轴线出现了歪斜。

减速机振动的主要振源是齿轮啮合，轴承故障引起的振动相对小一些。根据1#测点空运转时振动信号小波分析，出现了轴承保持架不平衡产生的故障频率成分3.35Hz，说明高速轴工作侧轴承保持架出现了故障。

（二）R4轧机主传动系统齿轮座故障诊断

齿轮座及其基础测点位置如图10－58所示。5#测点处的加速度传感器安装在上齿轮轴工作侧轴承座的轴向。9#、11#、13#及14#测点处的加速度传感器安装在该处轴承座的铅垂方向。6#、10#、12#测点的传感器分别装在该处轴承座的水平方向。16#、18#测点处的传感器分别安装在地脚螺栓的顶部铅垂方向。20#及21#测点处的传感器分别安装在齿轮座的混凝土基础表面的铅垂方向。

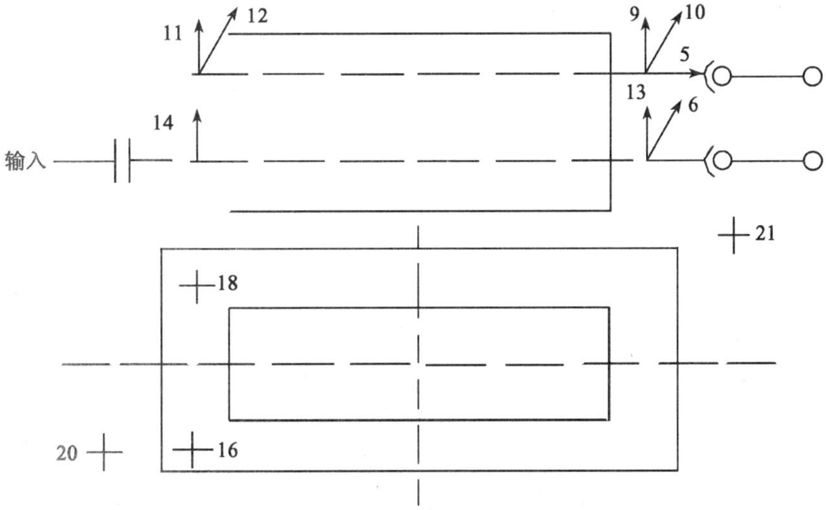

图10－58 齿轮座及其基础测点位置

稳态轧制时，齿轮座各测点振动烈度较小，咬入和抛出时，齿轮座各测点冲击振动烈度都非常大。上齿轮轴两端轴承座铅垂方向（9#、11#）咬入、抛出时的振动烈度是稳态轧制的23.9～32.6倍，下齿轮轴两端轴承座铅垂方向（13#、14#）为9.3～14.1倍，下齿轮轴两端轴承座水平方向（10#、12#）为39.5～70.7倍，地脚螺栓（16#、18#）为18.7～26.5倍，混凝土基础为24.8～46.3倍。以水平方向的冲击振动最大。

造成齿轮座及其基础咬入和抛出时冲击振动剧烈的主要原因是齿轮座地脚螺栓的预紧力不足。图10－59为螺栓连接中的作用力线图。

在预紧力为T的情况下，对螺栓施加外载荷P后，螺栓所受的载荷由T（预紧力）增大到Q，而

$$Q = T + P_V$$

式中，P_V为由外载荷P引起的螺栓上的作用力，且

$$P_V = kP$$

上式成立的条件为

$$T > (1-k)P$$

式中，k为外载荷系数，根据连接中各零件的刚度分配而定，通常为0.20～0.30。也就是说，在预紧力足够大的情况下，通常施加于螺栓的外载荷仅有20%～30%作用于螺栓，其余部分仅引起被连接件的压应力减小。

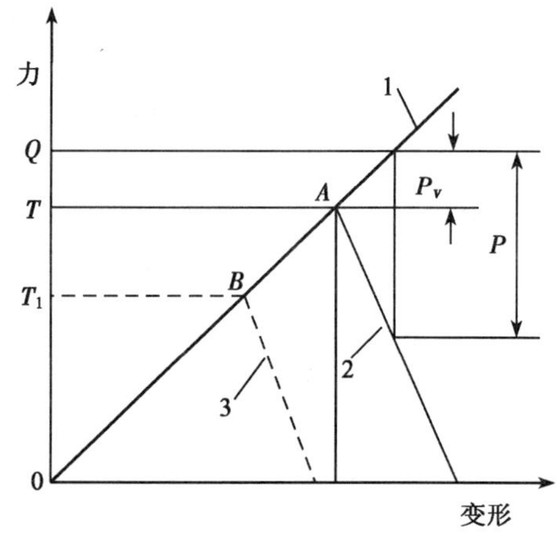

图10－59　螺栓连接中的作用力线图

1—螺栓的刚度曲线；
2—预紧力为T时的被连接件刚度曲线；
3—预紧力为T_1时被连接件刚度曲线；

当预紧力小于P（1－k）时，如图10－59上B点所示，即$T_1 < P(1-k)$时，在外载荷P作用下，螺栓连接中的压应力完全消失，结合面间出现间隙，外载荷P完全由螺栓承受，引起严重冲击。

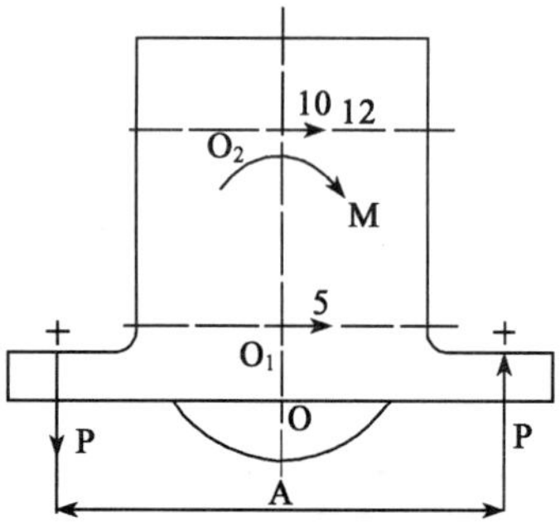

图10－60　齿轮座受倾翻力矩示意图

图10－60为齿轮座受倾翻力矩示意图。齿轮座受倾翻力矩M，地脚螺栓给予齿轮座的压力为P，

$$M = PA$$

式中　A——地脚螺栓的距离。

在交变倾翻力矩作用下，齿轮座绕基础上平面与齿轮座中心线的交点O作摆动振动，这个振动对齿轮座水平方向的影响大于对铅垂方向的影响，因此咬入和抛出时，水平方向（6#、10#、12#）的冲击振动烈度远大于铅垂方向。在振动角速度相同的情况下，上齿轮座轴承座水平方向测点（10#、12#）位于O_2点，下轴承座水平方向测点（6#）位于O_1点，$O_2O > O_1O$，因此上轴承座水平方向振动烈度（58.457～67.299mm/s）大于下轴承座水平方向（第二次测得34.818mm/s）。

四、旋转机械故障诊断

风机是典型的旋转机械。抽风机是烧结厂的关键设备，其运行状态直接影响整个生产系

统的正常运行和安全生产，一旦发生故障将造成巨大的停产损失。

下面简要介绍一下风机的远程监测与故障诊断系统。图 10－61 为系统的测点布置图。

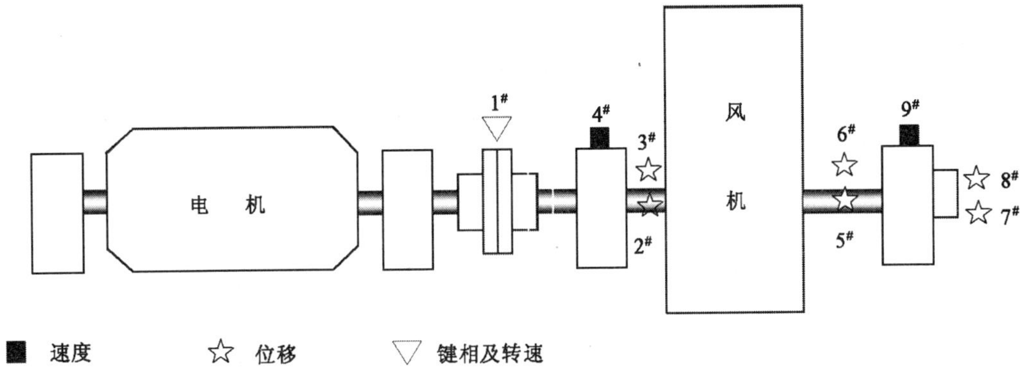

图 10－61 测点布置图

系统在硬件上由传感器、监测模块、网关模块、工控机、服务器及远程计算机等组成，在软件功能上主要由三个子系统：在线监测子系统、数据库服务子系统和 WWW 服务器子系统组成。其整个系统的体系结构图如图 10－62 所示。在线监测主机与数据库服务及 WWW 服务器通过网关模块构成内部局域网，再和烧结厂内部网络相连，外部通过 IP 来访问远程监测与诊断系统。内外网络间通过防火墙隔开保证安全。

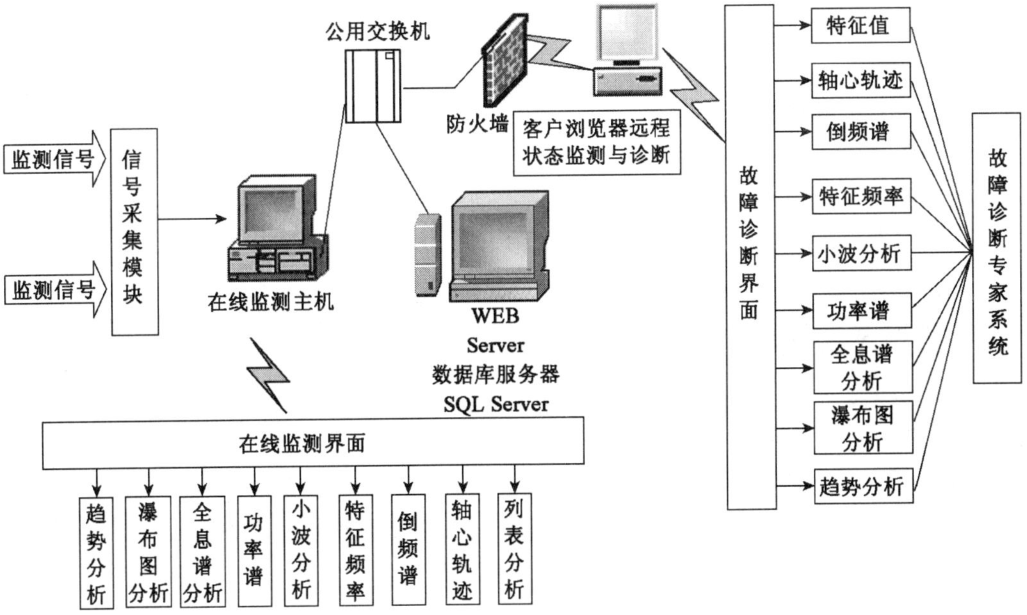

图 10－62 系统连接框图

故障诊断系统由常规分析诊断子系统和风机智能诊断专家系统（FIDES）组成。常规分析诊断子由统计特征趋势分析、轴心轨迹分析、功率谱分析、倒频谱分析、相关分析、三维谱分析、小波分析、瀑布图分析和全息谱分析等部分组成。当在线监测子系统监测到某个特征量超标时系统就启动智能诊断专家系统（FIDES），从综合状态数据库中的相关数据中提取特征征兆进行故障诊断。FIDES 包括知识库（规则库和激活规则库）、推理机、综合数据库（事实库和新事实库）、人机接口、解释程序和知识获取程序六部分，其详细结构如图 10－63 所示。在六个组成部分中数据库、知识库、推理机为专家系统的核心部分。最后将诊断结果直接生成专家系统报告，并提供相应的诊断和维修建议。具体诊断步骤由以下五个层次组成：

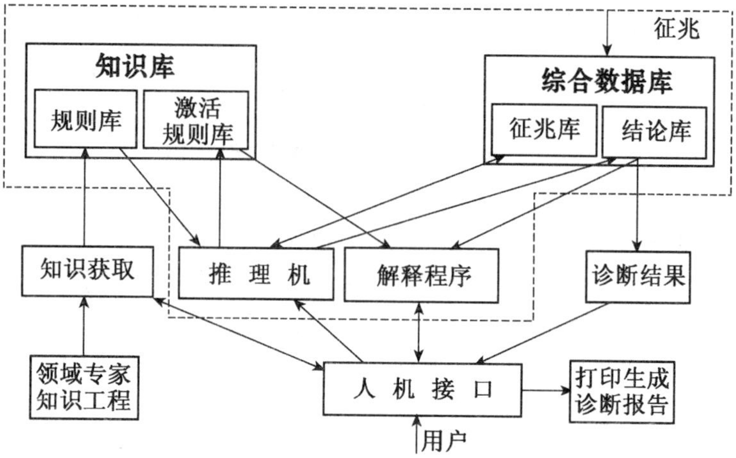

图 10－63　风机智能诊断专家系统结构

（1）初步诊断和精确诊断；

（2）由主导征兆参数确定故障原因类别；

（3）由诸故障原因类中确定一类；

（4）由故障原因类确定故障一次原因；

（5）由故障一次原因查找二次原因及防治对策。

五、超高速设备的故障诊断

振动是影响高速线材精轧机组生产的主要问题，国内高速线材企业对精轧机组的振动监测主要采取离线定时点检的方式，效率低，作业工作量大，不能及时避免突发性故障。鉴于此，开发了一套高线精轧机组远程实时监测与诊断系统，系统自运行以来，对指导生产及设备维护起到了重要的作用。因此，对高速线材精轧机组进行振动的监测可以有效地降低轧机故障率同时提高生产率。

（一）高线轧机设备的故障诊断

本实时监测与诊断系统监测对象为湘钢高线轧机精轧机组 F_{19} ~ F_{28} 十架精轧机夹送辊及吐丝机主传动系统。监测项目如下：主电机转速、夹送辊电机转速、吐丝机电机转速；精轧机组增速机、F_{19} ~ F_{28} 精轧机锥箱、夹送辊传动箱以及吐丝机的振动等共 16 个加速度信号。F_{19} ~ F_{28} 架轧机的减速机主动轴固定端轴承座上各装 1 个加速度传感器（$1^{\#}$ ~ $10^{\#}$）；增速机两输出轴的输出端轴承座和输入轴输出端轴承座各装一个加速度传感器（11[#] ~ 13[#]）；在主电机输出端轴承座安装1个加速度传感器（14[#]）；在夹送辊传动箱轴承座上装1个加速度传感器（15[#]）；在吐丝机输出端轴承座安装1个加速度传感器（16[#]）。本系统采集的所有振动加速度信号均通过PCB481适调仪积分为速度信号。

实时监测系统通过振动监测信号的特征参量实时地反映机组的全局和局部状态。为了保证状态监测的实时性，网页上所显示的状态监测的数据通过CORBA及SOAP技术直接取自传感器，而不是从数据库中获得的数据。该网页模块设计成三种形式：测点布置图、原始监测信号显示、特征参量显示和数据报警及存储。远程网络用户可以直观、明了地读出机组上所有测点当前时刻的测量值。该监测界面为用户提供了测点的当前信号状态的值，而且能够以综合“虚拟仪表”的形式给出，同时以声光的形式报警，这也充分体现了“Software is Instrument”的未来测控趋势。远程诊断系统则通过对实时报警信号进行进一步的故障定位及分析，即时地对设备故障进行处理。

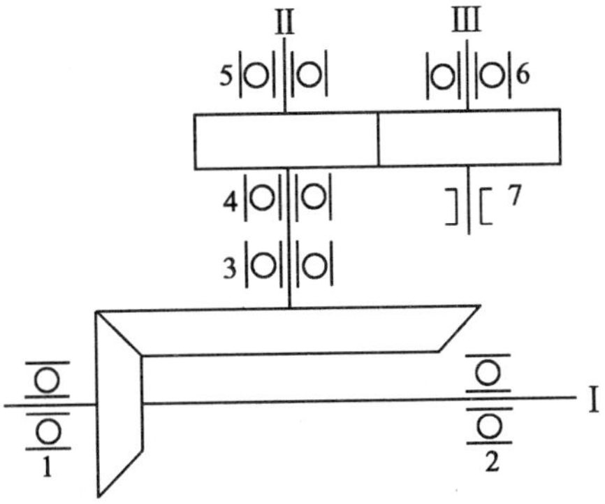

图10－64　第20架轧机传动装置示意图（其中7为滑动轴承）

2003年6月2日，第20架精轧机持续二级报警，其振动烈度值高达3.8mm/s；采用远程诊断系统立即对该架振动信号进行分析。调用轴承故障特征频率模块，程序根据当时电机转速自动生成第20架精轧机（图10－64）滚动轴承工作时的故障特征频率表（表10－30）：

各轴转频分别为：Ⅰ轴转频f_1 =78.0Hz，Ⅱ轴转频f_2 =30.9Hz，Ⅲ轴转频f_3 =26.6Hz。

表10－30　第20架精轧机滚动轴承工作时的故障特征频率

轴承编号 \ 特征频率（Hz）	内圈滚道故障	外圈滚道故障	滚动体故障	保持架不平衡
1	795.9	608.5	574.8	33.9
2	864.6	695.9	623.4	34.8
3	313.0	242.2	238.4	13.4
4	226.0	144.1	132.8	12.1
5	201.5	137.9	121.7	12.6
6	158.2	107.4	115.8	10.7

图10－65为原始振动速度信号波形，图10－66、图10－67为对2003年6月2日第20架精轧机振动速度信号进行小波分析及频谱细化后的波形。从该信号的功率谱（图10－66）

可看出振动能量几乎集中于160.2Hz这个频率，与表10-30第20架精轧机滚动轴承工作时的故障特征频率对比，可知其与6号轴承的内圈滚道故障频率158.2Hz几乎一致，可以判别其内圈滚道故障严重，其滚动轴承是靠滚道与滚动体的弹性接触承受载荷的，具有“弹簧”的性质，其刚度很大。当轴承的润滑状态不良或内圈滚道故障严重时，就会出现非线性弹簧的特性，从而产生非线性振动。所以采用小波分析及频谱细化技术对该振动信号进行分析，发现在0~100Hz频段内，有一非常明显的频率23.6Hz，与该轴的转频26.6Hz比较接近，综合以上两点分析，可判断出该轴承的故障为内圈滚道故障严重。根据该诊断结果，现场检修人员将20架精轧机6号轴承进行了检查，实际情况是该轴承内圈滚道严重损伤，且其润滑性能严重恶化。分析故障状况与实际情况相符。

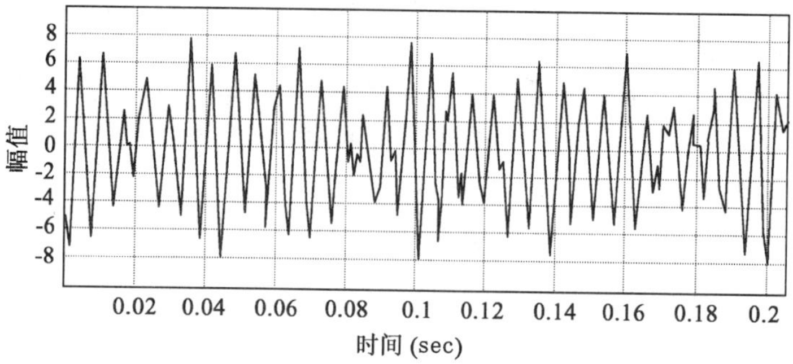

图10-65 原始振动速度信号波形

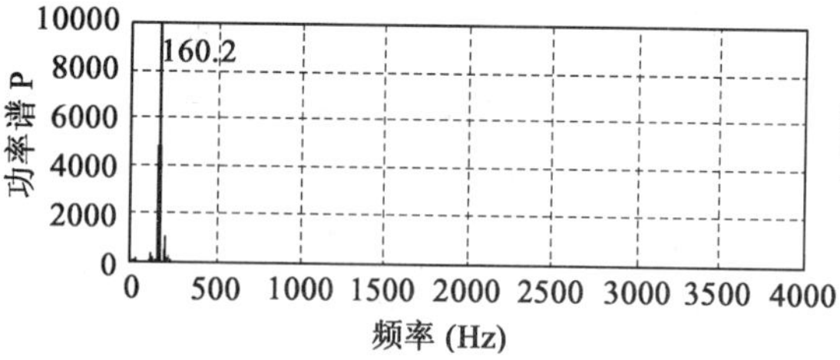

图10-66 原始信号功率谱

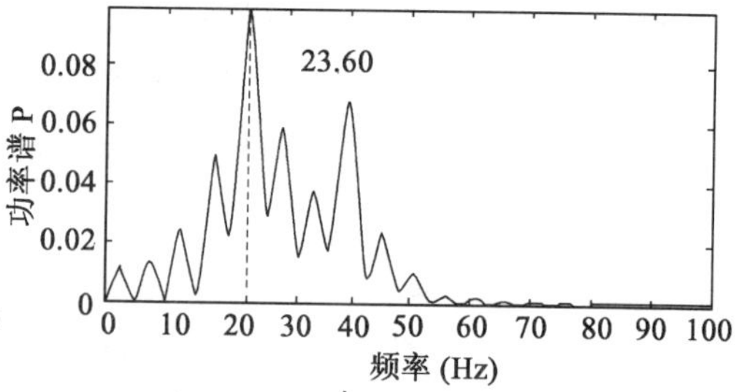

图10-67 小波分析后的细化谱

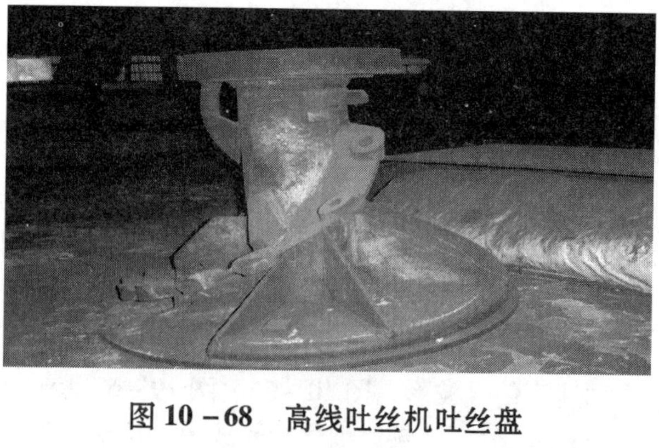

图10-68 高线吐丝机吐丝盘

（二）高线轧机吐丝机现场动平衡（实例）（图 10－68）

动平衡测试报告（单面）

所属厂矿：武钢大型厂

被测对象：高线车间 A 线吐丝机（转速：1530rpm）

测量仪器：B&K－2526 数据采集器

	第 A 测量面		第 B 测量面	
	振幅（mm/s）	相位（deg）	振幅（mm/s）	相位（deg）
初始不平衡	2.15	158		
平面 A 加试重	1.9	137		
平面 B 加试重				

	平面 A 试重：270（g）		平面 B 试重：	
	校正面 A		校正面 B	
	质量（g）	角度（deg）	质量（g）	角度（deg）
校正面	770	－61		

	第 A 测量面		第 B 测量面	
	振幅（mm/s）	相位（deg）	振幅（mm/s）	相位（deg）
残余不平衡	0.573	149		

备注：对吐丝机进行现场动平衡后，A 点振动由 2.15mm/s 降为 0.573mm/s，吐丝机运行状态恢复正常。

测试时间：2003 年 10 月 22 日

报告人：谢江华

参考文献

[1] 廖伯琦．机械故障诊断基础［M］．北京：冶金工业出版社，2002.

[2] 易良榘．简易振动诊断现场实用技术［M］．北京：机械工业出版社，2003.

[3] 陈大禧，朱铁光．大型回转机械诊断现场实用技术［M］．北京：机械工业出版社，2002.

[4] 杨志伊．工业设备管理中的油液分析与状态监测［M］．中设协网上教材，2003.

[5] 戴绍诚，等．高产高效综合机械化采煤技术装备［M］．北京：煤炭工业出版社，1998.

[6] 姚家瑞．机修手册二卷“设备诊断技术”［M］．北京：机械工业出版社，1993.

[7] 何庆．点检技术讲义．神东公司内部资料，2002.

[8] 神东公司．机电管理制度汇编．神东公司内部资料，2005.

[9] 丰田利夫．设备现场诊断的开展方法［M］．北京：机械工业出版社，1985.

[10] 韩捷，张瑞林．旋转机械故障机理及诊断技术［M］．北京：机械工业出版社，1997.

[11] 李国华，张永忠．机械故障诊断［M］．北京：化学工业出版社，1999.

[12] 佟德纯，李华彪．振动监测与诊断［M］．上海：上海科学技术文献出版社，1997.

[13] 虞和济，宋利明．故障诊断的热像技术［M］．北京：冶金工业出版社，1992.

[14] 裴峻峰，扬其俊．机械故障诊断技术［M］．山东：石油大学出版社，1997.

[15] 屈梁生，何正嘉．机械故障诊断学［M］．上海：上海科学技术出版社，1986.

[16] 陈克兴，李川奇．设备状态监测与故障诊断技术［M］．北京：科学技术文献出版社，1991.

[17] 李葆文，张翠凤，王胜．机电设备故障诊断原理与技术［M］．广州：华南理工大学出版社，1996.

[18] 黄文虎，等．设备故障诊断技术［M］．科学出版社．

[19] 黄昭毅，陈大禧，朱铁光．大型回转机械诊断现场实用技术［M］．北京：机械工业出版社，2002.

[20] 黄昭毅，易良榘．简易振动诊断现场实用技术［M］．北京：机械工业出版社，2003.

[21] 张碧波．设备状态监测与故障诊断［M］．北京：化学工业出版社，2005.

[22] 钟秉林，黄仁．机械故障诊断学［M］．北京：机械工业出版社，2003.

[23] 程玉兰．红外诊断现场实用技术［M］．北京：机械工业出版社，2002.

[24] 董其国．红外诊断技术在电力设备中的应用［M］．北京：机械工业出版社，1998.

[25] 陈衡等．电力设备故障红外诊断［M］．北京：中国电力出版社，1999.

[26] 王康印．红外检测［M］．北京：国防工业出版社，1986.

[27] 胡以怀，陈宝忠，邹建军．船舶机损案例的人为因素失误分析［J］．中国航海，2004（3）．

[28] 杨建国，王晓武．船舶柴油机监测与故障诊断技术现状及发展趋势［J］．中国航海，1999（2）．

[29] 严立，朱新河，严志军．船舶螺旋桨轴状态监测研究［J］．中国修船，2001（4）．

[30] 刘东风，黎思敏，孙怡．舰用主柴油机润滑油监测技术研究与应用［J］．中国修船，2003（5）．

[31] 中国船级社．螺旋桨轴状态监控系统指南［M］．北京：人民交通出版社，1996（1~3）．

[32] 中国船级社．实施船舶螺旋桨轴状态监控系统的要求［M］．北京：中国船级社总部，1999（1-14）．

[33] PMS 培训教材（试用本），中国船机社入级船舶部，2001-6-15.